PFERDEKAUF HEUTE

DR. SASCHA BRÜCKNER | DR. ANTJE RAHN

UNTER MITARBEIT VON
CORINNA ODINE BOBSIEN

DR. SASCHA BRÜCKNER | DR. ANTJE RAHN

UNTER MITARBEIT VON
CORINNA ODINE BOBSIEN

Pferdekauf heute

Kauf und Verkauf – Beurteilung – Gesundheit – Recht

FNverlag

der Deutschen
Reiterlichen Vereinigung GmbH
Warendorf

IMPRESSUM

Bibliografische Information der Deutschen Nationalbibliothek
Die Deutsche Nationalbibliothek verzeichnet diese Publikation in der Deutschen Nationalbibliographie; detaillierte bibliografische Daten sind im Internet über http://dnb.d-nb.de abrufbar.

3. Auflage 2010

LEKTORAT
Dr. Carla Mattis, Warendorf

JURISTISCHES LEKTORAT | WISSENSCHAFTLICHER BERATER (TEIL B)
Prof. Dr. Peter Kiel, Wismar

KORREKTORAT | LEKTORAT
Karolin Behrens, Münster/Westf.

TITELFOTO UND KAPITELANFANGFOTO
Torsten Jakubik-Schöning, Fredersdorf

TITELGESTALTUNG
design Punkt, Heidrun Monkenbusch, Oelde

FOTONACHWEIS
Adelheid Borchardt, Warendorf: Seite 15 lli. (2) entnommen aus „Orientierungshilfen Reitanlagen- und Stallbau" v. Gerlinde Hoffmann, **FN**verlag 2009
Dr. Ende, Isernhagen: Seite 101entnommen aus „FN-Handbuch Pferdewirt", **FN**verlag 2008
Werner Ernst, Ganderkesee: Seite 196 u. entnommen aus „Siege werden im Stall errungen" v. Monika Krämer, **FN**verlag 2005
Gerlinde Hoffmann, Warendorf: Seite 15 re. entnommen aus „Orientierungshilfen Reitanlagen- und Stallbau" v. Gerlinde Hoffmann, **FN**verlag 2009
Torsten Jakubik-Schöning, Fredersdorf: Seiten 22 (2), 27 (4), 29 (2), 30, 34 (2), 39 (2), 46 (2), 48 (3), 57 (4), 58 (2), 59 (2), 90
Thoms Lehmann, Warendorf: Seiten 26 entnommen aus „Die Deutsche Reitlehre – Das Pferd", **FN**verlag 2002
Manfred Mense, Marienfeld: Seite 113 entnommen aus „Besser Reiten für Fortgeschrittene" v. Christoph Hess, **FN**verlag 2008

ISBN 978-3-88542-738-4

Tierfotografie Neddens, Wuppertal: Seite 238 entnommen aus „Siege werden im Stall errungen" v. Monika Krämer, **FN**verlag 2005

Planungsgruppe Leve, Warendorf: Seite 153 entnommen aus „Siege werden im Stall errungen" v. Monika Krämer, **FN**verlag 2005
Peter Prohn, Barmstedt: Seite 135, 224; Seiten 111und 185 entnommen aus „FN-Handbuch Pferdewirt", **FN**verlag 2008, Seite 165 entnommen aus „Pferdegesundheitsbuch" v. Dr. Beatrice Dülffer-Schneitzer, **FN**verlag 2009, Seite 169 entnommen aus „Siege werden im Stall errungen" v. Monika Krämer, **FN**verlag 2005
Bärbel Schnell, Krefeld: Seite 196 oben
Christiane Slawik, Würzburg: Seiten 118, 146, 181, 216
Jürgen Stroscher, Asendorf: Seite 105 entnommen aus „FN-Handbuch Pferdewirt", **FN**verlag 2008

ZEICHNUNGEN
Achim Beier Design, Bielefeld
Uwe Spenlen, Rösrat: Seiten 24, 25 entnommen aus „Anatomie des Pferdes", Prof. Dr. Bodo Hertsch, Anatomie des Pferdes. 4. Auflage Warendorf 2003

UNTERSUCHUNGSPROTOKOLL
Der Vertrag ist im Original einzeln nummeriert und ausschließlich von Tierärzten beim Hippiatrika Verlag, Postfach 08 05 39, 10005 Berlin, Fax 030/28040452, E-Mail: aku@pferdeheilkunde.de zu beziehen.

DRUCK UND VERARBEITUNG
Media-Print Informationstechnologie GmbH, Paderborn

Vorwort zur ersten Auflage (1996) 9

Vorwort 2010 10

In Memoriam „Eberhard Fellmer" 11

Einleitung 12

Teil A

1. Überlegungen vor dem Kauf **14**
1.1 Ein Pferd zu welchem Zweck? 14
1.2 Mit welchen Kosten ist zu rechnen? 15
     Worauf achte ich bei der Unterbringung
     meines Pferdes? 15
1.3 Wo und bei wem kaufen? 17

2. Beurteilung von Pferden **20**
2.1 Beobachtungen im Stall 21
2.2 Der Körperbau – das Exterieur 21
     A. Allgemeiner Überblick: Typ, Harmonie,
         Proportion 23
     B. Systematische Exterieurbeurteilung:
         Betrachtung von der Seite 26
     C. Betrachtung des Pferdes von vorne
         und hinten 37
2.3 Der Bewegungsablauf 38
2.4 Nähere Betrachtung, Möglichkeiten und
     Grenzen der Gesundheitsprüfung durch den
     Kaufinteressenten 41
     A. Allgemeine Beobachtungen 42
     B. Beobachtungen bei der Musterung des Pferdes
         an der Hand und unter dem Reiter 42
     C. Nähere Betrachtung 44

3. Spezielle Auswahlkriterien **60**
3.1 Das Dressurpferd 60
     (DR. UWE SCHULTEN-BAUMER SEN.)
3.2 Das Springpferd (KARSTEN HUCK) 63
3.3 Das Vielseitigkeitspferd (MARTINA PLEWA) 65
3.4 Das Fahrpferd 72
     (DR. GÜNZEL GRAF VON SCHULENBURG)
3.5 Das Voltigierpferd (BARBARA BONKE) 75
3.6 Das Distanzpferd (DR. JULIETTE MALLISON) 77
3.7 Das Freizeitpferd (EBERHARD FELLMER†) 79
3.8 Das Zuchtpferd 81
     (DR. WOLFGANG SCHULZE-SCHLEPPINGHOFF)

Teil B

**1. Die rechtlichen Grundlagen des Pferdekaufs
   im Überblick** **88**
1.1 Einige kritische Gedanken und vier „populäre
     Rechtsirrtümer" vorab 88
1.2 Der Kaufvertragsabschluss 90
     1.2.1 Mündlich oder schriftlich? 90
     1.2.2 Mustervertrag oder individuell
            ausgehandelt? 91
     1.2.3 Kein Vertragsabschluss mehr ohne
            anwaltliche Hilfe? 94
     1.2.4 Kaufvertragsabschluss = Eigentums-
            übertragung des Pferdes? 95
Fußnoten zu Kapitel B1 97

**2. Der Sachmangel und seine Schlüsselfunktion
   für den Käufer** **98**
2.1 Überblick 98
2.2 Die drei Prüfungsstufen im Detail 99
     I. Die Beschaffenheitsvereinbarung – 1. Stufe
         (§ 434 Abs. 1 S. 1 BGB) 99
     1. Welche Eigenschaften können Käufer und
         Verkäufer als Beschaffenheit des Pferdes
         vereinbaren? 99
     2. Welche Mängel werden gerügt? 101
     3. Beschaffenheitsvereinbarungen und gesund-
         heitliche Normabweichungen 101
         a) Beschaffenheitsvereinbarung „gesund" 101
         b) Inhalt des Protokolls der Kaufuntersuchung
             als gesundheitliche Beschaffenheit des
             Pferdes 102
         c) Inhalt des Protokolls der Kaufuntersuchung
             wird nicht Bestandteil der Beschaffenheits-
             vereinbarung 104
         d) Lahmheit = Sachmangel? 105
     4. Beschaffenheitsvereinbarung und Rittigkeits-/
         charakterliche Defizite 105
         a) Das Pferd wird vom Käufer durch Proberitte
             etc. getestet 105
         b) Das Pferd wird vom Käufer nicht getestet . . . 107
         c) Das Pferd kann vom Käufer (reiterlich)
             noch nicht getestet werden 107
         d) Abweichungen von einem konkreten
             Ausbildungsstand als Mangel 108
         e) Zusammenfassung 109
     5. Sonstige Mängel im Spiegel der Beschaffen-
         heitsvereinbarung 110
     6. Sehr detaillierte Beschaffenheitsvereinbarung . . 112
     7. Negative Beschaffenheitsvereinbarung 112

II. Der vertraglich vorausgesetzte Verwendungszweck – 2. Stufe (§ 434 Abs. 1 S. 2 Nr. 1 BGB) . 112
   1. Der Weg zur 2. Stufe 112
   2. Erkennbarkeit für den Verkäufer 114
   3. Beispiele 115
   4. Verhältnis zwischen der 2. und 3. Stufe 116
   III. Die „objektive Sollbeschaffenheit" – 3. Stufe
   (§ 434 Abs. 1 S. 2 Nr. 2 BGB) 117
   1. Das „Kissing-Spines-Urteil" des BGH 117
      a) Eignet sich das Pferd für die gewöhnliche
         Verwendung? 119
      b) Weist das Pferd die übliche
         Beschaffenheit auf? 120
      c) Konnte der Käufer die Beschaffenheit
         des Pferdes erwarten? 120
      d) Fazit 120
   2. Die 3. Stufe des Sachmangels im Spiegel
      sonstiger Mängel 121
   3. Überblick über die bisherige Rechtsprechung
      der Instanzgerichte 122
   4. Zusammenfassung 124
   IV. Öffentliche Äußerungen des Verkäufers –
   Sonderfall der 3. Stufe (§ 434 Abs. 1 S. 3 BGB) 124
2.3 Die Lieferung eines falschen Pferdes 125
2.4 Der Gefahrübergang 125
   2.4.1 Der Gefahrübergang als entscheidender
         Zeitpunkt 125
   2.4.2 Die Schwierigkeit der Rückdatierung
         von Sachmängeln 126
2.5 Sachmangeltabelle 127
   1. Gesundheitliche Mängel 127
   2. Rittigkeitsmängel 129
   3. Charakterliche Mängel / Verhaltens-
      auffälligkeiten 130
   4. Sonstige Mängel 131
Fußnoten zu Kapitel B2 132

3. Die Rechte des Käufers bei einem Mangel
   des Pferdes 134
3.1 Überblick 134
3.2 Nacherfüllung (§ 439 BGB) 134
   I. Nachbesserung 135
   1. Möglichkeit der Nachbesserung und
      Fristsetzung 135
   2. Rechtsprechungsübersicht – Kommt eine
      Nachbesserung in Betracht? 136
   3. Verweigerungsrecht des Verkäufers 137
      a) Unzumutbarkeit infolge unverhältnis-
         mäßiger Kosten 137
      b) Unzumutbarkeit infolge Interessen-
         abwägung – grobes Missverhältnis 138

   4. Fehlschlagen der Nachbesserung 140
   5. Für den Käufer unzumutbare
      Nachbesserung 140
   6. Erfüllungsort 143
   7. Rechtsfolgen 143
   8. Selbstvornahme durch den Käufer 143
   9. Zusammenfassung 144
   II. Ersatzlieferung 145
   1. Möglichkeit der Ersatzlieferung 145
   2. Rechtsprechungsübersicht 147
   3. Rechtsfolge 148
   4. Fehlschlagen der Ersatzlieferung 148
   5. Verweigerungsrechte des Verkäufers sowie
      Unzumutbarkeit für den Käufer 148
3.3 Rücktritt (§§ 437 Nr. 2, 440, 323,
   326 Abs. 5 BGB) 148
   3.3.1 Überblick und Voraussetzungen 148
   3.3.2 Erheblichkeit des Mangels 149
   3.3.3 Rechtsfolgen 150
      I. Haftung des Käufers für eine
         Verschlechterung oder den Tod des Pferdes 151
      II. Erstattung der vom Käufer aufgewendeten
         Kosten (notwendige Verwendungen) 152
      III. Nutzungen des Käufers 153
   3.3.4 Verhältnis zu den übrigen Rechten
         des Käufers 156
3.4 Minderung (§§ 437 Nr. 2, 441 BGB) 157
   3.4.1 Überblick und Voraussetzungen 157
   3.4.2 Berechnung 157
   3.4.3 Wertminderungstabellen 159
   3.4.4 Erklärung der Minderung 160
   3.4.5 Verhältnis zu den übrigen Rechten
         des Käufers 160
3.5 Schadensersatz (§ 437 Nr. 3, 440, 280, 281,
   283 BGB) 161
   3.5.1 Umfang der Schadensersatzansprüche 161
      I. Schadensersatz statt der Leistung 161
      a) „Kleiner Schadensersatz" 161
      b) „Großer Schadensersatz" 162
      II. Schadensersatz wegen
         Mangelfolgeschäden 163
      III. Schadensersatz wegen Verzögerung der
         mangelfreien Leistung 164
   3.5.2 „Verantwortlichsein" des Verkäufers
         als gemeinsame Voraussetzung der
         Schadensersatzansprüche 164
   3.5.3 Verhältnis zu den übrigen Rechten
         des Käufers 166
3.6 Ersatz vergeblicher Aufwendungen
   (§§ 437 Nr. 3, 284 BGB) 167
3.7 Garantieübernahme (§ 443 BGB) 168
3.8 Kenntnis des Käufers vom Mangel
   (§ 442 Abs. 1 BGB) 168
   3.8.1 Kenntnis vom Mangel 168

3.8.2 Grob fahrlässige Unkenntnis des Mangels .. 169
3.8.3 Arglistiges Verschweigen durch
den Verkäufer 170
3.9 Verjährung (§ 438 BGB) 171
Fußnoten zu Kapitel B3 172

4. Die Besonderheiten des
Verbrauchsgüterkaufs **174**
4.1 Überblick 174
4.2 Verbraucher und Unternehmer 175
4.2.1 Abgrenzungsmerkmale 176
4.2.2 Rechtsprechungsübersicht 177
4.3. Die Beweislastumkehr 178
4.3.1 Überblick 179
4.3.2 Das „Sichzeigen" des Mangels 179
4.3.3 Anwendbarkeit der Beweislastumkehr
beim Pferd? 180
4.3.4 Anwendbarkeit der Beweislastumkehr
aufgrund der Art des Mangels? 180
4.3.5 Rechtsprechungsübersichten 182
I. Gesundheitliche Mängel 182
II. Verhaltensstörungen 183
III. Rittigkeitsmängel 184
4.3.6 Widerlegung der Vermutung durch
den Verkäufer 184
4.3.7 Zusammenfassung: Wer muss was
beweisen? 184
4.4 Vertragliche Verkürzung der Verjährungsfrist –
Wann ist ein Pferd „gebraucht"? 185
4.4.1 Die „Fohlen-Entscheidung" des BGH 185
4.4.2 Überblick über die Meinungen in
der Literatur 186
4.5 Gestaltungs- und Umgehungsmöglichkeiten –
Verbot abweichender Vereinbarungen 187
Fußnoten zu Kapitel B4 189

5. „Besondere Arten" des Pferdekaufs **190**
5.1 Kauf auf Probe (§§ 454 f. BGB) 190
5.2 Kauf auf Probe mit Umtauschvereinbarung 191
5.3 Kauf unter Eigentumsvorbehalt (§ 449 BGB) 192
5.4 Wiederkauf (§§ 456 – 462 BGB) und Vorkauf
(§§ 463 – 473 BGB) 192
5.5 Inzahlungnahme eines Pferdes 194
5.5.1 Das „neue" Pferd ist mangelhaft 194
5.5.2 Das in Zahlung gegebene („alte") Pferd
ist mangelhaft 196
5.6 Auktionskauf 196
5.6.1 Die rechtlichen Beziehungen der
Beteiligten 197
5.6.2 „Auktionsmodelle" 197

I. Handeln des Versteigerers als Vertreter
des Beschickers 197
II. Kommissionsgeschäft 198
5.6.3. Der Auktionskauf als Kommissionsgeschäft –
ein Verbrauchsgüterkauf? 199
5.6.4 Ende der „Auktions-Lyrik" 201
5.7 Schutzvertrag 201
Fußnoten zu Kapitel B5 203

6. Die Legitimationspapiere des Pferde **204**
IN ZUSAMMENARBEIT DR. MICHAEL DÜE UND DR. TERESA DOHMS
(BEIDE DEUTSCHE REITERLICHE VEREINIGUNG, WARENDORF)
6.1 Überblick 204
6.2 Die Legitimationspapiere im Detail 204
I. Equidenpass 204
1. Ausstellungs- und Eintragungsformalitäten 205
2. Mikro-Chip (Transponder) 208
3. Kosten der Ausstellung und Verfahrensfragen ... 209
4. Duplikat und Ersatzdokument 210
II. Zuchtbescheinigung (Abstammungsnachweis
und Geburtsbescheinigung) 211
III. Eigentumsurkunde 212
IV. Registrierung als Turnierpferd 212
V. Messbescheinigung für Ponys 213
6.3 Übergabe der Legitimationspapiere 213
6.4 Besitzrechte an den Legitimationspapieren 214
Fußnoten zu Kapitel B6 215

7. Die tierärztliche Kaufuntersuchung und
deren Bedeutung beim Pferdekauf **216**
(VON PROF. DR. DR. HARTMUT GERHARDS, KLINIK FÜR PFERDE
DER LMU MÜNCHEN)
7.1 Überblick 216
7.2 Definition und Terminologie 217
7.3 An- und Verkaufsuntersuchung 217
I. Ankaufsuntersuchung 217
II. Verkaufsuntersuchung 218
7.4 Tierärztliche Kaufuntersuchung im Vergleich
zur klinisch indizierten Untersuchung 219
7.5. Umfang der tierärztlichen Kaufuntersuchung:
Kaufuntersuchung ist nicht gleich
Kaufuntersuchung 220
7.6 Kaufuntersuchungsprotokoll und „Vertrag über
die Untersuchung eines Pferdes" 220
7.7 Aussagekraft der Röntgenuntersuchung im
Rahmen von Kaufuntersuchungen 224
I. Umfang der Röntgenuntersuchung 224
II. Röntgenleitfaden 2007 225
III. Worin liegt der Wert des Röntgens anlässlich
von Kaufuntersuchungen? 229

7.8 Die Haftung des Tierarztes für fehlerhafte
Kaufuntersuchungen 229
  7.8.1 Voraussetzungen und Rechtsfolgen der
  Haftung 229
  7.8.2 Untersuchung vom Käufer in Auftrag
  gegeben 230
  7.8.3 Untersuchung vom Verkäufer in Auftrag
  gegeben 230
  I. Ansprüche des Verkäufers 230
  II. Ansprüche des Käufers 230
  7.8.4 Vertragliche Haftungseinschränkungen
  des Tierarztes gegenüber seinen
  Auftraggebern 231
Fußnoten zu Kapitel B7 231

**8. Der Prozess um den missglückten
Pferdekauf** **232**
8.1 Rücktritts- und Minderungsklage 232
8.2 Klage auf Kaufpreiszahlung 233
8.3 Das selbstständige Beweisverfahren
(§§ 485 ff. ZPO) 233
Fußnoten zu Kapitel B8 235

**9. Besonderheiten des Pferdekaufs nach
Österreichischem Recht** **236**
(VON MAG. HELWIG SCHUSTER, RECHTSANWALT AUS
WIEN, ÖSTERREICH)
9.1 Einleitung 236
9.2 Das österreichische Recht zum Pferdekauf 236
  9.2.1 Verständnis des gewährleistungsrechtlich
  relevanten Mangels 236
  9.2.2 Innerstaatliche Umsetzung der
  Verbrauchsgüterkauf-Richtlinie 237
  9.2.3 Beweislastumkehr 237
  9.2.4 Sondervorschriften bei Tiermängeln 238
  9.2.5 Wann ist die Beweislastumkehr mit der
  Art der Sache oder der Art des Mangels
  unvereinbar? 239
  9.2.6 Gewährleistungsfrist 239
  I. Grundsätze 240
  II. Gewährleistungsfrist beim
  Verbrauchsgüterkauf 240
  9.2.7 Rechtsbehelfe bei Vorliegen von Mängeln . . 241
  I. Schadensersatz 241
  II. Irrtumsanfechtung und -anpassung 241
  III. Verkürzung über die Hälfte 242
  9.2.8 Mangelfolgeschäden bzw. Aufwendungen
  für das Pferd bis zur Rückabwicklung des
  Kaufvertrages 243
Fußnoten zu Kapitel B9 245

**10. Besonderheiten des Pferdekaufs nach
Schweizer Recht** **246**
(VON LIC. JUR. BART KRENGER, RECHTSANWALT AUS
WINTERTHUR, SCHWEIZ)
10.1 Überblick 246
10.2 Kein Eigentumsvorbehalt 246
10.3 Die Rechte des Käufers bei einem Mangel
des Pferdes 247
  I. Zum Gewährleistungsanspruch allgemein . . 247
  II. Der Gewährleistungsanspruch beim
  Pferdekauf 247
  III. Die Durchsetzung des Anspruchs 248
10.4 Vertragliche Gestaltungsmöglichkeiten 248
10.5 Exkurs zur tierärztlichen Kaufuntersuchung 249
10.6 Übergang von Nutzen und Gefahr 249

Anhang

1. Tierärztliches Kaufuntersuchungsprotokoll 250

2. Musterverträge 261

3. Sachwortregister 263

4. Abkürzungsverzeichnis 273

5. Literaturverzeichnis 275

6. Die Autoren 279

7. Mitwirkende an der Neuauflage 281

VORWORT 1996

Bis knapp an die Schwelle der Gegenwart war das Pferd kostbarster Besitz des Menschen, und dieser fühlte sich zu allen Zeiten gezwungen, dieser Kostbarkeit bereits beim Erwerb seine ganze Aufmerksamkeit zu widmen. Dies verlangte von ihm, sein gesamtes ererbtes oder erworbenes Pferdewissen dafür zu mobilisieren; denn je größer der Schatz war, über den er auf diesem Gebiet verfügte, desto besser kam ihm dies zustatten.

Auch wenn an Stelle der Unentbehrlichkeit heute eine freiwillig gewählte Partnerschaft zwischen Mensch und Pferd tritt, stellt der Mensch nach wie vor hohe Ansprüche an diesen seinen Partner.

Nun müssen wir aber offen zugeben, dass wir heute oft nur lückenhaft über jenes Pferdewissen verfügen, das wir schon für den Erwerb eines Pferdes so notwendig bräuchten; und nur zu dankbar müssen wir für jeden ehrlichen Rat sein.

Und hier springen zwei Fachleute mit ihrem Buch „Pferdekauf heute" in die Bresche: Die hoch qualifizierte Pferdetierärztin Dr. med. vet. Antje Rahn, die zusätzlich über den großen Vorteil verfügt, dass sie als hervorragende Reiterin und erfolgreiche Züchterin ihr Fachwissen immer wieder praktisch zu erproben vermag, und der aus vielen juristischen Fachgutachten und Abhandlungen bestens bekannte und Zeit seines Lebens dem Pferd verschworene Rechtsanwalt Eberhard Fellmer. In diesem gegenständlichen, verständlich und übersichtlich gestalteten Fachbuch haben die Autoren ihren gesamten Wissensschatz zusammengetragen, um ihn als Hilfe anzubieten.

Dieses Buch macht es nicht nur möglich, sich alle wichtigen Fragen, die sich beim Erwerb eines Pferdes nun einmal stellen, beantworten zu können, sondern bietet damit wertvollen Stoff an, der da oder dort vorhandene Lücken zu füllen vermag. Denn nur zu leicht und zu schnell wachsen auf einem wenig bekannten Boden Vorurteile, die später zur echten Last für das Pferd werden können. Hat der Käufer einmal alle erforderlichen juristischen und veterinärmedizinischen Schritte zufriedenstellend gesetzt und hinter sich gebracht, sollte er sich möglichst unbeschwert der Psyche und Physis seines neuen Partners zuwenden. Wer dann immer noch nach Schattenseiten sucht, wird seinem Pferd wahrscheinlich nie vorurteilslos begegnen. Eine solche vorurteilslose Zuwendung aber ist mit Sicherheit die beste Basis für das wichtige Zusammenfinden von Mensch und Pferd. Wer sich Letzteres zum Ziel setzt, wird für das Stück Weg, das mit dem Kauf verbunden ist, gerne das Hilfsangebot von Antje Rahn und Eberhard Fellmer annehmen.

Prof. Kurt Albrecht (†)
Ehem. Leiter der Spanischen Hof-Reitschule, Wien

VORWORT 2010

Im Jahre 1996 feierte „Pferdekauf heute" Premiere. Heute halten Sie die dritte Auflage des von Dr. Antje Rahn und Eberhard Fellmer begründeten Werkes in Händen.

Die juristischen Inhalte dieser völlig überarbeiteten Neuauflage haben sich durch zahlreiche öffentlich geführte Diskussionen und Urteile erheblich gewandelt. Geblieben ist der viel zitierte und zeitlose Gedanke des „Horsemanship", den bereits Prof. Kurt Albrecht, der ehemalige Leiter der Spanischen Hofreitschule Wien, in seinem Geleitwort 1996 beschrieb: Nicht nach „Schattenseiten" suchen, sondern sich „unbeschwert der Psyche und Physis seines neuen Partners zuwenden", lauteten seine treffenden Forderungen.

Mögen Käufer und Verkäufer von Pferden, deren juristische und hippologische Berater, und vor allem die Gerichte den Gedanken des „Horsemanship" stets vor Augen haben, damit sich das Kaufrecht als gerechter Ausgleich der oftmals widerstreitenden Interessen der Kaufvertragsparteien und stets im Sinne der Pferde weiterentwickeln wird.

Die Arbeit an der 3. Auflage hat uns vor Augen geführt, wie schwer die sprichwörtliche Gratwanderung ist, sowohl dem Pferdesportler und Züchter als auch dem hippologisch versierten Juristen ein Nachschlagewerk zur Verfügung zu stellen, das beiden Leserkreisen als verständlicher Ratgeber aus der Praxis und für die Praxis gerecht wird. Aus diesem Grunde haben wir für die Juristen unter unserer Leserschaft vertiefende Literatur- und Rechtsprechungshinweise in Fußnoten verfasst, die am Ende jedes Kapitels abgedruckt, jedoch nicht zum Verständnis der Texte erforderlich sind.

Unser Dank gilt dem FNverlag in Person seiner Geschäftsführer Siegmund Friedrich und Rainer Reisloh, die diese dritte Auflage wieder kompetent und engagiert begleitet haben. Mit einem neuen Layout und einem gegenüber den beiden Vorauflagen deutlich erweiterten Umfang haben sie unserem Wunsch Rechnung getragen, zahlreiche Fragestellungen dezidiert erörtern zu können. Wir bedanken uns ferner bei Dr. Carla Mattis für das Lektorat des Manuskripts.

Dank gilt des Weiteren unseren Co-Autoren, insbesondere Prof. Dr. Hartmut Gerhards und den Herren Rechtsanwälten Bart Krenger und Helwig Schuster, die in dieser Auflage erstmals mit im Boot sitzen und denen wir interessante und lehrreiche Kapitel zu verdanken haben. Ein weiterer Dank geht an Dr. Michael Düe und Dr. Teresa Dohms für ihre kompetente und engagierte Mitwirkung an dem Kapitel über die Legitimationspapiere des Pferdes.

Besonderer Dank gilt Prof. Dr. Peter Kiel, der als wissenschaftlicher Berater erneut das juristische Lektorat von „Pferdekauf heute" übernommen hat.

Die Autoren
im Juni 2010

In Memoriam „Eberhard Fellmer"

Am 17. März 2007 verstarb der Begründer des Buches „Pferdekauf heute", Eberhard Fellmer. Seine Idee, die so wichtige Schnittstelle zwischen hippologischem und juristischem Wissen mit Leben zu füllen, hat maßgeblich zu dem Erfolg der beiden Vorauflagen beigetragen. Doch nicht nur das. Sie ist auch charakteristisch für sein Lebenswerk: immer bestrebt, das Pferd als „ältestes Kulturgut der Menschheit" – wie er es aus tiefstem Herzen bezeichnete – und dessen Wohlergehen als oberste Maxime seiner beruflichen und unzähligen ehrenamtlichen hippologischen Tätigkeiten anzusehen.

Und so ist er Menschen – auch seinen anwaltlichen Gegnern – und Pferden stets gegenüber getreten: mit Respekt und Achtung, die heutzutage mehr denn je ihresgleichen suchen. Für viele, auch für uns, ist er damit zu einem großen Vorbild geworden.

Wenige Tage vor seinem Tod äußerte er den Wunsch, noch vieles bewegen zu wollen. Auch diese unbändige Tatkraft zeichnete Eberhard Fellmer aus. Seine scharfsinnigen, stets von großer Weitsicht und auch von Ironie und Selbstkritik geprägten Anregungen haben uns nicht nur bei den Arbeiten zu der 3. Auflage von „Pferdekauf heute" sehr gefehlt.

In seinem Sinne soll diese Publikation fortgeführt werden. Alle Beteiligten schauen nicht nur mit Ehrfurcht auf die Maßstäbe, die Eberhard Fellmer gesetzt hat – sie verneigen sich vor diesen und vor ihm.

In tiefer Verbundenheit.

Dr. Antje Rahn   Dr. Sascha Brückner

im Mai 2010

Im Namen aller, die an der Bearbeitung der 3. Auflage von „Pferdekauf heute" mitgewirkt haben.

Von allen Handelsgeschäften ist der Pferdehandel aus verschiedenen Gründen eines der schwierigsten. Man hat ein **lebendes Wesen** zu beurteilen, dessen äußere Merkmale (Exterieur) schon allein unendlich kompliziert sind. Die inneren Eigenschaften eines Pferdes aber – Charakter, Temperament, Leistungsbereitschaft (Interieur) – welche für seine Brauchbarkeit von so ausschlaggebender Bedeutung sind, werden uns erst durch längeren Umgang offenbar.

Hinzu kommt der **finanzielle Aspekt**. Neben den allgemeinen merkantilen Schwankungen wirken noch so vielerlei Faktoren auf die Preisbildung ein, dass die eigentliche Qualität des Handelsobjektes mitunter in den Hintergrund zu treten scheint.

Der Pferdehandel steht seit jeher in sehr zweifelhaftem Ruf.

Fragen wir uns, woran das liegt, so fällt uns meist als erster Partner des Geschäftes **der Pferdehändler** oder allgemeiner der **Verkäufer** ein, der natürlich unablässig bemüht ist, die Fehler seiner Pferde durch allerlei Blendwerk zu verdecken oder – noch besser – in Tugenden zu verwandeln.

Der zweite Partner ist **der Käufer**, der mit einer Vielzahl verschiedenster Ansprüche an das Pferd herantritt, von denen bei Lichte betrachtet sich einige mitunter geradezu widersprechen. Er ist zumeist entschlossen, alle Vorzüge, die er sich denken kann, in einem Pferd zu finden – zu einem möglichst günstigen Preis, mit einem Wort: allerbeste Ware für wenig Geld.

Der dritte Partner aber ist und bleibt **das Pferd**, das eines jener vielseitig nutzbaren Wesen ist, dessen Eigenschaften und Fähigkeiten erkannt und ausgebildet werden müssen. Dasselbe Tier, das jahrelang als mittelmäßiges Reitpferd in Erscheinung trat, kann unter einem anderen Reiter eine bis dahin ungeahnte Leistungsfähigkeit beweisen – und umgekehrt. Wenn wir dann noch bedenken, dass neben vielen Fähigkeiten und Vorzügen jedes Pferd mit nahezu ebenso vielen teils ererbten, teils erworbenen körperlichen Mängeln, Untugenden, Schwächen und Schönheitsfehlern ausgestattet ist und wir dazu die unterschiedlichen Geschmäcker berücksichtigen, werden wir uns der Erkenntnis nicht verschließen können, dass schon allein die wandelbare Natur des Lebewesens Pferd eine Ursache für so genannte Misskäufe sein kann.

Bei ruhiger Betrachtung müssen wir zugeben, dass zwar etliche Misskäufe den Täuschungen spekulierender Verkäufer zuzuschreiben sind, die Ursachen für den weitaus größeren Teil aber durchaus beim Käufer selbst zu suchen sind.

Dieser Käuferkreis hat sich heute grundlegend geändert. Das Pferd ist aus dem Bild der Städte und zu einem großen Teil auch aus der Landwirtschaft verschwunden. Es wird heute weder als Fortbewegungsmittel noch als Arbeitstier gebraucht. Umso mehr hat es an Bedeutung in der zunehmenden Freizeit und im Sport gewonnen.

Für viele Menschen sind Pferde heute eine Brücke vom mechanisierten und automatisierten Alltag zur Natur. Gleichzeitig ist ihnen das Wissen über das Pferd nicht in die Wiege gelegt worden. Sie sind nicht mit Pferden aufgewachsen und bei aller Begeisterung für das Pferd mangelt es daher oft an Wissen ebenso wie an Erfahrung.

Wissen über Pferde, über den Pferdekauf, seine rechtlichen Grundlagen und Möglichkeiten zu vermitteln ist das Anliegen dieses Buches. Viel Ärger und Kosten für den Käufer – aber auch für den Verkäufer – lassen sich vermeiden, wenn man sich ein Grundwissen aneignet und den Blickwinkel weitet. Und letztlich bildet Wissen die Grundlage, auf der man Erfahrungen sammeln kann, die gemeinsam mit einer besonderen Begabung den kompetenten Pferdekenner auszeichnen.

A

KAPITEL 1
Überlegungen vor dem Kauf

KAPITEL 2
Beurteilung von Pferden

KAPITEL 3
Spezielle Auswahlkriterien

| 13

Überlegungen vor dem Kauf

Bevor man beginnt, Pferde zu besichtigen, sollte man sich vor allem über zwei Dinge im Klaren sein, und zwar: **Zu welchem Zweck suche ich ein Pferd, und was kann ich dafür bezahlen?**

1.1 Ein Pferd zu welchem Zweck?

Während für die meisten Pferdefreunde das entspannende Spazier- und Wanderreiten im Vordergrund steht, streben andere nach sportlichem Erfolg in einer der klassischen Turniersportdisziplinen. Die Reitweisen und Beschäftigungsmöglichkeiten mit dem Pferd sind heute außerordentlich vielfältig.

Dementsprechend formulierte die Warmblutzucht der Bundesrepublik 1975 ihr Zuchtziel: *„Gezüchtet wird ein edles, großliniges und korrektes Reitpferd mit schwungvollen, raumgreifenden, elastischen Bewegungen, das auf Grund seines Temperamentes, seines Charakters und seiner Rittigkeit für Reitzwecke jeder Art geeignet ist."*
Dieses Zuchtziel gibt den Rahmen vor, das konkrete Zuchtprodukt kann jedoch nicht alles in einem vereinen. Die Pferdezucht stellt, den verschiedenen Reitweisen und den heute so vielfältigen Verwendungsmöglichkeiten des Pferdes entsprechend, die unterschiedlichsten Rassen und Typen zur Verfügung.
Dennoch erscheinen bei Pferdeverkäufern immer wieder Kaufinteressenten, deren Forderungen so vielfältig sind, dass sie im Unmöglichen verschwimmen.

Nur klare Vorstellungen lassen sich verwirklichen und sparen bei allen Beteiligten Geld, Zeit und Nerven.

Nur klare Vorstellungen lassen sich verwirklichen und sparen Geld, Zeit und Nerven aller Beteiligten. Es ist daher ratsam, sich vor Beginn der Auswahl die eigene Kaufmotivation und Zielsetzung zu verdeutlichen, um realistisch die Frage beantworten zu können, was man sich unter einem passenden Pferd vorstellt.

Suche ich
- ein Reit- oder ein Fahrpferd,
- ein Pferd für das entspannende Freizeitreiten im Gelände oder auch für den Einstieg in den Turniersport,
- ein Pferd für den Leistungssport in einer Turnierdisziplin,
- ein Pferd nur oder auch für die Zucht,
- ein Pferd für mich, für jemand anderen, für die ganze Familie?

Die Beantwortung der Frage
- *welche Veranlagung und welchen Ausbildungsstand erwarte ich von meinem Pferd?*
verlangt von jedem zukünftigen Pferdebesitzer auch eine kritische Selbsteinschätzung der eigenen Erfahrungen, reiterlichen Fähigkeiten, Möglichkeiten und Zielsetzungen.

Schließlich kann eine weitere Eingrenzung nach Rasse, Alter und Geschlecht, Charakter, Temperament, Typ, Kaliber etc. erfolgen.

1.2 Mit welchen Kosten ist zu rechnen?
Worauf achte ich bei der Unterbringung meines Pferdes?

Eine weitere wichtige Überlegung betrifft den finanziellen Aspekt, der nicht nur den Anschaffungspreis für Pferd und Ausrüstung, sondern auch die laufenden Kosten berührt. Letztere umfassen die Ausgaben für Unterbringung und Pflege des Pferdes, für Beritt oder Reitunterricht, Tierarzt, Hufschmied und bestimmte Versicherungen.

Bei der **Unterbringung des Pferdes** ist im Interesse seiner Gesundheit und seines Wohlbefindens vor allem auf folgendes zu achten:
Futter, Wasser, Licht, Luft, Bewegung, Kontakt zu Artgenossen und Hygiene.

Bei der Unterbringung des Pferdes ist im Interesse seiner Gesundheit vor allem auf sieben Dinge zu achten: Futter, Wasser, Licht, Luft, Bewegung, Kontakte zu Artgenossen und Hygiene.

Bei der Suche nach einem Stallplatz achtet man daher neben der Qualität und Quantität des angebotenen Futters darauf, ob regelmäßig, pünktlich und ausreichend häufig gefüttert wird und ob der Stall auch im Winter sauber, hell und luftig ist. Gesunde und gut genährte Pferde sind gegen Kälte unempfindlich, jedoch hochempfindlich gegen Bewegungsmangel und miefige, feuchte Stallluft!
Muten Sie Ihrem Pferd keine hochgeschlossenen Kastenboxen zu, in denen kaum Kontakt zu Artgenossen möglich ist und sich schlechte Luft wie in einem Brunnenschacht sammelt.

Sehen Sie sich die Auslaufmöglichkeiten und gegebenenfalls Weiden an. Nicht ausgemähte, üppige Geilstellen, zahlreiche, uralte Pferdeäpfelhaufen, Steine und tiefe Löcher kennzeichnen mangelhaft gepflegte Pferdeweiden, ebenso unsachgemäße Einzäunung. Die resultierenden Verletzungsrisiken und Hygienemängel gefährden die Gesundheit der Pferde.

Helle, luftige Stallungen, gepflegte und verletzungssichere, eingezäunte Weiden und Ausläufe sind wesentliche Aspekte bei der Wahl des Unterbringungsortes.

Während Selbsttränken in vielen Ställen heute eine Selbstverständlichkeit sind, findet man auf Pferdeweiden nicht selten Wannen und andere Behältnisse mit abgestandenem, im Sommer warmem, verschmutztem und übel riechendem Wasser – ein Unding für das so sensible Verdauungssystem eines Pferdes. Achten Sie also bei der Weidehaltung auch auf die Qualität des zur Verfügung stehenden Wassers. In gut geführten Betrieben sind Selbsttränken nach Möglichkeit auch auf den Weiden installiert.

Für die Gesundheit des Bewegungsapparates von Sportpferden ist neben täglich ausreichender Bewegung, die Art und Intensität der reiterlichen Belastung von besonderer Bedeutung. In diesem Zusammenhang ist ein geeigneter, gepflegter Reitboden auf ausreichender Fläche ein wesentliches Kriterium einer gut geführten Reitanlage. Unebener, verschmutzter, rutschiger oder stumpfer, harter oder zu tiefer Boden ist Gift für den Zehenspitzengänger Pferd.

Die Gesundheit und das Wohlbefinden unserer Pferde sollte den höheren Preis einer sorgfältig gepflegten, pferdefreundlichen Reitanlage wert sein.

Die Preise für eine monatliche Unterbringung einschließlich Fütterung, Pflege und Reitanlagenbenutzung liegen in ländlichen Gebieten zwischen 200,– € und 300,– € und im Bereich von Großstädten zwischen 350,– € und 700,– €.

Im Pferdehandel scheinen vielerlei Dinge den Preis mitunter mehr zu bestimmen als die tatsächliche Qualität des Handelsobjektes.

Wenden wir uns nun den **Pferdepreisen** zu.

Wie jede andere Ware, so hat auch jedes Pferd seinen Preis, der den allgemeinen Schwankungen des Marktes unterliegt. Darüber hinaus wirken im Pferdehandel vielerlei Dinge auf die Preisbildung ein, dass die Notwendigkeit des Verkaufs, die Dringlichkeit des Kaufbedürfnisses, Liebhaberei, Hoffnungen und Persönlichkeit von Käufer und Verkäufer den Preis mitunter mehr zu bestimmen scheinen als die tatsächliche Qualität des Pferdes.

Die nachfolgenden Zahlen können daher nur einen groben Überblick über die aktuellen, unteren Preisgrenzen für die meistgehandelten Pferderassen verschaffen.

Die Preise für drei- bis vierjährige **Warmblüter**, die eine Grundausbildung absolviert haben, beginnen derzeit bei etwa 7.000,– € nach oben sind keine Grenzen gesetzt. Ältere, routinierte Verlasspferde für den Freizeitreiter sind ab 3500,– € zu haben, Importe aus dem östlichen Ausland (Russland, Polen) auch darunter.

Ebenfalls für wenig Geld (ab 1500,– €) zu kaufen, aber sicher keine „Jedermannpferde", sind ausgediente **Vollblüter und Traber**.

Attraktive, leicht zu handhabende, angerittene **Reitponys** werden selten unter 2800,– € angeboten. Auch hier sind die Preise entsprechend Veranlagung und Ausbildungsstand nach oben kaum begrenzt.

Meist hochanständig und duldsam im Charakter, vertrauenerweckend als Reit- und Fahrpferd für die ganze Familie ist der **Haflinger**, den man zu Preisen ab 1250,– € erwerben kann.

Für sogenannte Gangpferde wird man etwas tiefer in die Tasche greifen müssen. Islandpferde, die neben den drei Grundgangarten Schritt, Trab und Galopp auch Pass und Tölt beherrschen, kosten kaum unter 5000,– €.

Bei extravaganten Pferderassen wie **Tennessee Walking Horses**, **Mangalarga Paulista**, **Peruanischen Pasos** oder **Amerikanischen Saddlebred Horses** werden auch die Preise extravagant (ab 10.000,– €).

Mit zunehmender Beliebtheit des Westernreitens wächst auch die Nachfrage nach den hierfür bestens geeigneten **Quarter Horses**, die unverbraucht und angeritten nicht unter 5000,– €, weiter ausgebildet ab 7500,– € angeboten werden.

Für den Käufer wird bei der Kaufentscheidung das Geeignetsein dieses Pferdes für einen bestimmten Verwendungszweck in enger Verbindung mit dem eigenen Budget im Vordergrund stehen.
Die Angemessenheit eines Kaufpreises liegt daher immer in der Betrachtung des Käufers. Er muss den geforderten Preis für dieses Pferd letztlich sowohl bezahlen wollen als auch bezahlen können.

1.3   Wo und bei wem kaufen?

Bei dieser Frage denken viele Kaufinteressenten an einen Handelsstall und verbinden damit heute noch Klischees, die vor mehr als 100 Jahren niedergeschrieben wurden.

„Schon bei ruhiger Beobachtung ist es höchst schwierig zu beurteilen, ob ein Thier unseren Gebrauchszwecken entsprechen wird und seinen Wert zu bestimmen. Um wie viel schwieriger wird aber das Geschäft, wenn man seine Beobachtungen im Marktgewühl vornehmen soll; einem schwätzenden Händler gegenüber, der die Aufmerksamkeit geflissentlich von den Schwächen seiner Ware ablenkt; bei einem Thiere das, auf die Production vorbereitet und dressiert sich in seinem schönsten Lichte zeigt und ... den Löwen spielt, obschon es vielleicht durch und durch ein Hundsfott ist, bei einem Koppelknecht ..., der ein Virtuose in der Kunst des Musterns, das Thier so zu stellen, vorzuführen und zu zäumen weiß, dass seine Stärken ins hellste Licht, seine Fehler aber in den Schatten treten. Es ist wunderbar, dass unsere Sitten bei einzelnen Dingen ein Abweichen von der Wahrheit und Ehrlichkeit gestatten. Eine Handlungsweise, welche in Bezug auf jeden andern Gegenstand Betrug und Diebstahl hieße (...), wird in Bezug auf diese Dinge nicht nur geduldet, sondern dem Beschädiger wird Lob, dem Beschädigten wird Spott zu Theil.“ [1]

1 Krane, Friedrich W. Frhr. von: Pferd und Wagen. Coppenrath 1860

Welche Alternativen gibt es?
Möglicherweise kann man ein Pferd von **Bekannten** oder über Bekannte kaufen. Schon manche gute Bekanntschaft endete jedoch nach einem Pferdekauf mit Streitereien.

Andererseits wird der Kauf eines Pferdes, das man bereits längere Zeit kennt, sei es von einem Bekannten oder aus einem Stall, in dem man Gelegenheit hatte, das Pferd über längere Zeit zu erleben, seine Eigentümlichkeiten zu beobachten und es öfter zu reiten, ein relativ sicherer Kauf sein.

Der Kauf beim **Züchter** hat den Vorteil, dass man ein junges Pferd quasi aus erster Hand übernehmen und sich ausführlich über dessen Mutterstamm und die Bedingungen, unter denen das junge Pferd bisher gehalten und aufgezogen wurde, informieren kann. Zugleich erfordert der Kauf junger, veranlagter, womöglich ungerittener Pferde jedoch eine gewisse Sachkenntnis, um das Risiko kalkulierbar zu halten. Zu bedenken ist auch, dass die Reisen zu verschiedenen Züchtern leicht einen beträchtlichen Teil des veranschlagten Budgets verbrauchen können. Das Gleiche gilt für Fahrten zu privaten Anbietern, die ihre Pferde über Anzeigen anbieten.

Der Kauf junger, ungerittener Pferde beim Züchter erfordert gewisse Sachkenntnis.

Auch Zuchtverbände und andere **Auktionsveranstalter** werben um Gunst und Geld der Käufer. Mit vorausgewählten und tierärztlich voruntersuchten jungen Reitpferden wird dabei jedem Interessenten eine gute Auswahlmöglichkeit geboten. In der Regel wird eine doppelte Anreise nötig werden – einmal zur Vorbesichtigung und zum Ausprobieren des Kandidaten, das zweite Mal zur Auktion.

Der Preis wird letztlich von der eigenen und der aktuellen Zahlungsbereitschaft der Mitbieter abhängen. Aus verschiedenen Gründen werden gelegentlich auch irreale Gebote abgegeben. Grundsätzlich sollte man sich daher erstens nach Möglichkeit nicht unbedingt auf ein einziges Pferd fixieren und zweitens sein persönliches Preislimit gedanklich einigermaßen rigide festsetzen.

Vor der Auktion kann und sollte man sich in Ruhe über den Umfang und das Ergebnis der tierärztlichen Untersuchung informieren sowie die **Auktionsbedingungen** sorgfältig lesen. Diesen, in jedem Auktionskatalog abgedruckten Geschäftsbedingungen wird u.a. zu entnehmen sein, dass sich der Rechnungsendbetrag aus dem Zuschlagspreis, einer Kommissionsgebühr, den Kosten für die Tierlebensversicherung und der Umsatzsteuer errechnet. Das heißt, der zu zahlende Gesamtbetrag wird deutlich über dem Zuschlagpreis liegen. Zudem sind i.d.R. weitgehende Haftungsbegrenzungen und Fristverkürzungen vorgesehen.

Dieses Ambiente ist nicht jedermanns Sache und für den Neuling vielleicht nur bedingt zu empfehlen.

Zahlreiche Kaufinteressenten werden sich daher an die bereits erwähnten großen oder kleinen **Verkaufsställe** wenden. Obgleich seit der Schuldrechtsreform fast zu bedauern, werden Pferdehändler mitunter Fähigkeiten angedichtet, als könnten sie aus alt jung, aus lahm gesund, aus unreitbar lammfromm machen und sich an naiven Käufern gewissenlos bereichern.

Die Wirklichkeit sieht etwas anders aus. Die Vorgeschichte der Pferde kennt ein Händler selten. Gelegentliche Einkaufsfehler muss er ebenso wie Verluste durch Krankheit, Unfall oder Tod mit den Verkaufspreisen der anderen Pferde ausgleichen, die an sich schon im wahrsten Sinne des Wortes „fressendes" Kapital sind. Auch für Pferde, die von unzufriedenen Käufern zurückgebracht wurden, muss er letztlich doch wieder einen Käufer finden.

Hinzu kommt, dass viele Kunden in der Beurteilung von Pferden sachunkundig sind und sich in bemerkenswerter Weise grundsätzlich betrogen fühlen, wenn sie im Nachhinein feststellen, doch nicht das richtige Pferd ausgewählt zu haben, wenn ihre oft nicht zu erfüllenden Anforderungen unerfüllt bleiben.

Wie in jeder Branche, so gibt es natürlich auch unter den Pferdehändlern „schwarze Schafe", die vor betrügerischen Manipulationen nicht zurückschrecken. Doch diese „schwarzen Schafe" kommen dadurch rasch in einen Ruf, der guten Geschäften sehr abträglich ist.
Im Grunde bedienen sich Pferdehändler nur derselben Mittel und Methoden, derer sich jeder Kaufmann bedienen muss, wenn er seine Ware verkaufen und existieren will.
Wer sich also an einen Verkaufsstall wendet, wird darauf achten, dass dieser Stall einen guten Ruf hat. In solchen Ställen kommt man eher zum Ziel, auch wenn man etwas höhere Preise bezahlen muss.

Der bei Händlern grundsätzlich gern praktizierte **Umtausch** von Pferden, erscheint Käufern oft als gute Möglichkeit, das ungeliebte Tier rasch und unkompliziert wieder loszuwerden. Natürlich wird bei jedem Tausch in der einen oder anderen Form und mehr oder minder kräftig zugezahlt. Auch ein Umtausch sollte daher unter Abwägung der konkreten Bedingungen gut überlegt sein.

Die unbedingt entscheidende Grundvoraussetzung für eine sichere und gute Kaufentscheidung, unabhängig davon, bei wem oder wo man kauft, wird immer ein möglichst hohes Maß an Sachkunde sein.
Hilfreich kann daher die Hinzuziehung eines sachkundigen und einigermaßen neutralen **Beraters** sein. Vier Ohren hören mehr als zwei und vier Augen sehen mehr als zwei.

Doch auch wer sich beraten lässt, sollte nicht vergessen: die Kaufentscheidung trifft der Käufer. Er trägt die Verantwortung und das Risiko. Beides wird er weder auf Berater oder Tierärzte, noch auf den Verkäufer abwälzen können.

Sarkastisch formuliert:

„Die gesamten Ursachen der Täuschungen und Misskäufe liegen pure auf Seiten des Ankäufers … was wollen Sie einem ehrlichen Pferdehändler machen, wenn er aus seinen neuen Pferden hat den Bauer hinausgetrieben; wenn er hat sie herausgeputzt und zugestutzt; mit einem Worte: wenn er sie hat rassifiziert? Kann er doch mit seinem Eigentum machen was er will! Kann er sie doch auch vorstellen wie er will! – und wenn er hat Fehler verborgen?! – Hm, trägt doch niemand gern seine Fehler zur Schau!
– Und wenn er hat die Tugenden gelobt, wenn er hat das ganze Pferd gelobt, wenn er es hat so sehr gelobt, dass es ist geworden gekauft?! Nun er hats weggelobt! Das geschieht auch sonstwo! – Und der Andere? Warum hat's der Andere geglaubt? Hat's ihm doch niemand abverlangt, dass er es hat sollen glauben! Und hätt' er's doch können sehen mit eigenen Augen, dass es ist gewesen eine infame Schindmähr!" **2**

2 Mortgen, A.: Enthüllte Geheimnisse aller Handelsvorteile und Pferdeverschönerungskünste der Pferdehändler. Voigt, Ilmenau1824

KAPITEL 2
Beurteilung von Pferden

Es kommt darauf an, die Zusammenhänge zwischen dem Körperbau und der zu erwartenden Leistungsfähigkeit für den konkreten Verwendungszweck zu erkennen.

Die Fähigkeit, Pferde richtig zu beurteilen, kann nur durch gründliches Studium der theoretischen Grundlagen in Verbindung mit Erfahrung und Begabung, durch viel Übung und häufigen Umgang mit Pferden erworben werden. Die Schwierigkeit liegt nicht in der Erkennung diverser Fehler, sondern in deren Bewertung.

Gerade beim Pferd hängt die Leistungsfähigkeit ganz erheblich von einem geeigneten Körperbau ab. Es kommt daher darauf an, die Zusammenhänge zwischen dem Körperbau und der zu erwartenden Leistungsfähigkeit für den konkreten Verwendungszweck zu erkennen.

Erfolgreiche Pferdebeurteilung ist daher keine Fehlersucherei, sondern versucht abzuschätzen, welche Exterieurmängel ein Pferd in welchem Maße (be-)hindern könnten, ein gutes Sportpferd zu werden, und welche Mängel leicht zu verzeihen sind oder durch besondere Vorzüge ausgeglichen werden.

Hinzu kommt, dass ein korrekter Körperbau eine gute, aber weder unbedingte noch einzige Voraussetzung für eine hohe Leistungsfähigkeit ist. Erst die Kombination von Exterieur, Bewegungseigenschaften und Rittigkeit mit dem so wesentlichen Interieur (Leistungsbereitschaft, Charakter, Temperament), unter Berücksichtigung von Alter und Gesundheit, kennzeichnen die tatsächliche Qualität eines Pferdes.

Die nachfolgenden Ausführungen können nicht auf alle Einzelheiten eingehen und erheben keinen Anspruch auf Vollständigkeit. Vielmehr sollen verständlich, nachvollziehbar und übersichtlich Informationen vermittelt werden, die den Blick für die tatsächliche Qualität eines Pferdes schärfen.

Eine gründliche Pferdebeurteilung vor dem Kauf umfasst:
- die Beobachtung des Pferdes im Stall,
- die Musterung des korrekt aufgestellten Pferdes und die Beurteilung seines Bewegungsablaufes an der Hand,
- bei jungen Pferden Freilaufen und gegebenenfalls Freispringen und schließlich
- das Prüfen des Pferdes unter dem Reiter (bzw. in der Anspannung).

Für die Gesamtbeurteilung eines Pferdes wird neben vielen objektiven Kriterien immer auch der ganz persönliche Eindruck maßgeblich sein. Nur wenn „der Funke überspringt" wird man sich innerlich verbunden fühlen und mit der erforderlichen Zuneigung, Geduld und Freude an die Ausbildung und Beschäftigung mit seinem Pferd gehen.

2.1 Beobachtungen im Stall

Gelegentlich wird empfohlen, unangemeldet oder extrem verfrüht zum Pferdehandel zu kommen, um vorherige Manipulationen an den Tieren zu erschweren. Diese von Misstrauen geprägte Unhöflichkeit hat nicht nur den Nachteil, dass sie als solche empfunden werden kann, sondern natürlich auch, dass möglicherweise niemand angetroffen wird, wenig Zeit ist, die Pferde gerade im Auslauf oder auf der Koppel sind oder dergleichen mehr. Der Käufer muss im Einzelfall abwägen, was ihm sinnvoll erscheint. Auf keinen Fall betritt man ohne Erlaubnis einen fremden Stall oder eine Weide.

Bereits vor der näheren Besichtigung wird man sich mit dem Verkäufer über **Abstammung, Vorgeschichte und Ausbildungsstand** des in Frage kommenden Pferdes unterhalten haben.

- *Haltungsbedingungen*
- *Allgemein-, Ernährungs- und Pflegezustand*
- *Exterieurüberblick*
- *Verhalten im Umgang*

Im Stall kann man durch Gespräch und Beobachtung weitere Informationen erhalten: **Unter welchen Bedingungen werden die Pferde in diesem Stall gehalten? Wie und wie oft werden sie bewegt?** Wie wird mit den Pferden umgegangen? Erscheinen sie aufmerksam, lebhaft und gesund, in gutem **Allgemein-, Ernährungs- und Pflegezustand?**

Darüber hinaus erhält man einen **ersten Eindruck** über Typ, Größe und Kaliber, Harmonie und Konstitution. Man beobachtet, wie sich das Pferd **im Umgang** verhält, wie beim Satteln und Auftrensen, ob es sich die Beine ruhig und willig aufheben lässt und schließlich, ob es frei, sicher und ungebunden seine **ersten Schritte aus der Box** macht oder steif, klamm oder durch Sattelzwang gespannt wirkt.

Auf diese Vielzahl von Informationen wird man als Kaufinteressent nicht dadurch verzichten, dass man sich das Pferd gesattelt oder sogar bereits abgeritten in die Reitbahn bringen lässt.

2.2 Der Körperbau – das Exterieur

Bei der Beurteilung der Körperformmerkmale – des Exterieurs – sind anatomische Grundkenntnisse erstes Erfordernis für Rückschlüsse auf Belastbarkeit und Leistungspotential (SIEHE ABB. S. 24 UND 25).

Jede Exterieurbeurteilung beginnt mit der **korrekten Aufstellung des Pferdes**. Während man als Verkäufer das Pferd dabei gern vorne etwas höher und nach hinten gestreckt stellen möchte, sollte man als Käufer darauf achten, dass das Pferd auf waagerechter Fläche, weitgehend sich selbst überlassen, eine zum Betrachter offene, natürliche Haltung und Stellung annimmt.

Das Pferd steht zum Betrachter offen, auf festem Untergrund, weitgehend sich selbst überlassen, in natürlicher Haltung.

A. Allgemeiner Überblick: Typ, Harmonie, Proportionen

Etwa zwei Pferdelängen seitwärts stehend, nimmt man sich zunächst Zeit für den so wesentlichen Gesamteindruck, verschafft sich einen Überblick über das ganze Pferd, seinen Typ, seine Harmonie und seine Proportionen.

Dazu kann man sich gedanklich folgende Hilfslinien ziehen:

1. eine waagerechte Linie über den höchsten Punkt des Widerristes. Frage: Ist das Pferd überbaut oder bergauf konstruiert?

2. eine Senkrechte von der Bugspitze zum Boden sollte die Hufspitze treffen. Frage: Steht das Vorderbein regelmäßig oder vor- oder rückständig?

3. eine Senkrechte vom Sitzbeinhöcker zum Boden sollte den hinteren Rand des Sprunggelenks tangieren und nahezu parallel zum Hintermittelfuß verlaufen. Frage: steht das Hinterbein regelmäßig, hinten herausgestellt oder unter den Leib geschoben?

Die Betrachtung dieser drei Linien mit der Bodenlinie vermittelt einen Eindruck vom Format des Pferdes: Lang-Rechteck oder eher Quadrat ?

4. Schließlich eine Linie parallel zum Boden durch das Ellenbogengelenk. Frage: Teilt diese Linie das Viereck in nahezu gleiche Teile? Hat der Rumpf genug Tiefe oder ist das Pferd eher schmal und hochbeinig oder kurzbeinig und massig?

Hilfslinien zur Beurteilung der allgemeinen Proportionen

Als modernes Reitpferd erwünscht ist ein sogenanntes „Gleichgewichtspferd", das sich in Selbsthaltung trägt und aufgrund seines harmonischen Körperbaus in jeder Gangart im Gleichgewicht bewegt. Diesem Anspruch kommt das Lang-Rechteck-Format entgegen, geprägt durch eine bedeutende Schulterpartie mit langem, ausgeprägtem Widerrist sowie durch eine lange, wohlgeformte Kruppe. Eine überlange Mittelhand ist dagegen unerwünscht.

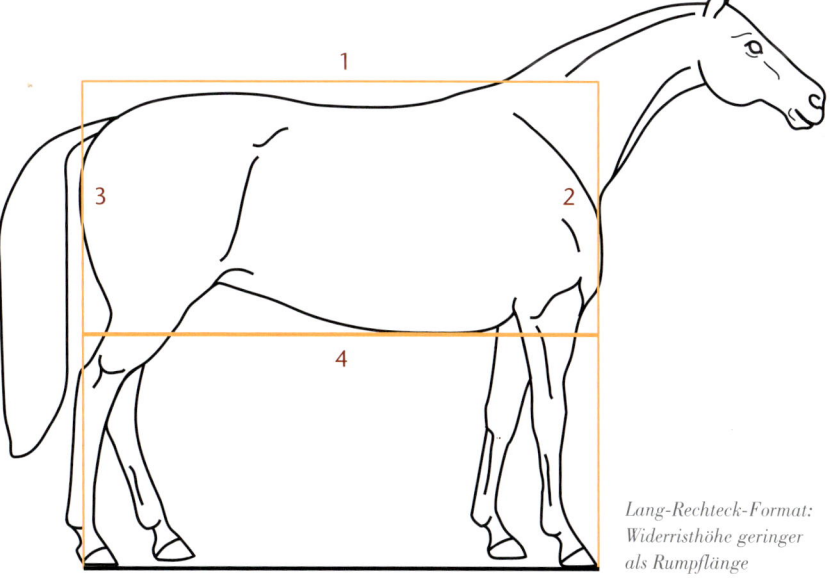

Lang-Rechteck-Format: Widerristhöhe geringer als Rumpflänge

Das Exterieur

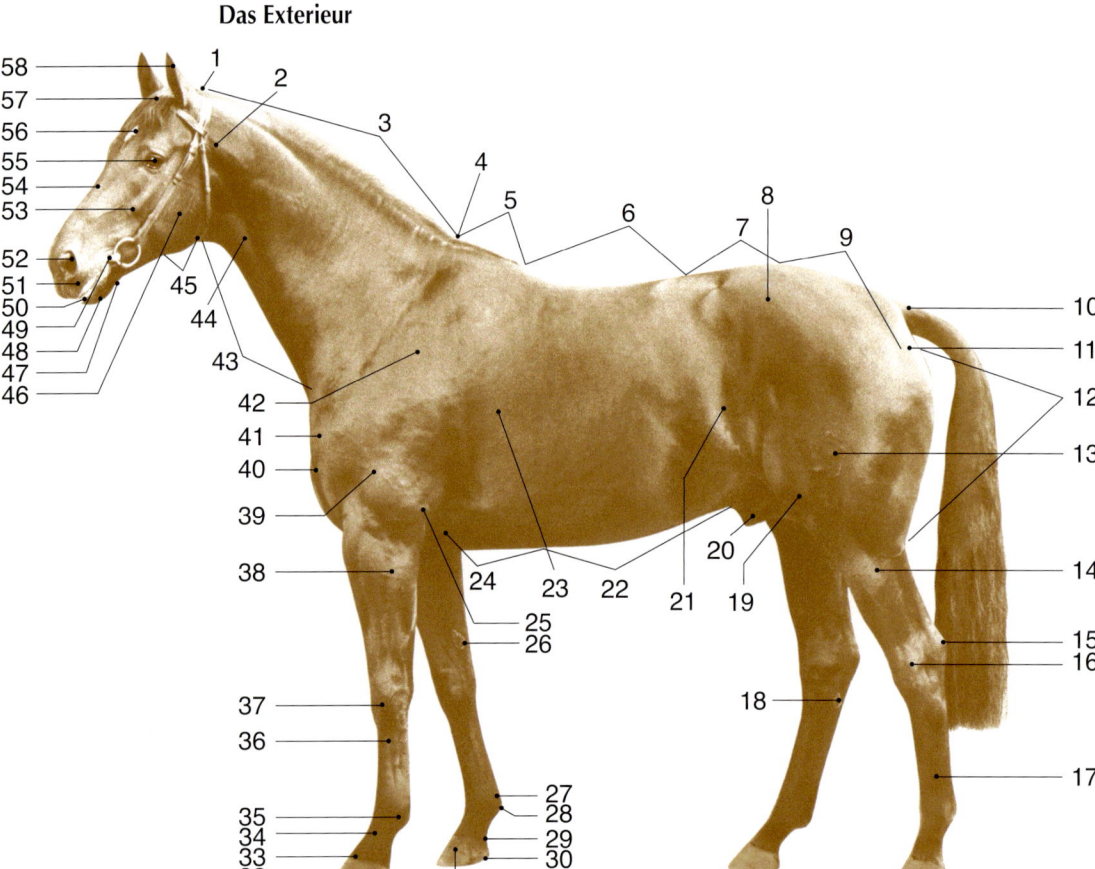

1 Genick	20 Schlauch	39 Oberarm
2 Ohrspeicheldrüse	21 Flanke	40 Vorderbrust
3 Mähnenrand des Halses	22 Bauch	41 Bugspitze
4 Halskerbe	23 Brustwand	42 Schulter
5 Widerrist	24 Unterbrust	43 Kehlrand des Halses
6 Rücken	25 Ellbogenhöcker	44 Drosselrinne
7 Lende	26 Kastanie	45 Ganasche
8 Hüfthöcker	27 Köte	46 Backe
9 Kruppe	28 Sporn	47 Kinngrube
10 Schweifansatz	29 Ballen	48 Kinn
11 Sitzbeinhöcker	30 Huf (Trachtenwand)	49 Maulwinkel
12 Hinterbacke	31 Huf (Zehenwand)	50 Unterlippe
13 Oberschenkel	32 Huf (Seitenwand)	51 Oberlippe
14 Unterschenkel	33 Krone	52 Nüster
15 Fersenhöcker	34 Fessel	53 Jochbeinleiste
16 Sprunggelenk	35 Fesselkopf	54 Nasenrücken
17 Hintermittelfuß (Hinterröhre)	36 Vordermittelfuß (Vorderröhre)	55 Auge
18 Kastanie	37 Vorderfußwurzel	56 Stirn
19 Knie	38 Unterarm	57 Stirnhaare
		58 Ohr

entnommen aus „Anatomie des Pferdes", Prof. Dr. Bodo Hertsch, Anatomie des Pferdes.
4. Auflage Warendorf 2003

Das Skelett

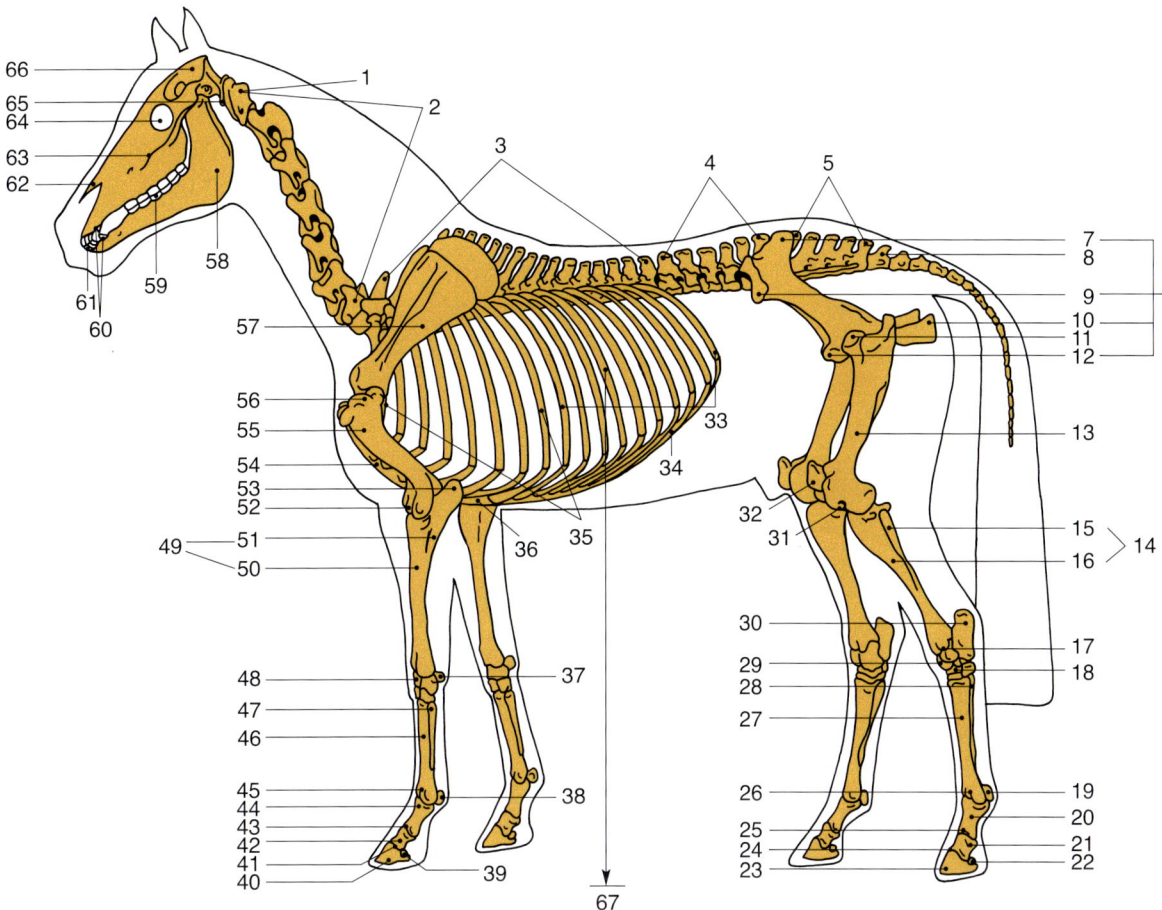

1	1. Halswirbel, (Atlas)	18	Hinterfußwurzelknochen
2	Halswirbel (7)	19	Gleichbein
3	Brustwirbel (18)	20	Fesselbein
4	Lendenwirbel (6)	21	Kronbein
5	Kreuzbein, Kreuzbeinwirbel (5)	22	Strahlbein
6	Beckenknochen	23	Hufbein
7	Darmbein	24	Hufgelenk
8	Schweifwirbel = Schwanzwirbel (15–21)	25	Krongelenk
9	Hüfthöcker	26	Fesselgelenk
10	Sitzbeinhöcker	27	Hintermittelfußknochen (Hinterröhre)
11	Hüftgelenk	28	Griffelbein
12	Schambein	29	Rollbein
13	Oberschenkelbein	30	Fersenbein
14	Unterschenkelknochen	31	Kniegelenk
15	Wadenbein	32	Kniescheibe
16	Schienbein	33	9. bis 18. Rippe (Atmungsrippen)
17	Sprunggelenk (Tarsalgelenk)	34	knorpliger Rippenbogen

35	1. bis 8. Rippe (8 Trage- oder wahre Rippen)	50	Speiche
36	Brustbein	51	Elle
37	Erbsenbein	52	Ellbogengelenk
38	Gleichbein	53	Ellbogenhöcker
39	Strahlbein	54	Brustbein
40	Hufbein	55	Oberarmbein
41	Hufgelenk	56	Schultergelenk (Buggelenk)
42	Kronbein	57	Schulterblatt
43	Krongelenk	58	Unterkiefer
44	Fesselbein	59	Backenzähne
45	Fesselgelenk	60	Hakenzähne
46	Vordermittelfußknochen (Vorderröhre)	61	Schneidezähne
47	Griffelbein	62	Nasenbein
48	Vorderfußwurzelknochen Vorderfußwurzelgelenk, Karpalgelenk	63	Jochbeinleiste
		64	Augenhöhle
49	Unterarmknochen	65	Kiefergelenk
		66	Hinterhauptbein
		67	Massenmittelpunkt

entnommen aus „Anatomie des Pferdes", Prof. Dr. Bodo Hertsch, Zeichnungen Uwe Spenlen: Anatomie des Pferdes. 4. Auflage Warendorf 2003

*Quadratformat:
Die Widerristhöhe entspricht
der Rumpflänge. Hochbeini-
ges Pferd mit ungenügender
Rumpftiefe.*

So genannte Quadratpferde haben oft einen strammen Rücken, der schwer zum Schwingen zu bringen ist.

*Hilfslinien zur Beurteilung
der allgemeinen Proportionen*
(SIEHE S. 23).

Eine Anmerkung zur Größe: Die Größe eines Pferdes ist kein Quali-tätskriterium. Natürlich sollte ein Pferd auch hinsichtlich seiner Größe zu seinem Reiter passen. Kleinere Pferde sind jedoch nicht nur leicht-futtriger und langlebiger, sondern oft auch bezüglich Ausdauer, Gleichge-wicht und Gliedmaßengesundheit den Übergroßen überlegen.

B. Systematische Exterieurbeurteilung: Betrachtung von der Seite

Dem Gesamteindruck folgt eine sorgfältige Betrachtung der einzelnen Körperabschnitte. Sie verlangt von Anfang an eine Systematik, die geeignet ist, sprunghafte Fehlersucherei ebenso wie Unvollständigkeiten zu vermeiden.

Nachfolgend beginnen wir mit der Betrachtung der Oberlinie vom Kopf bis zum Schweif, beurteilen dann den Rumpf (Brust, Bauch, Körperschluss) und schließlich das Fundament.

Oberlinie
Kopf, Hals und Schweif sind ausschlaggebend für die Schönheit eines Pferdes.
Ein besonders hübsches Köpfchen ist ästhetisch sehr ansprechend, hat mit den Reiteigen-schaften eines Pferdes jedoch wenig zu tun.

Kopf
- Spiegelbild für Charakter und Temperament
- Auge und Ohrenspiel
- Kontur
- Maulspalte
- Ganaschen

Ein *größerer Kopf* sollte bei Gebrauchspferden (Reit- und Fahrpferden) besonders dann nicht nachteilig gesehen werden, wenn er dabei ausdrucksvoll ist und das Pferd mit offenem, kla-rem und ruhigem Blick Gelassenheit, Selbstsicherheit und Aufmerksamkeit verrät.
Überhaupt sind Gesicht und Ohrenspiel des Pferdes ein Spiegelbild seines Interieurs.

Die *Maulspalte* soll lang genug sein, damit das Trensengebiss nicht zu tief liegen muss und dadurch Zungenfehler provoziert.
Gerade für Dressurpferde kann ein sehr kurzes Maul problematisch werden, wenn auch das Kandarengebiss darin noch Platz finden soll.

Gesicht und Ohrenspiel des Pferdes sind ein Spiegelbild seines Charakters.

Die *Ganaschen* (Unterkieferäste) müssen so weit sein, dass bei der Beizäumung die Ohrspeicheldrüse und der Kehlkopf nicht eingezwängt werden (Ganaschenfreiheit). Stehen die Unterkieferäste zu eng beieinander, spricht man von Ganaschenzwang, der für die Reiteigenschaften des betroffenen Pferdes nachteilig ist.

Als *Ansatz* bezeichnet man die Stellung des Kopfes zum ersten Halswirbel, dem Atlas. Überragt der Atlas das Hinterhauptsbein, ist der Ansatz unerwünscht tief. Der günstigste Ansatz wird durch ein *leichtes, breites und bewegliches* **Genick** mit sanfter Wölbung in den Kammrand des Halses erzielt. Dagegen ist ein kurzes, schweres Genick weniger beweglich und erschwert die Beizäumung.

Der **Hals** hat eine große Bedeutung sowohl für die Schönheit eines Pferdes als auch für dessen Körpermechanik.
In Verbindung mit dem Nackenbandapparat wirkt er als Hebel, der für die Spannung und Bewegung der Rückenmuskulatur und für die Kraftübertragung aus der Hinterhand über den Rücken nach vorne von besonderer Bedeutung ist.
Knöcherne Grundlage ist die Halswirbelsäule, bestehend aus sieben beweglich verbundenen Wirbeln, deren Länge bestimmend für die Halslänge ist (SIEHE ABB. S. 25).

Halsung
- Kopfansatz
- Länge
- Form
- Aufsatz

Die Verbindung des Halses mit dem Rumpf wird als Aufsatz bezeichnet.
Gut aufgesetzt ist ein Hals, wenn er an der Schulter etwa rechtwinklig abgesetzt ist und mit deutlichem Axthieb (Halskerbe, Ausschnitt) vom Widerrist nach vorne und mit schön gewölbtem Kammrand ansteigt. Die untere Linie, der sogenannte Kehlrand sollte am besten gerade verlaufen.

Deutlich und etwa rechtwinklig an der Schulter abgesetzter Hals mit geradem Kehlrand, schön gewölbtem Kammrand sowie ausgeprägtem Axthieb (Schulterkerbe). Auffallend sind auch das leichte Genick und die vorteilhafte Ganaschenfreiheit – Beizäumungsschwierigkeiten sind bei diesem Pferd kaum zu erwarten.

Der Hals eines Pferdes kann kaum zu lang, bei schwacher Bemuskelung jedoch zu dünn sein. Ein langer, *dünner Hals* ist oft „lose", d.h. nur schwer am Widerrist festzustellen.

Nachteilig für das Gleichgewicht eines Pferdes ist der zu *kurze und schwere Hals*. Ein etwas höherer Aufsatz muss nicht nachteilig sein, solange hierdurch nicht die Streckung in die Tiefe und das „über den Rücken reiten" der Pferde zu sehr erschwert werden.
Dagegen laufen Pferde mit tief angesetztem Hals leicht auf der Vorhand und haben gelegentlich auch noch einen ausgeprägten Unterhals.

dünner Hals   kurzer und schwerer Hals

Schwanenhals   Hirschhals

Widerrist
- Höhe
- Länge
- Bemuskelung

Der **Widerrist** wird in seiner Form durch die Länge und Neigung der langen Brustwirbeldornfortsätze bestimmt. Gewünscht wird ein deutlich ausgeprägter, *hoher und lang in den Rücken hineinverlaufender Widerrist*, der durch große Hebel und Muskelansatzflächen die Ausbildung und Funktion einer kräftigen Rückenmuskulatur ermöglicht.

Dabei gibt es durchaus gute Pferde mit kaum ausgeprägtem Widerrist, was mitunter damit zusammenhängt, dass eine starke Bemuskelung den Widerrist optisch überlagert.
Nachteilig ist bei einem *kurzen, niedrigen Widerrist* die schlechte Sattellage. Solche Pferde müssen im ungünstigsten Falle mit Vorgurt geritten werden, da sonst der Reiter zu weit vorne sitzt, was nicht nur unglücklich aussieht, sondern auch belastend für die Vorhand und nachteilig für das Gleichgewicht des Pferdes ist.

Überbaute Pferde, d.h. die Kruppe überragt den Widerrist, neigen dazu, auf die Vorhand zu kommen. Dieser Mangel kann durch einen besonders günstig angesetzten und optimal getragenen Hals in Verbindung mit einer vorzüglich arbeitenden Hinterhand ausgeglichen werden.

Die Oberlinie vom Widerrist bis zur Kruppe wird als **Rücken** bezeichnet. Im engeren Sinne versteht man darunter den Bereich vom Ende des unterschiedlich langen Widerristes bis zum ersten Lendenwirbel, der somit in seiner Ausdehnung mit 6–9 verschieden langen Brustwirbeln erheblich schwanken kann (SIEHE ABB. S. 25).

> **Rücken**
> • Länge
> • Verlauf
> • Breite
> • Bemuskelung

Sehr zu schätzen ist ein hinter dem Widerrist gerade und in sanft ansteigender Richtung verlaufender Rücken mit kräftiger Muskulatur, die zur Ausbildung einer schmalen Längsrinne führen kann. Abzulehnen ist dagegen ein durch Fettablagerungen gespaltener Rücken.

Unerwünschte Abweichungen von der für die Körpermechanik günstigsten, gleichförmig ansteigend verlaufenden Rückenlinie sind nach unten (weicher Rücken, Senkrücken) oder nach oben (Karpfenrücken) möglich.

Ein leichtes Abfallen der Rückenlinie hinter dem Widerrist verbessert die Sattellage und ist kein erheblicher Nachteil, sofern die Oberlinie dann wieder gleichmäßig und sanft ansteigt.

Im Gegensatz dazu hat ein sogenannter matter oder *weicher Rücken* ebenso wie der Senkrücken wenig Tragkraft und ist daher nur bei alten Mutterstuten nachsichtig zu beurteilen.
Wegen der mangelhaften Elastizität eines *Karpfenrückens* sind auch diese Pferde als Reitpferde weniger geeignet.

Die kräftig ausgebildete Muskulatur dieses Pferdes überlagert den Widerrist und führt an Rücken und Kruppe zur Ausbildung einer schmalen Längsrinne.

Ein etwas *längerer* Rücken muss nicht unbedingt nachteilig sein, sofern er nicht mangelndes Gleichgewicht und ungenügende Geschlossenheit, auch des Bewegungsablaufes, mit sich bringt.

Der größere Nachteil ist ein zu *kurzer, strammer Rücken*, der wenig elastisch und schwer zum Schwingen zu bringen ist. Eine elastische Rückentätigkeit ist aber von unerlässlicher Bedeutung für die schwungvolle Übertragung der Hinterhandkraft nach vorne.
Der Rücken soll in gleichförmiger Linienführung in Lende und Kruppe übergehen.

.... *Senkrücken* .... *Karpfenrücken* .... *überbautes Pferd*

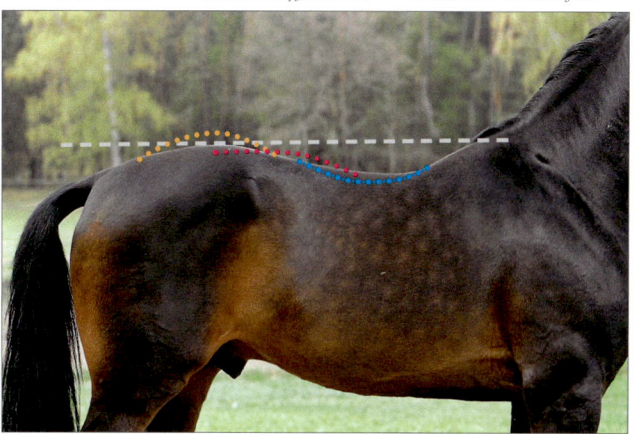

Lende
- Länge
- Breite
- Übergang zur Kruppe (Verbindung Lendenwirbel – Kreuzbein)

Die **Lenden- oder Nierenpartie** entspricht als letzter Teil der Mittelhand einer freitragenden Brücke, deren Grundlage sechs (fünf) kaum bewegliche Lendenwirbel mit besonders breiten Querfortsätzen bilden. Da die Lendenwirbelsäule im Gegensatz zur Brustwirbelsäule nicht durch Rippen gestützt wird, ist ihre Festigkeit von besonderer Bedeutung für die Leistungsfähigkeit eines Pferdes.

Je breiter und kürzer eine kräftig bemuskelte Lende ist, desto besser kann sie die Kraftübertragung aus der Hinterhand realisieren und Bewegungsschwankungen abfangen.
Eine leichte Aufwölbung weist auf lange Dornfortsätze und starke Bemuskelung hin und ist daher verzeihlich. Eine stärkere Wölbung kann jedoch die Kraftübertragung behindern und zu einem steifen Schieben der Hinterhand führen.

Das Gegenteil – *die matte Niere* (Nierendruck) – entsteht i.d.R. durch einen zu tiefen Ansatz der Lendenwirbel am Kreuzbein, zu kurze Dornfortsätze und mangelhafte Muskelausbildung. Sie ist daher nicht nur unschön, sondern leistungsmindernd.

Kruppe
- Länge
- Breite
- Neigung
- Form
- Bemuskelung

Die skelettmäßige Grundlage der **Kruppe** bilden die zum Kreuzbein verwachsenen Kreuzwirbel, die ersten Schwanzwirbel sowie der Beckengürtel, bestehend aus Darm-, Scham- und Sitzbein.
Je länger eine Kruppe ist, desto günstiger können die hier angesetzten Muskeln wirken und desto größer ist ihre Leistungsfähigkeit. Unterstützend wirkt dabei die Kruppenbreite, die den erforderlichen Raum für die Muskelmassen schafft.

Die Kraftentfaltung hängt jedoch nicht nur von der Kruppenlänge, -breite und -bemuskelung ab, sondern auch von der Stellung des Kreuzbeines und des Beckens.
Bei einer *geraden Kruppe* stehen die Hinterbeine oft etwas hinten heraus und treten auch in der Bewegung selten genügend unter den Körper. Gleichwohl kann diese Kruppenform, insbesondere bei Springpferden sehr leistungsfähig sein.
Umgekehrt entwickeln Pferde mit *abschüssiger Kruppe* zwar viel Tragkraft, aber wenig Schub – sie kommen wenig vorwärts.

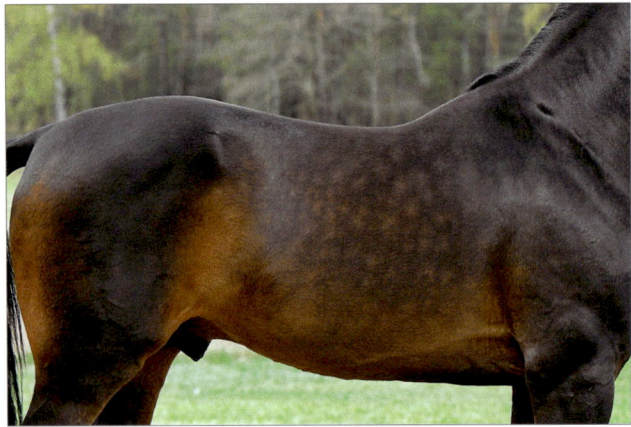

Die allgemein leistungsfähigste und heute bevorzugte Kruppenform ist daher die lange und leicht geneigte Kruppe.

Hinter dem Widerrist gerade und in sanft ansteigende Richtung verlaufender Rücken, in gleichförmiger Linienführung in eine kräftig bemuskelte Lende und Kruppe übergehend. Man beachte die in Länge, Neigung und Bemuskelung ideale Kruppenpartie und den vorteilhaft angesetzten, auch im Halten getragenen Schweif.

Der **Schweif** besteht aus den Schweifhaaren und der Schweifrübe, deren knöcherne Grundlage 15–21 Schweifwirbel bilden, von denen die ersten 3–4 noch an der Kruppenbildung beteiligt sind.
Ein gepflegter und schön getragener Schweif ist neben Kopf und Hals für die Schönheit eines Pferdes von besonderer Bedeutung.

Schweif
• Ansatz
• Muskeltonus

Je abschüssiger die Kruppe, desto tiefer ist der *Schweifansatz*, wodurch das Tragen des Schweifes erschwert wird. Besonders unschön ist der unter einem Muskelwulst zwischen den Sitzbeinhöckern eingeklemmte sogenannte *„eingesteckte"* Schweif.
Aber nicht allein der Schweifansatz ermöglicht ein schönes Tragen, es gehört auch ein bestimmter, gleichmäßiger Muskeltonus dazu.

Störend wirkt immer ein *schief getragener Schweif*, der seitlich von der Richtung der Wirbelsäule abweicht. Die möglichen Ursachen sind vielfältig, können angeboren oder erworben sein. Manche Pferde tragen den Schweif in Folge von Verspannungen der Rückenmuskulatur schief, was sich nach lösender, geraderichtender Arbeit rasch verliert.

Rumpf

Der Brustkorb enthält mit Herz und Lunge lebenswichtige Organe. Eine geräumige **Brust** mit entsprechender Breite und Tiefe bietet daher günstige Voraussetzungen für Volumen und Leistungsfähigkeit dieser Organe.

Brust
• Breite
• Tiefe
• Länge

Fehlerhaft ist die sogenannte *Hahnenbrust*, die durch vorgewölbte Vorderbrustfläche und zurückgeschobene Schulter ungünstig für Bewegungsablauf und Leistungsfähigkeit ist.
Auch eine *zu breite Brust* ist unerwünscht, da sie oft mit einem schwerfälligen, gebundenen Bewegungsablauf bei zehenenger Gliedmaßenstellung verbunden ist.

Wesentlicher als die Brustbreite ist eine genügende Brusttiefe und -länge, wovon besonders Zuchtpferde kaum genug haben können.

Der **Bauch** eines schönen Pferdes ist leicht gewölbt und in der Flankengegend gut ausgefüllt. Die untere Begrenzungslinie des Bauches sollte nicht tiefer liegen als das Brustbein. Ein über diese Linie herabreichender Bauch – *der Hängebauch* – ist weniger schön und lässt auf mangelhafte Konstitution schließen.
Das Gegenteil ist der *aufgeschürzte (aufgezogene) Bauch*, der als Folge ungenügender Futterverwertung oder mangelnder Fresslust, bei übermäßiger Nervosität und bei chronisch kranken Pferden auftritt.

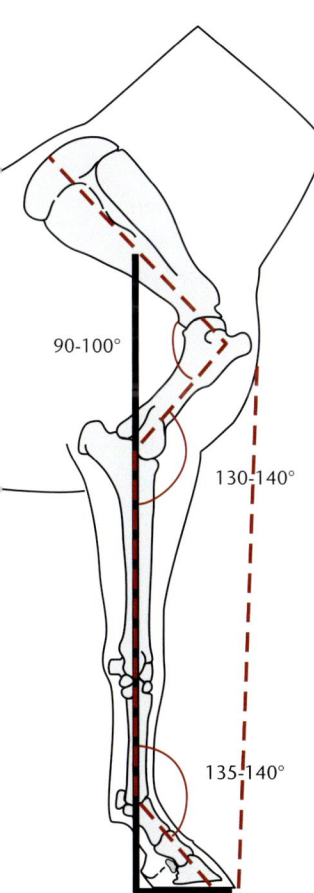

90-100°

130-140°

135-140°

Regelmäßige Stellung der Vorhand

Das Fundament

Die Bewertung des **Fundamentes** ist keine Frage der Ästhetik. Der alte Spruch *„No foot, no horse"* macht deutlich, wie ausschlaggebend das Fundament für den Gebrauchswert eines Pferdes ist und daher auch für seinen züchterischen Wert sein muss. Eine gewisse Mindestfundamentstärke ist zu fordern, weil zu schmale Knochen nur kleine Gelenk- und Muskelansatzflächen haben, die eine optimale Kraftübertragung gefährden.

Vorhand

Die **Vorhand** trägt schon beim reiterlosen Pferd mit 60 bis 65% den größeren Teil des Körpergewichtes, in der Bewegung und ganz besonders beim Springen ein Vielfaches davon. Sie hat in erster Linie eine Stütz- und Auffangfunktion. Diese Aufgabe können die Schultergliedmaßen am besten erfüllen, wenn sie parallel und senkrecht stehen. Im Seitenbild soll ein von der Mitte des Schulterblattes gefälltes Lot die Gliedmaße teilen und den Ballen tangierend auf den Boden treffen.
Abweichungen von der regelmäßigen Stellung sind die Vorständigkeit und die Rückständigkeit, auch Unterständigkeit genannt, die sowohl angeboren oder infolge von Fehlbelastung, Beschwerden und Erkrankungen erworben sein können.

Schulter

Von besonderer Bedeutung für die Leistungsfähigkeit eines Pferdes ist die **Schulter**, deren knöcherne Grundlage das Schulterblatt bildet. Eine gute Schulter soll breit, gut bemuskelt, schräg und lang sein. *Kurze und steile Schultern* führen zu einer ungünstigeren Winkelung des Buggelenkes und damit zu mangelhafter Schulterfreiheit, weniger Raumgriff und eher stumpfem Bewegungsablauf.

Oberarm

Da der sich anschließende **Oberarm** wenig sichtbar ist, wird seine Bedeutung oft unterschätzt. Dabei beeinflusst er durch seine Länge und Richtung die Bewegungsmöglichkeiten des Pferdes erheblich und kann Schwächen der Schulter etwas ausgleichen. Der Oberarm soll möglichst lang sein, um genügend Muskelansatzfläche zu bieten.

Ellenbogengelenk

Die **Ellenbogenhöcker** sind nicht nur Hebelarm des Ellenbogengelenkes, sondern auch wichtige Ansatzfläche für die Muskulatur der Vordergliedmaßen. Sie sollen daher lang sein, parallel zueinander und zum Körper verlaufen und nicht weniger weit auseinander liegen als die Buggelenke. Durchaus nachteilig sind *angedrückte Ellenbogen*, die zu einer Drehung der unteren Gliedmaße nach außen führen und die Bewegungsfreiheit der Pferde behindern. Zumindest eine flache Hand sollte zwischen Brustkorb und Ellenbogenhöcker gelegt werden können.

Unterarm

Vom Ellenbogengelenk bis zur Vorderfußwurzel erstreckt sich der Unterarm (Vorarm), dessen skelettmäßige Grundlage Elle und Speiche bilden und der ausreichend bemuskelt sein soll. Günstig für Belastbarkeit, Bewegungsablauf und für das „Falten" des Vorderbeins am Sprung sind ein relativ langer Unterarm und ein kurzes Röhrbein, also eine Vorderfußwurzel (Karpalgelenk) unterhalb der Mitte des Vorderbeines .

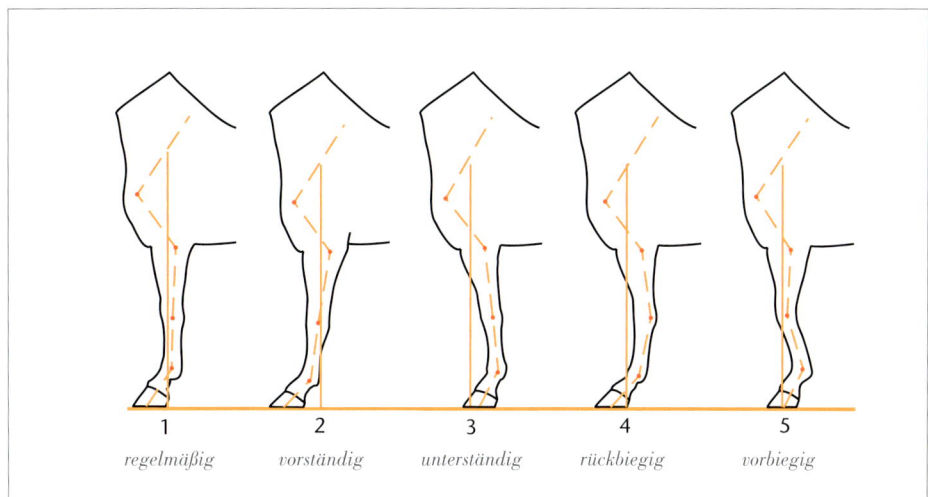

1	2	3	4	5
regelmäßig	*vorständig*	*unterständig*	*rückbiegig*	*vorbiegig*

Das Vorderfußwurzelgelenk (Karpalgelenk) ist ein zusammengesetztes Gelenk, dessen Hauptaufgaben Beugung, Stoßdämpfung und Streckung sind. Diese Funktionen machen es erforderlich, dass sich die Karpalknochen exakt auf einer Achse mit Unterarm (Radius, Ulna) und Röhrbein befinden. Zudem sollten sie ausreichende Größe haben, um genügend Stabilität zu gewährleisten.

Vorderfußwurzel

Die **Vorderfußwurzel** muss daher gut entwickelt und von vorne gesehen breit sein, ausdrucksvoll modelliert und nicht verschwommen.

Eine *Einschnürung* unter der Vorderfußwurzel (geschliffenes Vorderbein) ist fehlerhaft, aber selten bedeutsam. Gerade bei besonders markanter Vorderfußwurzel kann der Übergang zum Röhrbein leicht eingeschnürt erscheinen.

Als *vorbiegig* (lose) wird eine Achsenabweichung der Vorderfußwurzel nach vorne bezeichnet, die selten Probleme bereitet, häufiger bei Neugeborenen sowie bei älteren Pferden zu sehen ist und toleriert werden kann.

Ungünstig dagegen ist das *rückbiegige* Vorderbein, das eine schwache Vorderfußwurzel kennzeichnet und unter Belastung selten beschwerdefrei bleiben wird.

Knöcherne Grundlage des **Vordermittelfußes (Röhre)** ist der Hauptmittelfußknochen, an dessen Rückseite sich die beiden Griffelbeine, zwei kleine, rudimentäre (verkümmerte) Mittelfußknochen befinden. Günstig ist immer ein *flaches, kurzes und breites* Röhrbein, das dadurch auch den Sehnen, die sich klar und trocken abheben sollen, eine günstige Anlagefläche bietet. Der Röhrbeinumfang ist für die Belastbarkeit der Gliedmaßen weit weniger bedeutsam als ihre Stellung.

**Vordermittelfuß
(Röhre)**

Der Fesselkopf mit dem Fesselgelenk soll *kräftig* und *klar konturiert* sein. Die durch die Mitte der **Fessel** und parallel zur vorderen Hufwand verlaufende Zehenachse sollte eine ungebrochene Linie bilden (der Huf passt zum Fesselstand) und idealerweise am Vorderbein in einem Winkel von etwa 45 bis 50° zur Standfläche verlaufen. Hinten ist die Fesselung etwas steiler und kürzer.

Fessel

Nachteilig sind zu lange, weiche Fesseln, die zu einer erhöhten Belastung der Sehnen und Bänder führen, ebenso wie zu kurze und steile Fesseln, die die Zehengelenke vermehrt belasten, einen stumpfen, wenig federnden Bewegungsablauf erwarten lassen und mitunter zum sogenannten Überköten* führen können.

Huf

Der **Huf** muss zur *Größe des Pferdes passen, regelmäßig und innen geräumig sein*. Es gibt zahlreiche Abweichungen von der regelmäßigen Hufform, die immer mechanische Nachteile mit sich bringen. Besonders bedenklich sind *zu kleine Hufe und Zwanghufe*. Sie können angeboren sein und erhöhen das Risiko chronisch degenerativer Erkrankungen der Zehengelenke. Andererseits können kleinere und Zwanghufe auch als eine Folge andauernder (chronischer) Lahmheiten oder latenter Schmerzzustände erworben sein, die das Pferd veranlassen, die betroffenen Gliedmaßen über längere Zeiträume weniger zu belasten.

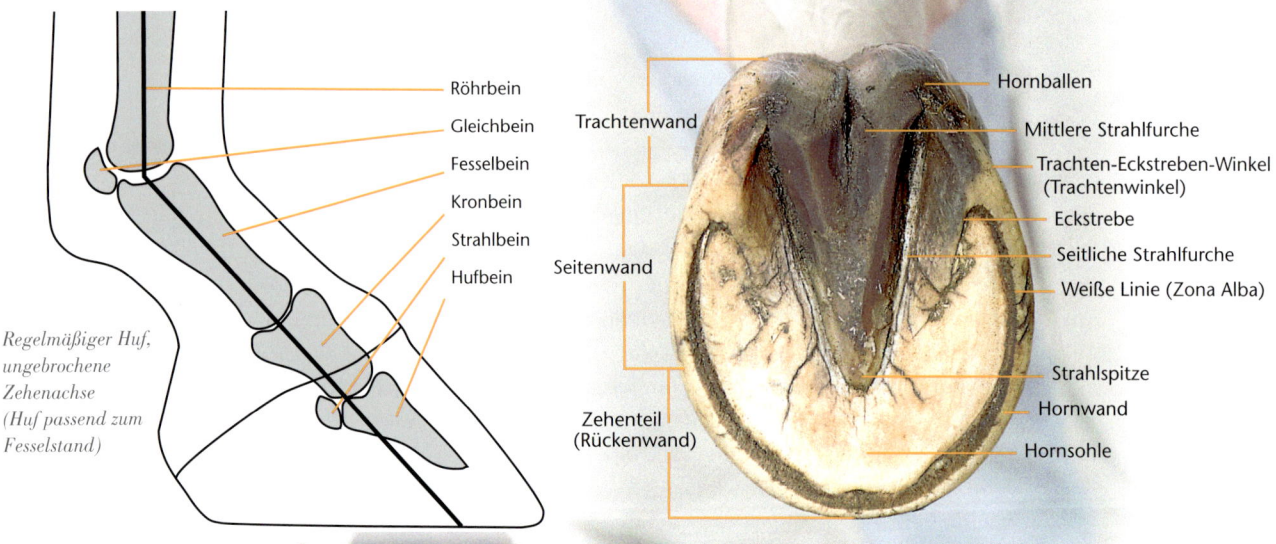

Röhrbein
Gleichbein
Fesselbein
Kronbein
Strahlbein
Hufbein

Regelmäßiger Huf, ungebrochene Zehenachse (Huf passend zum Fesselstand)

Trachtenwand

Seitenwand

Zehenteil (Rückenwand)

Hornballen
Mittlere Strahlfurche
Trachten-Eckstreben-Winkel (Trachtenwinkel)
Eckstrebe
Seitliche Strahlfurche
Weiße Linie (Zona Alba)
Strahlspitze
Hornwand
Hornsohle

Normal geformter Vorderhuf

Ebenfalls nachteilig sind niedrige, untergeschobene Trachten, die den stoßdämpfenden Hufmechanismus einschränken und zu einer Überstreckung des Fessel- und des Vorderfußwurzelgelenkes, verbunden mit einer vermehrten Belastung der Beugesehnen und des Fesseltrageapparates führen.

Schiefer Huf, Trachtenzwanghuf (Vorderhuf) Man beachte das Engerwerden des Hufes im Trachten- und Wandbereich sowie den verkümmerten Strahl.

* Überköten = Störung der Streckfunktion des Fesselgelenkes. Dabei verschiebt sich der Fesselkopf bei Belastung der Gliedmaße nach vorn.

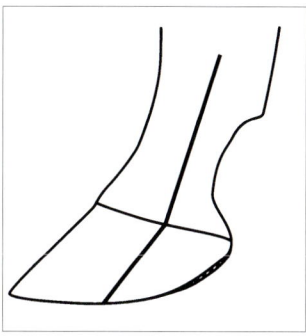

Gebrochene Zehenachse
Huf mit niedrigen, unter-
geschobenen Trachten

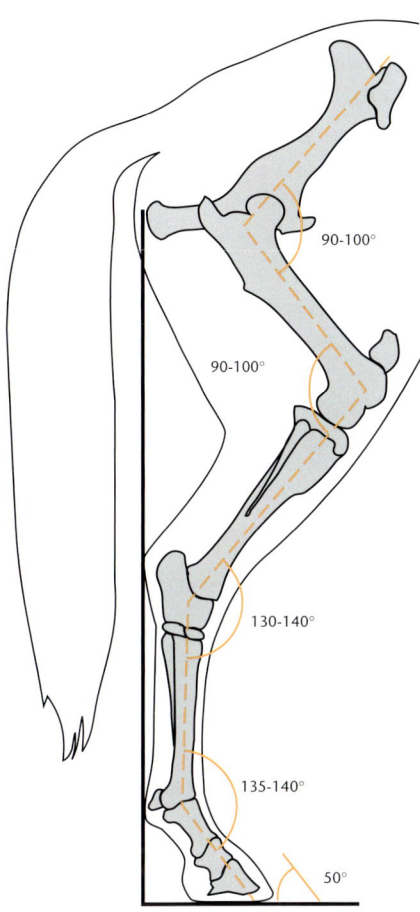

90-100°

90-100°

130-140°

135-140°

50°

Regelmäßige Stellung der Hinterhand

Hinterhand

Während die Vorhand in erster Linie Stütz- und Auffangfunktion hat, ist die **Hinterhand** als stark gewinkeltes Hebelwerk die entscheidende Kraftquelle für die Vorwärtsbewegung des Pferdes.

Aus diesem Grunde ist die Beurteilung ihrer Stellung, Winkelung und Bemuskelung von großer Bedeutung.

Günstig gestaltet sich das Zusammenwirken der knöchernen Hebelarme, wenn bei korrektem Stand ein vom Sitzbeinhöcker gefälltes Lot das Fersenbein tangiert und nahezu parallel zum Hintermittelfuß verlaufend hinter dem Ballen den Boden trifft.

Abweichungen hiervon sind die säbelbeinige (vorständige), die unterständige und die rückständige Stellung.

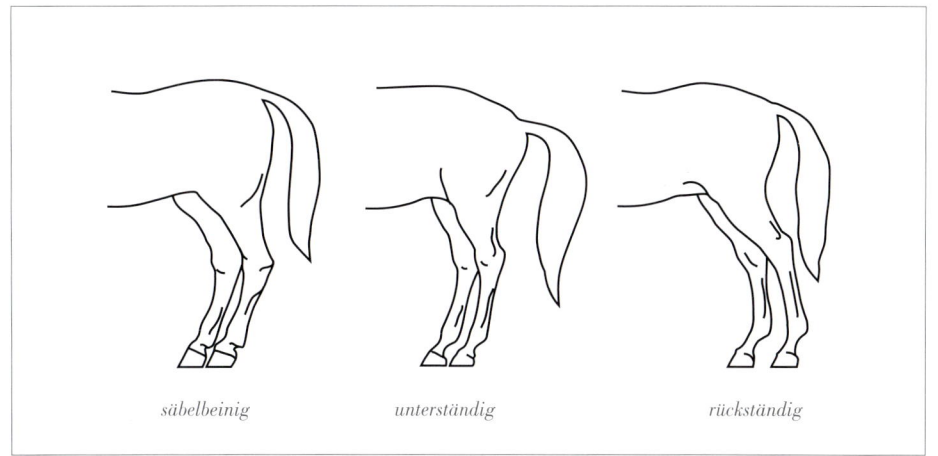

säbelbeinig   unterständig   rückständig

Stellung der
Hintergliedmaßen

Von kaum zu überschätzender Bedeutung ist ein tiefes und gut entwickeltes Sprunggelenk, dessen Beurteilung weit schwieriger ist, als allgemein angenommen wird. Die knöcherne Grundlage dieses Gelenkes bilden sechs bzw. sieben Knochen, die mehrreihig übereinander angeordnet sind, sodass es einer guten anatomischen Kenntnis und Übung bedarf, um beurteilen zu können, ob ein Sprunggelenk gesund und belastbar ist.

Sprunggelenk

Gefordert ist ein *trockenes, breites, kräftiges und klar umrissenes* **Sprunggelenk**, das nicht schwammig oder grob geformt erscheinen darf.
Fehlerhaft sind ausgeschnittene, geschnürte und scharf abgesetzte Sprunggelenke ebenso wie flache, die nicht in genügender Wölbung hervortreten.

Ein Sprunggelenk ist *flach*, wenn sein Querdurchmesser zu gering ist. Es ist *geschnürt und ausgeschnitten*, wenn es mit deutlicher Einschnürung in den Mittelfuß übergeht und stark abgesetzt, wenn man an der Innenseite beim Übergang zum Unterschenkel einen unerwünschten Absatz bemerkt.

Eine etwas stärkere Winkelung ist nicht so problematisch, sofern keine ausgesprochene Säbelbeinigkeit vorliegt. Kritisch ist aber ein *zu stark gewinkeltes Hinterbein* in Verbindung mit einem schlecht eingeschienten Sprunggelenk. Zur Sehne hin entsteht dabei die Tendenz zur Hasenhacke.

Ein *gerades Hinterbein* mit offenem Sprunggelenk ist oft verbunden mit einer weichen, bärentatzigen Fesselung und mitunter zu finden bei Vollblütern oder auch bei vermögenden Springpferden. Bedenklich ist es bei Dressurpferden, denn es fällt solchen Pferden dadurch schwer, sich in der Hinterhand zu setzen.

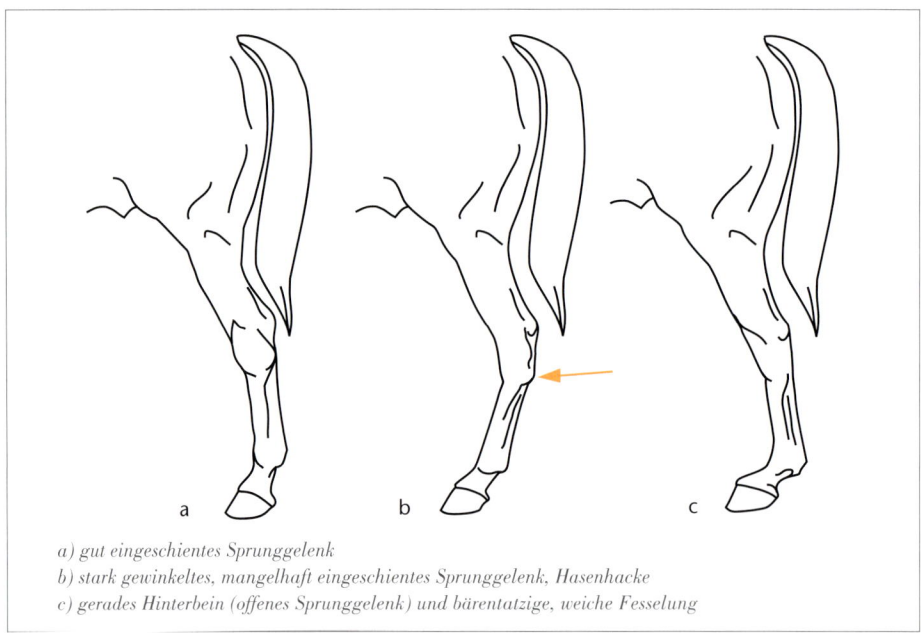

a) *gut eingeschientes Sprunggelenk*
b) *stark gewinkeltes, mangelhaft eingeschientes Sprunggelenk, Hasenhacke*
c) *gerades Hinterbein (offenes Sprunggelenk) und bärentatzige, weiche Fesselung*

Die bekannteste Erkrankung des Sprunggelenkes ist der Spat, eine ein- oder beidseitig auftretende chronisch deformierende Erkrankung des Sprunggelenkes, die besonders bei Reitpferden und Trabern vorkommt.

Die Grenze zwischen stark abgesetzten Sprunggelenken, die eher auf eine erhöhte Belastbarkeit hindeuten, und sogenannten Spatexostosen ist nicht immer sicher zu ziehen. Die Bedeutung derartiger Veränderungen ist unterschiedlich (s.u.).

C. Betrachtung des Pferdes von vorne und hinten

Die Beurteilung des stehenden Pferdes beschränkt sich nicht auf eine Seitenansicht.
Man betrachtet das Pferd von allen Seiten, beurteilt die Gliedmaßen und ihre Stellung von vorne und von hinten.

Die **Vorderbeinstellung** ist regelmäßig, wenn ein vom Buggelenk aus gefälltes Lot Gelenke und Huf halbiert. Dabei soll der Abstand zwischen beiden Hufen etwa eine Hufbreite betragen.

Es gibt eine Vielzahl von Abweichungsmöglichkeiten, die vier wesentlichsten sind der nachstehenden Abbildung zu entnehmen.

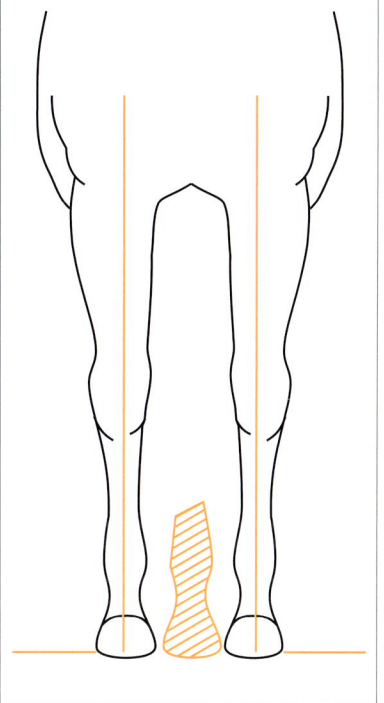

regelmäßige Stellung der Vorhand

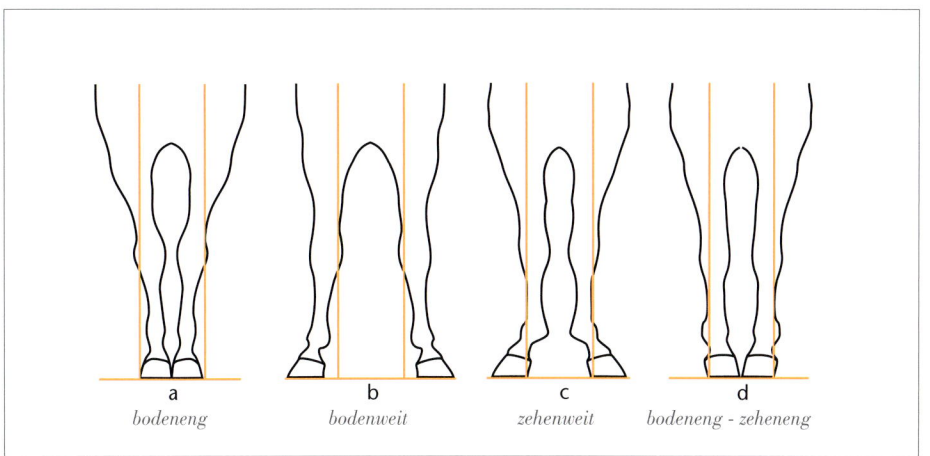

a	b	c	d
bodeneng	*bodenweit*	*zehenweit*	*bodeneng - zeheneng*

Stellung der Vordergliedmaßen

Bei der Betrachtung der **Hintergliedmaßen** von hinten soll ein von den Sitzbeinhöckern gefälltes Lot Sprunggelenk, Hinterröhre, Fessel und Huf in einigermaßen gleiche Teile teilen. Auch der Abstand zwischen den Hinterhufen soll etwa eine Hufbreite betragen. Mögliche Abweichungen sind in unten stehender Abbildung dargestellt.

Bei vielen Pferden sind in irgendeiner Form Abweichungen von der Normalstellung feststellbar. Sie führen immer zu einer Mehrbelastung bestimmter Gliedmaßenbereiche und sind daher in deutlicher Ausprägung bei Sportpferden unerwünscht, bei Zuchtpferden kaum verzeihlich.

*Stellung der
Hintergliedmaßen*

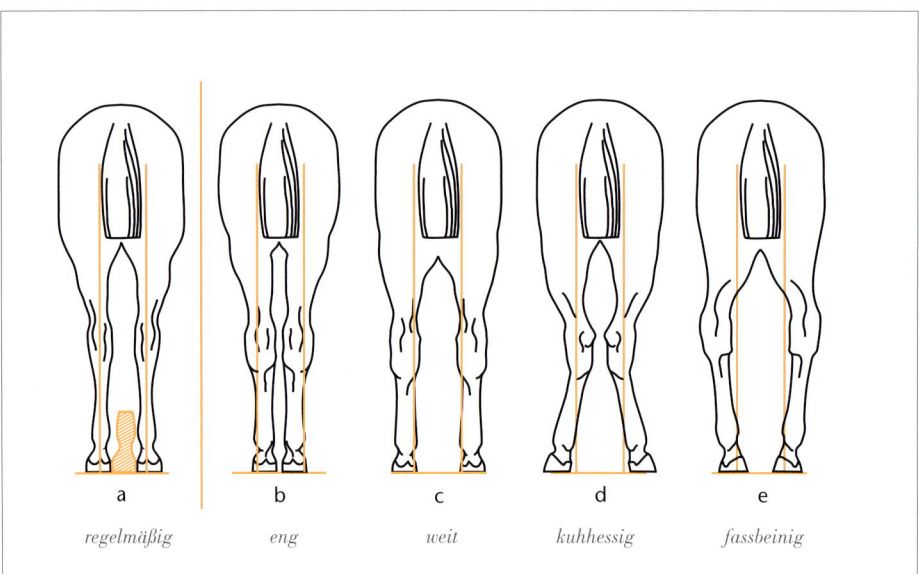

a	b	c	d	e
regelmäßig	*eng*	*weit*	*kuhhessig*	*fassbeinig*

2.3 Der Bewegungsablauf

Zur Beurteilung des Bewegungsablaufes an der Hand lässt man das Pferd zunächst am durchhängenden Zügel auf **hartem, ebenem Boden** im Schritt in gerader Linie auf sich zu und von sich weg führen, danach auf derselben Linie im Trab. Das Pferd soll dabei unbedingt locker, gleichmäßig und ruhig traben. Durch entsprechende Peitschenführung provozierte Spannungen erschweren die Beurteilung und können Gangunregelmäßigkeiten überdecken.

Beobachten Sie die *Gliedmaßenführung*, achten Sie darauf, wie sich eventuelle Gliedmaßenverstellungen in der Bewegung auswirken, ob von vorne Bügeln, Streichen oder Kreuzen erkennbar sind, die Fußung besonders eng oder weit ist, was mit Gleichgewichtsproblemen verbunden sein kann.

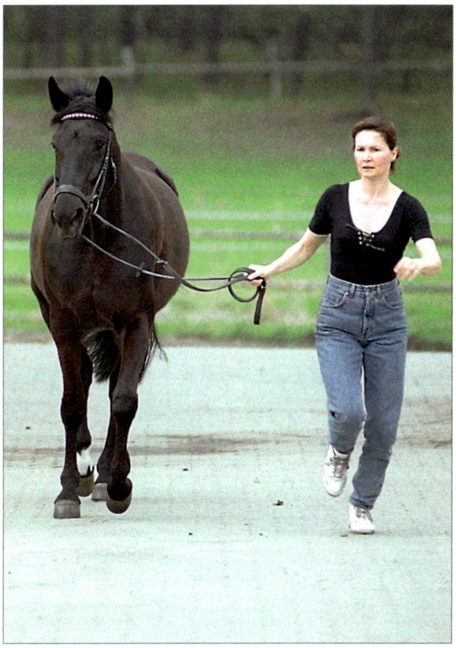

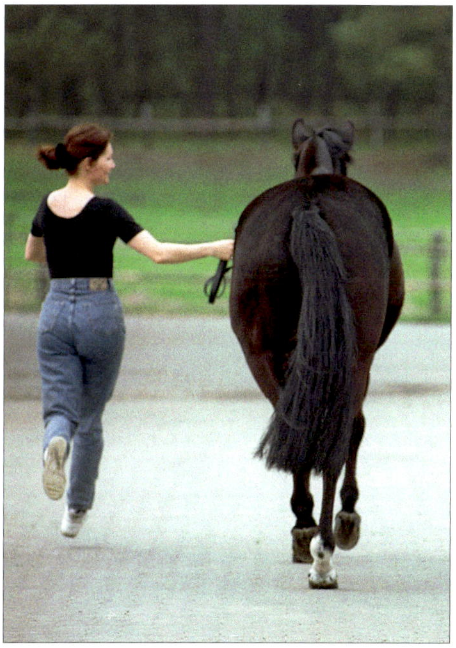

Dieses Pferd wird locker (pendelnder Schweif), ruhig und gerade am langen Zügel vorgetrabt. So können Gangunregelmäßigkeiten nicht durch falsche Spannungen überdeckt werden.

Hinter dem Pferd stehend beobachtet man, ob in der Bewegung die Hinterbeine drehen, die Sprunggelenke instabil sind, ob die Hinterbeine in Richtung auf die Vorderbeine fußen, enger oder breiter werden. Pferde, die im Trabe hinten übermäßig breit werden, haben Schwierigkeiten mit der Lastaufnahme durch die Hinterhand, ganz abgesehen davon, dass dieser Anblick unschön ist. Letzteres gilt auch für einen schief, steif oder schlecht getragenen *Schweif*, den man dabei nicht übersehen wird.

Beurteilung des Bewegungsablaufes:
- *an der Hand auf festem, ebenem Untergrund*
- *frei laufend*
- *unter dem Reiter*

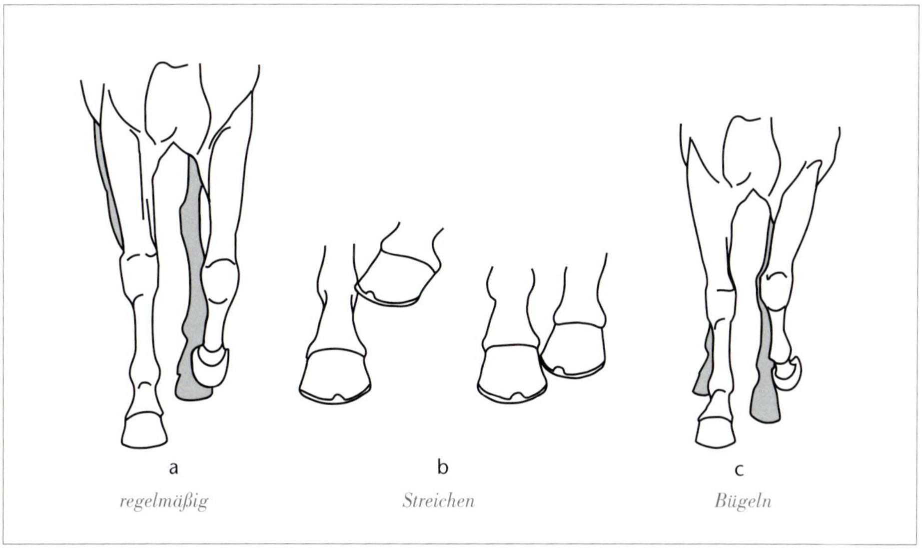
a
regelmäßig
b
Streichen
c
Bügeln

Bewegungsablauf von vorn

Junge, noch ungerittene Pferde beurteilt man nicht nur an der Hand von allen Seiten, sondern unbedingt auch **frei laufend** in allen drei Grundgangarten. Man erhält dabei wertvolle Informationen über die Bewegungseigenschaften und das Gleichgewicht des Pferdes.

Sehr zu schätzen ist bei allen Reit- und auch Fahrpferden ein gleichmäßiger, gelassener, raumgreifender **Schritt** in klarem, fleißigem und sicherem Viertakt mit deutlicher Abfußung, d.h. nicht schleppend, nicht schlurfend, nicht eilend.

Ob man Wert auf den ganz großen Raumgriff im **Trabe** legt, hängt natürlich von der beabsichtigten Nutzungsart ab. Aber Takt, energisches Abfußen, Schwung und Elastizität in dieser Gangart werden jedem Reiter ein angenehmes und sicheres Gefühl geben. Lassen Sie sich bei einem frei laufenden Pferd nicht durch verspannte, hohe Aktionen der Vorhand täuschen, sondern beobachten Sie das Abfußen, die Schubkraft und besonders die Elastizität der möglichst weit vorschwingenden Hinterhand. Kann die Hinterhandmotorik ihren Schub über einen losgelassen schwingenden Rücken nach vorne übertragen? Oder strampelt das Pferd und kommt bei schleppendem oder steif schiebendem Hinterbein nur ungenügend vorwärts?

Auch der **Galopp** sollte bei einem jungen Pferd im Freilaufen genau beobachtet werden. Man kann an dieser Gangart als Reiter nur wenig verbessern. Die Anforderungen sind je nach Nutzungszweck etwas verschieden, grundsätzlich vorteilhaft ist jedoch ein gut durchgesprungener, geschmeidiger Bergaufgalopp. Ein harmonisches, ausbalanciertes Pferd wird im Freilaufen leichtfüßig den Galopp wechseln und nicht ständig im Kreuzgalopp „daherstolpern".

Die Betrachtung eines frei laufenden Pferdes, das sich in jeder Phase im Gleichgewicht, elastisch und taktsicher mit aktivem Hinterbein bewegt, wird immer eine besondere Freude sein. Auch wenn es sich um ein gerade erst angerittenes Pferd handeln sollte, **lässt man es sich vorreiten.** Unsere ungeteilte Aufmerksamkeit gilt dabei von Anfang an dem Reiter- Pferd-Paar. Wir beobachten, ob das Pferd gelernt hat, beim Aufsitzen ruhig und gelassen zu stehen, wie es sich im Schritt unter dem Reiter bewegt, ob es sich vertrauensvoll abstreckt, sich vorwärts-abwärts dehnt, wie es gelöst und wie es in den einzelnen Gangarten, gegebenenfalls auch über und zwischen den Hindernissen gearbeitet wird. Man erhält dadurch nicht nur weitere Informationen über das Interieur, die Bewegungsqualität, Geschmeidigkeit und Rittigkeit des Pferdes, sondern auch darüber, wie mit dem Pferd bisher umgegangen wurde, wie es ausgebildet worden ist.

Das für die Qualität eines Pferdes so ausschlaggebende Zusammenspiel der Kräfte, Gehlust, Nerv, Leistungsbereitschaft, Rittigkeit prüft man schließlich selbst bzw. lässt es durch denjenigen prüfen, der das Pferd zukünftig reiten soll. Nach Möglichkeit beschränkt man sich dabei nicht auf die Reithalle, sondern prüft das Pferd auch auf dem Außenplatz und im Gelände. Manche Pferde überraschen ihren Reiter draußen oder im Gelände mit ungeahnter Schreckhaftigkeit oder gar mit Widersetzlichkeiten, die man ihnen in der Halle nicht zugetraut hätte.

Was man erwartet, muss bei diesem Ausprobieren zumindest in Ansätzen spürbar sein. Das Wichtigste ist hierbei das Gefühl, und das kann man schlecht in Worten, Zeichnungen oder Fotos vermitteln.

2.4 Nähere Betrachtung, Möglichkeiten und Grenzen der Gesundheitsprüfung durch den Kaufinteressenten

„Das Gebiet, in das wir jetzt eindringen wollen, ist das eigentliche Jagdrevier der Pseu-do-Pferdekenner. Da ist kein Gällchen zu klein, kein Überbeinchen zu fein, es wird ihren emsigen Bemühungen nicht entgehen. Das Entdecken wäre schon recht, wenn sie nur mit dem Entdeckten das Rechte anzufangen wüssten." [1]

1 Krane, Friedrich W. Frhr. von: Pferd und Wagen. Coppenrath 1860

In der Tat ist diese Art der Fehlersucherei ohne vernünftige Wertung und Wichtung der entdeckten Mängel oder Veränderungen ein weitverbreitetes Übel. Spätestens bei der tierärztlichen Kaufuntersuchung und der Befundung von Röntgenaufnahmen kann heutzutage wirklich jeder Fehlersucher fündig werden. Dieses Thema ist jedoch ein Kapitel für sich.

Nachfolgend soll kein veterinärmedizinisches Halbwissen vermittelt werden – es geht vielmehr um eine vernünftige, zielgerichtete Betrachtung und Beobachtung des Pferdes auch hinsichtlich gesundheitlich relevanter Veränderungen. Bei genügender Sachkenntnis und Aufmerksamkeit, wird der Kaufinteressent weitere wertvolle Informationen erhalten und sich ein umfassenderes Bild machen können. Fallen dabei Veränderungen, Normabweichungen oder Mängel auf, die der Kaufinteressent persönlich – vielleicht auch unabhängig von ihrer tatsächlichen gesundheitlichen Bedeutung – nicht zu tolerieren bereit ist, so erübrigt sich natürlich eine tierärztliche Kaufuntersuchung.
Andererseits soll nachdrücklich gewarnt werden, auf eine tierärztliche Untersuchung deshalb zu verzichten, weil man derartige Veränderungen nicht feststellen konnte.

Beispiel:

Viele Kaufinteressenten wissen, dass nicht jedes unverändert erscheinende Pferdeauge unbedingt gesund und sehfähig sein muss. Einige von ihnen glauben, diese Sehfähigkeit sehr einfach überprüfen zu können, indem sie eine winkende Handbewegung vor dem Pferdeauge machen. Das Pferd blinzelt – allerdings auch dann, wenn es auf diesem Auge blind ist – wegen des Luftzuges. Ebenso „aussagekräftig" ist eine andere Methode, die gelegentlich von sogenannten Pferdefachleuten empfohlen wird. Hierbei soll das Pferd so in einen dunklen Raum gestellt werden, dass es ins Licht sehen muss, wenn man die Tür oder das Fenster öffnet. Verengen sich die Pupillen bei Lichteinfall, sollen die Augen gesund sein. Tatsächlich wird sich bei diesem Test jedoch – auch dann, wenn das Pferd auf einem Auge blind oder sehr eingeschränkt sehfähig sein sollte – die Pupille des blinden ebenso wie die des sehenden Auges verengen. Es handelt sich nämlich um eine konsensuelle Reaktion, d.h. die Pupille des lichtunempfindlichen, kranken Auges reagiert durch die Lichtstimulation des gesunden Auges gleich stark und gleich gerichtet wie die Pupille des gesunden Auges. Ursache ist die teilweise Kreuzung der Sehnervenfasern beider Augen auf ihrem Weg zum Gehirn.

Andere leicht erkennbare Normabweichungen können in ihrer gesundheitlichen Bedeutung leicht unter- oder überschätzt werden.

Auch die aufmerksame Beobachtung und Betrachtung durch einen sachkundigen Kaufinteressenten kann natürlich keine tierärztliche Kaufuntersuchung ersetzen, aber auch nicht umgekehrt. Nicht der Tierarzt, sondern der Käufer trifft die Kaufentscheidung. Er trägt die damit verbundenen Risiken und die Verantwortung. Eine solide Informationsgrundlage ist dabei außerordentlich hilfreich.

Die nachfolgend beschriebenen Beobachtungen und Untersuchungen können überwiegend im Rahmen einer sorgfältigen Pferdebeurteilung, quasi „nebenbei" durchgeführt werden. Sie sind weder aufwendig noch zeitraubend, erfordern jedoch zielgerichtete Aufmerksamkeit, etwas Sachkunde und Übung.

A. Allgemeine Beobachtungen

Im Rahmen der Beobachtungen des Pferdes im Stall erhalten wir bereits einen Überblick über den Allgemeinzustand, den Ernährungszustand und den Pflegezustand des Pferdes.

VERHALTEN, ALLGEMEINZUSTAND

Einige Untugenden, wie das Schlagen gegen Boxenwände, Gitterwetzen, Bearbeiten der Boxenwände mit den Zähnen aus Futterneid oder aus anderen Gründen, hinterlassen erkennbare Spuren in der Box.
Andere Untugenden, wie Koppen oder Weben, können häufig erst durch wiederholtes Beobachten des Pferdes über einen längeren Zeitraum erkannt werden. Auch das allgemeine Verhalten des Pferdes gegenüber bekannten und fremden Personen wird man registrieren.
Wirkt das Pferd ruhig, gelassen und interessiert oder eher nervös oder sogar ängstlich, erscheint es abgestumpft und müde oder zeigt es sich vielleicht aus irgendwelchen Gründen aggressiv?

ERNÄHRUNGSZUSTAND, PFLEGEZUSTAND

Der Ernährungs- und auch der Pflegezustand des Pferdes müssen dem Alter und der bisherigen Verwendung des Pferdes entsprechen. Ein 2- oder 3-jähriges Pferd, das gerade die Weidesaison hinter sich hat, kann und soll nicht aussehen wie ein 8-jähriger Sportler.

Ein im Winter nicht eingedecktes Freizeit- oder auch Sportpferd wird vielleicht nicht ganz so glatt aussehen wie ein Pferd, das immer unter Decken steht. Es ist deshalb jedoch nicht weniger gepflegt und schon gar nicht weniger leistungsfähig oder gesund – eher im Gegenteil! Keinesfalls soll das Haarkleid stumpf und ungesund wirken. Die Hufe müssen auch und gerade bei jungen Pferden gepflegt, nicht jedoch eingefettet sein.

B. Beobachtungen bei der Musterung des Pferdes an der Hand und unter dem Reiter

BETRACHTUNG VON DER SEITE

An dem zur Exterieurbeurteilung aufgestellten Pferd achtet man zugleich auch auf **Kontur-**

veränderungen, die hervorgerufen werden können durch Veränderungen an Knochen oder Weichteilen. Hierzu gehören Einziehungen, Auftreibungen, Verdickungen oder Neubildungen an Kopf, Hals, Rumpf oder Gliedmaßen.

So sind z.B. im Bereich des Gesichtsschädels Knochenauftreibungen oder Impressionen möglich. Im Bereich des Genicks kann eine sogenannte Genickbeule in Folge einer chronischen Schleimbeutelentzündung vorliegen. Auch im Bereich der Hals-Rücken- oder Kruppenmuskulatur können Konturveränderungen erkennbar sein. Hierzu gehören z.B. Eindellungen (Vernarbungen) oder eine auffallend veränderte Muskelausprägung. Verstärkte Unterhalsmuskulatur und/oder eine verminderte oder asymmetrische Ausprägung der Rückenmuskulatur können mitunter deutliche Hinweise auf langfristige Ausbildungsmängel und damit verbundene, auch gesundheitliche Probleme geben.

An den Gliedmaßen können Gelenks- oder Sehnenscheidengallen, knöcherne Zubildungen an Zehengelenken (Schale), ein sogenannter Bogen infolge chronisch entzündlicher Veränderungen im Beugesehnenbereich, ebenso Stollbeule, Piephacke, Hasenhacke etc. erkennbar sein.

BETRACHTUNG VON VORNE

Besonders wichtig ist ein genaues Beobachten des Pferdekörpers von vorne und hinten unter dem Gesichtspunkt der **Symmetrie**.

● Sind beide Körperhälften gleichmäßig bemuskelt?

● Sind beide Gesichtshälften einschließlich Ohren, Augen, Nüstern und knöcherner Anteile symmetrisch? Oder erscheint z.B. ein Auge kleiner, geschlossener, eine Nüster schmaler, ein Ohr hängend, während das andere aufgestellt werden kann? Sind an einer Seite des Kopfes (Oberkiefer, Ganaschen) Auftreibungen erkennbar? Ist die Kaumuskulatur symmetrisch ausgebildet? Hält das Pferd den Kopf gerade oder permanent geringfügig schief?

● Sind Hals, Brust und Unterarme gleichmäßig bemuskelt?
Die möglichen Ursachen für Asymmetrien in diesem Bereich sind vielfältig und reichen von Erkrankungen der Zähne oder der Augen über Nervenerkrankungen bis hin zu Einschränkungen der Beweglichkeit des Kiefergelenkes, des Genicks oder eines Halswirbelgelenkes.

● Steht das Pferd gleichmäßig und gerade?
Eine Senkrechte durch die Mitte des Schultergelenkes soll die Gliedmaße halbieren. Jede Abweichung von der Senkrechten führt zu einer übermäßigen Beanspruchung bestimmter Gelenkabschnitte und der entsprechenden Seitenbänder.

● Erscheinen beide Vorder- und Hinterhufe jeweils gleich groß, gleich weit und ähnlich geformt? Vorsicht bei ungleich geformten Hufen. Sie sind selten angeboren, sondern überwiegend Hinweis auf eine ungleichmäßige Belastung der Gliedmaßen, i.d.R. einer Gliedmaßendiagonale. Auch dann, wenn ein Pferd eine Gliedmaße kaum erkennbar über einen längeren Zeitraum schont, wird der Huf der betroffenen Seite, oft der betroffenen Diagonale, allmählich kleiner und schmaler gegenüber der mehr belasteten anderen Seite oder Diagonale.

BETRACHTUNG VON HINTEN

- Steht das Pferd gleichmäßig und gerade? Ein vom Sitzbeinhöcker auf die Standfläche gefälltes Lot sollte die Gliedmaße in zwei Hälften teilen. Abweichungen führen auch hier natürlich zu ungleichmäßiger Belastung, insbesondere im Bereich des Sprunggelenkes.

- Ist die Muskulatur, insbesondere die der Kruppe gleichmäßig ausgebildet? Asymmetrie weist auf ungleichmäßige Belastung hin.

- Sind die Kreuzbeinhöcker auf gleicher Höhe? Asymmetrie kann hier auf Muskelspasmen infolge einer Instabilität des Kreuzdarmbeingelenkes hinweisen.

- Steht das Becken gerade oder ist ein Beckenschiefstand erkennbar?

- Sind die Hüfthöcker auf gleicher Höhe und gleich ausgebildet? Die sogenannte abgeschlagene Hüfte, eine asymmetrische Hüfthöckerausprägung, bei der eine Seite flacher als die andere erscheint, ist typische Folge einer vorangegangenen Hüfthöckerfraktur, die ohne weitere Folgen ausgeheilt sein kann.

- Sind im unteren Gliedmaßenbereich einseitig vorhandene Schwellungen, Auftreibungen oder vermehrte Füllung von Sehnenscheiden oder Gelenken erkennbar?

In der Bewegung

Wenn das Pferd vorgetrabt und seinem Leistungsniveau entsprechend geritten oder gefahren wird, wird man den Bewegungsablauf, die Gliedmaßenführung und Fußung genau beobachten. Eventuelle Unregelmäßigkeiten des **Bewegungsablaufes** können mitunter nur in den Wendungen oder auch nur beim Übergang vom Trab zum Schritt oder zum Halten für kurze Momente erkennbar werden.

Auffälligkeiten der Atemtechnik oder Atemgeräusche wird man am ehesten bei einem unter dem Reiter galoppierenden Pferd wahrnehmen.

C. Nähere Betrachtung

Bei genügend Erfahrung kann man abschließend auch einmal an das Pferd herantreten und es sich etwas näher anschauen. Man lässt sich beide Vorder- und auch die Hinterfüße aufheben, so dass die Huf- und Hufhornqualität beurteilt werden kann. Sind die Hufe innen genügend geräumig und von regelmäßiger Form?

Oder sind sie vielleicht eng, schief oder flach? Sind die Hufwände fest, glatt und glänzend oder ausgebrochen und spröde. Sind Hufringe oder Hornspalten erkennbar?

Wie sind Strahl und Hufsohle ausgebildet ?

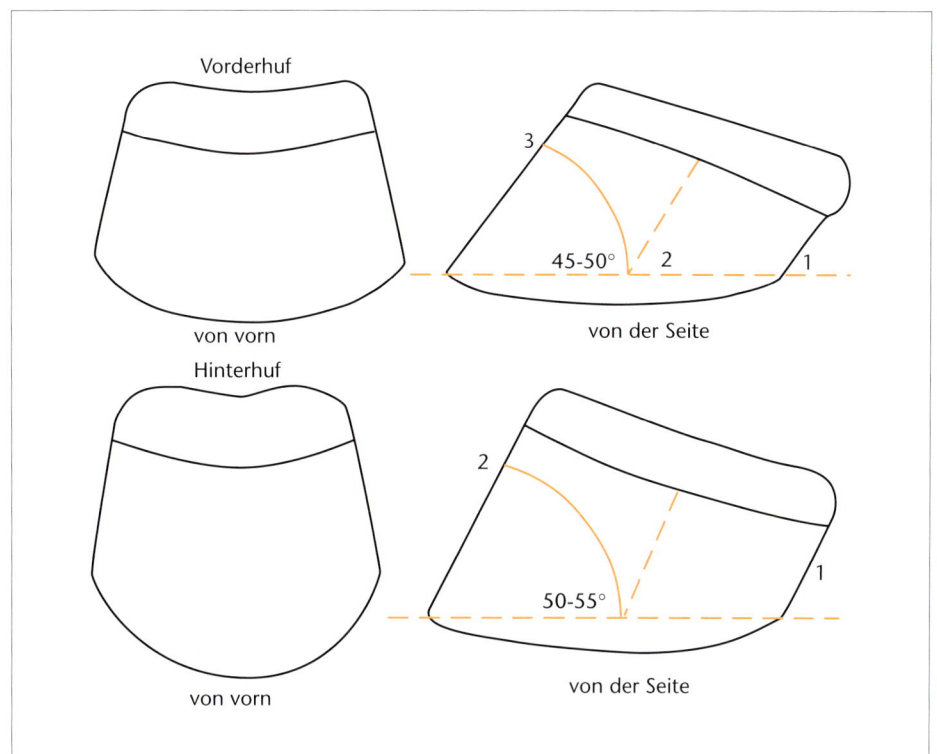

Vorderhuf

von vorn

von der Seite

45-50°

3 2 1

Hinterhuf

von vorn

von der Seite

50-55°

2 1

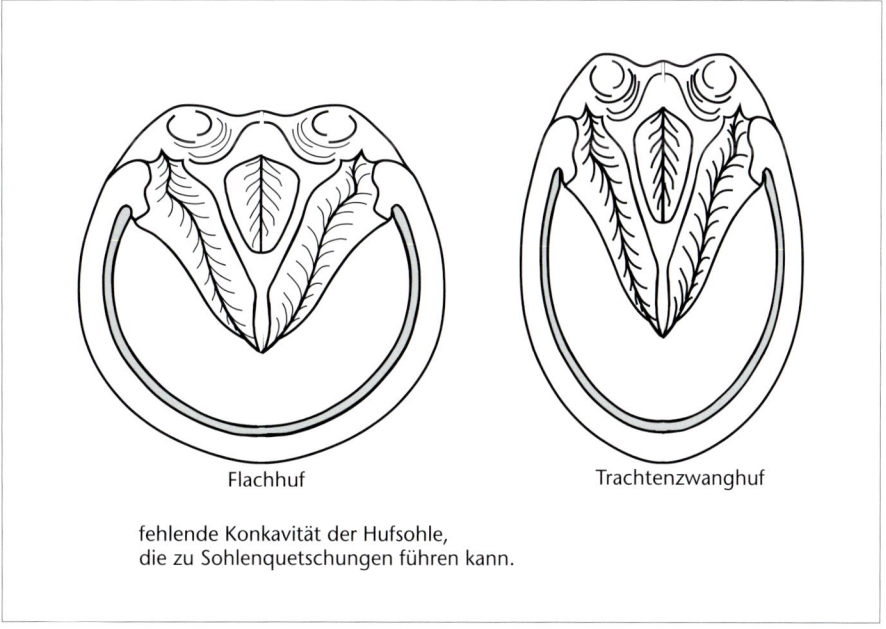

Flachhuf

Trachtenzwanghuf

fehlende Konkavität der Hufsohle,
die zu Sohlenquetschungen führen kann.

Unregelmäßigkeiten der Hufform

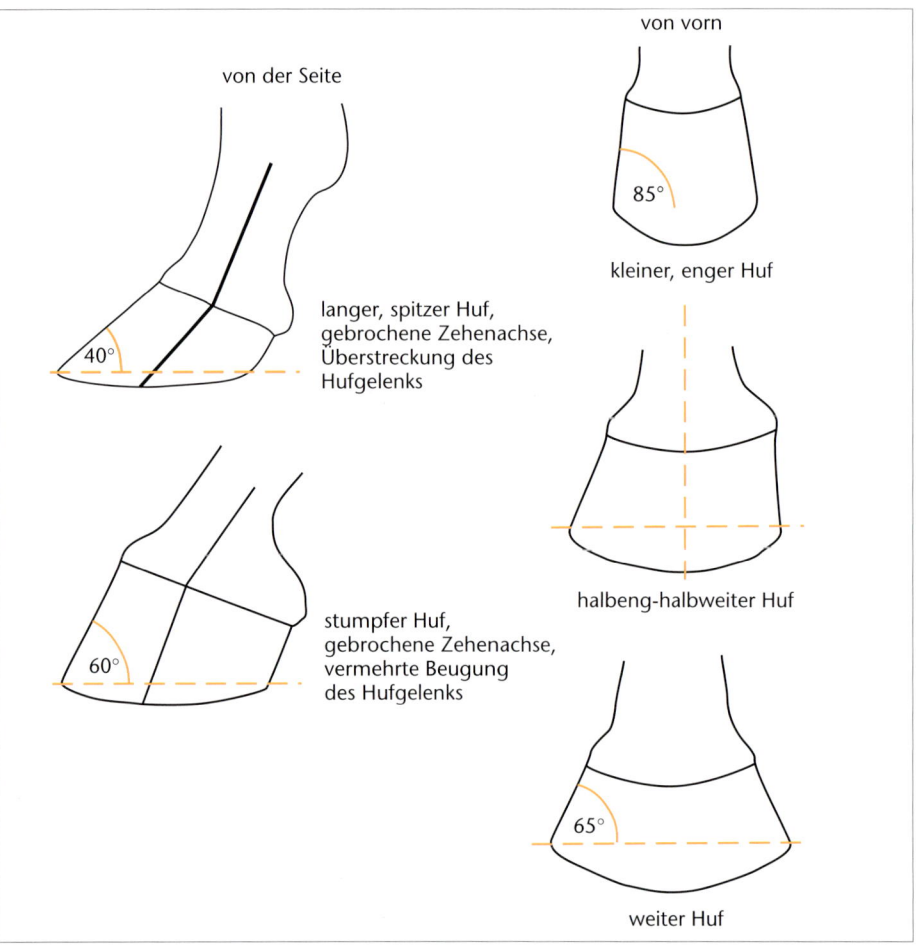

von der Seite

40°

langer, spitzer Huf, gebrochene Zehenachse, Überstreckung des Hufgelenks

60°

stumpfer Huf, gebrochene Zehenachse, vermehrte Beugung des Hufgelenks

von vorn

85°

kleiner, enger Huf

halbeng-halbweiter Huf

65°

weiter Huf

Abb. 1:
Konturveränderung: Kron-
gelenksschale (bleibende
Verdickung durch Verknö-
cherung infolge chronisch
deformierender Erkrankung
des Krongelenkes)

Abb. 2:
Konturveränderung: Nicht
immer sind Überbeine so
deutlich sichtbar.

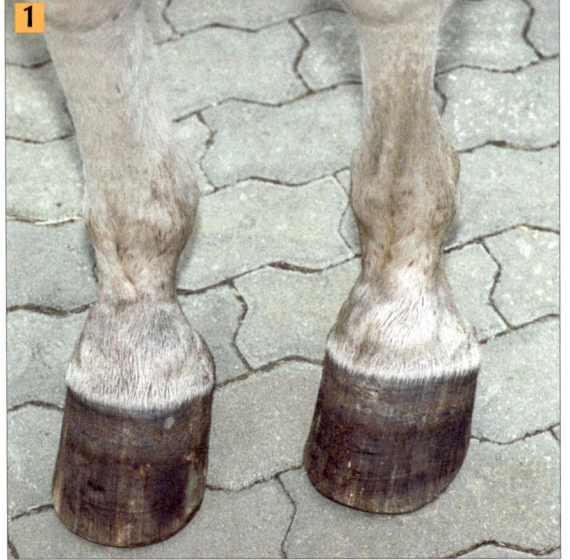

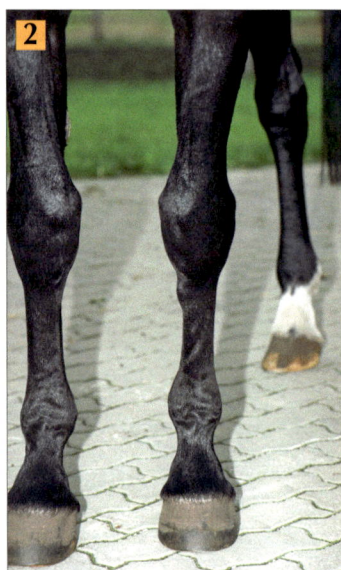

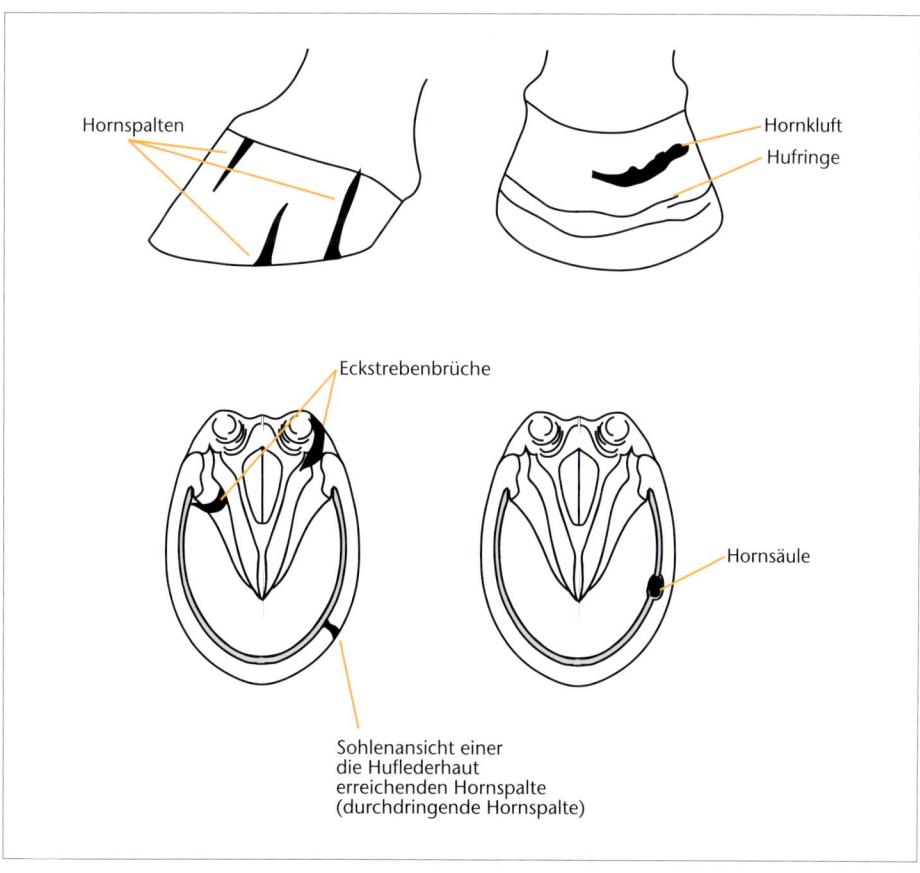

von der Sohle
halbeng-halbweiter Huf

schiefer Huf

Hornspalten

Hornkluft
Hufringe

Eckstrebenbrüche

Hornsäule

Sohlenansicht einer
die Huflederhaut
erreichenden Hornspalte
(durchdringende Hornspalte)

Ist und wenn ja, warum und wie ist das Pferd beschlagen? Handelt es sich um Spezialbeschläge? Auch Verletzungen/Vernarbungen an Kronrand oder Hufballen sind möglicherweise erkennbar.

Das stehende oder das aufgehobene Bein kann man einmal systematisch und zügig von unten nach oben abtasten. Dabei werden Narbenbildungen, Überbeine, Verdickungen und Verwachsungen im Bereich der unmittelbar unter der Haut liegenden, gut fühlbaren Beugesehnen, eine vermehrte Füllung von Gelenken und/oder Sehnenscheiden (Gallen) oder auch knöcherne Auftreibungen im Bereich der Gelenke auffallen.

Überbeine entstehen bei jungen Pferden bevorzugt an den Vordergliedmaßen und hier besonders häufig innen (medial) zwischen Röhrbein und Griffelbein. Ihre Entstehung kann mit frühzeitiger oder übermäßiger Belastung bzw. mit verminderter Belastbarkeit infolge von Stellungsanomalien, auch mit Belastungsänderungen, seltener mit Griffelbeinfrakturen zusammenhängen. Nicht alle Überbeine sind sichtbar, sie müssen auch nicht seitlich lokalisiert sein, sondern können sich ebenso an der hinteren (palmaren) Seite von Griffelbein und Röhrbein finden, wo sie durch Kontakt mit dem Fesselträger zu Lahmheiten führen können.

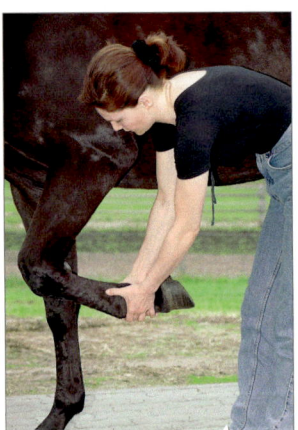  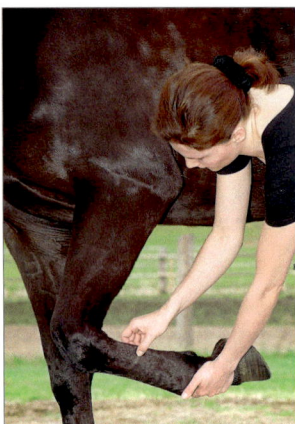

Gelenke und Sehnenscheiden   *Röhrbein und Griffelbeine*   *Oberflächliche und tiefe Beugesehne, Fesselträger*

Gerade das Abfühlen der Gliedmaßen erfordert anatomische Grundkenntnisse und Übung, die erfahrene Reiter durch das regelmäßige Abfühlen der mehr oder weniger gesunden Beine ihrer Pferde vor und nach dem Reiten erlangt haben sollten.
Völlig überflüssig ist es dagegen, als Kaufinteressent ungeübt und ohne Gefühl für das „Normale" an einem Pferd herumzutasten.

Die Hinterbeine werden prinzipiell in ähnlicher Weise untersucht. Veränderungen treten hier bevorzugt an den großen Belastungen ausgesetzten Sprunggelenken auf, und zwar in Form von vermehrter Füllung (Galle) und/oder in Form von knöchernen Zubildungen (Spat). Gelegentlich findet sich am Fersenhöcker eine als Piephacke bezeichnete Umfangsvermehrung. Eine bei seitlicher Betrachtung des Sprunggelenkes erkennbare Ausbuchtung im Bereich des hinteren (plantaren) unteren Sprunggelenkes wird als Hasenhacke (Kurbe, Hasenspat) bezeichnet. Sie kann angeboren oder erworben sein und je nach Ursache unterschiedliche gesundheitliche Relevanz haben.

Die bedeutendste Erkrankung des Sprunggelenkes ist der **Spat**, eine ein- oder beidseitig auftretende chronisch degenerative Erkrankung der straffen Gelenke des Tarsus, die besonders bei Reitpferden und Trabern vorkommt.

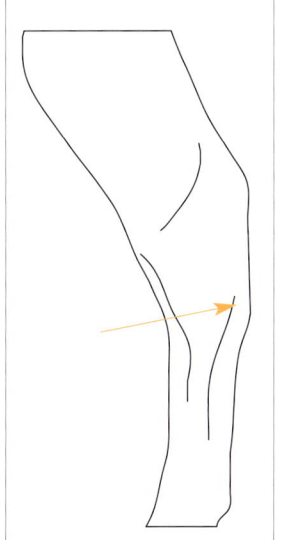

Hasenhacke
(Sprunggelenk seitlich)

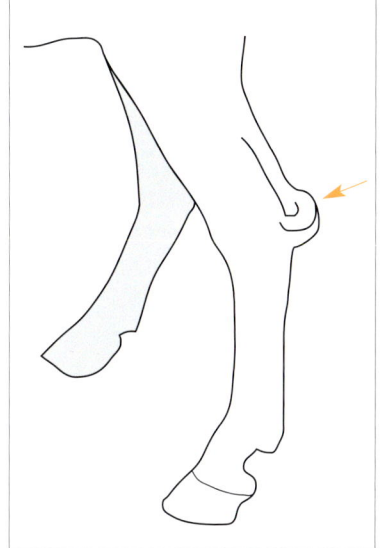

Piephacke
(Sprunggelenk seitlich)

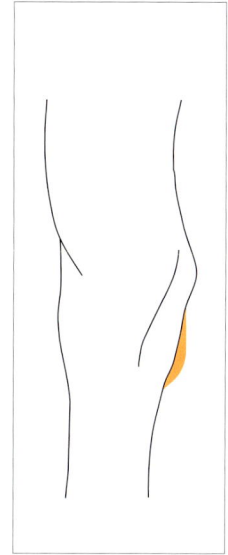

Spatauftreibung (rechtes
Sprunggelenk von vorn)

„Wer scheut ein wenig Spat und Gall, kriegt nie ein gutes Pferd in den Stall", ist wie viele dieser Redensarten doppeldeutig und kann daher nur bedingt angenommen werden.
Die typischen Spatauftreibungen sind gelegentlich als mehr oder weniger große, schmerzlose, harte Verdickungen im unteren Drittel der Innenfläche des Sprunggelenkes, am Übergang zum Röhrbein erkennbar.
Die Grenze zwischen einem gesunden, stark abgesetzten Sprunggelenk und einer Spatauftreibung ist jedoch nicht immer sicher zu ziehen. Hinzu kommt, dass bei vielen spatkranken Pferden kaum erkennbare oder keine dieser sogenannten Spatexostosen bestehen. Andererseits können gerade ältere Pferde mit funktionell völlig gesunden Sprunggelenken, Veränderungen in diesem Bereich aufweisen, die ein Ergebnis physiologischer Umbauvorgänge darstellen.

Nach den Gliedmaßen kann das ganze Pferd, am Kopf beginnend, etwas näher betrachtet werden. Hier achtet man auf eventuelle Hautveränderungen wie Narben, Verdickungen oder Verhärtungen, Verschwielungen insbesondere an Nasenrücken, Maulwinkel und Kinnkettengrube oder Warzen an Maul, Nüstern, Augen oder Ohren.

Die Augen sieht man sich besonders gut an. Sind sie gleich groß, erscheinen sie unverändert, klar und glänzend, ohne vermehrten Tränenfluss? Sind die Augenlider beider Augen unverletzt?

Sind die Nüstern frei von auffälligem Sekret, oder ist ein- oder beidseitiger Nasenausfluss zu erkennen? Bei einem kurzen Blick ins Maul, werden Überbeißer und Wetzergebisse nicht übersehen, aber auch Verletzungen oder Narbenbildungen der Zunge, Ladendruck oder Lähmungen der Unterlippe werden spätestens dabei festgestellt werden können.

Die Bestimmung des Alters eines Pferdes nach den Zähnen erfordert neben theoretischen Kenntnissen auch etwas Übung. Es gibt zu diesem Thema zahlreiche ausführliche Abhandlungen, nachfolgend soll vereinfacht und möglichst einprägsam darauf eingegangen werden. Aus verschiedenen Gründen können bei der Zahn-Altersbestimmung Abweichungen vom tatsächlichen Alter, besonders bei älteren Pferden auftreten. Relativ genau ist diese Schätzung bei Pferden bis zum Alter von 12 Jahren möglich, sofern keine Gebissanomalien vorliegen und kein ungewöhnlicher Abrieb z.B. durch Krippensetzen (Koppen) stattfindet.

Kleinpferde sind durch den späteren Durchbruch der Milchzähne und den etwas langsameren Abrieb der bleibenden Zähne meist etwas älter als nach den Zähnen geschätzt wird.

Die Bezeichnung der Zähne

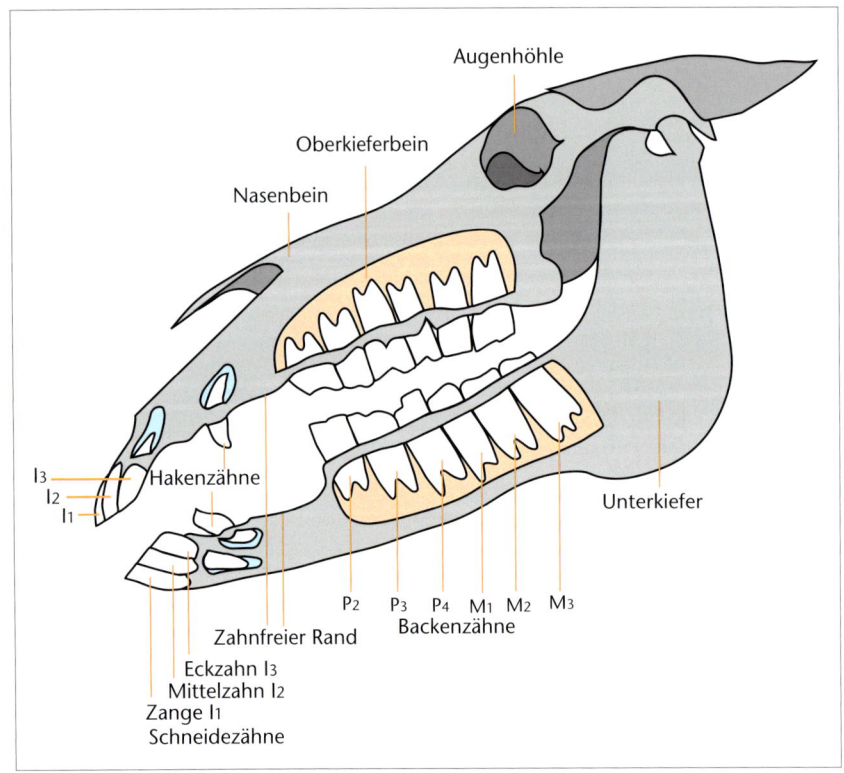

Augenhöhle

Oberkieferbein

Nasenbein

I3
I2
I1
Hakenzähne

Unterkiefer

P2 P3 P4 M1 M2 M3
Backenzähne

Zahnfreier Rand

Eckzahn I3
Mittelzahn I2
Zange I1
Schneidezähne

Für die Altersbestimmung besonders relevant sind die jeweils sechs Schneidezähne des Ober- und des Unterkiefers, deren Bezeichnung unten stehender Abbildung zu entnehmen ist.

Durchbruch der Milchschneidezähne
Als Richtlinie kann man sich merken, dass die Milchschneidezähne bei Fohlen etwa im Alter von **6 Tagen (I 1)**, **6 Wochen (I 2)** und **6 Monaten (I 3)** erscheinen. Ein Jährling hat also das vollständige Milchgebiss. Die Backenmilchzähne sind übrigens bereits bei der Geburt vorhanden.

Wechsel der Schneidezähne

Die Schneidezähne wechseln dann in Unter- und Oberkiefer im Alter von **2 1/2 (I 1), 3 1/2 (I 2) und 4 1/2 (I 3)** Jahren. Im Alter von fünf Jahren hat ein Pferd sein vollständiges, bleibendes Gebiss, einschließlich der für die Altersschätzung unerheblichen Backenzähne.

Das Alter eines Pferdes kann danach recht genau durch den Abrieb der sogenannten **Kunden** festgestellt werden. Dabei handelt es sich um dunkle Zahnschmelzeinstülpungen, die an den Oberkieferschneidezähnen zunächst etwa 14 mm tief, an den Unterkieferschneidezähnen 7 mm tief sind und pro Jahr an jedem Zahn etwa 2 mm abgerieben werden. Man kann sich also nach einem Blick ins Pferdemaul, unter Berücksichtigung von Zahnwechsel und Abrieb, einfach und bis zu einem Alter von etwa 12 Jahren auch recht genau ausrechnen, wie alt ein Pferd ist.

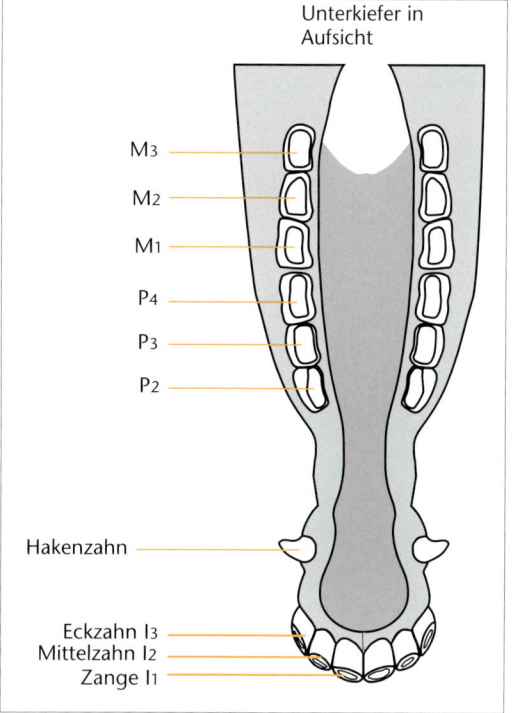

Unterkiefer in Aufsicht

M3
M2
M1
P4
P3
P2

Hakenzahn

Eckzahn I3
Mittelzahn I2
Zange I1

Die Bezeichnung der Zähne

Altersbestimmung nach den Zähnen

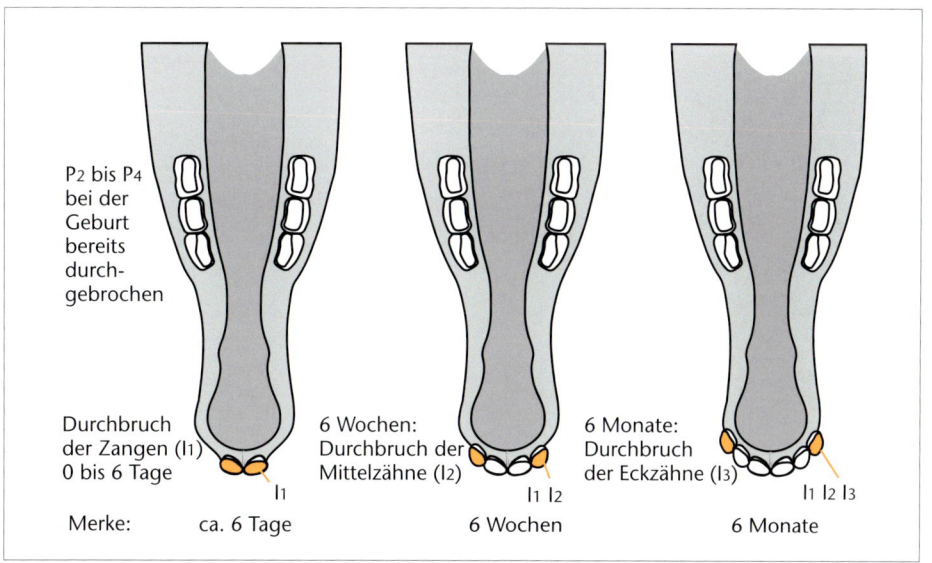

Durchbruch der Zähne beim Fohlen

P2 bis P4 bei der Geburt bereits durchgebrochen

Durchbruch der Zangen (I1) 0 bis 6 Tage

I1

6 Wochen: Durchbruch der Mittelzähne (I2)

I1 I2

6 Monate: Durchbruch der Eckzähne (I3)

I1 I2 I3

Merke: ca. 6 Tage   6 Wochen   6 Monate

Der Zahnwechsel

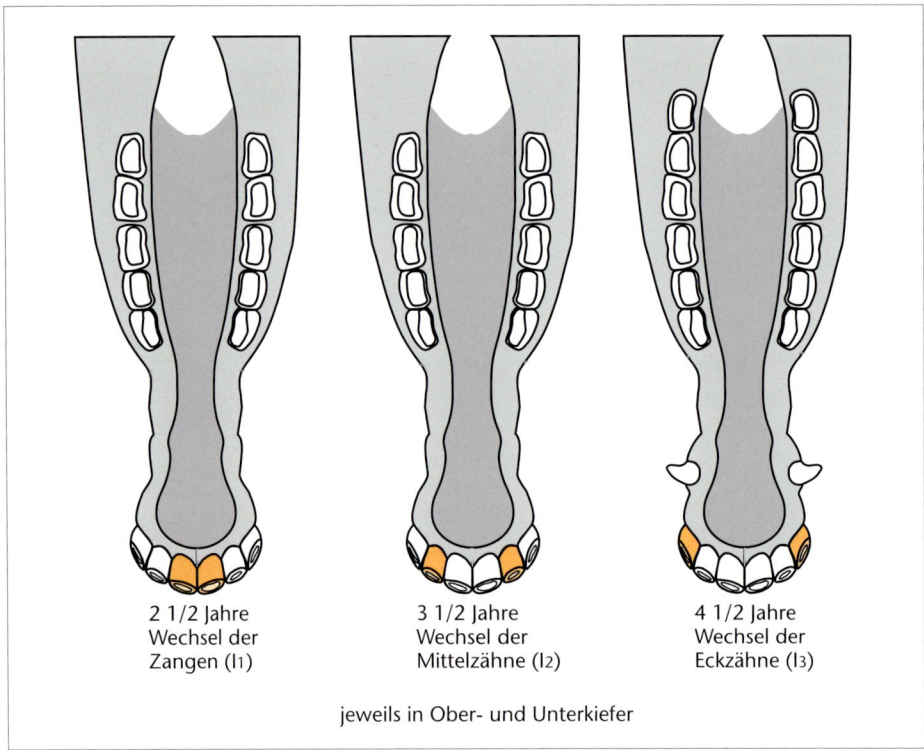

2 1/2 Jahre
Wechsel der
Zangen (I1)

3 1/2 Jahre
Wechsel der
Mittelzähne (I2)

4 1/2 Jahre
Wechsel der
Eckzähne (I3)

jeweils in Ober- und Unterkiefer

Wenn z.B. nur die Kunden der Unterkieferzangen (I 1) bereits abgerieben sind, so muss dieses Pferd etwa 6 Jahre alt sein, denn: die Zangen wechseln mit 2 1/2 Jahren und haben im Unterkiefer 7 mm tiefe Kunden, pro Jahr ist mit einem Abrieb von 2 mm zu rechnen. Die Kunden sind daher etwa nach 3 1/2 Jahren verschwunden.

2 1/2 (Alter bei Zahnwechsel) + 3 1/2 (Dauer des Abriebs für 7 mm bei 2 mm Abrieb pro Jahr) = 6 Jahre (geschätztes Lebensalter).

Abnutzung der Schneide-
zähne (Kundenschwund)

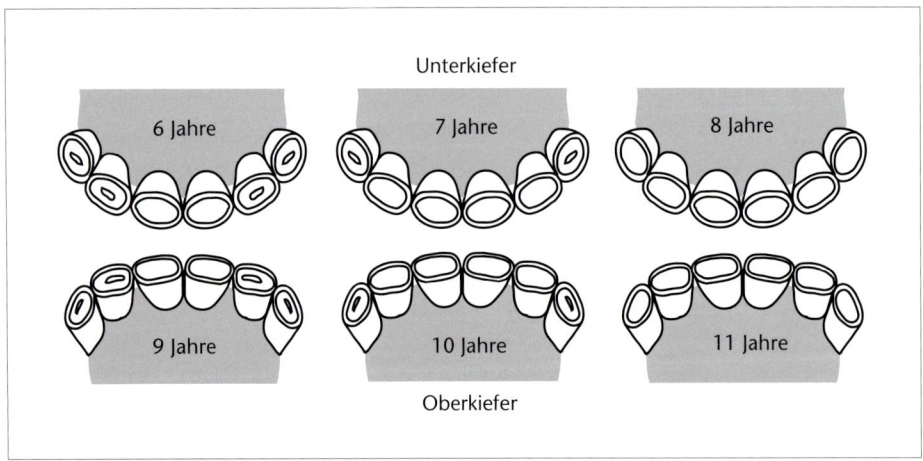

Unterkiefer

6 Jahre

7 Jahre

8 Jahre

9 Jahre

10 Jahre

11 Jahre

Oberkiefer

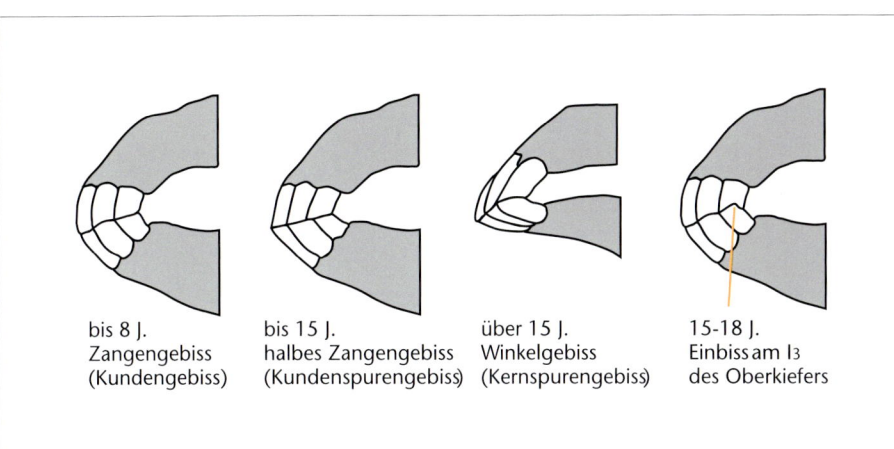

bis 8 J. Zangengebiss (Kundengebiss)	bis 15 J. halbes Zangengebiss (Kundenspurengebiss)	über 15 J. Winkelgebiss (Kernspurengebiss)	15-18 J. Einbiss am I3 des Oberkiefers

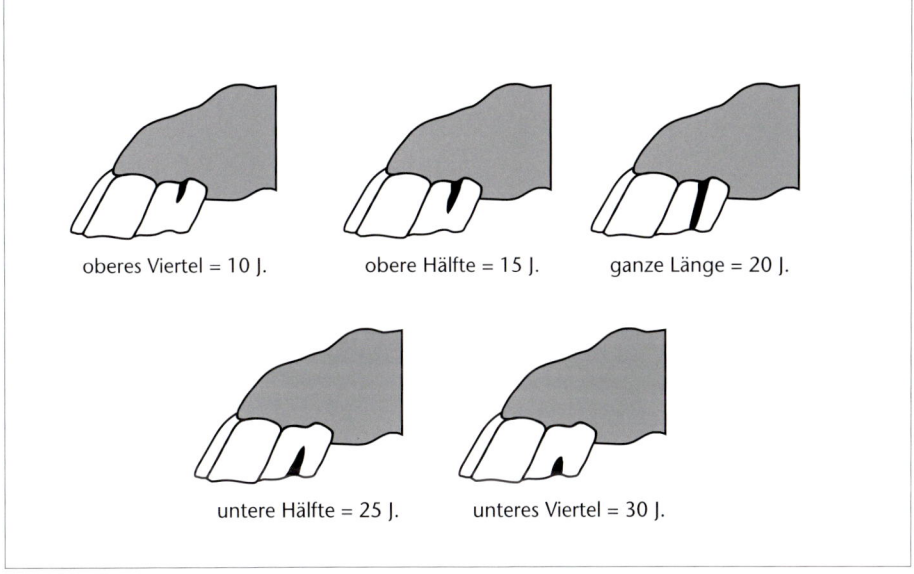

oberes Viertel = 10 J. obere Hälfte = 15 J. ganze Länge = 20 J.

untere Hälfte = 25 J. unteres Viertel = 30 J.

Sind auch die Kunden der Unterkiefereckzähne (I 3) abgerieben, die Kunden aller Oberkieferschneidezähne aber noch vorhanden, muss das Pferd somit etwa 8 Jahre alt sein; denn die Kunden der Oberkieferschneidezähne, nämlich die der Zangen (I 1), können erst mit 9 Jahren verschwunden sein (2 1/2 + 7), während die letzten Kunden der Unterkieferschneidezähne, die der Eckzähne (I 3), bereits im Alter von 8 Jahren abgerieben sind (4 1/2 + 3 1/2).

Analog erfolgt die Berechnung, wenn die Kunden der anderen Schneidezähne abgerieben sind. Mit 12 Jahren sind alle Zähne kundenfrei. Nach dem Verschwinden der Kunden bleibt zunächst eine sogenannte Kundenspur sichtbar, schließlich ist in der Mitte der Reibefläche nur noch die Kernspur zu erkennen.

Formveränderung des
Schneidezahnbogens

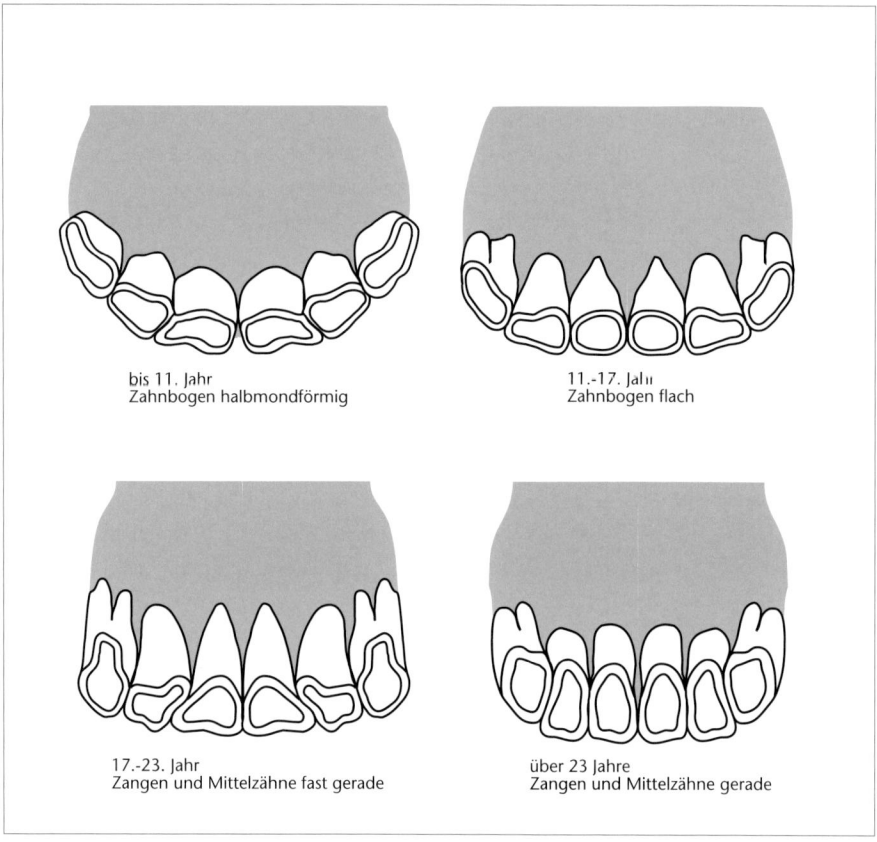

bis 11. Jahr
Zahnbogen halbmondförmig

11.-17. Jahr
Zahnbogen flach

17.-23. Jahr
Zangen und Mittelzähne fast gerade

über 23 Jahre
Zangen und Mittelzähne gerade

Formveränderung der
Schneidezahnreibflächen

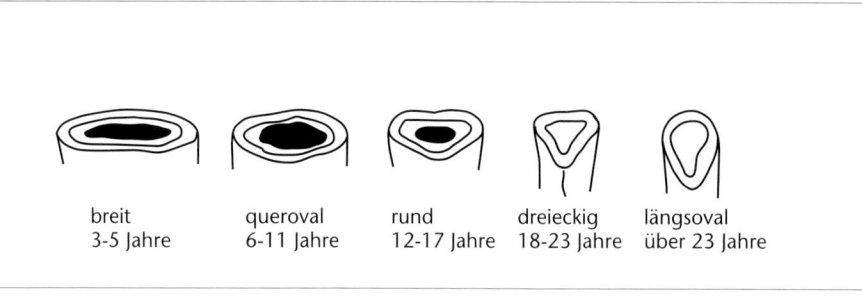

| breit | queroval | rund | dreieckig | längsoval |
| 3-5 Jahre | 6-11 Jahre | 12-17 Jahre | 18-23 Jahre | über 23 Jahre |

Bei älteren Pferden wird die Altersschätzung etwas ungenauer. Sie orientiert sich dann an Formveränderungen der Schneidezahnreibeflächen, der Gebisswinkelung, des durch die Änderung des Gebisswinkels im Alter von etwa 9 und 18 Jahren entstehenden sogenannten Einbisses und der bei nicht allen Pferden auftretenden Galvaynschen Rinne.

Wenn bei der Altersbestimmung auch die Gesamterscheinung des Pferdes berücksichtigt wird, sind grobe Fehlschätzungen kaum möglich.

Nach dem Kopf sehen wir uns Genick, Hals und Rumpf des Pferdes einmal näher an, besonders die Stellen, an denen gelegentlich Veränderungen auftreten können. Das heißt am Genick beginnend (Genickbeule) über den Hals (Hautveränderungen unter der Mähne, Verhärtungen im Verlaufe der Halsvenen) und die gesamte Rückenlinie (Druckstellen, Überempfindlichkeiten, Muskelverkrampfungen, ungleichmäßige Ausprägung der Rückenmuskulatur) bis zum Schweif (schuppige Hautveränderungen, Scheuerstellen, Sommerekzem), auch unter der Schweifrübe (Geschwülste). Wenn man den Schweif anfasst, muss ein bestimmter Tonus fühlbar sein. Völlige Schlaffheit ist hier wie so oft ein sehr ungutes Zeichen.

Abschließend kann man mit der Hand einmal an der Brust und unter dem Bauch entlang streichen, ob Narben (Kolikoperationen) oder kleinere Brüche feststellbar sind. Bei Hengstfohlen prüft man zugleich, ob beide Hoden im Hodensack fühlbar sind, bei Wallachen die Kastrationsnarben.

Abschließend soll noch einmal darauf hingewiesen werden, dass es völlig unnötig ist, bemerkte Fehlerchen oder Auffälligkeiten lauthals und womöglich vor Publikum zu rügen. Ist man sich über die gesundheitliche Relevanz einer Veränderung unsicher, so befragt man einen Tierarzt und diskutiert nicht mit dem Verkäufer.

Hat man eine Lahmheit oder andere nicht tolerable Erheblichkeiten erkannt, so wird man von diesem Handel Abstand nehmen, ohne sich auf unfruchtbare Erörterungen einzulassen. Dem Verkäufer genügt die einfache Mitteilung, dass man dieses Pferd nicht kaufen möchte – in den allermeisten Fällen kennt er den Grund.

Grundsätzlich sollte man kein krankes und kein kümmerndes Pferd in der Hoffnung auf Besserung kaufen. Ganz besonders nicht aus einem professionellen Handelsstall. Dort ist ganz gewiss alles versucht worden, um dieses Pferd „fit" zu bekommen.

Ein altes arabisches Sprichwort formuliert diese Empfehlung drastisch:

„Lade dir nie ein krankes Pferd auf den Hals; mag man dir auch sagen, das Übel sei vorübergehender Art. Gedenke des Spruches unserer Väter: Zu Grunde gerichtet, Sohn eines zu Grunde Gerichteten ist der, welcher ein Pferd kauft, um es zu heilen."

Ausnahmen bestätigen auch hier die Regel. Wenn man ein so brennendes Interesse an gerade diesem Pferd hat, sollte man das Kaufgeschäft aufschiebend oder auflösend bedingt abschließen oder bezüglich der Ausheilung eine konkrete Garantievereinbarung treffen.

Lokalisationen erkennbarer Veränderungen

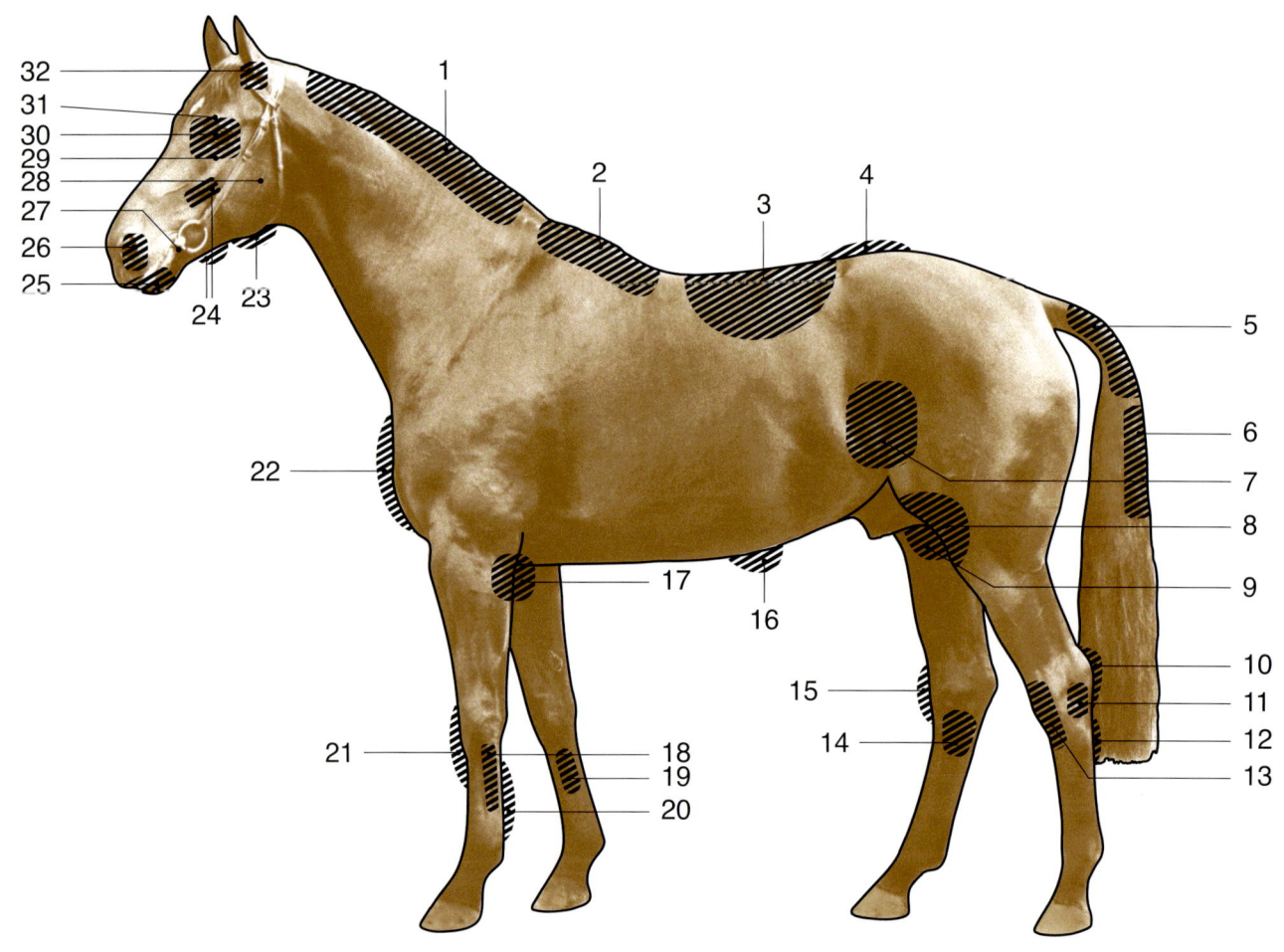

1	Mähnengrind	14	Spat	26	Nasenausfluss
2	Satteldruck, Geschirrdruck	15	Kreuzgalle (Wasserspat)	27	Lähmung der Gesichts-nerven
3	Schweißekzem	16	Nabelbruch		
4	Karpfenrücken	17	Stollbeule	28	Kopfräude
5	Schiefschweif	18	Sehnenscheidengalle	29	Tränenfluss
6	Schweifgrind	19	Überbein	30	Grauer Star
7	Flankenbruch	20	Bogen, Wade	31	Geschwülste der Augenlider
8	Entzündung des Kniegelenks	21	Karpalbeule (Kniebeule, Lie-gebeule, Knieschwamm)	32	Ohrfistel
9	Hodensackbruch				
10	Piephacke	22	Brustbeule		entnommen aus: Prof. Dr. Bodo
11	Rehbein, Rehspat	23	Lymphknotenschwellung		Hertsch: Anatomie des Pferdes.
12	Hasenhacke	24	Zahnfistel		4. Auflage Warendorf, 2003
13	Raspe	25	Fleischwarzen		

Möglichkeiten der Gesundheitsprüfung

Untersuchung des Pferdemauls: Wetzergebiss

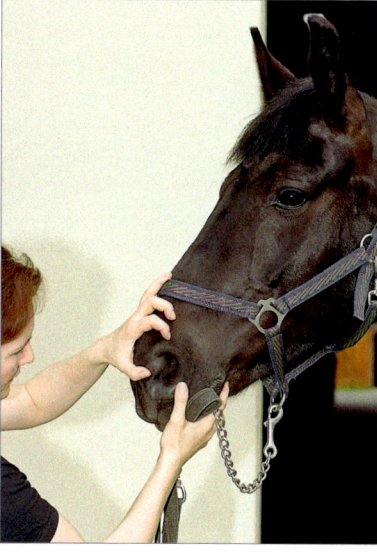

Nüstern (Beurteilung der Nasenschleimhaut und des Nasensekretes)

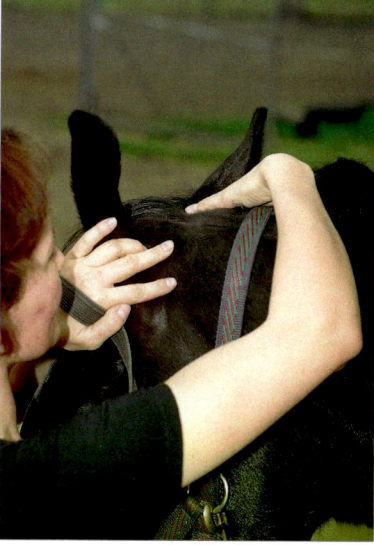

Genick (Genickbeule)

Mähnenkamm (Haut- und Haarveränderungen)

Hals (Narben, Verhärtungen im Bereich der Jugularvene)

Widerrist und Rücken (Hautveränderungen, Schwellungen, Druckempfindlichkeit)

Nähere Betrachtung und Befühlen der äußeren Geschlechtsorgane

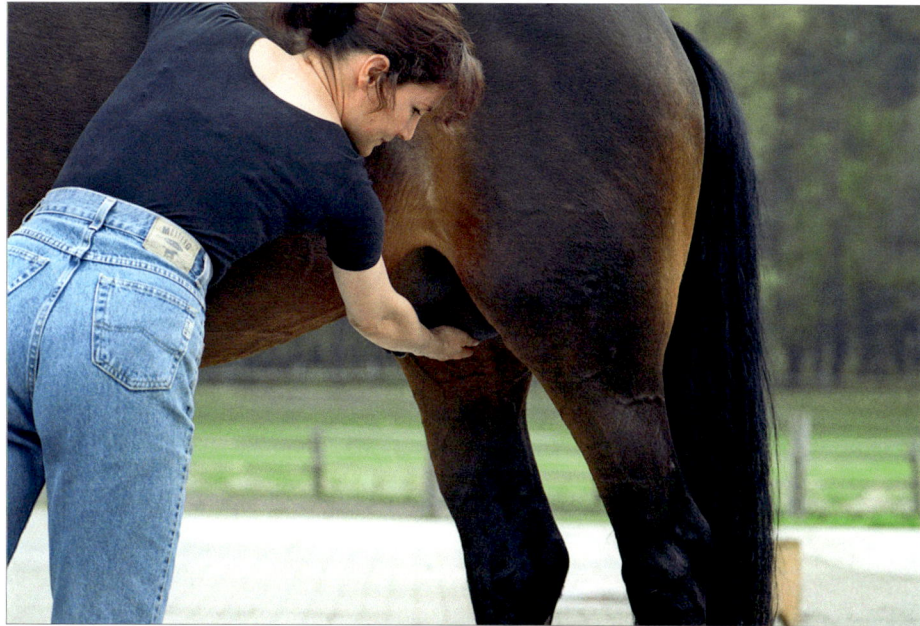

Hengst: Vorhandensein und Beschaffenheit beider Hoden; Wallach: Kastrationsnarben

Stute: Schamschluss, Narbenbildung nach Vernähen. Beurteilung der Schweifrübe (Tonus, Geschwülste, Hautveränderungen)

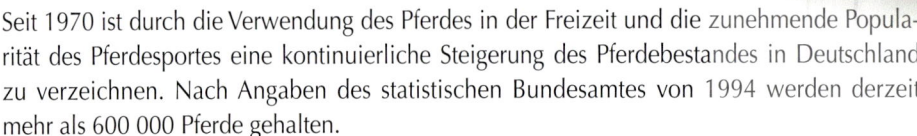

KAPITEL 3

Spezielle Auswahlkriterien

Seit 1970 ist durch die Verwendung des Pferdes in der Freizeit und die zunehmende Popularität des Pferdesportes eine kontinuierliche Steigerung des Pferdebestandes in Deutschland zu verzeichnen. Nach Angaben des statistischen Bundesamtes von 1994 werden derzeit mehr als 600 000 Pferde gehalten.

Die Möglichkeiten der Beschäftigung mit dem Pferd sind außerordentlich vielfältig. Sie umfassen das Voltigieren, das therapeutische Reiten, den Rennsport, die Disziplinen des Turnier- und Leistungssportes, das breit gefächerte Angebot des Freizeitsportes mit Distanz- und Wanderreiten, Gangpferde-, Jagd-, Westernreiten und vieles andere mehr, schließlich auch die Pferdezucht.

Für jede dieser Möglichkeiten gibt es besonders geeignete und weniger geeignete Pferde.

Dies zu erkennen erfordert nicht nur eine gewisse Begabung verbunden mit einem theoretischen Grundwissen, sondern auch Erfahrung.

Für einige der populärsten Pferdesportarten und -rassen sowie für die Zucht werden nachfolgend die speziellen Anforderungen an das geeignete Pferd beschrieben. Dabei kommen renommierte Fachleute zu Wort, die über Jahrzehnte Pferde für ihren Sport bzw. für die Zucht ausgewählt haben, die bei der Beschäftigung und Arbeit mit ihnen Erfolge und Erfahrungen gesammelt haben und deshalb wesentliche Aspekte verständlich und anschaulich vermitteln können.

3.1   Das Dressurpferd

Dr. Uwe Schulten-Baumer sen.,

geboren 1926, kaufmännische Lehre, promoviert nach Volkswirtschaftsstudium. Viele Jahre geschäftsführendes Vorstandsmitglied des deutschen Roheisenverbandes sowie Geschäftsführer stahlwirtschaftlicher Organisationen national und international. Begann seine reiterliche Karriere zunächst im Springsattel (unter anderem Teilnahme am Hamburger Derby) und wechselte erst in den 50er Jahren mit dem Fuchswallach „Glücksspiel" endgültig zum Dressursport. Vom Internationalen Dressur-Trainer-Club wurde er 1992 und 1996 zum „Trainer des Jahres" ernannt. Zu seinen berühmtesten Schülern zählen neben seinem Sohn Dr. Uwe insbesondere Weltmeisterin und Olympiasiegerin Isabell Werth sowie die Doppel-Olympiasiegerin Nicole Uphoff und Ellen Schulten-Baumer. Dr. Uwe Schulten-Baumer ist Ehrenmitglied des Rheinländischen Reiterverbandes sowie des DOKR und Träger des Deutschen Reiterkreuzes in Gold.

Für jeden Reiter das richtige Pferd, für jeden Zweck das richtige Pferd, für jeden Reiter das Pferd, das er händeln kann.

Der Reiter muss zunächst einmal in sich schauen, welche reiterlichen Fähigkeiten er und sein Bereiter haben. Der unerfahrene oder nicht so talentierte Reiter sollte sich ein erfahrenes und vor allem rittiges Pferd ohne Untugenden suchen – denn er muss es ja reiten können. Die Arbeit mit dem Pferd soll sowohl dem Pferd als auch dem Reiter Freude bereiten. Diese Voraussetzung rangiert vor den Faktoren Schönheit und Ergiebigkeit des Gangwerks.
Die verschiedentlich von Eltern kundgetane Absicht, ihrem Kind ein junges Pferd zu kaufen, damit beide zusammen „groß" werden, hat meist zur Folge, dass das Pferd sich Untugenden angewöhnt und das Kind verprellt wird.

Die Regelmäßigkeit des Bewegungsablaufs ist eine Grundvoraussetzung für ein Dressurpferd. Pferde, die im Schritt Pass gehen, sind für Dressurkonkurrenzen nicht geeignet. Diese Pferde sind nur schwer zu korrigieren und bei Aufregung fallen sie meist wieder in den Passtritt. Pferde mit „großem Schritt" neigen in der Arbeit häufig zu Pass. Hier ist der erfahrene Reiter gefragt. Neben der Schrittfolge ist der Raumgriff wichtig. Im starken Schritt am hingegebenen Zügel ist ein möglichst weiter Übertritt der Hinterbeine über den Auftritt der Vorderbeine erwünscht. Dabei ist aber darauf zu achten, dass die Vorderbeine frei nach vorne aus der Schulter heraustreten und der Übertritt nicht durch Drehen in der Kruppe erreicht wird.
Der Schritt kann allerdings bei der Besichtigung des Pferdes begrenzt sein durch Reitfehler oder durch Nervigkeit des Pferdes. Dies zu erkennen erfordert schon ein gewisses „Auge" und Einfühlungsvermögen.

Je höher die Ziele im Sport gesteckt sind, desto mehr Anforderungen sind an die Ergiebigkeit der Grundgangarten zu stellen: Im Trab möglichst weiter Raumgriff im langen, ruhigen, durchgeschwungenen Takt. Wenn ein Pferd im losgelassenen Grundtrab bereits kraftvoll abfußt, mit Übertritt der Hinterbeine über den Auftritt der Vorderbeine nach vorne „wandert", sind die besten Voraussetzungen auch für einen guten, starken Trab gegeben.

Beim Galopp soll es Richter geben, die die Galoppsprünge in der Verstärkung zählen. Damit ist schon alles gesagt. Das Pferd mit weitem, sattem Sprung, guter Winkelung der Hinterhand und nach vorne herausgesprungener Vorhand ist der Idealfall. Auch hier gilt es zu erkennen, ob und inwieweit das Gangwerk reiterlich beeinträchtigt ist. Die Elastizität, das lockere Spiel der Muskeln, das Durchschwingen durch den ganzen Körper, das kraftvolle Abfußen sind besondere Merkmale eines guten und gut gerittenen Dressurpferdes.
Dies in der Arbeit zu erhalten ist die große Kunst des Reiters.

All diese guten Eigenschaften nutzen aber wenig, wenn das Pferd keine innere Leistungsbereitschaft zeigt und nicht „mitmacht". Auf der anderen Seite können Aktivität, Esprit und eine gewisse „Elektrizität" auch eine mindere Bewegungsqualität überspielen. Das auf den ersten Blick zu erkennen ist schwer, man kann es nur „erahnen".

Die Größe eines Pferdes ist besonders für einen großen Reiter von Bedeutung. Ein kleines Pferd kann allerdings auch durchaus „passen", wenn es genug Rahmen und Bewegungsqualität hat. Für einen kleinen Reiter spielt die Größe nur eine untergeordnete Rolle.

Für internationale Prüfungen auf 20 x 60 m Viereck macht ein großes Pferd „mehr her", wenn es genügend „Go" hat und sich nicht durch den Kurs schleppt.

Auf einem 20 x 40 m Viereck hat es ein großes Pferd dagegen schwerer, die teils engen Lektionen zu bewältigen, als ein kleines Pferd.

Bei der Beurteilung von jungen Pferden muss man versuchen, sich vorzustellen, wie das Pferd später gut bemuskelt nach richtiger Aufbauarbeit aussehen wird. Beim Vergleich z.B. von zwei jungen Pferden kann es durchaus sein, dass das eine Pferd zunächst mehr ins Auge springt, weil es schon lange unter dem Sattel geht und von einem guten Reiter geritten wird, während das andere trotz gleichwertiger Grundqualität nicht so gut herausgebracht ist.

Auf den Pferdeauktionen werden die jungen Pferde i.d.R. optimal im Trab und Galopp und insbesondere in den Verstärkungen vorgestellt. Der Käufer sollte daher nicht erwarten, dies später noch verbessern zu können. Auch auf die vielfach verbreitete Theorie, der Trab sei verbesserungsfähig, nicht aber der Galopp, sollte man nicht bauen.

Pferde mit Sattelzwang neigen häufig auch in der Arbeit dazu, zu klemmen. Das hindert die Dressurarbeit.

Vorsicht, wenn jungen Pferden schon höhere Lektionen abverlangt werden. Fehler, die sich hier eingeschlichen haben (z.B. Taktfehler, Passage), sind meist schwer zu korrigieren.

Die Abstammung kann Hinweise geben auf mögliche positive oder negative innere Eigenschaften, die nicht sofort erkennbar sind.

Auf das Gebäude ist in Kapitel II eingegangen worden. Daher hier nur der kurze Hinweis, dass die Anforderungen an das Sportpferd nicht so hoch gestellt sind wie die an das Zuchtpferd. Priorität hat die Leistungsfähigkeit für die jeweilige Sportart. Das Dressurpferd sollte aber körperlich ausgewogen sein. Das aufwärts konstruierte Pferd mit langer, schräger Schulter, gutem Hals und Halsansatz kommt der Dressurarbeit entgegen. Falscher Halsansatz, Hirschhals, kurzer Hals, starke Ganaschen z.B. stehen der Dressurarbeit im Wege.

Schwere Stellungsfehler können bei Beanspruchung die Gesundheit beeinträchtigen.

Das Wichtigste ist, das Pferd als Ganzes zu sehen, wie sich das „Standbild" in der Bewegung auflöst, ob es einem gefällt, ob es für den Reiter und den gedachten Zweck geeignet ist.

Das Auktionsspitzenpferd ist sicherlich nicht für jeden Reiter und jeden Zweck das Idealpferd.

3.2 Das Springpferd

Karsten Huck,
geboren 1945 als Sohn einer bekannten Reiterfamilie, Diplom-Betriebswirt, Berufsreit-
lehrerprüfung; bis 1986 Bundestrainer der Junioren. Er betreibt heute in Borstel einen
großen Ausbildungsbetrieb. Nachdem er mit dem Voltigieren begonnen hatte, fand er
über die Vielseitigkeit den Weg zum Springsport. Huck ist als Stilist bekannt und als na-
tionaler und internationaler Ausbilder sehr gefragt. Zu seinen größten internationalen
Erfolgen zählen die Bronzemedaille bei den Olympischen Spielen in Seoul 1988, der
vierte Platz bei den Europameisterschaften 1989 und die Mannschafts-Silbermedaille
bei den Weltmeisterschaften 1990 in Stockholm.

Die Suche nach dem richtigen Springpferd ist so schwierig wie die Suche nach dem Mann oder der Frau fürs Leben; fast! Abgesehen von den „technischen" Voraussetzungen – Spring-vermögen, Gesundheit, Rittigkeit – müssen Reiter und Pferd zusammenpassen. Und dieses Gefühl kann kein Trainer seinem Schüler abnehmen.

Die Zahl der Turniere übers Jahr verteilt ist relativ gering. Habe ich nur vor, fünf bis sechs Turniere zu reiten, sind das 10 bis 15 Turniertage. Selbst bei 10 bis 15 Turnieren im Jahr ist das Verhältnis von Turniertagen zu turnierfreien Tagen nicht viel anders. Und die übrigen rund 300 Tage will ich schließlich auch noch Spaß an meinem Springpferd haben. Deshalb ist es wichtig, dass man sich schon beim Ausprobieren sofort wohl fühlt und auf Anhieb einen gewissen Draht zu dem Pferd hat. Reiter und Pferd müssen sich mögen. Es muss sozu-sagen „Klick" machen beim Reiter. Wenn man dreimal hinfährt, um ein Pferd auszuprobie-ren, dann ist es garantiert das falsche.

Nicht das schönste Pferd mit dem hübschesten Kopf ist das richtige, sondern das Pferd, auf dem man ein gutes Sitzgefühl hat, „auf der Flachen" und über dem Sprung. Die Wahrneh-mung dieses persönlichen Gefühls kann einem kein Berater oder Trainer abnehmen. Zuwei-len hatte ich bei der Kaufberatung eines Schülers ein besseres Gefühl als er. In diesen Fällen habe ich nicht versucht, dem Schüler ein gutes Gefühl einzureden. Das hätte gar keinen Sinn. Gott sei Dank ist das so, denn sonst würden wir alle hinter demselben Pferd herlaufen.

Dies alles gilt sowohl für ein Pferd, das man vielleicht nur für kleine Prüfungen (A und L) sucht, als auch für ein Pferd, mit dem man sich größere Aufgaben vorgenommen hat (bis S). So ist es mir z.B mit Lugana gegangen, deren Besitzer mich bat, die damals 7-jährige Stute in einem kleinen M-Springen auf einem ländlichen Turnier zu reiten.
Schon nach diesem ersten Parcours – ich saß an diesem Tag zum ersten Mal auf dem Pferd – war ich mir sicher, dass wir gut zusammenpassten, und Lugana gab mir das Gefühl, dass mehr in ihr steckte. Sie bestätigte mein Gefühl: 1984 half sie mir, Deutscher Meister zu wer-den.

Ähnlich ging es mir mit einem Pferd, das vor vielen Jahren an einem meiner Lehrgänge teil-nahm. Ich wollte dem Reiter etwas demonstrieren und setzte mich kurz drauf. Der damals

4-jährige Fuchshengst Didrik gab mir ein so unwahrscheinlich gutes Gefühl, dass ich es nicht sein lassen konnte, den Reiter zu fragen, ob das Pferd zu verkaufen sei. Das war leider damals nicht der Fall, aber drei Jahre später rief er mich an und erzählte mir, dass das Pferd zu kaufen sei. So kam Didrik in meinen Stall, ohne dass ich ihn noch einmal ausprobiert habe. Auch hier hatte ich das richtige Gefühl (und sicherlich auch ein bisschen Glück). Zwei Jahre später wurde ich Vierter bei der Deutschen Meisterschaft.

Dies waren zwei Fälle, in denen ich rein nach Gefühl ein Pferd in den Stall genommen habe und dabei gut gefahren bin. Aber ich will nicht verschweigen, dass mich mein Gefühl das eine oder andere Mal auch schon im Stich gelassen hat.

Bei meinen jüngsten Neuzugängen bin ich optimistisch, dass ich den richtigen Riecher hatte. Der 9-jährige Schimmel Checkers, den eine Sponsorin Ende letzten Jahres fur mich kaufte, gab mir bei den ersten Sprüngen, die ich mit ihm machte, das Gefühl, dass er die richtige sportliche Einstellung hat, ein Kämpfer ist und über genügend Vermögen verfügt. Auch wenn er mir sehr unkompliziert erschien, wird es sicherlich noch einige Zeit dauern, bis Reiter und Pferd sich aufeinander abgestimmt haben. Den 8-jährigen Lukas hatte ich über längere Zeit auf Turnieren in Schleswig-Holstein beobachten können, und er gefiel mir so gut, weil er stets leistungsbereit war und schon als 7-Jähriger mit seinem Ausbilder und Vorreiter Thomas Voss serienweise mittlere und schwere Springen gewann.

Um noch mal zum Ausgang unserer Frage zurückzukommen: Der Reiter muss sich völlig im Klaren darüber sein, was er will. Sucht man ein Pferd für A- und L-Springen, dann darf man sich z.B nicht blenden lassen von einem einzelnen 1,40 m hohen Oxer, den der Verkäufer aufbaut. Denn darauf kommt es in diesem Fall nicht an. Gesucht ist ein patentes Pferd, das aus jeder Lage über einen 1,20 m hohen Sprung kommt.

Oft werde ich gefragt, ob es bestimmte Gebäudemerkmale gibt, an denen man die Spring-veranlagung eines Pferdes erkennen kann.
Darüber gibt es viele theoretische Abhandlungen und es würde zu weit führen, einzeln darauf einzugehen. Die Praxis hat mich gelehrt, dass es für jede angeblich günstige Vorausset-zung sofort genügend Beispiele gibt, die eine solche Theorie widerlegen. So soll ein gut ge-winkeltes Hinterbein eine gute Voraussetzung für ein Springpferd sein, weil angeblich irgendwelche Hebelwirkungen dadurch besonders effizient sein sollen.

Wenn ich mir das so durch den Kopf gehen lasse, könnte ich ein solches Argument sicher-lich nachvollziehen, aber in der Praxis hat mich gerade mein erfolgreichstes Pferd Nepomuk eines anderen belehrt. Er hat ein fast gerades Hinterbein und trotzdem viel Sprungkraft und Vermögen. Was das Exterieur angeht, lasse ich mich also wenig von Theorien leiten.

Es gibt aber eine Sache, auf die ich sehr genau achte, das sind die Hufe eines Pferdes. Sie sollten den Eindruck erwecken, dass sie aus gesundem Horn sind. Ein breiter Huf ist mir lie-ber als ein zu enger Huf (Zwanghuf). In letzterem Fall bin ich von vornherein etwas skep-tisch, was die Haltbarkeit des Pferdes bei größerer Belastung angeht. Von leichten Stellungsfehlern lasse ich mich hingegen nicht beeindrucken. Vielmehr achte ich darauf, wie das Pferd sich über dem Sprung bewegt, d.h. auf Bascule, Beintechnik und Rückenarbeit. Eine nicht zu gute Vorderbeintechnik (etwas hängender Oberarm) schreckt mich nicht ab. Damit kann man leben, wenn das Pferd vorsichtig genug ist und über genügend Vermögen verfügt. Außerdem kann man die Technik durch gymnastizierende Arbeit noch verbessern. Nicht akzeptieren kann ich ungleiche Vorderbeine, wenn das Pferd also ein Vorderbein immer etwas mehr hängen lässt als das andere. Die Praxis hat gezeigt, dass bei größter Mühe, gymnastizierender Arbeit und dressurmäßiger Ausbildung dieser Fehler nicht ganz behoben werden kann und gerade in brenzligen Situationen immer wieder auftritt.

Viel wichtiger als krumme oder gerade Beine ist für mich das Gefühl, welches das Pferd unter dem Reiter vermittelt, und dabei besonders das Gefühl im Maul. Das beste Vermögen und eine vollendete Technik reichen nicht aus in einer Zeit, in der der Parcours immer technischer aufgebaut wird. Eine angeborene Rittigkeit und Lernbereitschaft sind unerlässlich und wichtiger als zehn oder zwanzig Zentimeter mehr Vermögen.

Eltern von jugendlichen Reitern müssen sich auch im Klaren darüber sein, dass man auf dem Weg nach oben in den seltensten Fällen mit nur einem Pferd auskommt. Das Pferd, das einen jungen Reiter von A nach S trägt, ist die absolute Ausnahme, eines von tausend. Vielen jungen Reitern fällt es schwer, ein Pferd, das sie über einige Jahre geritten haben, abzugeben, weil sie sportlich weiterkommen wollen. Vielleicht kann der Trennungsschmerz durch den Gedanken erleichtert werden, dass sich so manch jüngerer Reiter freut, mit einem erfahrenen Pferd in den Sport einzusteigen, und dass es genauso gut behandelt wird, wie man selbst es behandelt hat.

3.3   Das Vielseitigkeitspferd

Martin Plewa,
geboren 1950, Oberstudienrat, Berufsreitlehrer FN (1980), von 1985 bis 2001 Bundestrainer Vielseitigkeit, seitdem Leiter der Westfälischen Reit- und Fahrschule in Münster. Martin Plewa zählte über viele Jahre zu den erfolgreichsten deutschen Vielseitigkeitsreitern. Bereits als Junior war er bei Deutschen Meisterschaften erfolgreich und gewann in den Disziplinen Dressur (1966) und Springen (1968) je eine Bronzemedaille. 1973 belegte er bei den Europameisterschaften der Vielseitigkeitsreiter den sechsten Platz in der Einzelwertung. 1974 gewann er bei den Weltmeisterschaften der Vielseitigkeitsreiter mit der deutschen Mannschaft die Bronzemedaille. Herausragende Erfolge als Bundestrainer waren der Gewinn der Mannschaftsgoldmedaille bei den Olympischen Spielen in Seoul 1988 und der Mannschafts-Bronzemedaille sowohl bei den Weltmeisterschaften 1990 in Stockholm und 1994 in Den Haag als auch bei den Olympischen Spielen in Barcelona 1992.

Welche Kriterien bei der Auswahl eines Vielseitigkeitspferdes anzulegen sind, hängt wesentlich von den Ansprüchen und Anforderungen ab, denen man sich im Vielseitigkeitssport stellen will. Für die Teilnahme an Vielseitigkeitsprüfungen (den so genannten Kurzprüfungen) oder Geländeritten der Klasse A oder L, wie sie oft auch Bestandteile von Mannschaftswettbewerben auf Kreis- bzw. Landesebene sind, sollte fast jedes vielseitig ausgebildete Reitpferd bei entsprechender Vorbereitung geeignet sein. Erst für die Teilnahme an großen Vielseitigkeiten etwa der Klassen L bis M wird man vermehrt nach Pferden Ausschau halten müssen, die aufgrund ihres Galoppiervermögens und ihrer Ausdauer auch den erhöhten Geländeanforderungen gewachsen sein werden.

Welche sportlichen Ziele man auch immer verfolgt oder noch erreichen möchte, man wird sich von der Vorstellung frei machen müssen, dass man das ideale Vielseitigkeitspferd nach mehr oder weniger fest definierten, zu beschreibenden Kriterien beurteilen, einschätzen und auswählen kann. In keiner Disziplin sind die Unwägbarkeiten bei der Pferdebeurteilung so groß wie in der Vielseitigkeit. Dennoch lassen sich einige wesentliche Grundsätze bei der Auswahl eines Vielseitigkeitspferdes bedenken und berücksichtigen.

DIE ABSTAMMUNG

Da die Anforderungen in der Vielseitigkeit derart umfassend sind und offensichtlich Einzelveranlagungen für den späteren Erfolg nur geringe Bedeutung haben, gibt es auch anders als in den Spezialdisziplinen Dressur und Springen keine typischen Blutlinien, die schon vom Pedigree her auf besondere Vielseitigkeitseignung schließen lassen. Dennoch sind bei den Vielseitigkeitspferden im Allgemeinen Vorfahren mit höheren Springindizes eher vertreten als solche mit besonderer Dressurvererbung. Pferde mit einem gewissen Schuss Edelblut tun sich i.d.R. im Training und in den Geländeprüfungen leichter. Für die Teilnahme am höheren Leistungssport sind zweifellos Pferde mit einem höheren Vollblutanteil zu bevorzugen. Im heutigen Spitzensport finden sich kaum noch Vielseitigkeitspferde, die in ihrem Pedigree weniger als 50% Vollblut aufweisen. Bevorzugt sind Vollblutlinien, deren Nachkommen im Rennsport über lange Distanzen bzw. auch über Hindernisbahnen gelaufen sind.

DAS ALTER

Die Erfahrung zeigt, dass i.d.R. die Pferde am erfolgreichsten sind, die von jung auf mit ihrem ständigen Reiter zusammengewachsen sind. Hat man die Möglichkeit, junge Pferde selbst auszubilden und hält man sich reiterlich dafür geeignet, ist es daher auf jeden Fall empfehlenswert, sich ein jüngeres Pferd auszuwählen; abgesehen davon, dass die Ausbildung besonders viel Freude macht, hat man die Vorteile, dass man das gegenseitige Vertrauen als Basis für spätere Turnierteilnahmen von Anfang an herstellen und fördern sowie von jung an das Pferd in seiner Kondition und Konstitution sinnvoll auf die späteren Anforderungen vorbereiten kann.

Abzuraten ist von älteren Pferden, die in ihrer Jugend nicht vielseitig ausgebildet wurden und keine Gelegenheit hatten, ihren Bewegungsapparat im Gelände zu trainieren. Daher finden sich im Vielseitigkeitssport keine Pferde, die zuvor ausschließlich in einer Spezialdisziplin eingesetzt wurden bzw. Stuten, die zu Anfang mehrere Jahre in der Zucht eingesetzt waren.

Reiter ohne eigene Ausbildungserfahrung bevorzugen bereits ausgebildete Vielseitigkeitspferde. Da solche älteren Pferde kaum auf dem Markt sind, sind entsprechende Angebote genauestens zu überprüfen. Dies gilt einerseits für den Gesundheitsstatus sowie besonders auch für die sportliche Vergangenheit. Daher ist es ratsam, möglichst vollständige Informationen über die bisherigen Einsätze, Leistungen und Erfolge einzuholen. Pferde mit sehr wechselnden Leistungen und solche, die in ihrer Laufbahn eine oder gar mehrere längere Einsatzpausen aufweisen, sind mit gewisser Skepsis zu behandeln. Ein Pferd, das z.B. einmal das Vertrauen zu einem Geländehindernis verloren hat, ist i.d.R. nicht mehr zuverlässig im Vielseitigkeitssport in höheren Klassen einzusetzen. Bei älteren Pferden empfiehlt sich daher stets eine genaue Recherche der sportlichen Laufbahn sowie eine Beobachtung in einer Prüfung bzw. einer Erprobung in möglichst fremdem Gelände.

Für den Einsatz von älteren Pferden gilt ganz besonders, dass der Reiter zum Pferd passen muss und in der Lage sein muss, sich auf das neue Pferd einzustellen. Es ist unrealistisch, ein von einem anderen Reiter erfolgreich ausgebildetes Pferd vollständig auf eine neue Reitweise umstellen zu können. Daher gilt i.d.R., dass nur erfahrenen Reitern der kurzfristige Umstieg auf ein bereits erfahrenes Pferd gelingt. Das Zusammenwachsen von Pferd und Reiter über einen größeren Zeitraum ist im Vielseitigkeitssport langfristig erfolgversprechender.

Das Exterieur

Interessanterweise finden sich im Vielseitigkeitssport viele erfolgreiche Pferde, die in ihrer äußeren Erscheinung sehr unterschiedlich sind. Offensichtlich sind das Interieur, d.h. die „inneren Werte" eines Pferdes, sowie die Qualität der Ausbildung und des Reiters wohl ausschlaggebender in Bezug auf die Leistung des Pferdes als die äußerlichen Merkmale. Dennoch gibt es wertvolle, zu beachtende Kriterien in der Exterieurbeurteilung.

Im Typ ist das vielseitige Pferd i.d.R. dem edlen Warm- bzw. Halbblutpferd nahe stehend, im leichteren Kaliber, mit einer zum Reiter passenden, etwa „mittleren" Größe, aber mit großem Rahmen und langen Körperpartien und bevorzugt in geschlossenem Rechteckformat. Es soll bereits im Stand den Eindruck eines ausbalancierten Bergaufpferdes vermitteln. Die Erfahrung zeigt, dass Pferde mit Übergröße häufig Mängel in der Koordinationsfähigkeit und Geschicklichkeit zeigen. Pferde mit sehr langem Mittelstück, dabei weichem Rücken und herausgestellten Hintergliedmaßen sind in den längeren Trainingsreprisen und in den Prüfungen mit längeren Distanzen oft nur schwer geschlossen zu halten.

Desweiteren wünscht man sich eine gut angesetzte, lange Halsung, die es dem Pferd erleichtert, sich in jeder Geländesituation auszubalancieren. Gute Vielseitigkeitspferde weisen meist einen sehr ausgeprägten langen Widerrist auf. Zu achten ist ferner auf einen gut bemuskelten, arbeitsfähigen Rücken, der in der Ausbildung auch bei längeren Trainingsphasen keine Probleme bereitet. Eine im Verhältnis zur Körpergröße besonders ausgeprägte Gurtentiefe ermöglicht ein leistungsfähiges, weil großvolumiges Herz- und Lungensystem. Die Kruppe ist bei vollblutgeprägten Pferden oft schräg und lang gezogen konstruiert, mit tiefer gelegenem Schweifansatz, was auf gute Galoppierleistung schließen lässt.

Besonderer Wert ist auf das Fundament des Pferdes zu legen. Hierbei ist die Stärke der Gliedmaßen weniger bedeutsam als ihre korrekte Stellung. Pferde mit Stellungsfehlern neigen eher zu Belastungsschäden. Als besonders nachteilig werden unter anderem das so genannte geschliffene oder gar rückbiegige Vorderbein, die extrem steile ebenso wie die besonders weiche Fesselung sowie die statisch ungünstigen zehenweiten bzw. zehenengen Verstellungen bewertet. Die Gliedmaßengelenke sollen ausreichend groß, stark, klar und trocken aussehen. Die Hufe sollten ausreichend und gleichmäßig groß, vor allem aber hart und gesund sein.

In der äußeren Gesamterscheinung sollte das angehende Vielseitigkeitspferd einen gut bemuskelten, drahtigen und athletischen Eindruck hinterlassen. Ein gelassenes, aber nicht phlegmatisches, sondern souveränes Auftreten bereits an der Hand mit aufmerksamem und lebhaftem Ohrenspiel kann bereits Hinweise auf entsprechende Sensibilität und das Nervenkostüm liefern.

DIE BEWEGUNGEN

Für die Beurteilung des Bewegungsverhaltens empfiehlt es sich, die Grundgangarten Schritt und Trab zunächst auf hartem, ebenem Hufschlag an der Hand zu beurteilen, um das Auffußen der Gliedmaßen und die Regelmäßigkeit überprüfen zu können. Besonderer Wert ist auf einen raumgreifenden, ungebundenen Schritt zu legen bei gutem Vortritt aller vier Gliedmaßen. Der Trab sollte vor allem elastisch und rationell sein. Eine extrem aufwendige Mechanik ist für ein Vielseitigkeitspferd, das in Training und Wettkampf lange Trabreprisen zurücklegen muss, nachteilig. Im Trab sollte aber sehr auf natürliche Schwungentwicklung aus einer guten Rückentätigkeit heraus geachtet werden. Besondere Aufmerksamkeit verdient die Beurteilung der Grundgangart Galopp. Sie ist am günstigsten zunächst beim Freilaufen und anschließend unter dem Reiter zu überprüfen. Dabei ist besonders auf die Elastizität und Leichtfüßigkeit sowie vor allem auf das Gleichgewichtsverhalten des Pferdes zu achten. Die Galoppade soll zu jedem Zeitpunkt und in jedem Tempo einen Bergauf-Eindruck vermitteln. Bei Richtungswechseln sollte das Pferd stets geschmeidig in den jeweiligen Handgalopp umspringen. Die Qualität des Galopps lässt sich nicht an der Galoppsprunglänge messen. Eine extrem große „Übersetzung" ist oft unpraktisch und erfordert mehr Ausbildung und größeres reiterliches Geschick, vor allem beim Reiten von Hindernisdistanzen. Entscheidend ist, dass das Pferd im Galopp leichtfüßig und fleißig aus der Hinterhand repetiert und mit zunehmendem Tempo auch mehr Boden deckt, ohne eiliger oder „kopflastig" zu werden. Ein gutes natürliches Gleichgewichtsverhalten bei sicherer Selbsthaltung des Pferdes bei jedem Tempo ist die günstigste Voraussetzung für eine risikofreie Belastbarkeit über lange Galoppstrecken. Grundsätzlich ist bei der Beurteilung des Galoppiervermögens zu berücksichtigen, dass es durch Training und Ausbildung kaum weiter gefördert werden kann.

Die natürlichen Bewegungen an der Hand bzw. beim Freilaufen sollten hinsichtlich der Balance und Elastizität auch unter dem Reiter erhalten bleiben. Hierzu empfiehlt es sich, beim Ausprobieren unter dem Sattel nicht nur in Anlehnung und Beizäumung, sondern auch längere Phasen in allen Grundgangarten am langen bzw. hingegebenen Zügel zu reiten.

In der Überprüfung der Dressurveranlagung kommt es vor allem auf unverdorbene Gangqualität sowie auf nervliche Stabilität und Gelassenheit an. Ein Pferd mit ausreichender Geschmeidigkeit und guter Grundrittigkeit wird man meist durch Ausbildung auf den entsprechenden Leistungsstand bringen können. Als sehr wertvoll ist einzuschätzen, wenn das Vielseitigkeitspferd auch in kleineren Dressurprüfungen Erfolge nachweisen kann. Bei wachsender Bedeutung der Dressur und zunehmender Leistungsdichte muss der ambitionierte Reiter davon ausgehen können, dass mit seinem Pferd eine Dressurleistung im vorderen Drittel möglich ist, um auch gute Platzierungen in Vielseitigkeitsprüfungen erzielen zu können.

DAS SPRINGEN

Die natürliche Springveranlagung ist am günstigsten beim Freispringen zu beurteilen. Besonderer Wert sollte dabei auf Geschicklichkeit, Elastizität und Aufmerksamkeit gelegt werden. Das Springvermögen kann bei sehr jungen Pferden über die geringen Abmessungen der Hindernisse, die von ihnen gefordert werden können, oft nur schwer eingeschätzt werden. Ältere Pferde sollte man über höhere Sprünge entsprechend ihrem Ausbildungsstand testen können. Vielseitigkeitspferde, die meist aus hohem Tempo springen, entwickeln meist eine andere Technik und Manier als reine Springpferde. Bei der Beurteilung der Springveranlagung sind daher etwas andere Maßstäbe anzulegen als im reinen Springsport. Dennoch ist die Springqualität sehr wichtig, da im Wesentlichen an Hindernissen Fehler und damit Minuspunkte verursacht werden. Ein Pferd, das regelmäßig viele Fehler im Abschlussparcours macht, ist für den Sport ebenso wenig wertvoll wie ein in der Dressur unrittiges oder übernervöses Pferd. In der Springtechnik kommt es beim Vielseitigkeitspferd vor allem auf die Reaktionsschnelligkeit und die gute Anwinkelung des Unterarms an. Pferde mit langsamem Sprungablauf oder verzögerten Reaktionen verlieren diese Eigenschaft auch durch Ausbildung kaum und sind daher für die Vielseitigkeit weniger geeignet. Auf einen Fehler bzw. Abwurf muss ein angehendes Vielseitigkeitspferd mit vermehrter Aufmerksamkeit reagieren, ohne ängstlich oder übervorsichtig zu werden. Das Verhalten des Pferdes beim Freispringen liefert auch wertvolle Hinweise über sein Wesen, seine Leistungsbereitschaft und seine nervliche Veranlagung.

Beim Ausprobieren unter dem Sattel sind ebenfalls das Vertrauen, die Geschicklichkeit sowie die Balance am Sprung zu überprüfen. Dabei sollte das Pferd in der Lage sein, weitestgehend selbstständig und ohne Unterstützung des Reiters im Gleichgewicht zu springen, was auch am längeren Zügel möglich sein muss. Bei weiter ausgebildeten Pferden wird auch das Springen aus Winkeln und engen Wendungen überprüft. Pferde, die sehr stark auf die Hilfen des Reiters angewiesen sind, entwickeln meist nur selten die Eigeninitiative am Sprung, wie sie für das Bewältigen von Geländestrecken erwünscht wird.

Bei der Auswahl eines sehr jungen Pferdes erübrigt sich ein Ausprobieren im Gelände. Bei älteren, bereits in Prüfungen eingesetzten Pferden kommt es vor allem darauf an, herauszufinden, ob das Vertrauen des Pferdes zum Springen im Gelände allgemein bzw. bei ganz bestimmten Geländehindernissen wie Gräben, Tiefsprüngen oder Wasser gestört ist. Es ist auf jeden Fall lohnenswert, sich genau über die sportliche Vergangenheit von bereits eingesetzten Vielseitigkeitspferden zu informieren. Von Pferden mit schlechten Vorerfahrungen, die zu Verweigerungen neigen, ist abzuraten, wenn sie für den Einsatz in schwereren Prüfungen vorgesehen sind. In der Regel sind ängstlich gewordene Pferde mit Vertrauensverlusten nur so weit korrigierbar, dass sie leichtere Prüfungen wieder zuverlässig absolvieren.

Willig und vertrauensvoll springende Pferde ziehen gleichmäßig und aufmerksam auch fremde Geländehindernisse an, ohne wegzustürmen. Ein wesentliches Indiz für Vertrauen und Springfreude ist das Augen- und Ohrenspiel des Pferdes in der Anreitephase. Gespitzte Ohren und ein zum Sprung gerichteter Blick sind gleichzeitig ein Ausdruck von Aufmerksamkeit und Konzentration, wesentliche Voraussetzungen für das sichere Überwinden von Geländehindernissen. Den Ausschlag für die Beurteilung des Pferdes am Geländesprung gibt aber nicht die Beobachtung von unten, sondern das Gefühl, das der Reiter auf dem Pferd hat. Nur wenn er sich sicher fühlt, kann man davon ausgehen, dass sich ein gegenseitiges Vertrauensverhältnis zwischen Reiter und Pferd entwickelt.

DAS INTERIEUR

Die absolut wichtigste Eigenschaft eines Vielseitigkeitspferdes ist gleichzeitig die am schwierigsten zu beurteilende. In seinem Interieur, d.h. in seinen Wesens- und Charaktereigenschaften muss das Pferd ausgestattet sein mit einer enormen Leistungsbereitschaft, gepaart mit großer Nervenstärke und Übersicht. Eine gewisse Sensibilität ist gewünscht, aber keine Nervosität, die das Pferd im Gelände zu unüberlegten, überhasteten Reaktionen verleiten könnte. Die Interieureigenschaften bei einem jungen Pferd abzuschätzen ist ausgesprochen schwierig und erfordert viel Erfahrung und Pferdeverstand. Erfahrene Pferdeleute vermögen oft schon aus dem Auge und dem Gesichtsausdruck eines Pferdes auf sein Interieur zu schließen. Oft stellen sich Wesens- oder Charakterschwächen bei einem Pferd aber erst im Verlauf der späteren Ausbildung oder in Prüfungen mit höheren Anforderungen heraus. Beachtung sollte man aber bereits bei einem jungen Pferd dessen gesamten Auftreten und Verhalten bei der Pflege, Haltung, in der freien Bewegung und bei der ersten Arbeit schenken. Von sehr nervösen, übersensiblen Pferden oder solchen mit erheblichen Temperamentsmängeln ist abzuraten, da sie meistens trotz intensiver Ausbildung unzuverlässig bleiben. Es ist ein Irrglaube, die Psyche und die Wesensveranlagung eines Pferdes durch Ausbildung nachhaltig beeinflussen zu können. Bei einem älteren Pferd erweist sich Wesensfestigkeit vor allem in stabilen, wenig schwankenden Leistungskurven mit reproduzierbaren Erfolgen. Stark schwankende Leistungen sind ursächlich meist mit Interieurmängeln verknüpft. Daher sind auch aus diesem Grunde genaue Überprüfungen der Laufbahn eines bereits eingesetzten Vielseitigkeitspferdes erforderlich.

Grundsätzlich dürfte die Leistungsbereitschaft einen größeren Anteil an der Gesamtleistung eines Pferdes haben als die körperliche Leistungsveranlagung. Insbesondere im Gelände ist jeder Vielseitigkeitsreiter auf ein hoch motiviertes und leistungsbereites Pferd angewiesen. Umgekehrt kann es fast unreiterlich sein, ein Pferd langfristig in der Vielseitigkeit einzusetzen, das erkennbar keinen Spaß und keine Freude an dieser Sportart hat.

DIE GESUNDHEIT

Ein Pferd, von dem körperliche Höchstleistungen mit einem entsprechend aufwendigen Training verlangt werden, muss vollkommen gesund sein, soweit man von vollkommener Gesundheit überhaupt sprechen kann. Entscheidend sind vor allem die Gliedmaßen und der gesamte Atmungsapparat. Pferde mit chronischen Atemwegserkrankungen sind leistungsmäßig oft so eingeschränkt, dass der Einsatz im Leistungssport nicht in Frage kommt. Erst recht gilt dies für belastungsabhängige Gliedmaßenerkrankungen, wie z.B. Sehnenentzündungen, die einen Einsatz in großen Vielseitigkeiten meist sogar völlig ausschließen. Die Erfahrungen von Pferdeleuten belegen, dass man Pferde durch sachgemäßes und dosiertes Training durchaus etwas abhärten kann. Andererseits meint man aber auch nachvollziehen zu können, dass bestimmte Abstammungslinien mehr oder weniger hart veranlagte Pferde hervorbringen.

Eine tierärztliche Untersuchung bei einem erfahrenen Fachtierarzt ist beim Ankauf eines Vielseitigkeitspferdes unerlässlich. Hierbei ist es wichtig, den untersuchenden Tierarzt, der sich mit den Anforderungen in Training und Wettkampf der Vielseitigkeit auskennen sollte, darauf hinzuweisen, welche Einsätze im Vielseitigkeitssport mit dem Pferd angestrebt werden. Bei zweifelhaften Untersuchungsergebnissen ist abzuwägen, ob bei entsprechendem Stall- und Trainingsmanagement ein Einsatz in der Vielseitigkeit überhaupt in Betracht kommt. Grundsätzlich sind aber keine Kompromisse hinsichtlich des Gesundheitsstatus denkbar.

DER GESAMTEINDRUCK

Die Zusammenstellung der Kriterien für die Auswahl von Vielseitigkeitspferden macht deutlich, wie viele Faktoren für die Beurteilung berücksichtigt werden müssen. Da es das ideale, fehlerfreie Pferd nicht geben kann, wird man abwägen müssen, auf welche Weise etwaige Mängel kompensiert werden können und mit welchen Fehlern der vorgesehene Reiter am ehesten fertig werden kann. Letztlich kann und sollte auch das Gefühl für das jeweilige Pferd den Ausschlag geben, da es gerade in der Vielseitigkeit auf eine gute Partnerschaft zwischen Pferd und Reiter ankommt.

3.4 Das Fahrpferd

Dr. Günzel Graf von der Schulenburg,
geboren 1934, landwirtschaftliche Lehre, landwirtschaftliches und volkswirtschaftliches Studium, Promotion. Ausbildung im westfälischen Landgestüt Warendorf unter Land-stallmeister Bresges, des Weiteren an der höheren Reit- und Fahrschule, an der Deutschen Reitschule und im Militärystall des Deutschen Olympiadekomitees für Reiterei. Ausbilder waren Sattelmeister Philipp, Kukuck, Driessen, Oberst Winkel, Boldt sen., General Niemack und General Viebig. Reitlehrerdiplom. Erfolge in Vielseitigkeit bis einschließlich Klasse L, Dressur und Springen bis einschließlich Klasse M, Fahren: Zweispännig bis einschließlich Klasse S (Kombinierte Prüfung), neuerdings Schwerpunkt Tandem (Random). Seit 1994 Vorsitz in der Fachgruppe Fahren des Deutschen Reiter- und Fahrer-Verbandes. Mitglied des Beirates der AIAT, der Internationalen Vereinigung für Traditionelles Fahren. Veranstalter von Fahrturnieren. Seine Passion: Bau von pferdegerechten, Landschaft und Umwelt an- und eingepassten Geländehindernissen.

Der Verwendungszweck des Fahrpferdes ist vielfältig. Freizeit, Sport sowie professionelle Fahrunternehmen und praktizierte Fahrkultur – pleasure driving – sind die heute üblichen vier Einsatzbereiche für Fahrpferde.

Für alle vier Bereiche gilt, dass unsere Landespferdezuchten gleichermaßen Pferde bundesweit anbieten, die für die genannten Zwecke eingesetzt werden können.

Fahrpferde müssen vom Grundsatz her von gelassenem Naturell sein, d.h. sie müssen dem heutigen Umfeld nervlich gewachsen sein. Dem Reitpferd gleich wird das Fahrpferd heutzutage eigentlich nur 1 bis 2 Stunden täglich eingesetzt in einem Umfeld, das bestimmt ist durch viele befestigte Wege und Verkehr. Zum Umfeld heute gehört nicht mehr die fauchende Dampflok, dafür aber immer noch das quiekende Schwein, die Schafherde, die Kuh auf der Weide, der plötzlich vom Pfahl aufsteigende Bussard, der nicht angeleinte, bellende Hund. Der Straßenverkehr ist bei der Mehrzahl der Pferde heute nicht mehr das Problem. Bei Pferden aus deutschen Zuchten ist davon auszugehen, dass der Umgang mit dem Menschen selbstverständlich ist, ebenso wie das Vertrauen in den Menschen.

Angesprochen ist also das Naturell des Fahrpferdes. Gelassensein, d.h. es soll mit guten Nerven ausgestattet sein.

Fahrunternehmer, d.h. Betriebe, die in Freizeitzentren mit Plan- und sonstigen Wagen Menschen die Möglichkeit geben, mit einem bespannten Fahrzeug die Landschaft zu genießen, bis hin zum professionellen Transport wieder eingerichteter Postkutschendienste sogar über die Alpen nach Norditalien oder Südfrankreich, bevorzugen das Fahrpferd Oldenburger Abstammung. Dieses relativ großrahmige, im Kaliber modernisierte Pferd wird z.B. im Umfeld des Landgestüts Moritzburg bei Dresden weiter gezüchtet. Dass beim Freizeitfahren der Haflinger unverändert einen hohen Stellenwert besitzt, ist sicherlich anzumerken, desgleichen das edle Kaltblut schwedischer Provenienz aus Nordrhein-Westfalen.

Für den Sport liefern alle Landespferdezuchten eine Summe von geeigneten Produkten. Während der Freizeitfahrer und professionelle Fahrer mehr den gelassenen, braven Arbeiter braucht, verlangt der Sport ein Pferd, das sicherlich auch vom Naturell gelassen ist, das aber so viel Temperament mitbringt, dass die Fähigkeit zu kämpfen bzw. die Entwicklung des Kampfwillens möglich ist.

Im Sport hat der früher übliche Karossier an Boden verloren. Dies hängt damit zusammen, dass im großen Sport weniger die früher so genannte Wagenpferde-Aktion verlangt ist, sondern vielmehr der Raumgriff ohne großen Kräfteverschleiß, d.h. Bodenmachen.

Vom Fahrpferd im Sport wird verlangt, dass es geschmeidig und leichtfüßig ist. Es soll eigentlich eine M-Dressur kennen, um sich auf dem Dressurviereck und in den Hindernissen, sei es das Geländehindernis oder aber beim Kegelfahren, mit guter Längsbiegung und im Gehorsam geschickt im Gleichgewicht bewegen zu wissen. Wie wir in der Spitzenklasse des Sportes sehen, kann der Leinenkünstler den eher kleinen Lusitano oder Welsh Cob oder Orlow Traber ebenso zum Erfolg fahren wie einen großen Gelderländer.
Für die Masse der Fahrer gilt es, im Sport das mittelrahmige Pferd mit dem nötigen Schuss Vollblut ausfindig zu machen und zur Turnierreife auszubilden. Das Fahrpferd wird nicht nur geboren als Fahrpferd, sondern das Fahrpferd wird eben zu einem solchen durch die richtige Ausbildung.

Vom Fahrpferd muss heute ebenso wie vom Reitpferd verlangt werden, dass das Gebäude der Leistungsbeanspruchung angemessen ist. Es ist hier nicht der Platz, um auf besondere Gebäudeeigenschaften hinzuweisen. Hier unterscheidet sich das Fahrpferd nicht vom Reitpferd, grundsätzliche Gebäudemängel sind beim Fahrpferd ebenso abzulehnen wie beim Reitpferd. Die Tatsache, dass ein Wagenpferd keinen besonders schönen Kopf haben muss, unterscheidet es vom Reitpferd. Schließlich sind wir in der Lage, mit unserem Kopfstück, den Scheuklappen und dem hoch liegenden Halfter jeden auch noch so hässlichen Kopf „schön zu verkleiden", wie die Fahrensleute sagen. Vom Fahrpferd wird ein guter Schritt verlangt, ebenso gute Trabbewegung. Im großen Sport wird ein Pferd verlangt, das in seinen Trabbewegungen einem Materialsieger nahe ist. Zur Farbe ist zu sagen: „Ein gutes Pferd hat keine Farbe." Die Schimmelfarbe ist ohne Minuspunkte in einem Gespann als Joker einsetzbar, d.h. sie darf zu allen anderen Farben dazugespannt werden. Braun und Fuchs sollten möglichst nicht zusammengehen, hellbraun und dunkelbraun ebenfalls nicht.

Beim Kauf eines Fahrpferdes ist es sicherlich ratsam, das Pferd mit der Doppellonge auszuprobieren. Insbesondere wenn das Pferd die Doppellonge noch nicht kennt, d.h. roh ist, oder nur mit der Normallonge gearbeitet wurde, bietet die Doppellonge ein sehr einfaches Mittel festzustellen, wie empfindlich das Pferd an den Hinterbeinen ist. Im Anschluss an das Ausprobieren des Pferdes halten „alte Hasen" dem Pferd auch mal einen Eimer voll Wasser hin. Wenn das Pferd sich sehr fröhlich auf ihn stürzt, liegt die Vermutung nahe, dass es nur deswegen so angenehm zu probieren war, weil es schon einige Zeit dursten musste.

Wer sein Pferd zu einem Fahrpferd machen will, erleichtert sich die Arbeit sehr, wenn er keinen Hafer füttert, sondern Gerste – wie zum Teil im großen Sport international üblich. Auf jeden Fall wird das Pferd dann nicht „vom Hafer gestochen", es ist gelassener. Das Pferd wird beim Einfahren ein bis zwei Zentner Fleisch verlieren, weil die Arbeit ungewohnt ist und es i.d.R. noch keine Muskulatur hat, sondern Fohlenspeck. Dies ist aber völlig normal – also viel Raufutter und nicht zu viel Kraftfutter am Anfang.

Gehorsam und Vertrauen gehören zueinander, insbesondere beim Fahrpferd. Es ist sehr einfach, bei Beginn der Ausbildung und ihrer Fortsetzung immer wieder Gehorsam zu verlangen. Es empfiehlt sich sogar, kleine Widerstände zu provozieren, um dann auf Gehorsam zu dringen. Das Pferd lernt auf diese Art und Weise – sofern mit Überlegung praktiziert –, sich darauf zu verlassen, dass es das, was von ihm verlangt wird, auch zu erbringen in der Lage ist. Wie sieht nun die Gehorsamsprobe aus? Gehorsam heißt: Auf der Stallgasse stehen, alleine stehen. Wenn sich das Pferd dort bewegt, wird es vorwärts oder rückwärts wieder an die Stelle gebracht. Der Auszubildende redet mit dem Pferd und belohnt es, aber nicht so, dass das Pferd wegen der Belohnung hinter ihm herläuft. Das Pferd muss stehen, muss in Gelassenheit überall hinein- und herauszuführen sein, darf und sollte eine Wand berühren. Erst ohne Scheuklappe, dann mit Scheuklappe (vorsichtig führen mit Scheuklappe – das Pferd kann nicht nach hinten sehen), immer in der Mitte durch die Tür, immer dort umdrehen, wo das Pferd nicht mit der Hinterhand anschlägt, schließlich hat es ja hinten keine Augen, und die vorne haben Scheuklappen; beim Anfassen hinten immer das Pferd ansprechen – insbesondere bei der ersten Ausbildung, aber auch später. Das Reiten, Führen oder Fahren durch eine Pfütze gehört ebenfalls zum Gehorsam. Die einfachste Methode, wenn sich das Pferd weigert und man kein erprobtes Fahrpferd hat, ist, einen Menschen vorneweg gehen zu lassen, auch im Gespann – sie werden überrascht sein: das Pferd geht i.d.R. sofort hinterher, eben weil Vertrauen da ist. Weitere Gehorsamsproben: Die bunte Turnierstange – an der Hand darüber gehen, darüber reiten; die Jacke, die Plastiktüte, der weiße Gegenstand – denken Sie an das Dressurpferd – alles muss das Fahrpferd auch erleben. Es muss vertraut sein mit neuen Eindrücken und sollte von Haus aus mit Vertrauen an alle Gegenstände herangehen, an die es herangeführt oder gefahren wird.

Die Summe der Konflikte, hat mal ein berühmter Mann gesagt, die auszutragen sind, bis der Mensch sich in die Gesellschaft eingefügt hat, ist immer gleich: Gönnen die Eltern den Kindern die Konflikte nicht durch Erziehung, werden die Kinder sich die Konflikte später mit der Polizei holen. Ähnliches gilt bei den Fahrpferden. Wenn man zu Anfang zu großzügig ist und bestimmte Ungezogenheiten und Ungehorsam duldet, wird früher oder später das Pferd im entscheidenden Augenblick ungehorsam sein. Also wehret den Anfängen – Erziehung sofort, dann geht das Pferd später im Vertrauen für den Fahrer im wahrsten Sinne des Wortes durchs Feuer (siehe Polizei-Reiterstaffel).

3.5 Das Voltigierpferd

Barbara Bonke,
geboren 1966, vierfache Mutter, gelernte Bankkauffrau, voltigiert und reitet seit ihrem
dritten Lebensjahr. Die hamburgische Landesmeisterin im Voltigieren des Jahres 1984
ist seit 1985 Voltigierwart und seit 1989 Richterin VOE. Sie ist lange Jahre Vorstandsmit-
glied im Boberger Reitverein e.V. und seit 1991 Mitglied im Fachbeirat Voltigieren im LV
Hamburg.

Vor dem Kauf eines Voltigierpferdes sollte man sich darüber klar werden, in welchem Bereich man das Pferd vorwiegend einsetzen möchte, ob im Anfänger- oder Breitensport, im
Gruppenwettkampf oder im Einzelvoltigieren.

Unabhängig von dem Einsatzbereich des Voltigierpferdes sollte man wissen, dass es nur sehr
selten gesunde, korrekt ausgebildete Voltigierpferde zu kaufen gibt; denn kaum jemand
trennt sich von solchen Pferden.
Sollte man also ein „Voltigierpferd" angeboten bekommen, ist es ratsam, dasselbe gründlich
tierärztlich untersuchen zu lassen und sich möglichst genaue Hintergrundinformationen
über Werdegang des Pferdes und Verkaufsgründe zu besorgen. Die Voltigierszene ist so übersichtlich und intim, dass man eigentlich immer Informationen erhalten kann.

Der Regelfall ist also, dass man selbst ein geeignetes Reitpferd ausbilden muss.
Worauf ist bei allen zukünftigen Voltigierpferden zu achten?
- Das Pferd muss gesund sein. Lassen sie es von einem Tierarzt ihres Vertrauens untersu-
chen.
- Das Pferd sollte ausgewachsen sein, damit der Muskel-, Sehnen- und Knochenapparat
den Anforderungen des Voltigiersports gewachsen ist.
- Vor der Voltigierausbildung sollte die reiterliche Ausbildung mindestens den Anforderun-
gen einer A-Dressur entsprechen.
Je besser und korrekter die Ausbildung des Pferdes (Skala der Ausbildung, A/L-Dressuran-
forderungen ...) ist, desto einfacher und i.d.R. schneller lässt sich das Voltigierpferd an der
Longe und unter den Voltigierern ausbilden.

Folgende Exterieurmerkmale sind für ein zukünftiges Voltigierpferd wünschenswert:
- ein gut ausgeprägter Widerrist
- eine breite, nicht zu steile Kruppe
- ein möglichst breiter Brustkorb
- eine kräftige Hinterhand, korrekte Bein- und Hufstellung
- ein kräftiger, tragfähiger Hals
- Das Pferd sollte deutlich im Lang-Rechteck-Format stehen und über eine gleichmäßige,
schwungvolle Galoppade verfügen.
- Die Wirbelsäule darf bei normalem Futterzustand nicht herausstehen.
- Während man beim Gebäude notfalls bei der einen oder anderen Forderung Abstriche
hinnehmen kann, sind ein gutmütiger Charakter und ein ausgeglichenes, aber nicht träges

Temperament unverzichtbar. Achten Sie auf ein großes ruhiges Auge und ein lebhaftes Ohrenspiel. Das Pferd sollte auch bei plötzlich auftretenden Geräuschen und Dingen nicht scheuen.

- Den konditionellen Zustand des Pferdes kann man dagegen beim Kauf vernachlässigen.

Das **Anfängerpferd** sollte nicht über 165 cm sein, da sonst die Hilfestellung am Pferd sehr schwierig wird. Außerdem fassen die Voltigierer eher Zutrauen bei geringer Höhe und turnen „freier".

Hat man vorwiegend kleinere Voltigierer, kann man ruhig ein Kleinpferd oder sogar ein Pony wählen. Es muss auch kein ausgesprochener Gewichtsträger sein, sofern man es nicht mit mehreren Voltigierern belasten möchte. Doch sollte es absolut unempfindlich und geduldig sein. Dem Pferd darf es nichts ausmachen, dass viele Kinder (mit dem entsprechenden Lärmpegel) um es herum sind.

Das **Gruppen- bzw. Wettkampfpferd** sollte vor allem ein Gewichtsträger sein, der über eine geregelte Galoppade verfügt. Es sollte um 170 cm messen.

Man sollte sich vor dem Kauf auch vergewissern, ob das Pferd verladefromm ist.

Das **Einzelpferd** sollte vor allem über eine geregelte fleißige Galoppade verfügen. Es muss kein ausgesprochener Gewichtsträger sein, sollte aber über einen gut bemuskelten Hals verfügen.

Kauft man ein Einzelpferd für einen aktiven Einzelvoltigierer, sollte der Körperbau des Pferdes zum Voltigierer passen, man sagt „es sollte ihn decken".

Hat man nun ein Pferd als mögliches Voltigierpferd ins Auge gefasst, sollte man das Pferd erst nach reiterlichem Test auf seine Voltigiertauglichkeit testen.

Zum Voltigiertest sollten Sie mindestens drei erfahrene Voltigierer und einen erfahrenen Longenführer mitnehmen.

Sollten die Voltigierer nicht über die nötige Erfahrung verfügen, scheuen Sie sich nicht, bei benachbarten Vereinen um Hilfe zu bitten.

Sollten Sie noch keinen Kontakt zur Voltigierszene haben, wenden Sie sich an Ihren Landesverband, der Ihnen sicherlich die Anschrift des Landesbeauftragten für Voltigieren nennen kann. Der Landesbeauftragte wird Ihnen weiterhelfen.

Nach dem Gurten und Longieren auf beiden Händen und in allen Gangarten beginnt der weitere Test im Stand.

Der Longenführer hält das nicht ausgebundene Pferd auf Höhe des Kopfes. Ein weiterer erfahrener Ausbilder oder Voltigierer streicht nun auf beiden Seiten des Pferdes über die Seiten, Flanken, den Rücken und die Kruppe, um eine eventuelle Empfindlichkeit zu testen.

Die Tester sollten genau auf die Reaktionen (Ohrenspiel, Muskelspiel o.Ä.) des Pferdes achten, empfindliche Pferde zeigen eindeutige Reaktionen.

Hat das Pferd diese Tests bestanden, beginnt man mit den Voltigierproben auf dem Rücken. Und zwar in der Reihenfolge Stand – Schritt – Galopp (falls die nötige Longenausbildung vorhanden ist).

Man beginnt mit einfachen Sitzübungen (Arme in Seithalte, Armkreisen ...), dann folgen Beinschwingen, Aufknien, Anstellen der Füße, Beinschlüsse in verschiedenen Positionen und Belastung des Halses. Wichtig sind punktuelle Belastungen, darunter versteht man das Knien/Aufstellen an verschiedenen Stellen vom Gurt bis auf die Kruppe.

Sucht man einen Gewichtsträger, sollte man beim Test das Pferd auch mit zwei oder drei Voltigierern belasten.

Achten Sie beim Ausprobieren aber darauf, dass Sie das Pferd nicht überfordern. Fahren Sie lieber mehrmals zum Verkäufer und nehmen Sie weitere Tests vor. Vergessen Sie aber auch das Loben nach jedem Teiltest nicht. Denken Sie daran, dass schließlich völlig neue Anforderungen an das Pferd herangetragen werden.

Bleiben Sie ruhig und passen Sie sich dem jeweiligen Pferd an. Schon manch ein Pferd ist durch unsachgemäßes Ausprobieren für immer „verdorben" worden.

Und haben Sie Geduld für eine monatelange Suche. Denken Sie immer daran: Ein für den Voltigiersport voll geeignetes Pferd ist bei den Preisen, die eine normale Voltigierabteilung anlegen kann, so etwas wie ein weißer Rabe.

3.6   Das Distanzpferd

Dr. med. vet. Juliette Mallison,
geboren 1946 in Malmesbury/England. Reitet seit ihrem 5. Lebensjahr erst Ponys, später Großpferde. Buschreiterin. War Studentenreiterin und Obmann für die Studentische Reitgruppe der Universität Cambridge von 1966 bis 1972, wo sie auch das Studium der Tiermedizin absolvierte. Assistentin in gemischten Praxen in England bis 1974. 1976 Promotion an der Universität Gießen. Aktive Distanzreiterin seit 1978. Seit 1984 von der FEI bestellte distanzbetreuende Tierärztin und auch internationale Richterin für Distanzritte. Seit November 1995 Präsidentin des Verbandes Deutscher Distanzreiter und -fahrer, in welchem sie schon seit 1992 im Präsidium mitwirkt. Praktizierende Tierärztin.

Es gibt keine Pferderasse, die man als typisch für Distanzpferde bezeichnen kann, obwohl inzwischen in Frankreich versucht wird, speziell Distanzpferde zu züchten.

Distanzreiten oder -fahren kommt der Natur des Pferdes als Steppentier und Fluchttier am allernächsten. In der freien Natur sind alle Pferde ca. 30 bis 40 km am Tag auf Futtersuche (oder auf der Flucht!). Das Pferd war ja ein Fernwanderwild.

Beim Distanzritt müssen die Pferde innerhalb einer bestimmten Zeit eine festgelegte Strecke absolvieren. Jedes Pferd muss immer in der Lage sein, danach noch weitere 20 km ohne Schaden oder Schmerzen zu gehen. Die tierärztlichen Kontrollen bei einem Distanzritt werden daher sehr streng gehandhabt. Die Tierärzte sind sozusagen Richter und entscheiden, ob das Pferd weiter im Ritt eingesetzt werden kann oder nicht.

Jedes Pferd wird nach absolviertem Distanzritt intensiv untersucht, und wenn es bei der Nachuntersuchung nicht fit ist, scheidet es auch noch am Ende oder nach dem Ende eines Distanzrittes aus.

Die Strecken variieren von 25 bis 39 km bei Einführungsritten und gehen dann bis zur klassischen Distanz, „die 100 Meilen" (160 km) an einem Tag. Es gibt auch Mehrtagesritte.

Jedes gut und normal trainierte Pferd kann einen Einführungsritt absolvieren. Pferde und Reiter, die lange Strecken ab 80 km an einem Tag gehen, sind in jedem Falle Leistungssportler und brauchen entsprechende Ausdauer, Kondition und Training. Diese Pferde sind wie Marathonläufer und können nicht ohne Weiteres „von der Stange gekauft" werden.

Distanzpferde dürfen erst mit 5 Jahren auf die Strecke gehen und erst mit 7 Jahren Entfernungen über 80 km zurücklegen. Die Gründe dafür liegen in der notwendigen langen Aufbauphase für ein Distanzpferd. Den Kreislauf kann man innerhalb von 6-8 Wochen, die Muskeln in 6–9 Monaten trainieren, aber die Sehnen, Bänder und Knochen brauchen 1-2 Jahre Training. Distanzreiten ist eine zusammenwachsende Partnerschaft zwischen Pferd und Reiter, und bis man wirklich auf die lange Strecke gehen kann, braucht es mindestens 3 Jahre Arbeit. Nach so langer Zusammenarbeit will man die Partnerschaft auf Jahre erhalten und nicht nach einer Saison ein neues Pferd suchen. Somit ist der Markt für gefestigte, trainierte Distanzpferde sehr eng.

Distanzpferde müssen einen korrekten Körperbau haben, andernfalls käme es zur falschen Belastung von Gelenken und Sehnen; Stellungsfehler können zu gesundheitlichen Problemen führen. Die meisten Distanzpferde sind etwas drahtige und zähe Typen, aber nicht unbedingt immer Araber. In jedem Fall wird Ausdauer verlangt, d.h. auch Warmblüter, Ponys, Haflinger, Norweger und Isländer können gut beim Distanzreiten mitmachen. Sie erringen nicht die schnellsten Zeiten, kommen aber i.d.R. immer ins Ziel, und nach dem Motto des Vereins Deutscher Distanzreiter und -fahrer heißt es „Angekommen ist gewonnen".

Nicht allein der Körperbau und das Training ist für das Distanzpferd wichtig, **entscheidend auch das Temperament.** Ein Pferd, das nervös und zappelig ist, verpulvert seine Energie, ist schneller müde und kann weniger leisten.

Ein Distanzpferd muss überall fressen und saufen können; denn wenn ein Pferd auf der langen Strecke nicht säuft, trocknet es schnell aus und bekommt Kreislaufprobleme.

Die meisten Pferde aller Rassen können an einem Einführungsritt teilnehmen. Die langen Strecken fordern erheblich mehr Leistung, Ausdauer und Training und vor allem beste partnerschaftliche Arbeit zwischen Pferd und Reiter.

Die Reiter selbst sind unterschiedlicher Natur und unterschiedlichen Temperamentes; alle Altersgruppen von Jugendlichen bis ins Rentenalter sind stets dabei.

3.7 Das Freizeitpferd

Eberhard Fellmer †,

geboren 1924. Das Magazin „Der Spiegel" nannte ihn in der Ausgabe vom 25.01.1971 den „ersten Freizeitreiter", als darüber berichtet wurde, dass der in „Reiterrechtsfragen gut besattelte Jurist" eine Verfassungsbeschwerde gegen das nordrheinwestfälische Waldgesetz erhoben hatte (hierauf änderte übrigens Nordrhein-Westfalen das Gesetz im reiterfreundlichen Sinne bzw. zog es zurück). 1988 wurde Fellmer insoweit der ranghöchste Freizeitreiter, als er Vorsitzender des FN-Ausschusses „Allgemeiner Reit- und Fahrsport" (früher „Freizeitreiten/ Breitensport") geworden war. Von ihm – als Ehrenamtlichen – und seiner hauptamtlichen Geschäftsstelle in Warendorf wurden seinerzeit etwa 600.000 organisierte Freizeitreiter betreut, inzwischen kamen wohl noch Hunderttausende unorganisierte dazu.

Für die meisten Reiter steht die Freude am Umgang mit dem Pferd, das entspannte Reiten oder Fahren in der Natur im Vordergrund, ohne dass sie turniersportliche Erfolge anstreben. Für die Pferde als Partner der „Freizeitreiter" hat sich der etwas widersprüchliche, aber derzeit übliche Begriff „Freizeitpferd" durchgesetzt.

Es ist in der Tat schwierig, das Freizeitpferd hinsichtlich Exterieur, Interieur und Bewegungseigenschaften deutlich vom Leistungssportpferd abzugrenzen. Man kommt zu dem Ergebnis, dass, wie überall, die Veranlagung des Pferdes nur in engem Zusammenhang mit dem konkreten Verwendungszweck beurteilt werden kann.

Während der Turniersport durch Regelwerk und Zielsetzung relativ eindeutige Anforderungen an geeignete Pferde stellt, sehen die Betätigungsfelder der so genannten Freizeitreiter außerordentlich vielfältig aus. Den Einheitstyp Freizeitpferd kann es deshalb nicht geben. Den vielfältigen Verwendungsmöglichkeiten im Freizeitbereich wird die Pferdezucht durch die Bereitstellung der unterschiedlichsten Rassen und Typen gerecht.
Unser in Mitteleuropa „für Reitzwecke jeder Art" gezüchtetes Warmblutpferd deckt diesen Markt also nicht allein ab, sondern die internationale Pferdezucht kommt diesen vielfältigen Bedürfnissen und Möglichkeiten mit einer ausgesprochenen Rassen- und Typenvielfalt entgegen.

Ich unterlasse an dieser Stelle eine vollständige Aufzählung und Beschreibung der vielen Ponyrassen, die nicht nur für Kinder und Jugendliche geeignet sind. Die Vorteile und Besonderheiten z.B. des Fellponys, des Dartmoor, des Cob und Welsh, des New Forest oder des Connemara – um nur einige zu nennen – zu behandeln, würde hier zu weit führen. Ausführlich kann man sich in einschlägigen Büchern über die Pferderassen der Welt informieren. Auch die Zuchtverbände dieser Rassen, die schon sämtlichst in Deutschland ihre Geschäftsstellen haben, geben gerne Auskunft.

Von den Pferden, die ursprünglich in Deutschland nicht gezüchtet und erst vor einigen Jahren besonders durch hippologische Schauvorführungen populär wurden, seien hier das Islandpferd, das Friesenpferd, der Lipizzaner, der Haflinger und das Quarterhorse genannt. Übrigens kommen diese Rassen alle, wie natürlich auch unsere mitteleuropäischen, aus der Gebrauchsreiterei, wobei die nordamerikanischen und südamerikanischen der Strecken- und Gebrauchsreiterei näher stehen – z.B. Pasos, Mangalarga, Missouri-Foxtrotter, Morgan-Horse, Saddlebreads usw.

Während das hiesige Warmblutpferd eher nach den Regeln der klassischen Reitkunst geritten wird – obgleich sich z.B. auch ein Hannoveraner durchaus als Westernpferd ausbilden lässt –, sollte der potentielle Käufer beispielsweise eines Andalusiers, Islandpferdes, Quarter-Horses usw. deren spezielle Reitweisen von vorneherein anstreben kennen zu lernen.

Die ausgesprochene Rassen- und Typenvielfalt schlägt sich auf die Preisstruktur des Marktes nieder. Für einigermaßen gelungene 3-jährige Produkte der deutschen Warmblut-Zucht muss der Züchter ab 8.000,– € verlangen, um seine Kosten halbwegs decken zu können. Der nicht turniersportlich orientierte Reiter aber, der in erster Linie ausreiten möchte, gelegentlich auch an Wanderritten teilnimmt und sich im Winter am Unterricht in der Halle beteiligt, will oftmals nicht mehr als 4.000,– bis 5.000,– € bezahlen.

Ob man nun einen Warmblüter, ein Pferdchen aus den vielen Ponyrassen, ein so genanntes Barockpferd oder einen überseeischen „Exoten" erwerben will, allererste Beachtung ist sicher dem Interieur zu schenken:
In jedem Fall muss ein Freizeitpferd im Umgang und unter dem Reiter (vor dem Wagen) angenehm und leicht zu handhaben sein, damit bei Pferd und Besitzer die Freude an der Beschäftigung miteinander erhalten bleiben kann. Ein solches Pferd, das in vielen Fällen auch weniger geübte Reiter tragen soll, muss nicht nur in allen Gangarten mit schwingendem Rücken gut zu sitzen und solide ausgebildet sein, es sollte auch über eine gewisse Gelassenheit verfügen, nicht schreckhaft und überempfindlich sein, damit das Reiten wirklich für beide entspannend ist und bleibt. Denn was nützt als Freizeitpferd ein exterieurmäßig bestechender Schönling, der erhebliche Defizite im Interieur hat?
Deshalb wird man beim Kauf das Pferd im Umgang ausführlich beobachten und unbedingt auch einmal im Gelände reiten, um zu sehen, ob man auch in dieser Umgebung „klar kommt".

Abzuraten ist davon, gesundheitlich angeschlagene „Pflegefälle" als Freizeitpferde zu kaufen. Ein gesundes und für seinen Reiter passendes Pferd wird über Jahre hinweg viel Freude bereiten, wenn es seinen Bedürfnissen entsprechend gehalten und sorgfältig gepflegt wird.
Der an Freizeitpferden und insbesondere an Spezialrassen interessierte Käufer muss wissen, dass solide Ausbildung und gute Qualität auch hier ihren Preis haben. Ein guter Friesenwallach, erst recht ein schöner und ausgebildeter Andalusier oder ein zuverlässiger Fünfgänger haben heute ähnliche Preise, wie sie für turniersportlich geeignete Deutsche Reitpferde verlangt werden.

Noch ein wichtiger Hinweis:

Bei der Auswahl seines Freizeitbegleiters wird der potentielle Käufer mehr noch als der Käufer eines Leistungssportpferdes in den Fehler verfallen wollen, sich ein „Schmusetier" auszusuchen; aber kein Pferd darf zum Plüsch-Teddy degradiert und vermenschlicht werden. Das Gegenteil ist gefordert: der zukünftige Besitzer muss sich über die tatsächlichen Bedürfnisse seines Pferdes sachlich informieren, um sich so in die Lage zu versetzen, es „seiner Art und seinen Bedürfnissen entsprechend" halten und pflegen zu können, wie es auch das Tierschutzgesetz verlangt.

3.8   Das Zuchtpferd

Dr. Wolfgang Schulze-Schleppinghoff,
geboren 1954 in Münster/Westfalen. Studium der Landwirtschaft an den Fachhochschulen Osnabrück und Soest mit Abschluss des Ing. (grad) agr. Daran anschließend Studium der Agrarwissenschaften – Fachrichtung Tierproduktion – an den Universitäten Bonn, Göttingen und Kiel. Nach diesem Studium erfolgte die Promotion zum Dr. agr. mit einem Thema zur Zuchtwertschätzung für die Deutsche Vollblutzucht. Die 2-jährige Referendarausbildung mit der zweiten Staatsprüfung schloss sich hieran an. Seit 1988 als Zuchtleiter beim Verband der Züchter des Oldenburger Pferdes angestellt, unterbrochen im Jahre 1991 durch eine halbjährige Beschäftigung in gleicher Tätigkeit beim Zuchtverband für Deutsche Pferde.

Die Pferdezucht in Deutschland befindet sich zur Zeit in einem tief greifenden Strukturwandel. Wurde sie früher praktisch ausschließlich im Rahmen eines bäuerlichen Betriebes als ein landwirtschaftlicher Betriebszweig praktiziert, so wandert sie heute mehr und mehr in Liebhaberhand ab. Es kommt hinzu, dass die Zahl der eingetragenen Stuten in den letzten Jahren sprunghaft angestiegen ist. Somit ist die Zahl der angebotenen Pferde in den letzten Jahren stark gestiegen. Zusätzlich drängen Pferde etwa aus Osteuropa neu auf den Markt, die für weit niedrigere Kosten produziert worden sind, als dies in Deutschland möglich ist.

Für den Züchter kann die Zucht daher sowohl als landwirtschaftlicher Betriebszweig als auch als Hobbyzucht langfristig nur dann erfolgreich betrieben werden, wenn er neben geeigneten Haltungsmöglichkeiten und großer Passion auch über das geeignete Zuchtmaterial verfügt. Das Wissen um züchterische Zusammenhänge kann prinzipiell nicht groß genug sein und sollte ständig ergänzt und erweitert werden. Grundüberlegung jeder Zucht sollte ein alter Lehrsatz sein:

Züchten heißt, das Gute besser und das Bessere zum Besten zu machen.

Dies bedeutet zunächst einmal, dass qualitativ mittlere oder gar unterdurchschnittliche Pferde für eine züchterische Verwendung nicht in Frage kommen. Nach welchen Kriterien kann ich nun aber überhaupt die Qualität eines Zuchtpferdes bewerten?

Zur besseren Übersicht sind die Anforderungen hier in vier Gruppen aufgeteilt:

a) *Abstammung*
b) *Exterieur und Grundgangarten*
c) *Leistungsveranlagung sowie Charakter, Temperament und Intelligenz*
d) *Gesundheit und Fruchtbarkeit*

a) *Abstammung*

Die Qualität eines Pferdes wird neben den Umwelteinflüssen, denen es ausgesetzt ist (Haltung, Fütterung, Reitereinfluss usw.), maßgeblich durch seine Vorfahren bestimmt.

Interessiert man sich für ein Zuchtpferd, ist die genaue Kenntnis seiner Ahnen besonders wichtig, da das Pferd selber im Normalfall auch nur das weiter vererben kann, was es von seinen Eltern, Großeltern usw. mitbekommen hat. Je mehr hochklassige Vorfahren sich daher in einem Pedigree finden, umso wahrscheinlicher ist natürlich auch, dass das in Frage stehende Pferd etwas von den guten Anlagen seiner Vorfahren geerbt hat. Von besonderer Bedeutung ist dabei die Qualität des Mutterstammes. Falls hieraus schon eine größere Anzahl an guten Zucht- und Sportpferden hervorgegangen ist, ist dies ein außerordentlich bedeutender Qualitätshinweis. Man muss sich dabei immer die Tatsache vor Augen halten, dass in der Pferdezucht die Väter i.d.R. außerordentlich stark und hart selektiert werden. Die Stuten unterliegen aber einer mehr freiwilligen und daher meist sehr schwachen Selektion. Somit ist die Information über eine erfolgreiche Mutter, Großmutter usw. natürlich besonders wertvoll. Nicht überbewerten sollte man dabei aber Generationen, die sich schon weiter zurück auf der Ahnentafel befinden. Wenn ein sehr erfolgreicher Urahne in der dritten, vierten oder gar fünften Generation erscheint, dessen unmittelbare Nachkommen aber – also die Eltern, Großeltern des in Frage stehenden Pferdes – eher unbedeutende Pferde waren, lässt dies vermuten, dass dieser Urahne seine positiven Anlagen offensichtlich nicht hat weitergeben können. Somit nimmt der Informationswert weiter zurückliegender Ahnen natürlich dann stark ab.

Trotzdem können aber auch diese Informationen das Gesamtbild noch ergänzen. Für einen gekörten Hengst wird aus diesem Grunde i.d.R. in Deutschland eine mindestens fünf Generationen umfassende Abstammung gefordert. Für eine Eintragung in die höchste Stutbuchabteilung muss eine Stute mindestens vier Generationen anerkannte Abstammung aufweisen.

b) *Exterieur und Grundgangarten*

Die Leistung, die ein Pferd zu erbringen hat, ist in aller Regel eine Bewegungsleistung. Diese Tatsache allein macht deutlich, wie unsäglich wichtig eine möglichst korrekte Ausprägung des Körperbaus und besonders des Fundamentes ist, damit die Leistung überhaupt und dann noch möglichst lange erbracht werden kann. Welchen extremen Belastungen etwa die Sehnen, Knochen und Gelenke eines Sportpferdes ausgesetzt sind, kann man sehr eindrucksvoll etwa bei einer Betrachtung extremer Zeitlupenaufnahmen auch schon im normalen „Arbeitsalltag" bei einem solchen Pferd studieren. Dadurch bedingt können auch kleinere „Konstruktionsfehler" auf Dauer zu großen Schäden, vielleicht sogar zur vollständigen Unbrauchbarkeit führen. Somit hat der Ausdruck „Fundament" für die Pferdebeine auch heute noch seine volle Berechtigung. Selbst das hoch talentierteste Pferd mit dem besten psychischen Willen kann keine Spitzenleistung erbringen, wenn dieses Fundament nicht ausreichend belastbar ist. Speziell für ein Zuchtpferd muss daher gefordert werden, dass gerade hierbei die Anforderungen hoch angesetzt werden müssen, damit es seinen Nachkommen ebenfalls ein möglichst korrektes Fundament mitgeben kann.

Neben der Zweckmäßigkeit und Belastbarkeit des Körperbaus sind natürlich auch die Ausstrahlung und der Adel ein wichtiges Kriterium. Einfach ausgedrückt: Ein Pferd sollte auch möglichst schön sein. Pferde werden in aller Regel aus Liebhaberei gehalten, und dabei will man sich auch nicht zuletzt an der Schönheit dieses Lebewesens erfreuen.

Ein außerordentlich wichtiges wertbestimmendes Kriterium für ein Pferd ist die Qualität der Grundgangarten. Grundsätzlich sollen diese möglichst raumgreifend, schwungvoll und taktrein sein. Diese Anforderungen an die Bewegungsqualität gelten dabei auch für ein Pferd, dessen Leistungsschwerpunkt mehr im Springbereich liegt. Hat man früher teilweise leider der mehr flachen Bewegungsphase züchterisch den Vorzug gegeben, so hat man diesen Fehler heute korrigiert und bevorzugt einen leicht kadenzierten Ablauf, durchaus auch mit leichtem Ansatz zur Knieaktion. Solche Pferde haben allgemein einen wesentlich elastischeren Ablauf mit verbesserter Rückentätigkeit.

Häufig lässt man sich bei der Bewertung der Bewegungen durch eine auffällige Trabmechanik blenden und beachtet den Schritt und Galopp zu wenig. Dabei muss immer bedacht werden, dass gerade der Trab eine Gangart ist, die sich durch gezielte reiterliche Ausbildung gut verbessern lässt.

c) *Leistungsveranlagung sowie Charakter, Temperament und Intelligenz*
Wer sich der Pferdezucht widmet, sollte auch um die Wünsche und Anforderungen seiner potentiellen Kunden, der Reiter, wissen. So sind etwa selbst von den organisierten Reitern nur ca. 6% Turnierreiter, die fünf oder mehr Turniere im Jahr besuchen. Insgesamt nur 0,04% aller in einem Reitverein organisierten Reiter kommt als Spitzenreiter in der Leistungsklasse 1 als Kunde für einen wirklichen Spezialisten in einem der Veranlagungsschwerpunkte in Frage. Dabei kommt hier zur Zahl der im Verein organisierten Reiter vielleicht eine etwa gleich große Zahl an reinen Hobbyreitern hinzu. Infolgedessen erscheint das Ziel der Pferdezucht eigentlich recht deutlich vor Augen. Neben der sportlichen Leistungsfähigkeit unserer Pferde ist immer mehr auch auf Umgänglichkeit und beste Charaktereigenschaften zu achten, und hier gilt es, ganz wesentlich züchterisch anzusetzen, um die Pferde noch weiter zu verbessern. Die weit überwiegende Zahl der Zuchtprodukte wird im Laufe ihres Lebens von Leuten geritten, die Spaß und Freude im Umgang mit den Pferden haben wollen und deren sportlichen Ambitionen sich in Grenzen halten.

Die beiden Hauptveranlagungsschwerpunkte – Spring- bzw. Dressurveranlagung – lassen sich getrennt züchterisch sehr gut verbessern. Wesentlich schwieriger wird es aber, sowohl die Dressur- als auch gleichzeitig die Springveranlagung anzuheben. Da die Nachfrage nach einem Spezialisten aber sehr klein ist, sind hier die Züchter besonders gefordert. Eine genaue Beobachtung der Vererbungsleistung der Hengste und Stuten etwa anhand der Ergebnisse der Nachkommen im Turniersport (ausgedrückt z.B. durch die erreichten Zuchtwerte) lässt uns erkennen, welche Tiere in beiden Kriterien Überdurchschnittliches zu leisten im Stande sind. Diese Pferde sind für die Zucht besonders wertvoll. Mit solchem Zuchtmaterial ist es dann auch am einfachsten möglich, sich der Verbesserung beider Vererbungsschwerpunkte zu widmen, oder aber die eine stärker zu berücksichtigen, ohne die andere züchterisch zu vernachlässigen. Rittigkeit und Umgänglichkeit sollten dabei stets zu berücksichtigende Kriterien sein. Die züchterische Bedeutung eines Pferdes, das zwar in der Lage ist, Hochleistung zu erbringen, aber nur von einer Handvoll Hochleistungsreitern geritten werden kann, muss immer sehr begrenzt sein.

d) Gesundheit und Fruchtbarkeit

Dass sich ein jeder Reiter bzw. Züchter ein möglichst gesundes Pferd wünscht, kann sicher als Tatsache vorausgesetzt werden. Umso unverständlicher erscheint das speziell bei den Zuchtstuten leider immer noch zu häufig praktizierte Auswahlverfahren, die als Sportpferde nicht oder schon nach kurzem Gebrauch nicht mehr einsetzbaren Stuten in die Zucht zu nehmen. Deren Nachkommen werden natürlich ebenfalls in aller Regel die notwendige Härte vermissen lassen. Somit ist bei der Auswahl der Zuchttiere auch bei diesem Merkmal zu fordern, nur die guten und besseren Pferde zur Zucht einzusetzen. Dabei ist natürlich nichts gegen eine etwa sporterfolgreiche Stute gesagt, die sich unglücklicherweise so schwer verletzt hat, dass eine Verwendung im Sport nicht mehr in Frage kommt. Eine Verletzung ist natürlich ganz anders zu beurteilen als ein ganz simples „den Anforderungen an ein Reitpferd gesundheitlich nicht gewachsen sein". Der Züchter hat auch eine Verantwortung für sein Zuchtprodukt und sollte aus tierschützerischen Gründen bestrebt sein, möglichst gesundheitlich intakte Pferde in die Welt zu setzen.

Für die Rentabilität der Zucht hat das Fruchtbarkeitsgeschehen eine besonders große Bedeutung. Dies wird jeder bestätigen, der aus praktischer Erfahrung weiß, welch schönes Züchten es mit einer in jedem Jahr problemlos tragend werdenden Stute ist, und wie kostenintensiv es im Gegensatz hierzu mit einer anderen sein kann, die nur etwa alle zwei Jahre mit viel Mühe und großem tierärztlichen Einsatz zur Austragung eines Fohlens gebracht werden kann. Neben den hohen auftretenden Tierarzt- bzw. Besamungskosten kommt noch die Tatsache hinzu, dass bei solchen Stuten im Laufe ihres Lebens natürlich auch wesentlich weniger Fohlen verkauft werden können.

Neben den erblichen Einflüssen hat auf das Fruchtbarkeitsgeschehen aber auch die Umwelt sehr große Auswirkungen. Besonders sensible Zuchtpferde reagieren hier auf etwaige Versorgungsdefizite (z.B. im Mineralstoffangebot) sehr empfindlich, sind aber nach deren Beseitigung sehr häufig problemlos fruchtbar. Somit lässt sich bei diesem Merkmal auch über verbesserte Umweltbedingungen häufig die Erfolgsquote deutlich steigern. Natürlich kann aber auch bei diesem Kriterium die Betrachtung der Vorfahrenleistung dieses Pferdes wichtige Hinweise auf die Beurteilung und die eventuellen Verbesserungsmöglichkeiten des Fruchtbarkeitsgeschehens geben.

Züchten heißt, verbessern zu wollen. Das Ziel muss sein, so viele positive Anlagen wie möglich in einem Pferd zusammenzuführen. Ein Zuchtpferd sollte daher in den hier angesprochenen Kriterien zumindest besser als der Durchschnitt der Population sein. Nur wenn man als Züchter Erfolg hat, ist der Absatz gesichert, und nur wenn dies erfüllt ist, kann man sich der Zucht weiter widmen. Andernfalls fehlt die Nachfrage und der Stall ist dann schon bald übervoll.

Erfolg wird man aber nur mit wirklich guten Zuchtpferden erzielen und langfristig erfolgreich nur dann sein, wenn man aus den guten wieder nur die besseren ausselektiert und gezielt zur Zucht verwendet – damit die nächste Generation möglichst wieder ein Stück besser als deren Eltern ist.

B

KAPITEL 1

Die rechtlichen Grundlagen des Pferdekaufs im Überblick

KAPITEL 2

Der Sachmangel und seine Schlüsselfunktion für den Käufer

KAPITEL 3

Die Rechte des Käufers bei einem Mangel des Pferdes

KAPITEL 4

Die Besonderheiten des Verbrauchsgüterkaufs

KAPITEL 5

„Besondere Arten" des Pferdekaufs

KAPITEL 6

Die Legitimationspapiere des Pferdes

KAPITEL 7

Die tierärztliche Kaufuntersuchung und deren Bedeutung beim Pferdekauf

KAPITEL 8

Der Prozess um den missglückten Pferdekauf

KAPITEL 9

Besonderheiten des Pferdekaufs nach Österreichischem Recht

KAPITEL 10

Besonderheiten des Pferdekaufs nach Schweizer Recht

KAPITEL 1
Die rechtlichen Grundlagen des Pferdekaufs im Überblick

1.1 Einige kritische Gedanken und vier „populäre Rechtsirrtümer" vorab

Am 1. Januar 2002 trat das neue Kaufrecht in Kraft[1]. Schon mit den ersten Entwürfen sorgte die Novellierung des Bürgerlichen Gesetzbuches[2] (BGB)**.** Für Aufsehen unter Pferdezüchtern und -händlern, da zahlreiche Änderungen bevorstanden, die die Rechtsstellung des Käufers erheblich privilegieren. Kein Wort mehr von der Kaiserlichen Verordnung von 1899[3], die fast 103 Jahre lang Bestand hatte und nach deren Regelungen der Verkäufer nur für die immer noch allseits bekannten Gewährsmängel haftete. Zurück bleibt allenfalls eine zwiespältige Retrospektive auf diese verkäuferfreundlichen Vorschriften.

Pferdekauf und -verkauf haben sich seit dem Stichtag 1. Januar 2002 nachhaltig gewandelt. Kaum war das neue Kaufrecht Gesetz, wurden eiligst Musterkaufverträge entworfen und veröffentlicht[4], die züchterischen Aktivitäten sollen um rund 20 Prozent zurückgegangen sein[5] und in der hippologischen Presse wurde den professionellen Verkäufern der Ruin suggeriert[6]. Das Interesse der Fachöffentlichkeit war schnell geweckt. Es entstanden begrüßenswerte und mittlerweile etablierte Institutionen wie der *„Deutsche Pferderechtsrechtstag"* und das *„Göttinger Pferderechtsforum"*, zahlreiche Anwälte werben in Fachblättern mit dem Tätigkeitsschwerpunkt *„Pferderecht"*. Mit dem Produkt *„Equitax"* wurde der nicht unumstrittene Versuch einer standardisierten Beschaffenheitsbeschreibung von Pferden unternommen und die Gerichte, bis hin zum BGH, haben sich mittlerweile in diversen Entscheidungen mit der Anwendung der kaufrechtlichen Vorschriften auf das Pferd befasst.

ZUR INFO: Von *„Pferderecht"* oder *„Pferdekaufrecht"* zu sprechen, ist begriffstechnisch verfehlt, obgleich sich beide Worte zwischenzeitlich im hippologischen und juristischen Sprachgebrauch eingebürgert haben. Schließlich werden Pferde im Kaufrecht wie Sachen behandelt. Die Rechtsstreitigkeiten beschäftigen sich daher einzig und allein mit den Besonderheiten der Anwendung des Kaufrechts auf das Lebewesen Pferd. Ein *„Pferde(kauf)recht"* gibt es also nicht. Man mag daher boshaft unterstellen, dass dieser Begriff lediglich als Marketing-Instrument diverser „Pferderechts-Anwälte", die es begriffstechnisch auch nicht geben dürfte, kreiert worden ist. Wir möchten uns von diesen kritischen Anmerkungen nicht ausgrenzen.

Die anfänglichen Wogen, die das nun gar nicht mehr so neue Kaufrecht geschlagen hat, scheinen sich geglättet zu haben. Die Grundstrukturen der gesetzlichen Vorschriften haben sich in den Köpfen der meisten Züchter, Vermarkter und auch der privaten Pferdeverkäufer verankert. Gleichwohl sind wir Anwälte immer noch nicht an dem Punkt angelangt, Käufern wie Verkäufern in allen Rechtsfragen des Kaufrechts verbindlich Auskunft erteilen zu können. Doch dies ist weder Grund zur Panikmache und erst recht kein Grund dazu, dem Verkäufer eines Pferdes – Verbraucher wie Unternehmer – die Vermarktung von Pferden schlecht zu reden. Das Kaufrecht „lebt". Es entwickelt sich wie jedes andere Rechtsgebiet weiter. Dies geschieht täglich, wenn sich Gerichte mit dem „Kaufgegenstand Pferd" beschäftigen. Zahlreiche Entscheidungen haben zwischenzeitlich verdeutlicht, dass es der Rechtsprechung sehr wohl um einen gerechten Interessenausgleich der widerstreitenden Belange von Käufern und Verkäufern geht. Und nichts schadet dem Pferdehandel mehr als eine polemische Stimmungsmache, mit der der Verkäufer fälschlicherweise in Angst versetzt wird, zwei lange Jahre für den Status quo des verkauften Pferdes einstehen zu müssen.

Wir möchten daher bereits an dieser Stelle mit vier Vorurteilen aufräumen, mit „populären Rechtsirrtümern", die immer noch in den Gesprächen über den Pferdehandel grassieren. Die juristisch versierten Leser mögen uns diese für sie einleuchtend erscheinenden Ausführungen verzeihen, aber die anwaltliche Erfahrung und die Gespräche mit zahlreichen Mandanten zeigen, dass insoweit nach wie vor Klärungsbedarf besteht:

■ **Übersicht 1:**
Vier „populäre Rechtsirrtümer" beim Pferdekauf

1. **Es gibt weder ein zwei- noch ein sechswöchiges Rückgaberecht des Käufers**, es sei denn, die Kaufvertragsparteien haben dies vertraglich vereinbart[7]. Hierzu ist dem Verkäufer jedoch nur in Ausnahmefällen zu raten.

2. **Der Verkäufer haftet nicht für die Dauer von zwei Jahren für jegliche negativen Zustandsveränderungen des Pferdes.** Nach zwei Jahren tritt vielmehr die Verjährung ein, sofern die Verjährungsfrist nicht wirksam per Vertrag verkürzt oder verlängert worden ist. Entscheidend für die Beantwortung der Frage, ob dem Käufer Sachmängelrechte zustehen, ist stets der Zeitpunkt der Übergabe des Pferdes, der viel zitierte Gefahrübergang. Beweispflichtig hierfür ist grundsätzlich der Käufer. Nur im Falle des Verbrauchsgüterkaufs gibt es eine Ausnahme.

3. **Der Verkäufer eines Pferdes muss nicht fürchten, vom Käufer unberechtigt in Anspruch genommen zu werden, wenn das Pferd nach der Übergabe nicht mehr wie erwartet läuft.** Werden vom Käufer Rittigkeits- oder charakterliche Mängel geltend gemacht, muss sich dieser nämlich stets entgegenhalten lassen, dass er mit dem Pferd zum entscheidenden Zeitpunkt seiner Übergabe zurechtgekommen ist. Schließlich wird der Käufer das Pferd umfangreich getestet und Probe geritten haben. Der Käufer kann in diesen Fällen i. d. R. nur dann erfolgreich Sachmängelrechte durchsetzen, wenn er Zeugen rekrutiert, die bestätigen, dass die Schwierigkeiten mit dem Pferd schon vor dem Zeitpunkt der Übergabe bestanden haben und zum Zeitpunkt des Probereitens nicht bemerkt worden sind bzw. nicht bemerkt werden konnten.

4. **Die Kosten der tierärztlichen Kaufuntersuchung hat nicht etwa der Verkäufer zu tragen, wenn sich ein schlechter Gesundheitszustand des Pferdes herausstellt und der Käufer, wenn das Pferd „gesund" ist** – ganz abgesehen von der wohl nicht verbindlich zu beantwortenden Frage, unter welchen Voraussetzungen man von einem „gesunden" Pferd sprechen kann. Zur Kostentragung gegenüber dem Tierarzt ist vielmehr derjenige verpflichtet, der die Untersuchung in Auftrag gegeben hat.

1.2   Der Kaufvertragsabschluss

Bevor wir uns dem zentralen Thema – den Sachmängeln und ihren Rechtsfolgen – widmen, geben wir Antworten auf vier Fragen, die das Zustandekommen des Kaufvertrages betreffen und immer wieder gestellt werden[8]:

Mündliche Kaufvertragsabschlüsse kommen im Pferdehandel immer noch häufig vor.

1.2.1   Mündlich oder schriftlich?

Häufig hört man in Gesprächen mit Mandanten, dass diese zwar ein Pferd gekauft haben, aber kein Vertrag zustande gekommen sei, weil man sich nur mündlich über die Modalitäten des Kaufes geeinigt habe. In rechtlicher Hinsicht ist das unzutreffend, sozusagen der fünfte „populäre Rechtsirrtum". Ein Kaufvertragsabschluss über ein Pferd muss nicht schriftlich erfolgen. Denn im Pferdekauf gilt der Grundsatz der Formfreiheit, ebenso wie in vielen anderen Bereichen des täglichen Rechtsverkehrs.

Das Vertragsrecht des BGB setzt für das Zustandekommen eines jeden Vertrages lediglich zwei übereinstimmende Willenserklärungen voraus: Der Verkäufer gibt das Angebot ab, sein Pferd zu einem bestimmten Preis zu verkaufen, der Käufer erklärt die Annahme dieses Angebotes. Entsprechendes gilt für den umgekehrten Fall: Der Käufer gibt ein Angebot ab, der Verkäufer nimmt es an. Ob Angebot und Annahme mündlich oder schriftlich erfolgen, ist für das Zustandekommen des Kaufvertrages über ein Pferd unerheblich. Oftmals wird eine mündliche Einigung mit dem seit Jahrhunderten praktizierten Handschlag besiegelt, dem die Beweisfunktion zukommen kann, dass sich die Parteien einig

Ein Kaufvertrag über ein Pferd kann auch mündlich zustande kommen.

geworden sind. Auch heute noch – mehrere Jahre nach Inkrafttreten des neuen Kaufrechts – sind mündliche Kaufvertragsabschlüsse keine Seltenheit[9]. Dennoch zeigt die anwaltliche Erfahrung, dass Käufer wie Verkäufer einen schriftlichen Kaufvertragsabschluss bevorzugen, meist aus Angst oder Unkenntnis über die rechtlichen Zusammenhänge, aber aus guten Gründen.

Ein schriftlich fixierter Kaufvertrag bietet beiden Vertragsparteien vor allem zwei Vorteile:

- Durch das Niederschreiben der Vereinbarungen – oder zumindest eine genaue Lektüre, wenn ein Mustervertrag verwendet wird – werden die Vertragsinhalte Käufer wie Verkäufer nochmals deutlich vor Augen geführt. **Unstimmigkeiten oder Regelungslücken werden schneller erkannt** als bei einem mündlichen Vertragsabschluss.

- Der schriftliche Kaufvertrag hat nicht nur einen wichtigen **Erinnerungswert**, z.B. über Nebenabsprachen wie Transportkosten oder Übernahme von Kosten der Kaufuntersuchung; er stellt vielmehr eine **Urkunde mit Beweisfunktion** dar. Sie spricht dafür, dass ihr Inhalt zum einen richtig und zum anderen vollständig wiedergegeben worden ist. Wer später vor Gericht behauptet, dass es über den Inhalt des schriftlichen Kaufvertrages hinaus weitere mündliche Absprachen gegeben hat, muss plausibel darstellen, warum diese nicht in die Vertragsurkunde aufgenommen worden sind. Denn gerade der juristisch nicht bewanderte Laie misst dem schriftlichen Dokument große Bedeutung bei, sodass davon ausgegangen wird, dass die beurkundeten Vereinbarungen durchdacht sind und den Vertrag vollständig und abschließend regeln[10]. Bei einer eindeutigen Formulierung geht die Beweiskraft der Kaufvertragsurkunde noch weiter: Der Vertragspartner, der vom Urkundeninhalt abweichende Vereinbarungen geltend macht und sich darauf stützt, dass mündlich etwas anderes vereinbart worden sei, trägt hierfür die volle Beweislast[11]. Es liegt auf der Hand, dass derjenige, der vor Gericht weitere mündliche Absprachen behauptet, häufig das Nachsehen haben wird, es sei denn, Zeugen bestätigen seine Behauptungen.

> **PRAXIS-TIPP**
> FÜR KÄUFER / VERKÄUFER
>
> *Einem schriftlichen Kaufvertragsabschluss ist grundsätzlich der Vorzug zu geben.*

1.2.2 Mustervertrag oder individuell ausgehandelt?

Besonders beliebt – aber für den Verkäufer nicht unbedingt vorteilhaft – sind die zahlreichen Musterverträge, die man sich dank moderner Technik aus dem Internet herunterladen kann, die in der Fachpresse abgedruckt sind oder anderweitig vertrieben werden. Hierbei handelt es sich meist um Allgemeine Geschäftsbedingungen[12] (AGB), sofern dem Käufer ein solcher Vertrag einseitig zur Unterzeichnung vorgelegt wird.

Viele Verkäufer – vor allem die unternehmerisch tätigen – hatten sich durch die Verwendung derartiger Musterverträge auf der sicheren Seite gewähnt (sechster „populärer Rechtsirrtum"), denn in den oft spitzfindig formulierten Klauseln ist ihre gesetzlich vorgesehene Sachmängelhaftung in wesentlichen Punkten eingeschränkt worden. Meist schon im Rahmen der anwaltlichen Erstberatung, manchmal auch erst in der mündlichen Verhandlung vor Gericht, mussten die Verkäufer in ihrer Erwartung enttäuscht werden. Denn der Gesetzgeber knüpft eine strenge Wirksamkeitskontrolle an derartige Musterverträge. Vor allem haftungseinschränkende und die Verjährung verkürzende Klauseln sind – vereinfacht dargestellt – unwirksam, wenn sie den Käufer unangemessen benachteiligen. So ist z.B. die viel verwendete Klausel

„Das Pferd wird unter Ausschluss jeglicher Sachmängelhaftung verkauft."

grundsätzlich unwirksam, wenn sie nicht die Zusätze enthält:

„Dieser Haftungsausschluss gilt nicht für Schäden aus der Verletzung des Lebens, des Körpers oder der Gesundheit …

… und für die Haftung für sonstige Schäden, die auf einer grob fahrlässigen oder vorsätzlichen Pflichtverletzung des Verkäufers, seines gesetzlichen Vertreters oder Erfüllungsgehilfen beruhen."

Eine typische Situation aus der anwaltlichen Praxis: Der Kaufinteressent legt einen vom Verkäufer präsentierten Mustervertrag vor, der (unwirksame) Haftungsausschlüsse enthält. Der Käufer ist schockiert und möchte diesen Vertrag keinesfalls unterschreiben. Über die anwaltliche Empfehlung, dass ihm nichts Besseres passieren kann als den Vertrag abzuschließen, ist er zunächst verwundert. Die Erklärung des Anwaltes liegt jedoch auf der Hand:

Bis zum heutigen Zeitpunkt sind noch viele Musterkaufverträge im Umlauf, deren haftungseinschränkende und die Verjährung verkürzende Klauseln sich nicht mit den Grundsätzen des Rechts der AGB (§§ 305 ff. BGB) in Einklang bringen lassen. Liegen Verstöße gegen diese Paragraphen vor, ist die Rechtsfolge eindeutig: Der Verkäufer muss sich so behandeln lassen, als habe es die (unwirksamen) Formulierungen nicht gegeben. Er haftet nach der vollen Strenge des Gesetzes – bestens für den Käufer!

Wichtig für beide Seiten zu wissen: Diese Grundsätze gelten nach einem Urteil des BGH vom 17.02.2010[13] nicht uneingeschränkt. In dem vom VIII. Zivilsenat zum Gebrauchtwagenkauf entschiedenen Fall, hatten die Kaufvertragsparteien vor Vertragsabschluss am Telefon darüber gesprochen, wer ein Vertragsformular mitbringen soll und sich dann auf ein der Verkäuferin bereits vorliegendes Formular eines Versicherers geeinigt. Dieser Text enthielt einen Haftungsausschluss für Sachmängel, der – wie oben dargestellt – als AGB unwirksam gewesen wäre. Der BGH entschied, dass es sich trotz des vorformulierten Vertragstextes nicht um AGB handelt. Denn die Vertragsbedingungen waren dem Käufer nicht einseitig von der Verkäuferin gestellt worden. Vielmehr haben sich die Kaufvertragsparteien auf die Verwendung des vorliegenden Formulars geeinigt, sodass der Käufer die Möglichkeit hatte, dem Vertragsschluss ein Formular eigener Wahl zugrunde zu legen. Er war in seiner Entscheidung über die Auswahl der in Betracht kommenden Vertragstexte frei und hatte Gelegenheit, alternativ eigene Textvorschläge mit der Möglichkeit ihrer Durchsetzung in die Verhandlungen einzubringen. Von einem einseitigen „Stellen" von Vertragsbedingungen seitens des Verkäufers, wie es die Anwendung der Vorschriften über AGB voraussetzt, konnte daher im konkreten Fall nicht die Rede sein. Der Haftungsausschluss unterlag damit nicht der strengen Wirksamkeitskontrolle Allgemeiner Geschäftsbedingungen und war infolge dessen wirksam, so dass der Käufer mit seiner Minderungsklage scheiterte.

Dennoch ist bei vorformulierten Verträgen grundsätzlich Vorsicht für den Verkäufer geboten.

Die Alternative besteht für Käufer und Verkäufer darin, den Kaufvertrag individuell auszuhandeln und die Ergebnisse der Verhandlungen schriftlich zu Papier zu bringen. Ein Individualvertrag bietet gegenüber der Verwendung eines Mustervertrages Vorteile: Zum einen kann der Kaufvertragsabschluss mit seinen auf den konkreten (Ver-)Kauf abgestimmten Details individueller fixiert werden; zum anderen gilt neben den kaufvertragsrechtlichen Vorschriften „nur" die Grenze der Sittenwidrigkeit und des Wuchers gem. § 138 BGB, nicht aber die viel strengere AGB-rechtliche Inhaltskontrolle.

Einigen sich die Parteien also per Individualvereinbarung auf einen Haftungsausschluss des Verkäufers für Sachmängel, ist die Formulierung „Das Pferd wird unter Ausschluss jeglicher Sachmängelhaftung verkauft" auch ohne die beiden oben genannten Zusätze wirksam.

■ Übersicht 2:
Pferdekauf und Wucher

In der Rechtsprechung ist der Tatbestand der Sittenwidrigkeit insbesondere in Hinblick auf den Kaufpreis des Pferdes relevant. So hatte sich der BGH im Jahre 2002[14] mit der Frage auseinanderzusetzen, ob ein Kaufvertrag über ein M-Springpferd zum Preis von 170.000,– DM wegen Wuchers (§ 138 Abs. 2 BGB) unwirksam ist.

Um von Wucher zu sprechen, sind zwei Komponenten erforderlich: Zum einen muss ein auffälliges Missverhältnis zwischen Leistung und Gegenleistung vorliegen; hiervon ist i. d. R. auszugehen, wenn der Kaufpreis den Wert der Sache um 100 Prozent übersteigt. Zum anderen wird eine verwerfliche Gesinnung des Verkäufers in Form der Ausbeutung einer Zwangslage, der Unerfahrenheit, des Mangels an Urteilsvermögen oder der erheblichen Willensschwäche des Käufers gefordert. Bei einem besonders groben Missverhältnis ist der Schluss auf eine bewusste oder grob fahrlässige Ausnutzung von Umständen, die den Vertragspartner in seiner Entscheidungsfreiheit beeinflussen, indiziert. Von einem solchen besonders groben Missverhältnis ging der VIII. Senat des BGH bei einem tatsächlichen Marktwert des Pferdes von 37.000,– DM aus. Da sich dieser Wert jedoch nur aus einem Privatgutachten der Käuferin ergab und weitere Feststellungen hierzu erforderlich waren, wurde der Rechtsstreit an das zuständige OLG zurückverwiesen.

Ein aktueller Fall betrifft ein S-Dressurpferd, das zum Preis von 140.000,– € verkauft worden ist. Mehrere Privatgutachter bescheinigten dem Käufer und späteren Kläger einen Wert zwischen 20.000,– € und 30.000,– €. Der gerichtliche Sachverständige führte jedoch zur Überzeugung des Gerichts aus, dass zum Zeitpunkt der Übergabe des Pferdes der Kaufpreis von 140.000,– € dem „Wert" des Pferdes entsprochen habe[15]. Auch in einem nachfolgenden Schadensersatzprozess gegen den gerichtlichen Sachverständigen scheiterte der Käufer[16].

Gleichwohl haben die Kaufvertragsparteien häufig Schwierigkeiten damit, einen Vertrag selbst zu Papier zu bringen, meist aus Angst, einen juristischen Fehler zu begehen oder unzutreffende Formulierungen zu verwenden[17]. Es kann daher sowohl bei der Verwendung eines Vertragsmusters als auch bei individuell ausgehandelten Verträgen angebracht sein, rechtlichen Rat einzuholen.

Nebenbei: Der Gebührensatz für eine anwaltliche Erstberatung liegt nach Rechtsanwaltsvergütungsgesetz (RVG) bei maximal 190,– € zzgl. 20,– € Auslagenpauschale und zzgl. der gesetzlichen Umsatzsteuer. Auch können individuelle Verhandlungen über die Höhe des Anwaltshonorars getroffen werden, wovon häufig Gebrauch gemacht wird. Selbst wenn es sich hierbei um eine Absprache mit dem Anwalt des Vertrauens handelt, wonach neben einer Bearbeitungspauschale ein kleiner prozentualer Anteil des Kaufpreises in Rechnung gestellt wird, kann hiermit für größtmögliche rechtliche Sicherheit gesorgt werden, ohne dass das Kaufgeschäft für Käufer oder Verkäufer dadurch finanziell unattraktiv wird. Pferdekauf ist Vertrauenssache – in jeglicher Hinsicht.

*Ein individuell aus-
gehandelter Vertrag kann
für beide Seiten vorteil-
haft sein.*

Die eingangs aufgeworfene Frage, ob ein Mustervertrag oder ein individuell ausgehandelter Vertrag verwendet werden soll, kann daher nicht allgemein verbindlich beantwortet werden. So individuell wie jedes Pferd als Lebewesen ist, so individuell sind oftmals auch die Vorstellungen der Kaufvertragsparteien über den Abschluss des Vertrages. Viele Aspekte – vor allem auch die weniger strenge Wirksamkeitskontrolle bei Individualverträgen – sprechen daher für einen konkret ausgehandelten Vertrag.

1.2.3 Kein Vertragsabschluss mehr ohne anwaltliche Hilfe?

Wir würden uns jedoch selbst auf das schon genannte Glatteis der Panikmache begeben, wenn wir für jeden Kaufvertragsabschluss dazu raten würden, anwaltliche Hilfe in Anspruch zu nehmen. Denn die vorangegangenen Kapitel haben gezeigt, dass zahlreiche Faktoren zu einer langfristigen Zufriedenheit des Käufers mit dem Pferd beitragen und gleichfalls den Verkäufer vor einer häufig unberechtigten Inanspruchnahme schützen: Erfahrung, Sachkenntnis, bestmögliche – selbstkritische – Einschätzung der eigenen reiterlichen Fähigkeiten, konkrete Vorstellungen über das zu erwerbende Pferd und ein tierärztlicher Check sind unabdingbar. Aus diesem Grund hat bereits Major R. Schoenbeck[18] im Jahre 1902 zutreffend formuliert:

„Will man ein Pferd kaufen, so nehme man einen unparteiischen Tierarzt (den man gut honorieren muss, da Rossärzte großen Versuchungen ausgesetzt sind) und einen befreundeten wirklichen Pferdekenner mit."

Diese Erkenntnisse können wir nur unterstützen, zeigen die Erfahrungen auf dem Gebiet der Betreuung von Pferdekauf-Mandaten immer wieder, dass vor allem die viel zitierte Blauäugigkeit von Käufern – aber auch von Verkäufern – zu zahlreichen Rechtsstreitigkeiten führt. Zusammengefasst bestimmen daher zwei Komponenten den erfolgreichen Abschluss eines Pferdekaufvertrages:

die Kenntnis der einschlägigen rechtlichen Vorschriften

und – noch wichtiger –

*die hippologische Kompetenz des Käufers, also ein gutes Auge,
nebst der bereits erwähnten „gesunden" Selbstkritik.*

Instruktiv hierzu nochmals Schoenbeck[19] aus dem Jahre 1912:

„Beim Pferdekauf kann man nicht vorsichtig genug sein; darin werden manche mit mir übereinstimmen, die durch unliebsame Erfahrungen oder durch Schaden klüger geworden sind. (...) Nachdem man noch einmal überlegt hat, ob das Pferd überwiegend die guten Eigenschaften besitzt, die es für den in Aussicht genommenen Dienst haben muss, und falls in der Dressur noch das Nötige fehlen sollte, ob man in der Gelegenheit ist, dies noch vollenden zu lassen, trete man ruhig und kühl an den Handelsabschluss heran."

Obgleich zur anwaltlichen Hilfe bei komplizierten Vertragsverhandlungen und hochpreisigen Pferden zu raten ist, erübrigt sich diese bei „gewöhnlichen" Pferde(ver)käufen, wenn die Kaufvertragsparteien hippologisch versiert und mit den wesentlichen rechtlichen Fakten vertraut sind.

1.2.4 Kaufvertragsabschluss = Eigentumsübertragung des Pferdes?

Ziel des Pferdekaufs und zugleich Hauptpflicht des Verkäufers ist, dem Käufer das mangelfreie Eigentum an dem Pferd zu verschaffen. Dies geschieht allein durch den Abschluss des Kaufvertrages noch nicht. Denn der Kaufvertrag verpflichtet den Verkäufer lediglich dazu, das Pferd zu übergeben und zu übereignen. Zur Übereignung, also der Eigentumsübertragung, bedarf es noch eines zweiten Geschäfts: einer Einigung über den Eigentumsübergang und der tatsächlichen Übergabe des Pferdes, sofern diese nicht bereits erfolgt ist (z.B. wenn ein Kauf auf Probe endgültig wird und das Pferd schon im Stall des Käufers steht).

Diese Trennung zwischen dem schuldrechtlich verpflichtenden Kaufvertrag und der sachenrechtlichen Übereignung – wie das deutsche Recht dies bei jeder Art von Kaufverträgen geregelt hat – mag fast lebensfremd erscheinen, hat jedoch erhebliche Bedeutung, insbesondere im Fall der sogenannten Doppelveräußerung.

Hierzu folgendes Beispiel:

> **PRAXIS-TIPP**
> FÜR KÄUFER / VERKÄUFER
>
> *Bei schwierigen Vertragsverhandlungen und vor allem teuren Pferden ist es empfehlenswert, anwaltlichen Rat einzuholen.*

Der Eigentumsübergang ist erst vollzogen, wenn sich Käufer und Verkäufer darauf einigen und das Pferd übergeben wird.

Beispiel 1:

DER FALL:

Der Käufer (K 1) findet das Pferd seiner Träume: die sechsjährige Rappstute „Linda", die verkauft werden soll, da sich der Verkäufer in einem finanziellen Engpass befindet. Schnell werden sich beide handelseinig und schließen am 1. Februar 2010 einen Kaufvertrag über „Linda" zum Preis von 5.000,– € ab. Da K 1 noch einige Vorbereitungen in seinem Stall treffen muss, um „Linda" eine adäquate Unterkunft bieten zu können, soll das Pferd noch bis zum 15. Februar im Stall des Verkäufers bleiben und erst dann an K 1 übergeben werden.

Während K 1 damit beschäftigt ist, den Stall herzurichten, taucht auf der Reitanlage des Verkäufers ein weiterer Interessent, K 2, auf, der dem Verkäufer kurzerhand 8.000,– € für die Stute bietet. Der Verkäufer kann diesem Angebot aufgrund seiner finanziellen Nöte nicht widerstehen. Der Kauf wird am 10. Februar per Handschlag besiegelt. K 2 übergibt dem Verkäufer 8.000,– € und nimmt „Linda" nebst Papieren sofort mit nach Hause.

Am 15. Februar erscheint K 1 bei dem Verkäufer und möchte die Stute abholen. Als er erfährt, was sich in der Zwischenzeit zugetragen hat, ist er empört. Mit den Worten, dem „Rosstäuscher-Verkäufer" und K 2 „die Leviten zu lesen", verlässt er die Anlage des Verkäufers, fährt zu seinem Anwalt und fragt nach seinen Rechten. Am liebsten möchte er „Linda" schnellstmöglich bei sich im Stall wissen.

DIE LÖSUNG:

K 1 wird enttäuscht. Denn K 2 ist durch die Einigung mit dem Verkäufer und die unmittelbar erfolgte Übergabe Eigentümer des Pferdes „Linda" geworden. Schließlich waren sich der Verkäufer und K 2 darüber einig, dass K 2 das Eigentum an der Stute erlangen sollte. K 1 hingegen ist allein durch den Abschluss des (rein schuldrechtlichen) Kaufvertrages noch nicht zum Eigentümer des Pferdes geworden. Der Verkäufer war also aufgrund des Kaufvertrages mit K 1 vom 1. Februar rechtlich nicht daran gehindert, das Pferd an K 2 zu verkaufen und diesem das Eigentum an dem Tier zu verschaffen. K 1 hat deswegen keinen Anspruch auf Herausgabe des Pferdes.

Ihm steht lediglich ein Anspruch auf Schadensersatz gegen den Verkäufer zu. Dieser ist zur Erstattung der Auslagen für den vergeblichen Kauf und zur Zahlung der Differenz verpflichtet ist, wenn K 1 ein anderes, gleichwertiges Pferd nur teurer erwerben kann. Über die Frage der Gleichwertigkeit lässt sich natürlich streiten.

PRAXIS-TIPP
FÜR KÄUFER / VERKÄUFER

Haben sich Käufer und Verkäufer auf den Eigentumsübergang geeinigt, sollte der Käufer unverzüglich die Papiere des Pferdes an sich nehmen und sich nicht vom Verkäufer auf einen späteren Zeitpunkt „vertrösten" lassen.
Kann der Käufer den Kaufpreis bei Übergabe des Tieres noch nicht vollständig aufbringen[21] und möchte der Verkäufer daher die Papiere des Pferdes bis zum Zeitpunkt der vollständigen Kaufpreiszahlung behalten (wozu ihm dringend zu raten ist), bietet sich folgende Zwischenlösung an: Die Papiere werden bei einem Dritten, der das Vertrauen beider Vertragspartner genießt (z.B. einem Anwalt oder Notar), treuhänderisch hinterlegt und von diesem erst nach vollständiger Kaufpreiszahlung an den Käufer herausgegeben.

Im Pferdekauf empfiehlt es sich daher, die Einigung über den Eigentumsübergang schriftlich oder zumindest vor Zeugen zu treffen, sofern das Pferd noch beim Verkäufer verbleiben soll. Doch einen absoluten Schutz davor, dass der Verkäufer das Pferd in der Zwischenzeit nicht weiterverkauft und ein Dritter Eigentümer des Pferdes wird, gibt es nicht. Sofern nämlich ein anderer Käufer das Pferd im guten Glauben daran erwirbt, dass der Verkäufer rechtswirksam über das Eigentum des Pferdes verfügt, wird er Eigentümer.

Ein **Korrektiv** (Ausgleich) stellt in dieser Situation die Eigentumsurkunde des Pferdes dar. Denn derjenige, der ein Pferd mit Brandzeichen aber ohne Papiere kauft, gilt nach zutreffender Auffassung als bösgläubig. Er kann daher nicht Eigentümer des Pferdes werden. Denn das Eigentum an einer Sache/einem Pferd kann nicht gutgläubig erworben werden, wenn der Erwerber weiß oder infolge grober Fahrlässigkeit nicht weiß, dass die Sache nicht dem Veräußerer gehört (§ 932 Abs. 2 BGB). Trägt ein Pferd ein Brandzeichen, ohne dass ein urkundlicher Abstammungsnachweis des Zuchtverbandes vorliegt, sprechen die äußeren Umstände des Geschäfts gegen das rechtmäßige Eigentum des Veräußerers[20].

Abschließend bleibt darauf hinzuweisen, dass es eine vertragliche Pflicht des Verkäufers darstellt, dem Käufer die Papiere des Pferdes auszuhändigen. Lediglich für den Fall, dass er diese als Sicherheit für die vollständige Zahlung des Kaufpreises behält, kann er sich auf ein Zurückbehaltungsrecht berufen.

Fussnoten zu Kapitel B1

1 Ursprung dieser Gesetzesnovellierung war die Verbrauchsgüterkaufrichtlinie 1999/44/EG vom 25.05.1999 – Amtsblatt der EG Nr. L 171 S. 12 ff. = NJW 1999, 2421 ff. Vertiefend hierzu Neumann, S. 64 ff., und Riedel, S. 36 ff.

2 Im Folgenden: BGB.

3 Kaiserliche Verordnung betreffend die Hauptmängel und Gewährfristen beim Viehhandel vom 27. März 1899, RGBl. S. 219; abgedruckt bei Palandt, bis zur 50. Aufl., hinter § 482 Anhang Punkt 1.

4 Kaum einer dieser Verträge hat übrigens in allen Details der gerichtlichen Prüfung Stand gehalten.

5 FNaktuell, Ausgabe 23/2006 v. 08.11.2006, S. 3.

6 Reiter Revue, Ausgabe 2/2004, S. 70, „Schuldrechtsreform – Ruin der Züchter?". Das übertriebene Fazit des Artikels lautet: „Für den Durchschnittszüchter wird damit der Pferdeverkauf zu einem Risikogeschäft, das er sich kaum leisten kann (…) Die bäuerliche Pferdeproduktion gerät dabei gefährlich in die Enge (…)."

7 Wenn auch spekulativ sei hierzu angemerkt, dass dieser Rechtsirrtum offensichtlich auf den alten Gewährsfristen der Kaiserlichen Verordnung von 1899 beruht. Nach dieser haftete der Käufer für alle Hauptmängel, die sich während einer Frist von 14 Tagen ab dem Zeitpunkt des Gefahrübergangs zeigten (§ 1 der Kaiserlichen Verordnung i. V. m. § 482 BGB a. F.). Für die Geltendmachung seiner Rechte musste der Käufer die Mängel innerhalb von zwei Tagen gegenüber dem Verkäufer anzeigen (§ 485 S. 1 BGB a. F.). Die Ansprüche auf Wandelung und Schadensersatz verjährten dann in sechs Wochen, wobei der Fristenlauf für Hauptmängel, deren Nichtvorhandensein zugesichert wurde, nach Ablauf der 14-tägigen Gewährfrist begann (§ 490 Abs. 1 BGB a. F.) und bei anderen zugesicherten Eigenschaften mit der Ablieferung des Pferdes (§ 492 BGB a. F.).

8 Auf eine Darstellung des ehemaligen Viehgewährschaftsrechts haben wir verzichtet. Denn die alte Rechtslage bleibt nur noch für Kaufverträge anwendbar, die bis zum 31.12.2001 abgeschlossen worden sind. Viele Jahre sind seitdem vergangen, so dass kein Kaufrechtsstreit mehr nach diesen Regeln entschieden wird. Dem interessierten Leser seien der Überblick in der Vorauflage (S. 94 f.) sowie die instruktiven Ausführungen bei Neumann, S. 51 ff., und Riedel, S. 7 ff., sowie S. 45 ff. empfohlen, die auch eine kritische Auseinandersetzung mit der alten Rechtslage beinhalten.

9 Vgl. LG Bielefeld, Urt. v. 05.09.2006, Az. 6 O 104/06: Der Handschlag und im Ergebnis der Abschluss des Kaufvertrages konnte hier nicht bewiesen werden, sodass die Geltendmachung von Mängelrechten von vornherein nicht in Betracht kam.

10 Dennoch entfaltet auch eine mündliche Nebenabrede zu einem schriftlichen Vertrag volle Gültigkeit, stößt jedoch häufig auf Beweisschwierigkeiten.

11 Vgl. hierzu KG Berlin, Urt. v. 04.12.2003, Az. 8 U 121/03, KGR Berlin 2004, 176 f. sowie Emmerich in: Staudinger, § 566 Rdnr. 70. An den Beweis der Unvollständigkeit der Urkunde sind strenge Anforderungen zu stellen. Nicht ausreichend ist der Beweis, dass während der Vorverhandlungen Einigkeit über einen bestimmten Punkt bestand, vgl. Heinrichs in: Palandt, § 125 Rdnr. 15.

12 Im Folgenden: AGB

13 BGH, Urt. v. 17.02.2010, Az. VIII ZR 67/09; vgl. Pressemitteilung des BGH, Nr. 36/2010 v. 17.02.2010. Der Urteilstext lag bis Redaktionsschluss noch nicht vor.

14 BGH, Urt. v. 18.02.2002, Az. VIII ZR 123/02 = MDR 2003, 450 f.

15 OLG Celle, Urt. v. 15.03.2007, Az. 5 U 171/05.

16 OLG Celle, Beschl. v. 09.04.2009, Az. 13 U 248/08.

17 Diese Angst ist jedoch zumindest teilweise unbegründet. Ist die gewählte Formulierung laienhaft oder mehrdeutig, oder gibt es Anhaltspunkte, dass sie von der gewollten Erklärung abweicht, muss der Vertrag ausgelegt werden. Ziel dieser Auslegung ist es, den hinter der (schriftlich fixierten) Erklärung stehenden Willen der Parteien zu ermitteln. Besteht eine vertragliche Regelungslücke, muss diese unter Berücksichtigung dessen, was die Parteien gewollt hätten, des Grundsatzes von Treu und Glauben und der Verkehrssitte geschlossen werden.

18 Schoenbeck, Reiterhandbuch, 1902.

19 Schoenbeck, Pferdekauf, 1912, S. 147.

20 So auch Neumann, S. 19.

21 Nach Kasselmann, anlässlich seines Vortrages „Die Taxation hochkarätiger Springpferde: Vermarktung – Preissegment – Ausblick" auf der 18. SVK-Hippologentagung am 14.10.2009 in Hannover, nimmt die Finanzierung von Pferdekäufen immer mehr an Bedeutung zu.

KAPITEL 2

Der Sachmangel und seine
Schlüsselfunktion für den Käufer

2.1 Überblick

Das vor kurzer Zeit gekaufte Pferd bereitet plötzlich Sorgen. Es lahmt, zeigt sich auf der Koppel als „Schläger", weist ungeahnte Rittigkeitsdefizite auf oder laboriert mit einer Erkrankung des Bewegungsapparates oder der Atemwege. Schnell – oftmals voreilig – ist der Käufer der Überzeugung, den Verkäufer in die Haftung nehmen zu können. Schließlich schützt ihn das neue Kaufrecht mehr denn je. Und in Anbetracht dessen dürfte es ein Leichtes sein, das Pferd zurückzugeben. Diese Annahme trifft in der Pauschalität nicht zu. Ob die unliebsamen Eigenschaften des Pferdes tatsächlich einen Sachmangel und damit den Schlüssel des Käufers darstellen, der ihm die Tür zu den Sachmängelrechten öffnet, ist eine komplexe Fragestellung[1].

Der Sachmangel hat eine Schlüsselfunktion für den Käufer, die ihm den Weg zu den Sachmängelrechten öffnet.

Der Gesetzgeber hat zur Beantwortung folgende dreistufige Prüfungssystematik vorgegeben (§ 434 Abs. 1 BGB):

„Die Sache ist frei von Sachmängeln, wenn sie **bei Gefahrübergang** *die* **vereinbarte Beschaffenheit** *hat.*
(= 1. Prüfungsstufe – § 434 Abs. 1 S. 1 BGB)

Soweit die Beschaffenheit nicht vereinbart ist, ist die Sache frei von Sachmängeln,
1. wenn sie sich für die **nach dem Vertrag vorausgesetzte Verwendung eignet,**
   (= 2. Prüfungsstufe – § 434 Abs. 1 S. 2 Nr. 1 BGB)
   sonst
2. wenn sie sich für die **gewöhnliche Verwendung eignet** *und eine* **Beschaffenheit aufweist***, die bei Sachen der gleichen Art üblich ist und die der Käufer nach Art der Sache erwarten* kann.
   (= 3. Prüfungsstufe – § 434 Abs. 1 S. 2 Nr. 2 BGB)

Hierzu gehören auch **Eigenschaften, die der Käufer nach den öffentlichen Aussagen des Verkäufers** *(…) oder seines Gehilfen insbesondere* **in der Werbung** *oder bei der Kennzeichnung über bestimmte Eigenschaften der Sache* **erwarten kann,** *es sei denn, dass der Verkäufer die Äußerung nicht kannte und auch nicht kennen musste, dass sie im Zeitpunkt des Vertragsschlusses in gleichwertiger Weise berichtigt war oder dass sie die Kaufentscheidung nicht beeinflussen konnte.*
(= Sonderfall der 3. Prüfungsstufe – § 434 Abs. 1 S. 3 BGB)

Entscheidender Prüfungspunkt auf dem Weg zu den Sachmängelrechten ist die Beantwortung der Frage, ob der Sachmangel schon zum Zeitpunkt der Übergabe des Pferdes (Gefahrübergang) vorlag. Dieser Klärung kommt in Rechtsstreitigkeiten meist die entscheidende Bedeutung zu.

Zu den Voraussetzungen und Prüfungsstufen des Sachmangels folgende Übersicht:

Der Sachmangel muss bereits zum Zeitpunkt der Übergabe des Pferdes (Gefahrübergang) vorgelegen haben, um ein Mangel im Sinne des Gesetzes zu sein.

◼ **ÜBERSICHT 3:**
   Voraussetzungen und Prüfungsstufen des Sachmangels

Prüfungsstufe	Voraussetzung / Behauptung des Käufers	Beweismittel des Käufers
Sachmangel des Pferdes auf der **1. Stufe** (§ 434 Abs. 1 S. 1 BGB)	Das Pferd erfüllt die **vereinbarte Beschaffenheit** nicht.	**Kaufvertragsurkunde, Zeugen und Sachverständige**
Sachmangel des Pferdes auf der **2. Stufe** (§ 434 Abs. 1 S. 2 Nr. 1 BGB)	Das Pferd eignet sich für die **vertraglich vorausgesetzte Verwendung** nicht.	**Kaufvertragsurkunde, Zeugen und Sachverständige**
Sachmangel des Pferdes auf der **3. Stufe** (§ 434 Abs. 1 S. 2 Nr. 2 BGB)	Das Pferd eignet sich nicht für die **gewöhnliche Verwendung** und weist keine **Beschaffenheit** auf, **die bei Sachen gleicher Art üblich ist** und die **vom Käufer erwartet** werden kann.	**Zeugen**, insbesondere aber **Sachverständige** (oftmals unter Hinzuziehung wissenschaftlicher Studien und Statistiken als Vergleichsmaßstab)
Sachmangel des Pferdes als **Sonderfall der 3. Stufe** (§ 434 Abs. 1 S. 3 BGB)	Das Pferd erfüllt nicht die **Eigenschaften, die der Käufer nach den öffentlichen Äußerungen des Verkäufers**, insbesondere in der Werbung, erwarten kann.	**Zeugen** und ggf. **Inaugenscheinnahme** von Zeitungsinseraten
Entscheidender Zeitpunkt: **Gefahrübergang** (Übergabe des Pferdes) (§ 434 Abs. 1 S. 1 BGB)	Das Pferd war bereits zum Zeitpunkt der Übergabe mangelhaft.	**Zeugen**, die das Pferd vor der Übergabe kannten, und **Sachverständige**

2.2   Die drei Prüfungsstufen im Detail

I. Die Beschaffenheitsvereinbarung –
1. Stufe (§ 434 Abs. 1 S. 1 BGB)

Nach dem Willen des Gesetzgebers ist zunächst zu klären, ob das Pferd zum Zeitpunkt des Gefahrübergangs die „vereinbarte Beschaffenheit" aufwies. Ist dies der Fall, ist es frei von Sachmängeln. Weicht es davon ab, liegt in Form dieser Abweichung ein Sachmangel vor.

1. Welche Eigenschaften können Käufer und Verkäufer als Beschaffenheit
des Pferdes vereinbaren?

Grundsätzlich können alle denkbaren Eigenschaften des Pferdes als vertragsgemäße Beschaffenheit festgelegt werden. Denn die Vertragspartner können sich aussuchen, welche Verträge welchen Inhalts sie abschließen. Häufig werden neben Alter und Abstammung auch Ausbildungsstand, sportliche Erfolge sowie Angaben zum Gesundheitszustand fixiert.

Doch Käufer und Verkäufer können sich auch auf unsinnig erscheinende Beschaffenheitsmerkmale des Pferdes verständigen, z.B. auf die Fähigkeit des Pferdes, auf Fingerschnipsen zu steigen oder sich hinzulegen. Den Vereinbarungen der Vertragsparteien sind bei der Beschaffenheitsbeschreibung grundsätzlich keine Grenzen gesetzt.

Die (Soll-)Beschaffenheit des Pferdes sollte jedoch im Interesse der Rechtssicherheit so präzise wie möglich formuliert werden. Hierzu folgendes Beispiel[2]:

Beispiel 2:

DER FALL:

Die Verkäuferinnen sind als Händlerinnen auf die Vermarktung von Ponys spezialisiert. Sie stellen eine Ponystute zum Verkauf, bei der es sich um einen Araber-Mix handelt. Das Pony wird in einem Fachmagazin mit der Beschreibung annonciert:

„(…) superbrav und von jedermann zu reiten."

Die Käuferin, eine nach eigenen Angaben erfahrene Reiterin, testet das Pony und hält es infolge dessen für geeignet, obwohl es ihr etwas *„nervös"* vorkommt.

Nach dem ersten Ritt im heimatlichen Stall setzt sie ihre achtjährige Tochter, die über keine nennenswerte Reiterfahrung verfügt, auf das Tier.

Beim Termin zur mündlichen Verhandlung äußert die Käuferin wörtlich: *„Die Reiterfahrung meiner Kinder ist gleich Null. Meine Kinder sind schon mal an der Longe geritten."*

Es kommt wie es kommen muss: Das Pony geht mit der Tochter durch, die infolgedessen stürzt. Die Käuferin nimmt dieses Ereignis zum Anlass, die Verkäuferinnen auf Rücknahme des Tieres in Anspruch zu nehmen, nachdem diese sich weigerten, das Pony durch Korrekturberitt nachzubessern. Das Pony ist bezeichnenderweise seitdem nur noch ein einziges Mal von der Käuferin geritten worden, wobei sich das Reiten als ein *„einziges Kopfgeschlage"* dargestellt habe.

DIE LÖSUNG:

In erster Instanz (Amtsgericht Elmshorn) wurden die von der Käuferin benannten Zeugen gehört. Diese bestätigten zur Überzeugung des Gerichts, dass das Pony aufgrund seiner charakterlichen Eigenschaften und seiner Rittigkeit nicht leicht zu händeln sei. Das Gericht kam infolgedessen zu der Überzeugung, dass die Stute nicht die Beschaffenheit *„von Jedermann zu reiten"* erfüllt und verurteilte die Verkäuferinnen, das Pony zurückzunehmen und der Käuferin sämtliche Kosten zu erstatten, die diese in das Tier investiert hatte (notwendige Verwendungen, siehe hierzu das Kapitel zum Rücktritt).

Gegen diese Entscheidung legten die Verkäuferinnen Berufung vor dem Landgericht Itzehoe ein. Sie argumentierten, dass das Pony von der Käuferin getestet und für gut befunden worden sei und daher zum Zeitpunkt der Übergabe nicht den behaupteten Mangel aufgewiesen habe. Schließlich hätte die Käuferin den Mangel – wenn er tatsächlich vorlag – als erfahrene Reiterin bemerken müssen. Zum anderen sei zu berücksichtigen, dass auch das Reiten eines Pferdes mit der Beschaffenheit *„von jedermann zu reiten"* reiterliche Grundkenntnisse voraussetzt, die unstreitig bei dem achtjährigen Kind nicht vorlagen.

Das Landgericht Itzehoe gab den rechtlichen Ausführungen der Verkäuferinnen statt. Die vorsitzende Richterin führte hierzu folgendes – zugegebenermaßen plakatives – Beispiel

---

an: Die Käuferin wäre im Falle eines zum Kauf annoncierten Flugzeugs auch nicht auf den Gedanken gekommen, mit diesem losfliegen zu können, wenn es mit der Beschaffenheit *„von jedermann zu fliegen"* angepriesen worden wäre. Die Eigenschaft *„von jedermann zu reiten"* müsse vor dem Hintergrund ausgelegt werden, ob das Pferd von einem Reiter, der über gewisse Grundkenntnisse verfügt, zu beherrschen ist. Hierzu hätte vom erstinstanzlichen Gericht ein Sachverständigengutachten eingeholt werden müssen. Zwecks Vermeidung einer weiteren Beweisaufnahme haben sich die Parteien daraufhin vergleichsweise geeinigt. Die Verkäuferinnen nahmen das Pony, von dessen charakterlicher Eignung und guter Rittigkeit sie nach wie vor überzeugt waren, zurück und die Käuferin verzichtete auf die bis dato angefallenen Kosten für das Pony, die der Höhe des Kaufpreises mittlerweile in etwa entsprachen.

Aus den vertraglichen Freiheiten und Gestaltungsmöglichkeiten ergibt sich, dass die Beantwortung der Frage „Mangel: Ja oder nein?" in erster Linie den Vereinbarungen von Käufer und Verkäufer vorbehalten ist.

2. Welche Mängel werden gerügt?

Die vom Käufer gerügten Mängel können wie folgt eingeteilt werden:
- **gesundheitliche Mängel (unter Ziff. 3),**
- **Rittigkeits- und charakterliche Defizite (unter Ziff. 4) und**
- **sonstige Mängel (unter Ziff. 5).**

Die anwaltliche Erfahrung zeigt, dass kaufrechtlichen Streitigkeiten zu etwa 80 Prozent ein vom Käufer behauptetes gesundheitliches Problem des Pferdes zugrunde liegt, wobei der Bewegungsapparat deutlich im Vordergrund steht. Von geringerer Bedeutung sind Rittigkeits-, charakterliche und sonstige Mängel, die zusammen nur etwa 20 Prozent der Streitigkeiten ausmachen[3].

3. Beschaffenheitsvereinbarungen und gesundheitliche Normabweichungen

Gesundheitliche Normabweichungen können über eine kaufvertragliche Beschaffenheitsvereinbarung auf verschiedene Art und Weise zu einem Sachmangel werden:

a) Beschaffenheitsvereinbarung „gesund"

Zur ersten Konstellation: Käufer und Verkäufer vereinbaren, dass das Pferd *„gesund"* oder *„frei von gesundheitlichen Mängeln"* ist. Es leuchtet ein, dass es derartige Vereinbarungen kaum gibt. Die Verkäufer sind sich offensichtlich darüber im Klaren, für die Beschaffenheit *„gesund"* nicht pauschal einstehen zu wollen. Zu laut waren die Stimmen, die schon kurz nach Inkrafttreten des neuen Kaufrechts davor gewarnt hatten, ein Pferd mit dieser Beschaffenheit zu verkaufen; zu eindringlich waren die mahnenden Worte, dass der Begriff der Gesundheit eines Pferdes zu auslegungsbedürftig ist, um ihn als vertragliches Beschaffenheitsmerkmal festzulegen.

> **PRAXIS-TIPP**
> FÜR KÄUFER / VERKÄUFER
>
> *Die Beschaffenheit des Pferdes sollte so präzise wie möglich im Kaufvertrag formuliert werden, um divergierende Auslegungsmöglichkeiten zu verhindern.*

Röntgenaufnahmen können Auskunft über gesundheitliche Mängel am Bewegungsapparat geben.

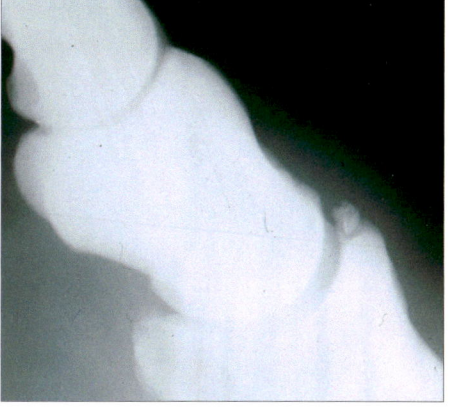

b) Inhalt des Protokolls der Kaufuntersuchung als gesundheitliche Beschaffenheit des Pferdes

Viele Verkäufer haben sich die Sachmängelhaftung für gesundheitliche Normabweichungen des Pferdes sprichwörtlich durch die Hintertür ins Haus geholt. Grund hierfür ist eine „versteckte" vertragliche Klausel in zahlreichen Musterverträgen, nach der sich die gesundheitliche Beschaffenheit des Pferdes aus dem Inhalt des Protokolls der tierärztlichen Kaufuntersuchung ergibt. Die vielfach verwendete Formulierung lautet[4]:

> *„Vereinbart wird der Gesundheitszustand, der sich aus der tierärztlichen Untersuchung durch den Tierarzt (...) ergibt. Der Inhalt des aufgrund der tierärztlichen Untersuchung angefertigten Gutachtens wird zum Bestandteil des Vertrages gemacht. Die dort getroffenen tierärztlichen Feststellungen zum Gesundheitszustand (…) bestimmen die gesundheitliche Beschaffenheit des Pferdes."*

Hintergrund und rechtliche Bedeutung dieser Klausel liegen auf der Hand: Das Pferd soll diejenige Beschaffenheit aufweisen, die im Protokoll der Untersuchung schriftlich niedergelegt ist. Weicht es hiervon ab, ist es allein aufgrund dieser Abweichung mangelhaft. Dieser Fallgruppe kommt in der Praxis große Bedeutung zu. Denn zahlreiche Gerichtsentscheidungen belegen, dass auch Fachtierärzte nicht immer zutreffend befunden und bewerten. Vor allem röntgenologische Abweichungen werden manchmal übersehen oder nicht zutreffend protokolliert. Ist dies der Fall, so ergibt sich daraus eine Abweichung von der Beschaffenheitsvereinbarung. Das Pferd ist mangelhaft und zwar ohne dass es auf die Kriterien der 2. oder 3. Stufe des Sachmangels ankommt[5].

Im Ergebnis haftet der Verkäufer für eine fehlerhafte Befunderhebung des Tierarztes, wenn die Beschaffenheitsvereinbarung auf das Protokoll der Kaufuntersuchung Bezug nimmt.

FAZIT: Der Verkäufer haftet im Falle einer fehlerhaften Begutachtung durch den untersuchenden Tierarzt, wenn der Kaufvertrag den Inhalt des tierärztlichen Protokolls zur gesundheitlichen Beschaffenheit des Pferdes erhebt.

Der Verkäufer kann i. d. R. zwar dem Grunde, kaum aber der Höhe nach von dem Tierarzt Schadensersatz verlangen. Denn es gilt der Grundsatz, dass der Geschädigte so zu stellen ist, wie er ohne das schädigende Ereignis stehen würde. Ohne das schädigende Ereignis oder – drücken wir es positiv aus – mit einer korrekten Kaufuntersuchung wäre das Pferd nicht an den Käufer veräußert worden; schließlich hat er den Kauf in Anbetracht der abweichenden Befunde rückabgewickelt. In keinem Fall kann der Verkäufer daher den entgangenen Gewinn aus dem gescheiterten Verkauf des Pferdes von dem Tierarzt Erfolg versprechend einklagen.

Was dem Verkäufer nach der meistverlangten Rückabwicklung des Kaufvertrages bleibt, ist ein Anspruch gegen den Veterinär auf Erstattung der mit dem Kaufvertragsabschluss entstandenen Kosten[6]. Neben „Bagatell-Kosten" für Telefonate oder Briefwechsel sind beispielhaft zu nennen:

Kosten des Transports zum Käufer sowie **Einstellungs- und Futterkosten**, die der Verkäufer dem Käufer erstatten muss, soweit sie über die Kosten hinausgehen, die der Verkäufer für die Unterbringung des Pferdes zu Besitzzeiten des Käufers zu tragen gehabt hätte. Zu denken ist auch an **Eintragungsgebühren** bei der Deutschen Reiterlichen Vereinigung e.V. (FN) oder einem Zuchtverband, die der Käufer gezahlt hat. In Betracht kommt zudem der Ersatz von zusätzlichen **Tierarztkosten** (z.B. für Röntgen, ggf. Gutachterhonorare), die der Käufer aufwenden musste, um die Mangelhaftigkeit des Pferdes zu beweisen und die er vom Verkäufer zurückverlangt oder die dem Verkäufer im Zuge der Rückabwicklung des Kaufvertrages entstanden sind. Ebenso ist an **Gerichtskosten** und **Anwaltsgebühren** zu denken, wenn es zu einer gerichtlichen Klärung über die Rückabwicklung des Kaufes gekommen ist[7].

Der Verkäufer kann in einem Regress gegen den fehlerhaft untersuchenden Tierarzt lediglich die durch den missglückten Vertragsschluss entstandenen Kosten ersetzt verlangen. Der entgangene Gewinn aus dem gescheiterten Verkauf des Pferdes ist nicht erstattungsfähig.

Wie verhält es sich, wenn das Protokoll der Untersuchung zwar zum Inhalt der Beschaffenheitsvereinbarung gemacht worden ist, der vom Käufer behauptete Mangel jedoch einen Befund betrifft, der von (dem beauftragten Umfang) der Untersuchung nicht erfasst werden konnte?

In diesem ebenfalls praxisnahen Fall ist zu klären, ob die vom Käufer behauptete gesundheitliche Normabweichung mit einer anderweitigen Beschaffenheitsvereinbarung „kollidiert". Zu denken ist beispielsweise daran, dass ein Pferd mit der Beschaffenheitsvereinbarung *„Dressurpferd"* verkauft wird, das an einem Chip im Vorderfußwurzelgelenk leidet, der zu einer rezidivierenden (wiederkehrenden) Lahmheit führt. Da das Vorderfußwurzelgelenk vom Standardröntgen nicht erfasst wird und der Chip auch bei der Beugeprobe unentdeckt blieb, liegt keine Abweichung vom Protokoll vor.

An dieser Stelle verlassen wir die 1. Prüfungsstufe noch nicht, da die Kaufvertragsparteien mit der vertraglichen Beschaffenheitsvereinbarung *„Dressurpferd"* eine Eigenschaft des Pferdes vereinbart haben, die aufgrund des Chips mit seinen klinischen Folgen nicht gegeben ist. Es liegt zwar keine unmittelbare gesundheitliche Beschaffenheitsabweichung, allerdings ein Mangel auf der Ebene der vertraglich vereinbarten Beschaffenheit *„Dressurpferd"* vor, weil das Pferd mit einer wiederkehrenden Lahmheit als solches nicht oder nur eingeschränkt nutzbar ist[8].

Auch wenn über den Gesundheitszustand keine oder nur eine lückenhafte Beschaffenheitsvereinbarung getroffen wurde, kann sich eine Abweichung auf der 1. Prüfungsstufe ergeben. Dies ist dann der Fall, wenn ein gesundheitlicher Defekt einer anderen Beschaffenheit – z.B. der Beschaffenheit „Dressurpferd" – entgegen steht.

Vergleichbare Überlegungen gelten in den Fällen, in denen die Kaufvertragsparteien auf eine Kaufuntersuchung oder eine Beschaffenheitsvereinbarung über den Gesundheitszustand verzichtet haben und gesundheitliche Normabweichungen des Pferdes als Sachmangel gerügt werden[9].

Kann der Käufer eine Beschaffenheitsvereinbarung nicht beweisen, ist auf der 2. Prüfungsstufe festzustellen, ob ein entsprechender Verwendungszweck des Pferdes (z.B. „Dressurpferd", „Springpferd" o. Ä.) vertraglich vorausgesetzt wurde und das Pferd diesen nicht erfüllt. Man kommt daher auf beiden Prüfungsstufen zum selben Ergebnis. Die Gerichte können daher zum Teil offen lassen, ob ein Mangel auf der 1. oder der 2. Prüfungsstufe vorliegt.

c) Inhalt des Protokolls der Kaufuntersuchung wird nicht Bestandteil der Beschaffenheitsvereinbarung

Wie verhält es sich, wenn der Kaufvertrag vorsieht, dass die gesundheitliche Beschreibung laut tierärztlichem Protokoll nicht Bestandteil der Beschaffenheitsvereinbarung werden soll und der Tierarzt röntgenologische oder sonstige Normabweichungen übersieht?

Eine derartige Vertragsklausel wird in Kaufverträgen und vor allem in Auktionsbedingungen aus gutem Grund immer häufiger verwendet. Sie könnte z.B. lauten[10]:

„Die Untersuchungen des Tierarztes, dessen Befunderhebungen und Bewertungen sind eigenständige Leistungen des Tierarztes. Sie sind nicht Beschaffenheitsmerkmale oder Vertragszusage des Verkäufers."

Für den Verkäufer ist dies die bessere Wahl[11]. Denn er haftet damit nicht automatisch für jede fehlerhafte Befunderhebung des Tierarztes, sondern nur unter der Maßgabe, dass sich die Normabweichung auf die vertraglich vereinbarte Beschaffenheit (z.B. *„Dressurpferd"*, *„Springpferd"* o. Ä.) oder den entsprechend vertraglich vorausgesetzten Verwendungszweck auswirkt. Zum besseren Verständnis folgendes plakatives Beispiel:

Beispiel 3:

DER FALL:

Ein elfjähriger Wallach wird als *„Dressurpferd"* verkauft. Im Protokoll der Kaufuntersuchung werden geringfügig normabweichende Röntgenbefunde im Bereich der „Hufrolle" beschrieben, die der Klasse I-II entsprechen. Der Tierarzt übersieht jedoch deutlichere Abweichungen, sodass tatsächlich Befunde der Klasse III vorliegen.

DIE LÖSUNG:

Sieht der Vertrag vor, dass der Inhalt des Protokolls zum Bestandteil der vertraglichen Beschaffenheitsvereinbarung wird, liegt ein Sachmangel des Pferdes vor. Dies gilt selbst unter der Maßgabe, dass die tatsächlichen Befunde keine klinischen Symptome auslösen und insoweit auch nur eine geringe Wahrscheinlichkeit besteht. Denn einzig und allein entscheidend ist, dass die Ist- von der Sollbeschaffenheit abweicht.

Ist jedoch im Vertrag bestimmt, dass der Inhalt des Protokolls nicht Bestandteil der Beschaffenheitsvereinbarung wird, ist ein Sachmangel zu verneinen. Denn die Eignung des Wallachs als *„Dressurpferd"* wird von den tatsächlichen Befunden nicht bzw. nur unmaßgeblich tangiert.

PRAXIS-TIPP
FÜR VERKÄUFER

Für den Verkäufer empfiehlt es sich, die vertragliche Beschaffenheit des Pferdes nicht an dem Protokoll der Kaufuntersuchung auszurichten.

d) Lahmheit = Sachmangel?

Häufig wird vom Käufer zur Begründung eines Sachmangels lediglich behauptet, dass das Pferd lahmt.

Diese Behauptung reicht jedoch nicht aus. Denn eine Lahmheit kann niemals für sich genommen einen rechtlich relevanten Sachmangel darstellen. Schließlich kommt es immer auf den Zeitpunkt der Übergabe des Pferdes an. Wäre das Pferd dann bereits lahm gewesen, hätte es der Käufer in Kenntnis dieses Mangels gekauft. Seine Rechte wären infolgedessen ausgeschlossen (§ 442 BGB). War das Pferd zum entscheidenden Zeitpunkt seiner Übergabe an den Käufer lahmfrei, hat der vermeintliche Mangel der Lahmheit noch nicht bestanden und die Sachmängelrechte sind vor diesem Hintergrund zum Scheitern verurteilt.

> ## PRAXIS-TIPP
> FÜR KÄUFER
>
> *Bemerkt der Käufer eine Lahmheit des Pferdes nach der Übergabe, so sollte er dieser mit Hilfe seines Tierarztes möglichst zeitnah auf den Grund gehen[12]. Denn nicht die Lahmheit des Pferdes ist als Sachmangel anzusehen, sondern die Lahmheit auslösende gesundheitliche Ursache.*

4. Beschaffenheitsvereinbarung und Rittigkeits-/charakterliche Defizite

Rittigkeitsprobleme und charakterliche Defizite nehmen in der gerichtlichen Praxis einen deutlich geringeren Stellenwert ein.

a) Das Pferd wird vom Käufer durch Proberitte etc. getestet

Meist handelt es sich um Fälle, in denen Pferde mit einer Beschaffenheitsbeschreibung verkauft werden, ähnlich wie wir sie aus Beispiel 2 kennen (*„von jedermann zu reiten"*). Beliebt aus Verkäufersicht sind auch Anpreisungen wie *„als Kinderreitpferd/ Anfängerreitpferd geeignet"*, *„brav im Umgang"* oder *„leichttrittig"*. Noch immer finden sich in den einschlägigen Zeitungen Inserate solchen Inhalts.

Hierzu das folgende kuriose Beispiel, dem zunächst ein selbständiges Beweisverfahren und im weiteren Verlauf eine Klage gegen die Verkäuferin zugrunde lagen[13]:

Ein ausgiebiges Probereiten unter Aufsicht des Trainers minimiert das Risiko, dass Rittigkeitsdefizite unentdeckt bleiben.

Beispiel 4:

DER FALL:

Die Verkäuferin inseriert ihren Isländer mit folgender Anzeige:

„(…) für Kinder geeignet; als Freizeitpferd geeignet; als Sportpferd einsetzbar (…) E-Dressur und E-Springen".

Die Ehefrau des Käufers und späteren Antragstellers im selbstständigen Beweisverfahren testet das Pferd, woraufhin es zum Kaufvertragsabschluss kommt.

Nun behauptet der Käufer – wörtlich wiedergegeben –, dass *„die angepriesenen Eigenschaften nicht existent"* seien. *„Bereits beim ersten Ausreitversuch der Ehefrau, in Begleitung einer befreundeten Reiterin auf einem gutmütigen Pferd, ging das Pferd durch. Hierfür gab es keinen erkennbaren Anlass. Das Pferd reagierte plötzlich vollkommen panisch und unberechenbar."* Das Pferd sei infolgedessen als *„Kinder- und Freizeitpferd"* nicht geeignet. *„Am darauffolgenden Tag war das Aufsitzen gänzlich unmöglich. Obwohl das Pferd durch eine weitere Person, die im Umgang mit Pferden sehr versiert ist, festgehalten wurde, wehrte sich das Pferd gegen das Aufsitzen und drehte sich immer wieder*

---

weg. Es riss die Augen weit auf, wirkte ausgesprochen ängstlich und ließ sich kaum fest-halten, sodass der Versuch aufzusitzen nach kurzer Zeit abgebrochen wurde, da die Ehe-frau dies für zu gefährlich erachtete. Es ist richtig, dass anschießend keine weiteren Reit-versuche mehr unternommen wurden."

DIE LÖSUNG:

Der gerichtliche Sachverständige wurde mit der Beantwortung der Frage beauftragt, ob das Pferd die in der Anzeige der Verkäuferin genannten Eignungen erfüllt. Darüber hinaus sollte er – so die ergänzende und entscheidende Fragestellung der Verkäuferin – dazu Stellung nehmen, ob sich etwaige von ihm festgestellte Probleme im Umgang und beim Reiten mit dem Pferd auf den Zeitpunkt der Übergabe zurückdatieren lassen.

Nach Besichtigung und Probereiten des Pferdes kam der Sachverständige zu dem von der Verkäuferin erwarteten Ergebnis, dass sich die behaupteten Eigenschaften des Pferdes nicht mit hinreichender Wahrscheinlichkeit auf den Zeitpunkt der Übergabe zurückdatie-ren ließen. Das Ansinnen auf Rückabwicklung des Kaufvertrages war damit erfolglos.

Die Verkäuferin einigte sich dennoch mit dem Käufer auf eine Rücknahme des Isländers, allerdings zu einer Zahlung, die deutlich unter dem vom Antragsteller entrichteten Kauf-preis lag. Aus Liebe zu ihrem Pferd wollte sie dieses davor bewahren, dass es möglicher-weise erneut in falsche Hände gerät.

PRAXIS-TIPP
FÜR KÄUFER

Im Falle von Rittigkeits-problemen oder charak-terlichen Defiziten des Pferdes muss der Käufer äußerst detailliert vortra-gen, um bei Gericht in seinem Sinne Gehör zu finden. Hierzu gehören folgende drei Behaup-tungen, die der Käufer mit Fakten unterlegen und unter Beweis stellen muss:

1. Das Pferd erfüllt die Beschaffenheitsverein-barung oder ggf. den vertraglich voraus-gesetzten Verwen-dungszweck nicht. (= Sachmangel des Pferdes, § 434 BGB)

2. Diese grundsätzliche Nichteignung lässt sich auf den Zeitpunkt der Übergabe zurück-datieren. (= streitentscheiden-der Zeitpunkt, § 434 Abs. 1 S. 1 BGB)

3. Die behaupteten Rittig-keitsmängel haben sich beim Testen des Pferdes nicht gezeigt und konnten vom Käufer auch nicht er-kannt werden. (= keine Kenntnis oder grob fahrlässige Un-kenntnis des Käufers, § 442 BGB)

Für diesen und vergleichbare Fälle gilt: Das Pferd wurde umfassend getestet, also verlie-fen das Reiten und der Umgang problemlos, da es ansonsten nicht zum Kaufabschluss gekommen wäre. Ein Sachmangel, der zum Zeitpunkt der Übergabe bestehen muss, liegt damit grundsätzlich nicht vor. Hat der Käufer das Pferd trotz etwaiger Probleme im Um-gang oder in der Rittigkeit erworben, muss er sich die Kenntnis des Sachmangels zurech-nen lassen und kann aufgrund dessen keine Rechte gegenüber dem Verkäufer mit Erfolg ausüben (§ 442 BGB).

Dennoch ist nicht gänzlich auszuschließen, dass die oben beispielhaft genannten Be-schaffenheitsmerkmale zum Zeitpunkt des Probereitens nur kurzzeitig vorliegen, das Pferd diese Eigenschaften aber grundsätzlich nicht erfüllt. Sollte der Käufer diesen Stand-punkt vertreten und den Verkäufer in die Sachmängelhaftung nehmen wollen, ist ihm fol-genden Empfehlung zu geben:

Sofern es der Käufer bei der pauschalen Begründung belässt, dass das Pferd nicht der vereinbarten Beschaffenheit in puncto Rittigkeit oder Charakter entspricht, müsste eine Sachmangelklage unter Bezugnahme auf die vom Käufer gebilligten Ergebnisse des Probereitens als unschlüssig abgewiesen werden. Einer Beweisaufnahme durch Zeugen-vernehmung oder eines Sachverständigengutachtens bedarf es unseres Erachtens in die-sen Fällen nicht. Gleiches gilt, wenn der Fall auf der 2. oder 3. Stufe des Sachmangels zu lösen ist.

Die Gerichte behandeln derartige Fälle zum Teil etwas käuferfreundlicher[14], wenngleich der Käufer spätestens nach einer Beweisaufnahme zur Klärung der Rückdatierung des behaupteten Mangels i. d. R. scheitern wird[15]. Oft wird ein hippologischer Sachverständiger angehört, der über die behaupteten negativen Eigenschaften des Pferdes ein Gutachten abgeben soll, diese meist jedoch nicht auf den Zeitpunkt der Übergabe zurückdatieren kann. Denn selbst wenn sich das Pferd zum Zeitpunkt der Begutachtung nicht als „Kinderreitpferd" oder „leichttrittig" erweisen sollte, könnte sich eine negative Abweichung von diesem Sollzustand in der Sphäre des Käufers durch einen fehlerhaften Umgang oder ein fehlerhaftes Reiten entwickelt haben.

Eine andere Bewertung mag sich allenfalls dann ergeben, wenn sich das Pferd nachweislich vom ersten Moment der Übergabe an nicht entsprechend der Soll-Beschaffenheit gezeigt hat. Aber auch in diesen Fällen wird sich der Käufer entgegenhalten lassen müssen, dass das Pferd beim Probereiten gefallen oder er es nicht oder nur unzureichend getestet hat.

Die Beweisprognose für den Käufer bei Rittigkeits- und charakterlichen Problemen ist ungünstig.

Im Ergebnis wird es dem Verkäufer – wenn er das Pferd guten Gewissens verkauft hat – zudem fast immer möglich sein, Zeugen zu benennen, die zur Überzeugung des Gerichts bestätigen, dass das Pferd bis zum Zeitpunkt seiner Übergabe die vertraglich vereinbarte Beschaffenheit aufgewiesen hat. Selbst wenn der Anwalt des Käufers eine schlüssige Klage zu Papier bringt, muss er daher mit seiner Beweisprognose äußerst vorsichtig sein. Stärken kann er diese nur unter der Maßgabe, dass ihm der Käufer Zeugen präsentiert, die bestätigen, dass das Pferd bereits in der Vergangenheit durch die beanstandeten Untugenden aufgefallen ist. Wir möchten mit unserer Einschätzung daher so weit gehen, dem Käufer nur unter dieser Prämisse zur Klageerhebung zu raten, da eine gerichtliche Klärung ansonsten kaum Erfolg versprechend ist.

Rittigkeits- und charakterliche Defizite des Pferdes können nur in wenigen Ausnahmefällen zur Sachmängelhaftung des Verkäufers führen.

b) Das Pferd wird vom Käufer nicht getestet
Wie verhält es sich, wenn der Käufer das Pferd nicht Probe geritten hat, obwohl ihm dies möglich gewesen wäre? Auch solche Fälle gibt es, wenngleich sie unverständlich erscheinen. Zugunsten des Verkäufers sind die Rechte des Käufers dann wegen grob fahrlässiger Unkenntnis von dem behaupteten Sachmangel ausgeschlossen (§ 442 BGB). Denn es ist nicht nachvollziehbar, dass er das Pferd nicht getestet hat.

Hat der Käufer das Pferd – obwohl es ihm möglich gewesen wäre – nicht getestet, kann er grundsätzlich keine Sachmängelrechte Erfolg versprechend geltend machen.

c) Das Pferd kann vom Käufer reiterlich (noch) nicht getestet werden
Bleibt noch eine dritte Konstellation zu klären: Der Käufer erwirbt ein rohes Pferd, das er kurz nach der Übergabe anreitet. Dabei stellt sich heraus, dass sich das Pferd so erheblich gegen die Versuche des Käufers wehrt, z.B. steigt oder buckelt, dass an ein Anreiten nicht zu denken ist.

In diesen Fällen muss er sich ebenfalls auf das Argument stützen, dass bereits zum entscheidenden Zeitpunkt der Übergabe charakterliche Mängel vorgelegen haben, die zu den detailliert zu beschreibenden Problemen beim Anreiten geführt haben.

Auch derartige Behauptungen des Käufers sind wenig Erfolg versprechend. Denn für einen Sachverständigen ist es kaum möglich, eine grundsätzlich mangelnde Eignung des noch nicht angerittenen Pferdes festzustellen, die mit an Sicherheit grenzender Wahrscheinlichkeit auf den Zeitpunkt der Übergabe zurückdatiert werden kann.

Mit dem Argument eines charakterlichen Fehlers wird der Käufer also meist nicht weit kommen. Eine andere Bewertung ergibt sich nur unter der Maßgabe, dass der Käufer den Nachweis veterinärmedizinischer Normabweichungen des Pferdes erbringt, die für die behaupteten Probleme ursächlich sind.

d) Abweichungen von einem konkreten Ausbildungsstand als Mangel

Weniger Relevanz als bei Inkrafttreten des neuen Kaufrechts angenommen, kommt den Fällen zu, in denen ein Pferd mit der Beschaffenheit eines konkreten Ausbildungsstandes, z.B. *„Ausbildungsstand M-Dressur"*, verkauft worden ist und diese nicht erfüllen soll.

Zum einen gelten auch bei dieser vertraglichen Konstellation die oben besprochenen Anforderungen an die Darlegungs- und Beweislast des Käufers. Zum anderen herrscht Einigkeit darüber, dass darin keineswegs eine Zusage liegt, dass jeder beliebige Reiter das Pferd auf dem als Beschaffenheit vereinbarten Niveau reiten kann. Vielmehr müssen die reiterlichen Fähigkeiten dem Niveau des Pferdes ungefähr entsprechen[16].

Zudem muss sich der Käufer die schon mehrfach aufgeworfene Frage gefallen lassen, warum ihm das Pferd beim Probereiten zugesagt hat und sich mit der Thematik auseinandersetzen, dass und warum der behauptete Mangel bei seinen Tests nicht aufgefallen ist bzw. nicht bemerkt werden konnte. Hierzu ein Beispiel, das zu den wenigen Fällen zählt, in denen der Käufer mit seiner Sachmangelklage durchdringen konnte[17]:

Beispiel 5:

DER FALL:

Eine siebenjährige Stute wird mit der Beschaffenheitsvereinbarung *„Ausbildungsstand Dressur Klasse A"* verkauft. Beim Vorreiten der Stute durch den Verkäufer – einen sehr erfahrenen und starken Reiter – präsentiert sich die Stute auf diesem Niveau. Ähnlich verhält sie sich beim unmittelbar anschließenden Proberitt der Käuferin.

Direkt nach der Übergabe des Pferdes stellt die Käuferin fest, dass das Pferd nicht dem Ausbildungsniveau der Klasse A entspricht. Auch versierte Reiterkollegen, die im Dressursport bis M/S-Niveau erfolgreich sind, bestätigen dies nach einem Testritt. Die Käuferin reklamiert das Pferd und verlangt vom Verkäufer Nachbesserung in Form eines Korrekturberitts. Als der Verkäufer dies ablehnt, erklärt sie den Rücktritt vom Kaufvertrag.

DIE LÖSUNG:

Das Landgericht Münster betont zu Recht, dass in der Beschreibung des Ausbildungsstandes keine Garantie dafür zu sehen ist, dass sich das Pferd von jedem beliebigen Reiter auf diesem Niveau reiten lässt. Ein Sachmangel liegt jedoch vor, *„wenn das Pferd keine auf gewisse Dauer und auf diesem Niveau reproduzierbare Leistungen unter entsprechend qualifizierten Reitern erbringt"*.

Neben den Reiterkollegen der Käuferin, die im Prozess als Zeugen auftraten, stellte auch der gerichtliche Sachverständige fest, dass die Stute den Anforderungen des Ausbildungsstandes der Klasse A nicht gerecht wird. Aufgrund des engen zeitlichen Zusammenhangs war auch davon auszugehen, dass die Stute bereits zum Zeitpunkt der Übergabe mangelhaft ausgebildet war.

Auch konnte der Käuferin in diesem Einzelfall keine Kenntnis oder grob fahrlässige Unkenntnis von diesem Sachmangel nachgewiesen werden (§ 442 BGB). Denn bei der Besichtigung und dem Proberitt konnte die Mangelhaftigkeit des Pferdes nicht deutlich werden, da der Verkäufer das Pferd unstreitig auf A-Niveau präsentiert hat und es für die Käuferin nach dieser Vorbereitung nicht erkennbar war, dass das Pferd dem Ausbildungsstand der Klasse A nicht entspricht. Da ausschließlich der Verkäufer in der Lage war, das Pferd auf A-Niveau zu reiten, wurde eine Abweichung von der vereinbarten Beschaffenheit festgestellt und dem nach erfolgloser Nachfristsetzung zum Korrekturberitt erklärten Rücktritt stattgegeben.

Wie oben bereits ausgeführt, ist dieser Fall jedoch als Einzelfallentscheidung zu würdigen und stellt sich als Ausnahme von den eingangs aufgestellten grundsätzlichen Erwägungen dar.

e) Zusammenfassung

Bei zusammenfassender Betrachtung kann der Käufer nur im Ausnahmefall Sachmängelrechte erfolgreich gegenüber dem Verkäufer durchsetzen, wenn er Rittigkeits- oder charakterliche Defizite des Pferdes beanstandet. Seine Argumentation und insbesondere die Beweisprognose sind gut zu überdenken, um nicht Gefahr zu laufen, vor Gericht abgewiesen zu werden. Ähnlich verhält es sich, wenn Beschaffenheitsvereinbarungen gerügt werden, wie:

- *„halfterführig"*
- *„eingeritten"/„eingefahren"*
- *„anlongiert"*
- *„rittig"*
- *„geländesicher"*
- *„verkehrssicher"*.

Wir verzichten daher auf den Versuch, diese in Annoncen und Verträgen häufig verwendeten Beschaffenheitsbeschreibungen zu definieren[18].

Dennoch sei dem Verkäufer kein „Freischein" ausgestellt: Hat er das Pferd mit einer unzutreffenden Beschaffenheit in puncto Rittigkeit oder Charakter verkauft, läuft er Gefahr, einen Rechtsstreit zu verlieren, wenn Zeugen die grundsätzlichen Probleme des Pferdes schon vor dem Zeitpunkt der Übergabe bemerkt haben. Die „Reiterwelt" ist nun mal klein. Deshalb muss der Verkäufer – wenn auch nur im Ausnahmefall – damit rechnen, dass das Gericht zu der Überzeugung gelangt, dass das Pferd die angepriesene Beschaffenheit zum Zeitpunkt der Übergabe nicht aufwies. Es gilt daher: Ehrlich währt am längsten! Und auch der ehrliche Verkäufer sollte vorsorglich davon Abstand nehmen, sein Pferd mit einer zu positiven und auslegungsbedürftigen Beschaffenheitsvereinbarung zu vermarkten.

Praxis-Tipp
für Verkäufer

Der Verkäufer sollte davon Abstand nehmen, sein Pferd mit einer zu positiven Beschreibung der Rittigkeit oder des Charakters zu inserieren oder im Kaufvertrag zu beschreiben.

5. Sonstige Mängel im Spiegel der Beschaffenheitsvereinbarung

Als übergeordnetes Beschaffenheitsmerkmal kommen die Bezeichnungen **Dressur-, Spring-, Vielseitigkeits- oder Freizeitpferd** in Betracht (s.o.)[19]. Nach einem Urteil des Landgerichts Stade folgt aus der Beschaffenheitsvereinbarung **Springpferd** nicht, dass das Pferd *„praktisch ohne Anleitung und unabhängig vom Verhalten des Reiters (...) jeden Parcours springt"*[20]. Soll das Pferd für einen Anfänger oder Amateur geeignet sein, muss eine entsprechende Beschaffenheitsvereinbarung getroffen werden (z.B. **Lehrpferd**) bzw. sich dies als vertraglich vorausgesetzte Verwendung aus den Vertragsverhandlungen und Gesamtumständen des Kaufs ergeben (2. Stufe des Sachmangels).

Kriterium einer Beschaffenheitsvereinbarung kann auch die **Abstammung** eines Pferdes sein[21], wenngleich nur wenige Fälle bekannt sind, in denen hierüber in kaufrechtlicher Hinsicht gestritten worden ist. So beurteilte das Oberlandesgericht Celle[22] die Abstammung eines Pferdes von einem anderen Hengst als vereinbart als Sachmangel. Ein schriftlicher Kaufvertrag lag in diesem Fall nicht vor, die Beschaffenheitsvereinbarung ergab sich jedoch aus den Verhandlungen der Vertragsparteien, nach denen der Käufer Wert auf ein Pferd eines bestimmten Vererbers legte.

Auch die **Trächtigkeit** oder **Zuchttauglichkeit**[23] können zur vereinbarten Beschaffenheit gemacht werden. So urteilte das Oberlandesgericht Karlsruhe[24] zur alten aber insoweit übertragbaren Rechtslage, dass einer zu Zuchtzwecken verkauften Stute die zugesicherte Eigenschaft[25] fehle, wenn diese beim Abschluss des Kaufvertrages oder beim Deckakt entgegen den Erklärungen des Verkäufers nicht im Zuchtbuch des Verbands eingetragen ist. Gleiches gilt für die Trächtigkeit.

Wird ein Pferd als **Zuchthengst** verkauft, muss es sich um einen gekörten Hengst handeln. Das Amtsgericht Gifhorn[26] entschied dies für einen Zuchtbullen. Dieser Begriff beinhalte jedoch keinerlei Aussage hinsichtlich der Deck- oder Befruchtungsfähigkeit des Tieres, was wir für unzutreffend halten. Denn die vereinbarte Beschaffenheit als Zuchthengst beinhaltet unseres Erachtens die Befruchtungsfähigkeit[27].

Klagen der Käufer aufgrund von **Verhaltensstörungen** des Pferdes scheitern meist an der Beweislast des Käufers für die Rückdatierung des Mangels auf den Zeitpunkt des Gefahrübergangs:

Das Oberlandesgericht Oldenburg[28] hatte sich mit einem Fall von **Weben** bei einem Reitpferd auseinanderzusetzen. Da der Käufer nicht beweisen konnte, dass das Pferd schon zum Zeitpunkt der Übergabe webte, wurde seine Klage gegen den Verkäufer abgewiesen[29]. Entsprechendes entschied das Landgericht Oldenburg[30] für ein Pferd, das **koppte**.

Das Amtsgericht Soltau[31] stellte an die Umgänglichkeit eines **ruhigen Freizeitpferdes** hohe Anforderungen, kam jedoch zu dem Schluss, dass das Tier erst durch die veränderten Haltungsbedingungen zum Problempferd gemacht worden und somit zum Übergabezeitpunkt nicht mangelhaft war.

Bei der **groben Widersetzlichkeit** eines Reitpferdes wurde die Mangelhaftigkeit vom Oberlandesgericht Stuttgart[32] verneint.

Das **hengstige Verhalten** eines Dressurwallachs wurde – allerdings in Kombination mit der Tatsache, dass es sich um einen Klopphengst (Kryptorchiden) handelte – höchstrichterlich als Sachmangel angesehen[33].

Ebenso ist an die Beschaffenheitsvereinbarungen **verlade-**[34], **schmiede-**[35] oder **stallfromm**[36], bestimmte **Exterieurmerkmale**[37] oder an ein verkauftes **Pony** zu denken, **das aufgrund seines Stockmaßes** von über 148 cm **gar keines ist**[38].

Ein Fall aus unserer anwaltlichen Praxis, mit dem wir diesen Überblick beschließen, betrifft ein Pony, das sich nach den Behauptungen der Käuferin als „siegerehrungsuntauglich" erwiesen haben soll[39]:

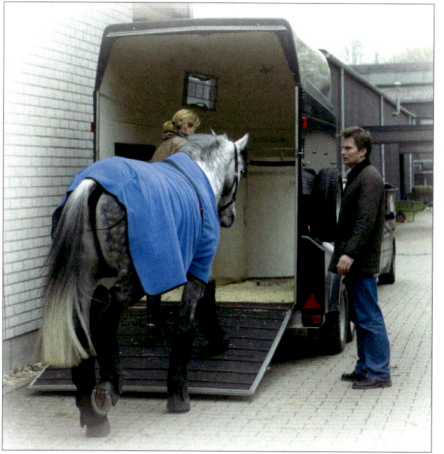

„Verladefromm" als mögliche Beschaffenheit des Pferdes.

Beispiel 6:

Der Fall:

Die Käuferin erwirbt ein Turnierpony, das in der Vergangenheit auf zahlreichen Turnieren unter mehreren jugendlichen Reitern erfolgreich vorgestellt worden war.

Nach der Übergabe erfolgt der erste Turnierstart mit der Tochter der Käuferin, ohne dass es besondere Vorkommnisse gibt. Danach – so die Käuferin wörtlich – *„nahmen (sie) und ihre Tochter das Pony mit auf ein weiteres Ponyturnier. Dort ritt die Tochter einen Reiterwettbewerb, den sie auch gewann. Nach dem Reiterwettbewerb nahmen die Ponys mit ihren Reitern wie üblich Aufstellung zur Siegerehrung unter Anwesenheit der Richter. Als zur Siegerehrung der Applaus des Publikums einsetzte, stieg das Pony und begrub seine Reiterin unter sich. Das Verhalten des Pferdes war völlig ohne Grund und insbesondere auch nicht auf eine Fehleinwirkung der Reiterin zurückzuführen."* Auch auf einem weiteren Turnier sei das Pony während der Siegerehrung gestiegen.

Die Käuferin beansprucht Rücknahme des Ponys, nachdem die Verkäuferin eine Nachbesserung durch Korrekturberitt abgelehnt hatte. Sie stützt sich u.a. darauf, dass das Pony nicht – wie anlässlich der Kaufgespräche als Beschaffenheit des Tieres vereinbart worden sein soll – ein *„sehr liebes, ausgeglichenes und sicheres Pony im E-Bereich"* sei.

Die Lösung:

Die Klage war zum Scheitern verurteilt: Zum einen verhielt sich das Pony auf dem ersten Turnier unter der Tochter der Käuferin, und damit noch nach dem Zeitpunkt der Übergabe, unauffällig. Zum anderen standen der Verkäuferin diverse Zeugen zur Verfügung, die das Pony in allen denkbaren Situationen – auch auf Turnieren – kannten und bestätigt hätten, dass das Tier zu keinem Zeitpunkt das behauptete Steigen gezeigt hat. Auch ein hippologischer Sachverständiger hätte die „Siegerehrungsuntauglichkeit" nicht auf den Zeitpunkt der Übergabe als grundsätzliches Problem des Ponys zurückdatieren können.

Die Käuferin nahm die Klage daher auf Empfehlung des Gerichts zurück.

---

6. Sehr detaillierte Beschaffenheitsvereinbarung

Vorsicht ist bei einer sehr detaillierten Beschaffenheitsvereinbarung geboten, mit der das Pferd in etlichen Parametern beschrieben wird, wie es kurz nach Inkrafttreten des neuen Kaufrechts zum Teil vorgeschlagen worden ist. So sollte beispielsweise vertraglich festgelegt werden, wie das Pferd reagiert, wenn ihm im Gelände ein Kinderwagen entgegengeschoben wird. Auf solche und ähnlich ausführliche Beschaffenheitsvereinbarungen sollte sich der Verkäufer keinesfalls einlassen. Denn hierdurch gerät er in die – wenn auch meist unbegründete – Gefahr, für Bagatellen in die Haftung genommen zu werden. Und welcher Pferdeverkäufer kann mit Sicherheit ausschließen, dass sein Pferd bei einem sich nähernden Kinderwagen nicht doch einmal „große Augen machen" wird?

7. Negative Beschaffenheitsvereinbarung

Eine negative Beschaffenheitsvereinbarung liegt vor, wenn vereinbart wird, welche Eigenschaften das Pferd nicht aufweist oder nicht haben soll. Hiervon wird häufig bei Pferden Gebrauch gemacht, die Defizite in Gesundheit, Ausbildung, Charakter oder Verhaltensweisen zeigen[40].

> ## PRAXIS-TIPP
> ### FÜR VERKÄUFER
>
> *Während eine detailliert beschriebene positive Beschaffenheit des Pferdes für den Verkäufer nachteilig sein kann, muss ihm dazu geraten werden, etwaige negative Eigenschaften des Pferdes umfassend und verständlich in den Kaufvertrag aufzunehmen.*

Dem Verkäufer ist hierzu dringend zu raten. Denn für einen offen gelegten Mangel kann er nicht in die Haftung genommen werden. So hielt das Landgericht Braunschweig[41] zutreffend fest, dass die negative Beschaffenheitsvereinbarung **Beistellpferd zum Liebhaberpreis** eine Haftung des Verkäufers wegen einer Lahmheit aufgrund einer Zyste ausschließt.

Nicht sinnvoll für den Verkäufer ist es allerdings, dem Pferd eine Vielzahl unspezifizierter Sachmängel zuzuschreiben[42]. Wenn ein hochkarätiges Sportpferd mit den Beschreibungen *„unrittig, gesundheitliche Probleme im Bewegungsapparat, problematisch im Umgang"* für viel Geld verkauft wird, ist ein solches Vorgehen zumindest bei einem Verbrauchsgüterkauf als unzulässige Umgehung der Gewährleistungsrechte des Käufers anzusehen.

II. Der vertraglich vorausgesetzte Verwendungszweck – 2. Stufe (§ 434 Abs. 1 S. 2 Nr. 1 BGB)

1. Der Weg zur „2. Stufe"

Wie gelangen wir von der 1. zur 2. Prüfungsstufe? Hierzu noch einmal ein Blick auf den Gesetzeswortlaut:

> *„Die Sache ist frei von Sachmängeln, wenn sie bei Gefahrübergang die vereinbarte Beschaffenheit hat.*
> **(= 1. Prüfungsstufe – § 434 Abs. 1 S. 1 BGB)**

> <u>*Soweit*</u> *die Beschaffenheit* <u>*nicht*</u> *vereinbart ist, ist die Sache frei von Sachmängeln,*
> *1. wenn sie sich für die **nach dem Vertrag vorausgesetzte Verwendung** eignet,*
> **(= 2. Prüfungsstufe – § 434 Abs. 1 S. 2 Nr. 1 BGB)**

Auf der 2. Stufe des Sachmangels geht es um den vertraglich vorausgesetzten Verwendungszweck des Pferdes, z.B. als Springpferd.

Die Betonung und Unterstreichung liegt auf den Worten *„soweit (…) nicht"*. Wir könnten die Formulierung des Gesetzgebers auch wie folgt übersetzen: „Wenn die Parteien keine Beschaffenheit des Pferdes oder diese nur lückenhaft vereinbart haben, ist die Sache frei von Sachmängeln, wenn sie sich für die nach dem Vertrag vorausgesetzte Verwendung eignet."

Beispielhaft sei der typische Fall herangezogen, in dem das Pferd mit einem Standardröntgen der Gliedmaßen verkauft wird und die Ergebnisse des Röntgens gemäß des Kaufuntersuchungs-Protokolls als Beschaffenheit vereinbart werden. Weist das Pferd in seinem Vorderfußwurzelgelenk oder in seiner Halswirbelsäule (beide Bereiche gehören nicht zum Standardröntgen) normabweichende Befunde auf, ist die gesundheitliche Beschaffenheitsbeschreibung in diesen Punkten lückenhaft[43]. Die Frage: „Sachmangel ja oder nein?" muss demnach auf der 2. Prüfungsstufe geklärt werden[44]. Wir würden nur unter der Prämisse auf der 1. Prüfungsstufe bleiben, dass sich aus anderen Beschaffenheitsmerkmalen – wie etwa „Dressur-" oder „Springpferd" – eine Abweichung des Soll-Zustandes vom Ist-Zustand ergibt, der gesundheitliche Zustand also der Nutzung als Dressur- oder Springpferd entgegensteht.

Abweichend von dieser mittlerweile herrschenden Ansicht wurde vereinzelt die Auffassung vertreten, dass der Verkäufer keine Haftung befürchten müsse, wenn er sich auf die Beschreibung weniger oder lückenhafter Eigenschaften als kaufrechtliche Beschaffenheit des Pferdes im Vertrag beschränkt. Frei nach dem Motto: Wenn keine oder nur eine lückenhafte Beschaffenheit vereinbart wird, ist die Prüfung nach einem Sachmangel schon an dieser Stelle abzubrechen. Diese Ansicht käme jedoch einem verdeckten Ausschluss der Sachmangelhaftung des Käufers gleich. Denn unter dieser unzutreffenden Maßgabe bräuchte der Verkäufer die Beschaffenheitsvereinbarung z.B. nur auf das Alter und die Abstammung des Pferdes zu limitieren und wäre dann für gesundheitliche Defizite „aus dem Schneider". Dieser Ansatz widerspricht sowohl dem Gesetzeswortlaut als auch der Intention des Gesetzgebers[45]. Wollen sich die Kaufvertragsparteien auf einen Haftungsausschluss des Verkäufers für Sachmängel einigen, was außerhalb des Verbrauchsgüterkaufs nach wie vor möglich ist, müssen sie dies ausdrücklich und möglichst individuell vereinbaren.

2. Erkennbarkeit für den Verkäufer

Entscheidend ist, dass der Verwendungszweck für den Verkäufer erkennbar ist, beispielsweise durch die Vertragsverhandlungen oder frühere Geschäftsbeziehungen. Denn nur unter dieser Voraussetzung ist es zu rechtfertigen, dass die lediglich „unterschwellig" zum Ausdruck gekommene Anforderung, die der Käufer an das Pferd stellt, vertragliche Verbindlichkeit erreicht. Hierzu folgende Beispiele:

- Lautet die Beschaffenheitsvereinbarung *„Erfolge laut Aufstellung der Deutschen Reiterlichen Vereinigung (FN)"* und beinhaltet diese zahlreiche Dressurerfolge, so kann man von einer vertraglich vorausgesetzten Eignung des Pferdes für den Dressursport ausgehen, wenn hierin nicht schon die Beschaffenheitsvereinbarung *„Dressurpferd"* zu sehen ist. Dies gilt selbstverständlich nicht, wenn der Käufer zum Ausdruck gebracht hat, dass er das Pferd zukünftig anderweitig, z.B. zur Zucht oder zum Fahren, nutzen möchte.
- Wird im Protokoll der Kaufuntersuchung *„Verwendungszweck: Dressur"* oder *„Eignung: Dressur"* vermerkt, die tierärztliche Untersuchung aber nicht Vertragsbestandteil, lässt sich aus dieser Angabe auf den vertraglich vorausgesetzten Verwendungszweck *„Dressur"* schließen[46]. Auch bei einer lediglich gegenüber dem Tierarzt geäußerten Eignung trifft dies zu, allerdings nur unter der Maßgabe, dass der Verkäufer vom Auftrag und Inhalt der Untersuchung Kenntnis hatte, was im Einzelfall vom Gericht zu prüfen ist.
- Die Tatsache, dass der Käufer ein Dressurpferd in Zahlung gibt, für das er als Ersatz das neue Pferd kauft, genügt nicht, um die Beschaffenheitsvereinbarung *„Dressurpferd"* für das neue Pferd anzunehmen[47]. Wenn es aber für den Verkäufer erkennbar ist, dass das neue Tier künftig den Part des alten übernehmen soll, kann sich auch aus einer solchen Situation ergeben, dass die Eignung als Dressurpferd vertraglich vorausgesetzt wird.

Die Beispiele zeigen, dass es auf der 2. Stufe des Sachmangels um Verwendungsarten des Pferdes geht, die auch als vertragliche Beschaffenheit vereinbart werden können, was häufig der Fall ist (s.o.). Auf beiden Stufen muss letztlich geklärt werden, ob das Pferd mit dem behaupteten Mangel die Eignung als z.B. **Dressur-** oder **Springpferd**, **Turnier-** oder **Sportpferd**, **Reitpferd**, **Zuchthengst** oder **Zuchtstute**, **Freizeitpferd**, **Therapie-** oder **Lehrpferd** erfüllt. Der Prüfungsmaßstab ist ein und derselbe. Für Käufer und Verkäufer ist die Differenzierung zwischen der 1. und 2. Stufe des Sachmangels daher von geringem Interesse. Auch die Gerichte vermengen manchmal beide Prüfungsstufen oder lassen dahin gestellt, auf welcher der beiden Stufen ein Mangel vorliegt. Daher zu der 2. Stufe nur in Kürze:

3. Beispiele

Es liegt auf der Hand, dass an Pferde unterschiedlicher Einsatzzwecke zum Teil abweichende Anforderungen zu stellen sind, was deren Gesundheitszustand, Charakter, Ausbildung und Trainingszustand betrifft. Wenig hilfreich erscheint es jedoch, den Versuch einer Definition des typischen Sport-, Freizeit- oder Dressurpferdes etc. zu unternehmen. Denn ob das Pferd für diese Verwendungszwecke geeignet ist oder nicht, kann nur in Abhängigkeit von dem jeweiligen Mangel einzelfallbezogen geklärt werden, wozu das Gericht im Streitfall und auf Antrag des beweisbelasteten Käufers einen Sachverständigen hinzuziehen wird. Wir beschränken uns auf folgenden Überblick:

- Ein **Lehrpferd** darf nicht mit einem „Selbstläufer" gleichgesetzt werden. Es widerspricht daher nicht dem Verwendungszweck eines Lehrpferdes, wenn es *„von einem guten Reiter mindestens ein- bis zweimal in der Woche mitgeritten werden"* und der Käufer *„unter Aufsicht und Anleitung eines erfahrenen Reitlehrers"* trainieren muss, um das Tier auf dem Ausbildungsniveau zu halten[48].
- Ein **Zuchtpferd** muss in das Zuchtbuch des jeweiligen Zuchtverbandes eingetragen sein. Ansonsten kann es nach dem Tierzuchtgesetz nicht offiziell zur Zucht eingesetzt werden[49]. Bei einem **Zuchthengst** ist die Körung unabdingbares Kriterium[50]. Die Eignung zum vertraglich vorausgesetzten Verwendungszweck der Zucht fehlt, wenn das Pferd unfruchtbar ist und deswegen keine Nachkommen zeugen bzw. gebären kann[51].
- Schwieriger ist die Beantwortung der Frage, ob es einen Sachmangel darstellt, wenn eine **Zuchtstute nicht regelmäßig aufnimmt**. Hierbei kommt es auf die Umstände des Einzelfalles an. Insbesondere ist entscheidend, wie viele Besamungsversuche im Durchschnitt nötig sind, bis die Stute tragend wird. Denn auch eine Stute, die schwer aufnimmt, ist grundsätzlich zur Zucht geeignet. Zudem zeigt die Erfahrung, dass sehr viele Stuten diese „Probleme" bereiten, es sich also nicht um ein ungewöhnliches Phänomen handelt. Aus diesen Gründen liegt u. E. daher – wenn überhaupt – meist nur ein unerheblicher Mangel vor, der nicht zum Rücktritt, sondern nur zur Minderung berechtigt. Rechtsprechung zu dieser Fragestellung lag bis zum Redaktionsschluss noch nicht vor.

Ein abschließendes Beispiel:

Beispiel 7[52]:

Der Fall:

Eine zwei Jahre alte Quarter Horse Stute wird als *„Hobbyreitpferd für Erwachsene"* verkauft. Als Beschaffenheitsvereinbarung wird im Kaufvertrag festgehalten:

„Der Verkäufer sichert dem Käufer folgende Eigenschaften des Pferdes zu: geht an der Führleine, schmiede und verladefromm, keine chronischen Atemwegserkrankungen, keine Futter-(Heu-/Staub-)Allergie, kein Sommerekzem, keine Medikamente, die zum Besichtigungs-/Kaufzeitpunkt wirken (ruhigstellen)".

Nach der Übergabe bringt die Stute unerwartet ein Fohlen zur Welt. Sie musste bereits als Jährling bedeckt worden sein.

Der Käufer klagt daraufhin auf Rücknahme von Stute und Fohlen sowie Ersatz der ihm entstandenen Kosten. Zur Begründung führt er aus, das Pferd sei bereits zum Übergabezeitpunkt tragend und damit sachmangelbehaftet gewesen. Das Tier sei nicht nur zu jung für eine Geburt gewesen, sondern dadurch auch nicht mehr gewachsen. Mit einem Stockmaß von 139 cm sei es als Reitpferd für Erwachsene nicht geeignet.

Die Verkäuferin wendet ein, dass das Pferd der vereinbarten Beschaffenheit entspreche; und nur auf diese komme es an. Es habe sich zwar ein Hengst auf ihrem Hof befunden. Ihres Wissens sei dieser jedoch nie in Kontakt mit der Stute gewesen.

DIE LÖSUNG:

Das Amtsgericht Schwedt stimmte mit der Verkäuferin insoweit überein, als dass die Trächtigkeit der Stute nicht im Widerspruch zur vereinbarten Beschaffenheit steht. Jedoch sei als vertraglich vorausgesetzte Verwendung die Eignung als *„Hobbyreitpferd für Erwachsene"* zugrunde gelegt worden. Der gerichtlich bestellte Sachverständige führte aus, dass die Trächtigkeit im Jährlingsalter zu einer vorzeitigen Beendigung des Körperwachstums geführt habe und das Tier daher für einen Erwachsenen nicht als Reitpferd geeignet sei. Das Gericht bejahte daraufhin einen Sachmangel auf der 2. Prüfungsstufe und verurteilte die Verkäuferin zur Rückzahlung des Kaufpreises Zug um Zug gegen Rücknahme von Stute und Fohlen. Darüber hinaus musste sie dem Käufer sämtliche notwendige Verwendungen (Kosten für Unterbringung, Fütterung, Tierarzt, Hufschmied) erstatten[53].

4. Verhältnis zwischen der 2. und 3. Stufe

Abschließend bleibt der Frage nachzugehen, unter welchen Voraussetzungen ein Mangel auf der 3. Stufe zu prüfen ist. Hierzu werfen wir nochmals einen Blick auf das Gesetz:

„Die Sache ist frei von Sachmängeln, wenn sie bei Gefahrübergang die vereinbarte Beschaffenheit hat.

(= 1. Prüfungsstufe – § 434 Abs. 1 S. 1 BGB)

Soweit die Beschaffenheit nicht vereinbart ist, ist die Sache frei von Sachmängeln,
1. wenn sie sich für die nach dem Vertrag vorausgesetzte Verwendung eignet,
    (= 2. Prüfungsstufe – § 434 Abs. 1 S. 2 Nr. 1 BGB)
    sonst
2. wenn sie sich für die gewöhnliche Verwendung eignet und eine Beschaffenheit aufweist, die bei Sachen der gleichen Art üblich ist und die der Käufer nach Art der Sache erwarten kann."
    (= 3. Prüfungsstufe – § 434 Abs. 1 S. 2 Nr. 2 BGB)

Die Formulierung des Gesetzgebers zwischen der 2. und 3. Stufe – das Wort *„sonst"* – ist eindeutig: Haben die Vertragsparteien weder eine Vereinbarung über die Beschaffenheit getroffen noch eine Verwendung des Pferdes vorausgesetzt, ist auf die 3. Prüfungsstufe abzustellen[54].

III. Die „objektive Sollbeschaffenheit" –
3. Stufe (§ 434 Abs. 1 S. 2 Nr. 2 BGB)

Auf der 3. Stufe ist das Pferd nach der Gesetzesdefinition *„frei von Sachmängeln (...)*

> *wenn* sie sich für die *gewöhnliche Verwendung* eignet *und* eine *Beschaffenheit auf-* *weist, die bei Sachen der gleichen Art üblich ist und die der Käufer nach Art der* *Sache erwarten kann."*

Hieraus folgt, dass die drei Fragen
1. „Eignet sich das Pferd für die **gewöhnliche Verwendung**?"
2. „Weist das Pferd die **übliche Beschaffenheit** im Verhältnis zu vergleichbaren Pferden auf?"
3. „**Konnte der Käufer die Beschaffenheit** nach der Art des Pferdes **erwarten?**"

bejaht werden müssen, damit das Pferd auf der 3. Prüfungsstufe als mangelfrei anzusehen ist. Ist nur eine dieser drei Fragen zu verneinen, liegt ein Sachmangel des Pferdes vor[35].

Der BGH hat hierzu in einer maßgeblichen Entscheidung Stellung bezogen, die viele allgemein gültige Antworten auf diese Fragen liefert. Es ging dabei um die bislang kontrovers diskutierte Frage, ob und unter welchen Voraussetzungen röntgenologische Normabweichungen ohne klinische Relevanz in Form einer Lahmheit oder von Rittigkeitsdefiziten einen Sachmangel darstellen. Hierbei handelt es sich um die sogenannte „Kissing-Spines-Entscheidung"[36] aus dem Jahre 2007.

Bis zu diesem Urteil wurde teilweise die Auffassung vertreten, dass eine Krankheitsdisposition nur dann als Mangel zu qualifizieren sei, wenn sie zwingend zu einer Erkrankung führt und lediglich der Zeitpunkt des Ausbruchs ungewiss ist[37]. Gegen diese verkäuferfreundliche Ansicht wurde argumentiert, dass Pferde mit derartigen Befunden ein u. U. erheblich höheres Risiko späterer klinischer Auffälligkeiten tragen als röntgenologisch unauffällige Tiere[38]. Auch der Pferdemarkt reagiere bekanntermaßen mit Preisabschlägen für Pferde, die deutliche röntgenologische Normabweichungen aufweisen. Zumindest bei hochpreisigen, jungen Sportpferden sollten physiologisch-anatomische Abnormalitäten auch ohne klinische Relevanz einen Mangel darstellen können[39]. Auch der Wortlaut des Röntgenleitfadens mit seinen Wahrscheinlichkeitszuordnungen lege es nahe, ab einem gewissen, wenn auch in der Fachliteratur nicht einheitlich definierten Punkt, von einem Mangel auszugehen.

Die drei Voraussetzungen der 3. Prüfungsstufe müssen gemeinsam vorliegen.

1. Das „Kissing-Spines-Urteil" des BGH

Beispiel 8[60]:

DER FALL:

Kurz nach dem Kauf wird bei einem siebenjährigen Freizeitpferd, das die Käuferin auch für Distanzritte einsetzen möchte, ein verschmälerter Raum zwischen zwei Dornfortsätzen mit geringgradigen Randsklerosierungen diagnostiziert und in die Klasse II-III des Röntgenleitfadens aus dem Jahre 2002 eingeordnet.

Die Käuferin erhebt daraufhin Rücktrittsklage und behauptet, dass die Stute bereits typische klinische Symptome im Sinne eines Kissing-Spines-Syndroms aufweise, und zwar eine erhöhte Druckempfindlichkeit im Rücken, ein widersetzliches Reagieren beim Satteln, Durchdrücken des Rückens unter dem Reiter sowie ein Nachschleppen der Hinterhand. Der Verkäufer bestreitet dies.

Sowohl das Landgericht[61] als auch das Oberlandesgericht Karlsruhe (Berufungsgericht)[62] gaben der Klage der Käuferin statt.

DIE LÖSUNG:

Eine konkrete **Beschaffenheitsvereinbarung**, z.B. *„zu den körperlichen Merkmalen des Tieres oder zur Einordnung seiner Befunde in eine bestimmte Röntgenklasse"* (1. Stufe), haben die Kaufvertragsparteien nicht getroffen.

Es wäre daher vom Oberlandesgericht zu prüfen gewesen, ob sich das Pferd für die *„Verwendung als Reitpferd für den Freizeitsport und Distanzritte eignet. Dazu hat das Berufungsgericht keine hinreichenden Feststellungen getroffen."* Denn das Oberlandesgericht ist den Behauptungen der Käuferin über die Druckempfindlichkeit und das Nachschleppen der Hinterhand etc. nicht nachgegangen.

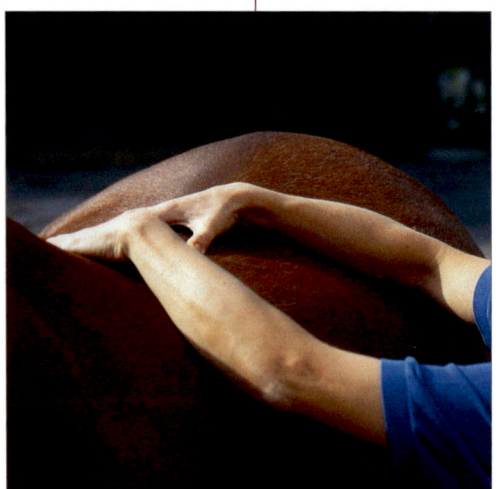

Ein Pferd wird auf Rückenempfindlichkeit untersucht.

Der BGH konstatiert des Weiteren, dass *„eine nur geringe Wahrscheinlichkeit"* des Auftretens klinischer Symptome infolge der röntgenologischen Befunde weder geeignet sei, **„die nach dem Vertrag vorausgesetzte Verwendung"** (2. Stufe) noch **„die gewöhnliche Verwendung** *eines Pferdes als Reittier"* (Prüfungsbestandteil der 3. Stufe) in Frage zu stellen. In diesem Zusammenhang stellt der VIII. Zivilsenat des BGH klar, dass es der gewöhnlichen Verwendung eines Pferdes entspreche, dieses als *„Reittier"* zu nutzen. Im vorliegenden Fall entsprach daher der vertraglich vorausgesetzte Verwendungszweck (2. Stufe) der gewöhnlichen Verwendung (3. Stufe) des Pferdes.

Zu den beiden weiteren Voraussetzungen der 3. Stufe positioniert sich der BGH wie folgt: **Zur üblichen Beschaffenheit** eines Tieres gehöre nicht, *„dass es in jeder Hinsicht einer Idealnorm entspricht".* Denn *„gewisse Abweichungen vom physiologischen Idealzustand kommen bei Lebewesen erfahrungsgemäß häufig vor. Ob der Röntgenbefund negativ von der Beschaffenheit abweicht, die bei Pferden dieser Altersgruppe und Preiskategorie üblich ist und die der Käufer eines solchen Pferdes erwarten kann, hängt davon ab, wie häufig derartige Röntgenbefunde der Klasse II-III bei Pferden dieser Kategorie vorkommen."* Hierzu hatte das Berufungsgericht jedoch keine Feststellungen getroffen.

Für den **Erwartungshorizont des Durchschnittskäufers** (nicht des konkreten Käufers) sei entscheidend, welche Beschaffenheit der vernünftige Käufer nach der Art der Sache redlicherweise erwarten kann bzw. darf. Sofern es keine abweichenden Anhaltspunkte gibt, orientiere sich die objektiv berechtigte Käufererwartung an der üblichen Beschaffenheit gleichartiger Sachen[63].

Unerheblich ist nach Ansicht des BGH nicht nur, was der Käufer tatsächlich erwartet, sondern auch, wie der Markt auf entsprechende röntgenologische Erscheinungen reagiert. Geht der Markt von einem Preisabschlag infolge der röntgenologischen Abweichungen aus, so ist dies für die Bewertung als Sachmangel irrelevant.

Heranzuziehen war demzufolge eine Vergleichsgruppe von Pferden der gleichen „Altersgruppe und Preiskategorie". Die entscheidende Frage lautete daher: Wie viele dieser Pferde weisen einen normwidrigen, aber symptomfreien Befund der Röntgenklasse II-III auf? Der zur Beantwortung dieser Frage hinzugezogene Sachverständige verweist zur Klärung auf verschiedene wissenschaftliche Studien. Eine Untersuchung von 295 klinisch unauffälligen Pferden ergab bei 54,2 Prozent einen Engstand der Dornfortsätze mit reaktiven Veränderungen, der in die Kl. II-III einzuordnen war. Bei einer weniger repräsentativen Studie an 90 wenig oder ungerittenen Pferden ohne klinische Symptome ergab sich sogar eine Quote von 67,6 Prozent.

Nach den bisherigen Feststellungen liegt bei dem streitgegenständlichen Pferd also kein Sachmangel vor. Da die Käuferin jedoch das Bestehen klinischer Symptome in Form einer Rückenproblematik behauptet, hierüber aber bis dato kein Beweis erhoben wurde, war der Fall nicht zur Entscheidung reif. Er wurde an das Oberlandesgericht Karlsruhe zurückverwiesen.

Damit ergeben sich aus den Entscheidungsgründen des BGH folgende drei Prüfungsschritte, die wir bereits oben zusammenfasst hatten.

a) Eignet sich das Pferd für die gewöhnliche Verwendung?

Hierzu ist die Frage zu beantworten, mit welcher Wahrscheinlichkeit klinische Erscheinungen auftreten werden, die die gewöhnliche Verwendung des Pferdes negativ beeinträchtigen.

Die gewöhnliche Verwendung eines Pferdes ist nach zutreffender Ansicht des BGH[64] das Reiten. Abweichende Verwendungen, wie z.B. zur Zucht, werden entweder als Beschaffenheit vereinbart oder ergeben sich zumindest als vertraglich vorausgesetzter Verwendungszweck.

Die gewöhnliche Verwendung eines Pferdes ist sein Einsatz im Freizeit-Reitsport („Reittier").

Liegt nur eine **geringe Wahrscheinlichkeit für die Entwicklung klinischer Befunde vor (= fünf bis 20 Prozent**, entsprechend einem röntgenologischen Befund der Klasse III), so reicht dies grundsätzlich nicht aus, um das Pferd als ungeeignet für die Verwendung zum Reiten anzusehen.

Demgegenüber muss eine **Wahrscheinlichkeit von über 50 Prozent** (entsprechend einem röntgenologischen Befund der Klasse IV) genügen.

In der sprichwörtlichen **„Grauzone" zwischen diesen Wahrscheinlichkeiten**, bleibt abzuwarten, wie sich die Rechtsprechung positioniert. Unseres Erachtens muss der Einzelfall

entscheidend sein. Zu berücksichtigen ist hierbei v.a. das Alter des Pferdes, seine voraus-
sichtliche Nutzungsdauer und die bisherige Nutzung. Denn es liegt auf der Hand, dass
der Maßstab bei einem „ausgedienten" Grand-Prix- oder S-Springpferd ein anderer sein
muss als bei einem angerittenen Dreijährigen.

b) Weist das Pferd die übliche Beschaffenheit auf?

Hierzu positioniert sich der BGH wie folgt: Ein „Idealzustand" ist bei einem Pferd nicht
als üblich anzusehen. Entscheidend ist, wie häufig der jeweilige Befund vorkommt. Hierzu ist eine Vergleichsgruppe entsprechender Pferde zu bilden. Kriterien hierfür können
sein:

- das Alter,
- der Kaufpreis,
- der Ausbildungsstand bzw. der bisherige Einsatzzweck
- und auch die Rasse.

Sodann ist die Frage zu beantworten, wie viele dieser (Vergleichs-)Pferde einen vergleichbar normwidrigen, symptomfreien Befund aufweisen, wozu auf statistische Erhebungen
zurückgegriffen werden kann.

Weisen rund 50 Prozent der vergleichbaren Pferde entsprechende Befunde auf, sind diese
als „üblich" anzusehen[65]. Haben nur rund 15 Prozent der vergleichbaren Pferde die in
Frage stehenden Abweichungen, sind diese als unüblich anzusehen[66].

Auch insoweit gibt es wieder eine „Grauzone", innerhalb derer die Gerichte gefordert
sind, einzelfallbezogen zu entscheiden.

c) Konnte der Käufer die Beschaffenheit des Pferdes erwarten?

Hierbei kommt es nicht darauf an, was der konkrete Käufer erwartet hat. Dies wäre nur
dann der Fall, wenn eine entsprechende Beschaffenheit des Pferdes vertraglich vereinbart
worden ist. Dann bewegen wir uns jedoch auf der 1. Stufe der Sachmangelprüfung.

Es kommt auch nicht darauf an, ob und gegebenenfalls mit welchen Preisabschlägen der
Markt auf die röntgenologischen Abweichungen reagiert.

Die berechtigten Erwartungen des Käufers sind nach dem „objektiven Durchschnittskäufer" zu bestimmen.

Entscheidend ist lediglich, welche Erwartung der Durchschnittskäufer eines Pferdes an
dieses knüpfen darf. Er muss daher mit gewissen Normabweichungen rechnen, die sich
nach dem richten, was bei vergleichbaren Pferden als üblich anzusehen ist (s.o.).

Denn es liegt auf der Hand, dass der typische „Haflinger-Käufer" – ohne dies abfällig zu
meinen – andere Erwartungen an ein Pferd stellt als derjenige, der ein teures Grand-Prix-
Pferd erwirbt.

d) Fazit

Diese Vorgehensweise des BGH entspricht schlüssig und nachvollziehbar dem Rechtsge-
danken der zugrunde liegenden gesetzlichen Bestimmungen.

Leider werden die Grundsätze dieser BGH-Rechtsprechung noch nicht von allen Gerichten umgesetzt. Unverständlich und rechtsfehlerhaft ist beispielsweise ein aktueller Beschluss des Landgerichts Stendahl, wonach eine Strahlbeinzyste der Röntgenklasse IV für
sich genommen keinen Sachmangel darstelle. Dies sei lediglich unter der Maßgabe der

Fall, dass es zwingend zum Auftreten einer klinischen Symptomatik kommt[67].

Vergleichbare Erwägungen zur Verwendung des Pferdes, wie sie der BGH in seiner Entscheidung auf der 3. Prüfungsstufe des Sachmangels getroffen hat, gelten unseres Erachtens auch, wenn im Rahmen einer Beschaffenheitsvereinbarung oder des vertraglich vorausgesetzten Verwendungszwecks z. B. als Dressur- oder Springpferd darüber gestritten wird, ob röntgenologische Normabweichungen ohne klinische Relevanz einen Sachmangel darstellen. In diesen Fällen ist ebenfalls zu hinterfragen, mit welcher Wahrscheinlichkeit es infolge der Abweichungen von der Norm zum Auftreten einer klinischen Symptomatik kommt. Prüfungsmaßstab sollte neben der konkreten Beschaffenheitsvereinbarung oder dem konkret vorausgesetzten Verwendungszweck auch die Klärung der Fragen sein, wie alt das Pferd ist und welchen Werdegang es hinter und noch vor sich hat. Nur wenn alle Aspekte des Einzelfalls von den Gerichten in den sprichwörtlichen „Topf der Urteilsfindung" geworfen werden, ist eine gerechte Lösung denkbar, egal auf welcher Prüfungsstufe man sich befindet.

2. Die 3. Stufe des Sachmangels im Spiegel sonstiger Mängel

- Wird eine Stute ohne Beschaffenheitsvereinbarung verkauft und sprechen die Vertragsparteien mit keinem Wort über einen **Einsatz zur Zucht**, wird sich auch auf der 3. Prüfungsstufe kein Mangel feststellen lassen, wenn das Tier unfruchtbar ist. Denn der Anteil an Zuchtpferden ist prozentual deutlich niedriger als der von Reitpferden, sodass die Rechtsprechung zutreffend von einer gewöhnlichen Verwendung als Reittier ausgeht. Auch die Eignung zum Turniersport oder zum Fahren, Voltigieren, Polospielen etc. geht über die Tauglichkeit zur gewöhnlichen Verwendung hinaus.

Die Zuchtuntauglichkeit einer Stute kann unseres Erachtens auf der 3. Stufe des Mangelbegriffs keinen Sachmangel begründen.

- Auch bei **Schönheitsfehlern**, wie z. B. Narben, ist eine Mangelhaftigkeit auf der 3. Prüfungsstufe nur schwer vorstellbar. Denn fast ausnahmslos wird über solche Besonderheiten des Pferdes gesprochen, womit diese schon zur (negativen) Beschaffenheitsvereinbarung gemacht werden. Meist hat der Käufer auch Kenntnis von dem jeweiligen „Mangel", sodass seine Rechte ohnehin ausgeschlossen sind (§ 442 BGB). Selbst wenn die Schönheitsfehler nicht von den Vertragsparteien thematisiert werden, kommen Sachmängelrechte kaum in Betracht: Denn wenn der Käufer äußerlich und mit bloßem Auge erkennbare Schönheitsfehler nicht entdeckt, muss dies als grobe Fahrlässigkeit bewertet werden (§ 442 BGB). Abgesehen davon, muss der Durchschnittskäufer eines Pferdes geringfügige Schönheitsfehler erwarten.

- **Ausbildungsdefizite** lassen sich nicht pauschal als Mangel qualifizieren, denn die Anforderungen, die z.B. an ein Dressurpferd für den A/L-Bereich zu stellen sind, weichen erheblich von dem, was man von einem S-Pferd erwarten darf, ab. Streitigkeiten über Ausbildungs- und Rittigkeitsmängel werden daher fast immer auf der 1. oder 2. Prüfungsstufe ausgetragen werden, da zumindest eine bestimmte Verwendung dem Vertrag vorausgesetzt ist, wenn sie nicht schon als Beschaffenheitsvereinbarung (z. B. „Dressur Klasse A") in den Kaufvertrag Einzug gehalten hat.

- Etwas anders stellt sich die Situation bei **Verhaltensauffälligkeiten** dar: Auch hier wird der Mangel dem Käufer meist aus eigenen Beobachtungen bekannt sein. Verschweigt der Verkäufer den Mangel, kann Arglist in Betracht kommen. Ist dies nicht der Fall oder kann der Käufer das arglistige Verschweigen nicht beweisen, muss man Verhaltensauffälligkeiten,

wie z. B. das **Koppen**, auch auf der 3. Stufe als Mangel ansehen. Denn von einem gewöhnlichen Durchschnittspferd kann der Durchschnittskäufer erwarten, dass es ein solches Verhalten, das sowohl Gesundheit als auch Einsatzfähigkeit des Pferdes beeinträchtigen kann, nicht an den Tag legt.
● Die große Kategorie der **gesundheitlichen Mängel** ist – wie die Rechtsprechung zeigt – auch auf der 3. Prüfungsstufe von Relevanz. Beim Kauf von Tieren ist grundsätzlich davon auszugehen, dass jede Krankheit, die bei Gefahrübergang vorhanden ist, einen Mangel darstellt[68]. Auf die Anforderungen des BGH in seiner Kissing-Spines-Entscheidung sei verwiesen.

3. Überblick über die bisherige Rechtsprechung der Instanzgerichte
Die Rechtsprechung gab bis zur o. g. Entscheidung des BGH – ohne Anspruch auf Vollständigkeit – folgendes Bild ab. Die Entscheidungen müssen daher vor dem Hintergrund des aktuellen BGH-Urteils gelesen und bewertet werden.

Physiologische Normabweichung ohne klinische Symptome	Gericht (soweit veröffentlicht mit Fundstelle)	Entscheidung: Mangel?
Chips (einen Birkeland- und drei OCD-Chips)	**OLG Köln,** Urt. v. 12.12.2007, Az. 27 U 20/07	Nein
Chips mit 3,5 cm großer Läsion; vierjährig, nicht angeritten	**OLG Hamm,** Urt. v. 10.08.2006, Az. 2 U 19/05	Ja
Hufrollenveränderung Röntgenklasse II	**AG Hameln,** Urt. v. 21.10.2003, Az. 22 C 270/02	Nein (bei Reitpferd)
Kissing Spines	**OLG Oldenburg,** Urt. v. 20.09.2006, Az. 4 U 32/06, RdL 2006, 319 f.	Nein
Kissing Spines	**OLG Celle,** Urt. v. 31.05.2006, Az. 7 U 252/05, RdL 2006, 209 f.	Nein
Kissing Spines	**OLG Hamm,** Urt. v. 07.04.2006, Az. 19 U 87/05	Nein
Kissing Spines	**LG München I,** Urt. v. 09.09.2004, Az. 26 O 12401/02 (durch Vergleich in 2. Instanz beendet)	Ja bei Dressurpferd[69]
Kissing Spines	**LG Hannover,** Urt. v. 21.09.2004, Az. 17 O 293/02	Nein (bei zwölfjährigem Springpferd)
Kissing Spines Röntgenklasse III – IV	**LG Augsburg,** Urt. v. 13.05.2005, Az. 27 U 413/05 (bestätigt durch OLG München, Beschl. v. 25.10.2005, Az. 27 U 413/05)	Ja (bei siebenjährigem Freizeitpferd)
Kissing Spines Röntgenklasse II-III	**BGH,** Urt. v. 07.02.2007, Az. VIII ZR 266/07, ZGS 2007, 186-188	Nein
Podotrochlose (Hufrolle), nur Röntgenbefund	**LG Darmstadt,** Urt. v. 19.05.2006, Az. 9 O 607/02 (nicht rechtskräftig)	Ja (bei Sportpferd)

Physiologische Normabweichung ohne klinische Symptome	Gericht (soweit veröffentlicht mit Fundstelle)	Entscheidung: Mangel?
Röntgenklasse III (Kissing Spines u. a.)	OLG Hamm, Urt. v. 04.08.2006, Az. 11 U 142/05	Nein
Röntgenklasse III	OLG Frankfurt a.M., Urt. v. 15.04.2005, Az. 10 O 80/04	Nein (bei dreijährigem Freizeitpferd)
Röntgenklasse II-III	LG Potsdam, Urt. v. 19.08.2003, Az. 6 O 328/02	Nein (bei Dressurpferd)
Röntgenklasse II-III	OLG Hamm, Urt. v. 01.07.2005, Az. 11 U 43/04	Ja (bei Distanzpferd)
Röntgenklasse IV	LG Münster, Urt. v. 07.04.2003, Az. 15 O 221/02	Nein[70]
Spat (Röntgenbefund i. S. v. Spat)	AG Bad Gandersheim, Urt. v. 23.04.2004, Az. 4 C 32/03	Nein (bei Rennpferd)
Spat (Röntgenbefund i. S. v. Spat)	LG Lüneburg, Urt. v. 16.03.2004, Az. 4 O 322/04	Nein (bei Reitpferd)
Spat Röntgenklasse II-III	OLG Stuttgart, Urt. v. 08.02.2006, RdL 2007, 123 - 126	Ja (bei S-Dressurpferd)
Spat Röntgenklasse III-IV	LG Münster, Urt. v. 20.07.2007, Az. 10 O 240/06	Ja (bei Reitpferd)

Physiologische Normabweichung mit klinischen Symptomen	Gericht (soweit veröffentlicht mit Fundstelle)	Entscheidung: Mangel?
Arthrose, Hufrolle, chronische Lahmheit	LG Itzehoe, Urt. v. 10.04.2003, Az. 6 O 407/02	Ja (bei Reitpferd)
Chips (OCD)	OLG Köln, Beschluss v. 05.05.2006, Az. 11 U 230/05	Ja (bei Reitpferd)
Chronische Fesselträgerentzündung Lahmheit	OLG Frankfurt, Urt. v. 17.07.2006, Az. 18 U 96/05	Ja (Die Klage wurde jedoch abgewiesen wegen Unterlaufens des Nacherfüllungsvorrangs durch Beauftragung des eigenen Tierarztes.)
Hufknorpelverknöcherung Lahmheit	LG Bielefeld, Urt. v. 03.07.2006, Az. 25 O 340/04	Ja (Reitpony. Es lag die Beschaffenheitsvereinbarung „frei von Krankheiten (...) und sonstigen Mängeln" vor.)
Luxation des Kreuz-Darmbein-Gelenkes Lahmheit	OLG Hamm, Urt. v. 03.05.2005, Az. 19 U 123/04, NJW-RR 2005, 1369	Ja
Röntgenklasse III positive Beugeprobe	OLG Frankfurt, Urt. v. 04.09.2006, Az. 16 U 66/06	Nein (bei dreijährigem Wallach)
Sehnenschaden (Defekt des Fesselträgerursprungs)	LG Neubrandenburg, Urt. v. 07.05.2004, Az. 3 O 565/02, RdL 2006, 36 f.	Ja (Im vorliegenden Fall war jedoch keine Rückdatierung möglich.)
Spat „klammer Gang", positive Beugeprobe	LG Bückeburg, Urt. v. 04.11.2004, Az. 2 O 169/03	Ja (bei Springpferd)

4. Zusammenfassung

Die Anforderungen, die z.B. an ein Dressur- oder Springpferd gestellt werden, können deutlich anders sein als die an ein Freizeitpferd. Insofern ist dem Käufer zu raten, den beabsichtigten Verwendungszweck erkennbar zu machen, besser noch schriftlich im Kaufvertrag als Beschaffenheit zu fixieren. Manch ein Fall, bei dem auf der 3. Stufe ein Sachmangel zu verneinen ist, wäre bei einer entsprechenden Vereinbarung anders zu entscheiden. Entsprechendes gilt in den umgekehrten Fällen, in denen ein Sachmangel angenommen wurde: Wäre eine besondere Verwendung des Pferdes nicht zu beweisen gewesen, hätte sich auf der 3. Stufe keine Mangelhaftigkeit ergeben[71].

IV. Öffentliche Äußerungen des Verkäufers – Sonderfall der 3. Stufe (§ 434 Abs. 1 S. 3 BGB)

Unter Pferdekäufern und -verkäufern allseits bekannt ist mittlerweile, dass zu der üblichen Beschaffenheit auch solche Eigenschaften des Tieres gehören, *„die der Käufer nach den öffentlichen Äußerungen des Verkäufers (...) über bestimmte Eigenschaften"* des Pferdes erwarten kann.

Hiernach hat der Verkäufer für die Richtigkeit aller öffentlichen Äußerungen über bestimmte Eigenschaften des Pferdes einzustehen, die er z.B. in Inseraten oder Verkaufsprospekten gemacht hat, es sei denn

> *„dass der Verkäufer die Äußerung nicht kannte und auch nicht kennen musste, dass sie im Zeitpunkt des Vertragsschlusses in gleichwertiger Weise berechtigt war oder dass sie die Kaufentscheidung nicht beeinflussen konnte."*

Damit stellt der Gesetzgeber Zweierlei klar:

Zum einen hat der Verkäufer die Möglichkeit, fehlerhafte öffentliche Äußerungen über das Pferd beim Vertragsschluss zu korrigieren. Hiervon sollte er unbedingt Gebrauch machen.

Zum anderen sind solche Werbeaussagen des Verkäufers irrelevant, mit denen er das Pferd lediglich allgemein angepriesen hat, ohne damit bestimmte Eigenschaften des Pferdes behauptet zu haben. Denn durch allgemein gehaltene Äußerungen kann die Kaufentscheidung nicht maßgeblich beeinflusst worden sein[72].

Trotzdem sollte der Verkäufer bei sämtlichen öffentlichen Äußerungen über sein zum Verkauf stehendes Pferd Vorsicht walten lassen. Dies gilt insbesondere bei Formulierungen in Zeitungsanzeigen. Diese sollten so objektiv wie möglich gehalten werden und nicht mehr suggerieren, als der Verkäufer guten Gewissens versprechen kann. Die Grenze zwischen unverbindlicher Anpreisung und verbindlicher Werbeaussage wird von der Rechtsprechung in Zweifelsfällen erfahrungsgemäß zu Lasten des Verkäufers entschieden.

Beispiel 9:

DER FALL:

Ein Pferdehalter beabsichtigt, seine fünfjährige Stute zu verkaufen. Auf Turnierplätzen, wo sie erfolgreich in Springpferdeprüfungen der Klassen A und L gestartet wird, bezeichnet er sein Pferd lautstark als „Super-Kracher", dem noch eine „große Karriere" bevorstehe. Ein Interessent hört diese Äußerungen und erwirbt die Stute einige Zeit später. Ein Jahr später fragt er nach seinen Rechten, da sich mittlerweile herausgestellt hat, dass dem Pferd bereits für Springprüfungen der Klasse M entgegen den ursprünglichen Erwartungen und den Äußerungen des Verkäufers „das Zeug" fehlt.

DIE LÖSUNG:

Die Erwartungen des Käufers, den Verkäufer aufgrund seiner Äußerungen in Anspruch zu nehmen, sollten nicht zu hoch sein. In den meisten Fällen wird man dem Verkäufer lediglich unterstellen können, das Pferd mit derartigen pauschalen Angaben interessant machen zu wollen. Dies gilt umso mehr, wenn der Käufer selbst Sachverstand hat.

Je präziser die öffentlichen Äußerungen des Verkäufers sind und je mehr deren Inhalt über reine Anpreisungen und Hoffnungen hinausgeht, desto größer ist die Gefahr für ihn, deretwegen später vom Käufer in Anspruch genommen zu werden.

Hier liegt der Fall so, dass der Verkäufer mit den Worten *„Super-Kracher"* und *„große Karriere"* wenig konkret geworden ist. Was hierunter im Einzelnen zu verstehen ist, kann weder einheitlich noch eindeutig beantwortet werden. Die Äußerungen sind vielmehr so pauschal, dass sie lediglich als allgemeine Anpreisungen zu bewerten sind und als solche die Kaufentscheidung nicht maßgeblich beeinflussen konnten. Der Käufer kann den Verkäufer daher nicht in Anspruch nehmen.

2.3 Die Lieferung eines falschen Pferdes

Ein Sachmangel liegt auch dann vor, wenn der Verkäufer ein anderes als das verkaufte Pferd geliefert hat (§ 434 Abs. 3 BGB)[73]. Man spricht in diesem seltenen und daher nicht näher behandelten Fall von einer „Aliud-Lieferung".

2.4 Der Gefahrübergang

2.4.1 Der Gefahrübergang als entscheidender Zeitpunkt

Wir haben bereits an verschiedenen Stellen darauf hingewiesen, dass sämtliche Sachmängelrechte und -ansprüche des Käufers voraussetzen, dass das Pferd zum Zeitpunkt des Gefahrübergangs einen Mangel hat. Hierunter versteht das Gesetz den Zeitpunkt der Übergabe der Kaufsache. Dies ist i. d. R. der Moment, in dem der Käufer das Pferd in seinen (unmittelbaren) Besitz nimmt.

Der Mangel des Pferdes muss zum Zeitpunkt des „Gefahrübergangs" vorliegen.

Denkbar ist jedoch auch, dass der Verkäufer das Tier zunächst noch in seiner Obhut behält, um es beispielsweise für den Käufer weiter auszubilden oder ihm Weidegang zu geben. In diesen Fällen liegt ein – wenn auch nur mündlich geschlossener – Obhutsvertrag vor, der dazu führt, dass der Käufer des Pferdes Eigentümer wird (§§ 929, 930 BGB). Selbst in einer solchen Vereinbarung ist eine – wenn auch nur „juristische" – Übergabe des Pferdes zu sehen, die für den Käufer weitreichende Konsequenzen hat:

Der Zeitpunkt des Gefahrübergangs hat erhebliche, vor allem auch haftungsrechtliche Konsequenzen für den Käufer.

Zum einen trägt der Käufer ab diesem Zeitpunkt die Gefahr des *„zufälligen Untergangs und der zufälligen Verschlechterung"* (§ 446 S. 1 BGB), also das Risiko einer vom Verkäufer nicht verschuldeten Verletzung, Erkrankung oder des Todes des Pferdes. Der Gefahrübergang verpflichtet den Käufer daher auch dann zur Zahlung des Kaufpreises, wenn er nie Eigentümer eines unverletzten, lebenden Pferdes wird, dem Verkäufer also die Erfüllung unmöglich wird. Zum anderen ist es erforderlich, ab dem Zeitpunkt der Übergabe des Pferdes eine Tierhalterhaftpflichtversicherung abzuschließen. Denn auch mit dem Abschluss des oben angesprochenen Obhutsvertrages wird der Käufer nicht nur Eigentümer, sondern i. d. R. auch Tierhalter (§ 833 BGB) und haftet damit für sämtliche Schäden, die das Pferd anrichtet.

2.4.2 Die Schwierigkeit der Rückdatierung von Sachmängeln

Die Rückdatierung des Mangels auf den Übergabezeitpunkt ist oft schwierig: Je mehr Zeit seit der Übergabe des Pferdes vergangen ist, desto problematischer wird es, den Nachweis zu führen, dass der Mangel bereits bei der Übergabe vorlag.

Die Erfahrung zeigt, dass es häufig viele Monate, meist sogar über ein Jahr dauert, bis ein Sachverständiger mit der Klärung der Frage der Rückdatierung des Sachmangels beauftragt wird[74]. Dieser steht dann vor der schwierigen Aufgabe, der Frage nachzugehen, ob der Mangel bereits zum Monate oder Jahre zurückliegenden Übergabezeitpunkt vorlag. Dabei hat der Sachverständige nicht nur eigene Untersuchungen des Tieres durchzuführen – soweit dies noch möglich und sinnvoll ist –, sondern auch die gesamte Befunddokumentation, wie z.B. Befundberichte, Bilddokumentationen (Röntgen, CT, MRT, Ultraschall, Videos), Sektions- und Laborbefunde sowie Präparate auszuwerten. Oft ist eine Rückdatierung des Sachmangels dann nicht mehr mit hinreichender Sicherheit möglich.

Selbst bei zeitnaher Begutachtung durch einen veterinärmedizinischen Sachverständigen kann eine sichere Rückdatierung unmöglich sein, z.B. bei Ataxien oder anderen Veränderungen, die auch kurzfristig als Unfallfolge auftreten können.

Die anwaltliche Erfahrung zeigt zudem, dass sich die veterinärmedizinischen Gutachter häufig uneinig über Möglichkeiten und Grenzen der Rückdatierung von Mängeln sind. Eine Rückdatierung von röntgenologischen Normabweichungen über einen Zeitraum von rund vier Monaten (vom Zeitpunkt der Übergabe des Pferdes bis zu aussagekräftigen tierärztlichen Feststellungen durch den Haustierarzt oder eine Fachklinik) fällt meist zugunsten des Käufers aus. Bei einem Zeitraum bei vier bis sechs Monaten, liegt die Erfolgsprognose für den Käufer in etwa bei 50 zu 50. Bei einem Zeitraum von über sechs Monaten steigen die Chancen für den Verkäufer deutlich, die Sachmängelklage abwenden zu können.

2.5 Sachmangel-Tabelle

Nachfolgende Rechtsprechungsübersicht stellt einige Urteile zusammen, die zum Teil auf der 1., zum Teil auf der 2. aber auch auf der 3. Stufe des Sachmangelbegriffs entschieden worden sind. Die Tabelle kann nur als Orientierungshilfe dienen; entscheidend sind die Umstände des Einzelfalles.

1. Gesundheitliche Mängel

Vom Käufer behaupteter Sachmangel	Gericht (soweit veröffentlicht mit Fundstelle)	Entscheidung: Mangel?
Allergie (erbbedingt)	LG Karlsruhe, Urt. v. 12.04.2005, Az. 8 O 378/03 (in 2. Instanz durch Vergleich beendet)	Ja
Arthrose	OLG Hamm, Urt. v. 07.04.2006, Az. 19 U 87/05	Ja (Dressurpferd)
Ataxie	LG Dessau, Urt. v. 11.01.2007, Az. 1 S 115/06, RdL 2007, 122 f.	Ja (aber keine Rückdatierung über 16 Tage auf Zeitpunkt der Übergabe möglich)
Borreliose	LG Verden, Urt. v. 16.02.2005, Az. 2 S 394/03, RdL 2005, 176 f.	Ja
Bronchitis	AG Hannover, Urt. v. 06.10.2004, Az. 512 C 5538/04 (durch Vergleich in 2. Instanz beendet)	Ja
Chips	LG Arnsberg, Urt. v. 31.10.2003, Az. 2 O 148/03	Nein (Kenntnis des Käufers aufgrund der KU)
Chips (Birkeland und OCD) Abweichung von der physiologischen Norm	OLG Köln, Urt. v. 12.12.2007, Az. 27 U 20/07	Nein (keine klinischen Befunde)
Chronische Fesselträgerentzündung (Lahmheit)	OLG Frankfurt, Urt. v. 17.07.2006, Az. 18 U 96/05	Ja (Klage jedoch abgewiesen wegen Unterlaufens des Nacherfüllungsvorrangs durch Beauftragung des eigenen TA.)
COPD (chronisch obstruktive Bronchitis)	OLG Stuttgart, Beschluss v. 27.04.2007, Az. 6 U 72/07	Ja (bei Springpferd, hier aber nicht vorhanden / bewiesen)
Gastropathie	LG Kiel, Urt. v. 30.06.2005, Az. 5 O 115/04, RdL 2006, 65	Nein (da einsetzbar als Reitpferd)
Halsvene (teilweise verstopft)	LG Memmingen, Urt. v. 15.06.2004, Az. 2 O 841/03	Ja (bei Dressurpferd)
Halswirbel (Achsenverschiebung zwischen dem 6. und 7. Wirbel)	LG Duisburg, Urt v. 11.10.2004, Az. 2 O 71/03	Ja (bei Dressurpferd)
Hufgelenksentzündung, Fesselträgertendinitis	Schleswig-Holsteinisches OLG, Urt. v. 14.04.2004, Az. 11 U 131/04, RdL 2005, 266 f.	Nein (da diese Möglichkeit in die Beschaffenheitsvereinbarung aufgenommen wurde)
Hufknorpelverknöcherung (Lahmheit, Reitpony)	LG Bielefeld, Urt. v. 03.07.2006, Az. 25 O 340/04	Ja (da Beschaffenheitsvereinbarung „frei von Krankheiten (...) und sonstigen Mängeln" lautete)

Vom Käufer behaupteter Sachmangel	Gericht (soweit veröffentlicht mit Fundstelle)	Entscheidung: Mangel?
Insertionsdesmopathie	**OLG Hamm**, Urt. v. 24.02.2006, Az. 119 U 116/05	**Ja** (bei Reitpferd)
Kehlkopfpfeifen	**AG Hannover**, Urt. v. 06.10.2004, Az. 512 C 5538/04 (durch Vergleich in 2. Instanz beendet)	**Ja**
Kehlkopfpfeifen, Koppen	**AG Worbis**, Urt. 28.01.2005, Az. 1 C 437/03, RdL 2005, 146 f.	**Ja** (hier aber keine Rückdatierung möglich)
Kissing Spines	**OLG Oldenburg**, Urt. v. 20.09.2006, Az. 4 U 32/06, RdL 2006, 319 f.	**Nein**
Kissing Spines	**OLG Hamm**, Urt. v. 04.08.2006, Az. 11 U 142/05	**Ja** (jedoch nicht zum Gefahrübergang; Eignung zum Springen Kl. L/M zu diesem Zeitpunkt gegeben
Kissing Spines	**OLG Celle**, Urt. v. 31.05.2006, Az. 7 U 252/05, RdL 2006, 209 f.	**Nein** (bei Reitpferd)
Kissing Spines	**OLG Hamm**, Urt. v. 04.08.2006, Az. 11 U 142/05	**Nein** (bei Springpferd)
Kissing Spines	**LG Hannover**, Urt. v. 26.08.2005, Az. 9 O 275/03, RdL 2006, 98	**Nein**
Klopphengst	**LG Münster**, Urt. v. 28.10.2005, Az. 16 O 582/04	**offen gelassen** (da Vorrang der Nacherfüllung missachtet)
Kreuzdarmbeingelenks-Entzündung	**AG Herne**, Urt. v. 06.10.2003, Az. 5 C 85/02, ZGS 2005, 199	**Ja** (bei Reitpony, jedoch keine Rückdatierung möglich)
L-Spines-Syndrom	**LG Münster**, Urt. v. 10.12.2004, Az. 10 O 716/03	**Ja** (bei Reitpferd)
Luxation des Kreuz-Darmbein-Gelenkes (mit Lahmheit)	**OLG Hamm**, Urt. v. 03.05.2005, Az. 19 U 123/04, NJW-RR 2005, 1369	**Ja**
Periodische Augenentzündung	**BGH**, Urt. v. 07.12.2005, Az. VIII ZR 126/05, NJW 2006, 988 ff.	**Ja**
Podotrochlose (undifferenzierte Stammzellen, die zur Tumorbildung führen können)	**OLG Köln**, Urt. v. 08.08.2007, Az. 11 U 23/07	**Ja** (da hohe Wahrscheinlichkeit für baldiges Erkranken)
Röntgenologischer Halswirbelbefund	**OLG Düsseldorf**, Urt. v. 02.04.2004, Az. I -14 U 213/03, 14 U 213/03, ZGS 2004, 271 ff.	**Ja** (jedoch wirksamer Haftungsausschluss)
Sarkoide (Hautwucherungen und Chip)	**LG Köln**, Urt. v. 03.11.2005, Az. 29 O 290/04 (OLG Köln, Beschl. v. 05.05.2006, Az. 11 U 230/05)	**Ja** (beide Erscheinungen bei Reitpferd)
Sehnenschaden (Defekt Fesselträgerursprung)	**LG Neubrandenburg**, Urt. v. 07.05.2004, Az. 3 O 565/02, RdL 2006, 36 f.	**Ja** (aber keine Rückdatierung möglich)
Sommerekzem	**OLG Hamm**, Urt. v. 01.07.2005, Az. 11 U 43/04, ZGS 2006, 156 ff.	**Ja** (bei Reitpferd)
Sommerekzem	**BGH**, Urt. v. 29.03.2006, Az. VIII ZR 173/05, MDR 2006, 1271 f. / BGH, Beschluss v. 05.02.2008, VIII ZR 94/07	**Ja**
Sommerekzem	**LG Detmold**, Urt. v. 26.05.2007, Az. 12 O 243/07	**Ja** (bei Dressurpferd)

Vom Käufer behaupteter Sachmangel	Gericht (soweit veröffentlicht mit Fundstelle)	Entscheidung: Mangel?
Sommerekzem	**AG Lüneburg**, Urt. v. 05.02.2003, Az. 9 C 361/02	Ja
Spat	**OLG Stuttgart**, Urt. v. 08.02.2006, Az. 3 U 28/05	Ja (Dressurpferd für M und S)
Spat	**OLG Hamm**, Urt. v. 15.10.2004, Az. 19 U 75/04, RdL 2005, 66	Nein (bei Reitpferd)
Spat (Röntgenbefund)	**AG Bad Gandersheim**, Urt. v. 23.04.2004, Az. 4 C 32/03, RdL 2005, 66	Nein (bei 10-jährigem Pferd auf 3. Stufe)
Spat (Röntgenbefund)	**LG Lüneburg**, Urt. v. 16.03.2004, Az. 4 O 322/03	Nein (3. Stufe)
Spat (Röntgenklasse III-IV)	**LG Münster**, Urt. v. 20.07.2007, Az. 10 O 240/06	Ja (bei Reitpferd)
Ungewollte Trächtigkeit (bei Bedeckung 15 Monate alt)	**AG Schwedt**, Urt. v. 18.04.2007, Az. 3 C 177/05, RdL 2007, 264 f.	Ja (Trächtigkeit zu früh, Körperwachstum dadurch vorzeitig beendet)
Zyste (bei Beistellpferd)	**LG Braunschweig**, Urt. v. 11.01.2005, Az. 6 S 149/04, AUR 2005, 379	Nein (bei Beistellpony zum Liebhaberpreis)

2. Rittigkeitsmängel

Vom Käufer behaupteter Sachmangel	Gericht (soweit veröffentlicht mit Fundstelle)	Entscheidung: Mangel?
Ausbildungsstand („A-Dressur")	**LG Münster**, Urt. v. 24.09.2007, Az. 2 O 11/07, RdL 2008, 9 f.	Ja
Anlehnungsprobleme (Kopf stets „schräg nach oben")	**LG Osnabrück**, Urt. v. 09.03.2006, Az. 4 O 2765/05 (bestätigt durch OLG Oldenburg, Beschluss v. 28.04.2006, Az. 6 U 59/06)	Ja bei Dressurpferd
Durchgänger (bei Freizeitpferd)	**AG Hann. Münden**, Urt. v. 28.04.2006, Az. 3 C 48/05	Nein
Schleifende Hinterhand (bei Reitpferd)	**AG Helmstedt**, Urt. v. 01.04.2003, Az. II C 482/02	Nein
Springpferd (Eignung für 68 Jahre alten Amateur)	**LG Stade**, Urt. v. 24.05.2006, Az. 2 O 212/04, RdL 2006, 232	Nein („Springpferd" bedeutet nicht, dass es „von allein" springt)
Springpferd (Turniereignung bis Klasse M)	**OLG Frankfurt**, Urt. v. 19.04.2004, Az. 17 U 4/04	Nein (Beweis des Käufers, dass die Eignung vereinbart oder vertraglich vorausgesetzt wurde, nicht erbracht.)
Unrittigkeit (Dressurpferd steht nicht an den Hilfen und ist widersetzlich.)	**OLG Düsseldorf**, Urt. v. 30.09.2005, Az. 22 U 82/05, RdL 2006, 13 f.	Ja
Unrittigkeit	**OLG Oldenburg**, Urt. v. 11.05.2004, Az. 8 W 76/04, RdL 2005, 65	Nein (Beweis des Käufers für die grundsätzliche und dauerhafte Unrittigkeit nicht erbracht.)

Vom Käufer behaupteter Sachmangel	Gericht (soweit veröffentlicht mit Fundstelle)	Entscheidung: Mangel?
Unwilligkeit (beim Springen)	**LG Bielefeld**, Urt. v. 29.05.2007, Az. 6 O 83/06,	Ja (Beweis des Käufers für Vorliegen des Mangels bei Gefahrübergang nicht gelungen.)
Widersetzlichkeit (beim Reitpferd)	**OLG Stuttgart**, Urt. v. 27.10.2004, Az. 3 U 198/03, OLGR Stuttgart 2005, 93 f.	Nein

3. Charakterliche Mängel / Verhaltensauffälligkeiten

Vom Käufer behaupteter Sachmangel	Gericht (soweit veröffentlicht mit Fundstelle)	Entscheidung: Mangel?
Kopfscheu (nervös, unwillig, unrittig)	**OLG Düsseldorf**, Urt. v. 30.09.2005, Az. I – 22 U 82/05, RdL 2006, 13	Nein (3. Stufe)
Koppen	**LG Oldenburg**, Urt. v. 26.05.2004, Az. 13 O 3912/02, RdL 2006, 65 f.	Ja, (aber keine Vermutung und kein Beweis für das Vorliegen bei Gefahrübergang)
Koppen	**LG Aachen**, Beschluss v. 22.07.2004, Az. 1 O 5/04	Ja (bei Dressurpferd)
Koppen	**AG Worbis**, Urt. v. 28.01.2005, Az. 1 C 437/03	Ja
Koppen	**LG Bückeburg**, Urt. v. 04.11.2005, Az. 2 O 169/03	Nein (bei Springpferd)
Koppen und geringgradiger Überbiss (Auktionskauf)	**LG Münster**, Urt. v. 31.10.2006, Az. 4 O 198/05	Beides Ja (bei Zuchtpferd, aber kein Beweis für Vorliegen des Koppens bei Übergabe und Kenntnis vom Überbiss)
Koppendes Fohlen (Auktionskauf)	**OLG Hamm**, Urt. v. 26.11.2007, Az. 2 U 148/06, RdL 2008, 37	Ja
Kryptorchide, Hengstiges Verhalten	**BGH**, Urt. v. 09.01.2008, Az. VIII ZR 210/96, NJW 2008, 1371ff.	Ja (bei Dressurpferd)
Siegerehrungsuntauglichkeit	**LG Itzehoe**, Az. 2 O 198/06 (Klagerücknahme)	Nein
Überempfindlichkeit (an Ohren, kein Aufhalftern und -trensen möglich)	**AG Hildesheim**, Urt. v. 03.06.2003, Az. 43 C 273/02	Ja (bei Freizeitpferd)
Verhaltensauffälligkeiten, ("Problempferd")	**AG Soltau**, Urt. v. 09.10.2002, Az. 4 C 892/02	Ja (bei Freizeitpferd, aber kein Beweis für das Vorliegen bei Gefahrüber-gang)
Weben	**OLG Oldenburg**, Urt. v. 17.06.2004, Az. 14 U 41/04, RdL 2005, 65 f.	Ja (aber keine Vermutung und kein Beweis für das Vorliegen bei Gefahrübergang)

4. Sonstige Mängel

Vom Käufer behaupteter Sachmangel	Gericht (soweit veröffentlicht mit Fundstelle)	Entscheidung: Mangel?
Abstammung ("falscher" Vater)	**OLG Celle**, Urt. v. 13.09.2007, Az. 8 U 116/07, RdL 2008, 37 f.	**Ja** (da Beschaffenheitsvereinbarung)
Alter (2 ½ statt 3 ½ Jahre)	**AG Hannover**, Urt. v. 11.07.2006, Az. 455 C 3962/06, RdL 2007, 10 f.	**Offen** (tendenziell nur unerheblicher Mangel)
Alter (falsch)	**Saarländisches OLG**, Urt. v. 24.05.2007, Az. 8 U 328/06, RdL 2008, 10 ff.	**Ja** (jüngeres Pferd aber nur unerheblicher Mangel)
Größe (zu klein)	**AG Schwedt**, Urt. v. 18.04.2007, Az. 3 C 177/05, RdL 2007, 264 f.	**Ja** (bei Hobbyreitpferd für Erwachsenen und 139 cm Stockmaß)
Körung (nicht gekört)	**AG Gifhorn**, Urt. v. 19.10.2004, Az. 2 C 920/03, AUR 2005, 264 f.	**Ja** (bei nicht gekörtem Zuchtbullen)
Zuchtbucheintragung (fehlt)	**OLG Karlsruhe**, Urt. v. 16.04.1987, Az. 12 U 173/85, NJW-RR, 1987, 1397 ff.	**Ja** (bei Zuchtstute)
Zuchttauglichkeit (fehlt)	**OLG Düsseldorf**, Urt. v. 02.04.2004, Az. I-14 U 213/13, 14, ZGS 2004, 271 f.	**Ja** (bei "Verwendungszweck: Zucht" auf 1. Stufe, jedoch wirksamer Haftungsausschluss)

FUSSNOTEN ZU KAPITEL B2

1 Der Vollständigkeit halber sei erwähnt, dass auch ein Rechtsmangel Gewährleistungsansprüche begründen kann. Ein Rechtsmangel (§ 435 BGB) liegt vor, wenn Dritte hinsichtlich des verkauften Pferdes (dingliche) Rechte gegenüber dem Käufer geltend machen können, die dessen Rechtsstellung beeinträchtigen. Dem Rechtsmangel kommt im Pferdehandel nur geringe praktische Bedeutung zu, weshalb er im Folgenden unberücksichtigt bleibt. Zu denken ist an den Herausgabeanspruch des wahren Eigentümers gegen denjenigen, der das Pferd von einem Nichtberechtigten erworben hat (§ 985 BGB).

2 LG Itzehoe, Az. 4 S 137/02 (durch Vergleich beendet).

3 So auch die Auswertung von Harlinghausen, „Aktuelle Entwicklungen beim Pferdekauf anhand einer Auswertung von Fällen aus der anwaltlichen Praxis", S. 22 ff., in der rund 100 nach dem Zufallsprinzip ausgewählte Fälle aus unserer Kanzlei statistisch erfasst wurden.

4 So z.B. die Formulierung in einem der ersten Musterkaufverträge der Deutschen Reiterlichen Vereinigung e.V. (FN).

5 Ähnlich auch Westermann in seinem Vortrag „Das neue Pferdekaufrecht nach der Schuldrechtsreform" beim 1. Deutschen Pferderechtstag am 02.03.2005 in Essen. Unhaltbar daher LG Arnsberg, Urt. vom 31.10.2003, Az. 2 O 148/03 (unveröffentlicht). Nach dieser Entscheidung wird ein Pferd in dem Zustand erworben, der sich aus dem Protokoll der Kaufuntersuchung ergibt. Sofern das Protokoll keine Auffälligkeiten aufweist, sei das Pferd als mangelfrei anzusehen. Wörtlich führt das LG Arnsberg – rechtlich unzutreffend – aus: „Wenn bei der Untersuchung nichts festgestellt worden ist, so kann es nicht zum Risiko des Verkäufers gehören, dass im Nachhinein eine andere Beschaffenheit bei Übergabe gerügt wird, als die, die sich – vereinbarungsgemäß – aus der Ankaufsuntersuchung ergeben hat."

6 Hierbei handelt es sich um vergebliche Aufwendungen gem. § 284 BGB.

7 Es kann daher in zivilprozessualer Hinsicht praktikabel sein, dem Tierarzt der (fehlerhaften) Kaufuntersuchung den Streit zu verkünden (§§ 72, 73 ZPO), was bis zur rechtskräftigen Entscheidung des Rechtsstreits möglich ist. Eine Streitverkündung ist zulässig, wenn eine Partei für den Fall des ihr ungünstigen Ausgangs des Rechtsstreits einen Anspruch auf Schadloshaltung gegen einen Dritten erheben kann (§ 72 ZPO). Der betroffene Tierarzt muss in diesem Fall die Feststellungen, insbesondere zum Sachmangel in Form der Abweichung von seinem Kaufuntersuchungsprotokoll, gegen sich gelten lassen. Er kann also in einem etwaigen Schadensersatzprozess, den der Verkäufer später gegen ihn anstrengt, nicht mehr einwenden, dass die Feststellungen des Gerichts im Rechtsstreit zwischen Käufer und Verkäufer unzutreffend sind (§ 74 i.V.m. § 68 ZPO). Die Empfehlung zur Streitverkündung gegenüber dem Tierarzt der Kaufuntersuchung kann daher auch für den Käufer gelten.

8 LG Kiel, Urt. v. 30.06.2005, Az. 5 O 115/04, RdL 2006, 65: Beschaffenheitsvereinbarung „Reitpferd". Das Gericht konnte offen lassen, ob eine Abweichung auf der 1. oder der 2. Stufe des Sachmangels vorliegt.

9 OLG Hamm, Urt. v. 04.08.2006, Az. 11 U 142/05.

10 Angelehnt an die „Auktionsbedingungen Reitpferde/Zuchtstuten" der 44. Summer Mixed Sales des Oldenburger Verbandes.

11 So auch Neumann, S. 75.

12 Zum Problem der Lahmheit als Sachmangel: OLG Frankfurt, Urt. v. 17.07.2006, Az. 18 U 96/05 (Lahmheit wegen chronischer Fesselträgerentzündung als behebbarer Mangel) sowie OLG Hamm, Urt. v. 03.05.2005, Az. 19 U 123/04, NJW-RR 2005, 1369 (Mangel bejaht bei Lahmheit wegen Luxation des Kreuz-Darmbein-Gelenkes).

13 LG Wuppertal, Az. 2 OH 1/08 (beendet durch Vergleich).

14 Der Grund hierfür liegt auf der Hand: Wird die Klage unter Außerachtlassung eines streitentscheidenden Beweisangebotes abgewiesen, liegt hierin ein Berufungsgrund. Selbst wenn die Beweisprognose deutlich gegen den Beweisführer spricht, sind die Richter daher bestrebt, sich berufungsrechtlich nicht angreifbar zu machen und dem Beweisangebot nachzugehen.

15 OLG Oldenburg, Urt. v. 11.05.2004, Az. 8 W 76/04, RdL 2005, 65, wonach der Käufer eines Pferdes die Beweislast dafür trägt, dass „eine Unrittigkeit ihre Ursache im Pferd hat und ihm auf Dauer anhaftet".

16 So auch Hogrefe in seinem Vortrag „Das neue Pferdekaufrecht in der aktuellen Rechtsprechung – Erfahrungen aus der gerichtlichen Praxis" beim 1. Deutschen Pferderechtstag am 02.03.2005 in Essen.

17 LG Münster, Urt. v. 24.09.2007, Az. 2 O 11/07, RdL 2008, 9 f.

18 Definitionsversuche bei Neumann, S. 80 f.

19 Riedel, S. 74, m. w. Nachw., der im Folgenden (S. 75 ff.) den Versuch unternimmt, das typische Pferd der genannten Sparten zu definieren.

20 LG Stade, Urt. v. 24.05.2006, Az. 2 O 212/04, RdL 2006, 232.

21 So bereits Weidenkaff in Palandt, § 434 Rdnr. 96 und Riedel, S. 85 f., m. w. Nachw. aus der älteren Rechtsprechung.

22 OLG Celle, Urt. v. 13.09.2007, Az. 8 U 116/07, RdL 2008, 37 f.

23 OLG Düsseldorf, Urt. v. 02.04.2004, Az. I-14 U 213/13, 14, ZGS 2004, 271 f.

24 OLG Karlsruhe, Urt. v. 16.04.1987, Az. 12 U 173/85, NJW-RR 1987, 1397 ff.

25 Dieser Begriff ist noch enger zu verstehen als der heutige Beschaffenheitsbegriff und wird von diesem daher mitumfasst.

26 AG Gifhorn, Urt. v. 19.10.2004, Az. 2 C 920/03, AUR 2005, 264 f.

27 Der Verkäufer ist daher nicht zur Untersuchung der Zeugungsfähigkeit verpflichtet. Eine Haftung des Verkäufers für Mangelfolgeschäden wegen Zeugungsunfähigkeit (§ 280 Abs. 1 BGB) kommt deshalb nicht in Betracht.

28 OLG Oldenburg, Urt. v. 17.06.2004, Az. 14 U 41/04, RdL 2005, 65 f.

29 Das OLG Oldenburg hielt die Beweislastumkehr (§ 476 BGB) bei dem zugrunde liegenden Verbrauchsgüterkauf im Falle des Webens (aufgrund Unvereinbarkeit mit der Art des Mangels) für unanwendbar.

30 LG Oldenburg, Urt. v. 26.05.2004, Az. 13 O 3912/02, RdL 2006, 65 f.

31 AG Soltau, Urt. v. 09.10.2002, Az. 4 C 892/02.

32 OLG Stuttgart, Urt. v. 27.10.2004, Az. 3 U 198/03, OLGR Stuttgart 2005, 93 f.

33 BGH, Urt. v. 09.01.2008, Az. VIII ZR 210/96, NJW 2008, 1371 ff.

34 OLG Koblenz, Az. 2 U 1740/06; Vorinstanz: LG Koblenz, Az. 3 O 169/02 (jeweils unveröffentlicht). Vgl. auch Riedel, S. 83 f., mit dem Versuch einer Definition.

35 Riedel, S. 84, mit dem Versuch einer Definition.

36 Riedel, S. 84 f., mit dem Versuch einer Definition.

37 Zu denken ist z.B. an die Beschaffenheitsvereinbarung „wird Schimmel" – bei bestimmten Rassen, wie einem Lippizaner, ein bedeutender wertbildender Faktor des Pferdes.

38 Vgl. hierzu AG Oldenburg i.H., Urt. v. 25.02.2005, Az. 3 C 106/04 (rechtskräftig) sowie Bezug nehmend darauf Riedel, S. 96 f.

39 LG Itzehoe, Az. 2 O 198/06 (beendet durch Klagerücknahme).

40 Ausführlich zur negativen Beschaffenheitsvereinbarung: AG Straubing, Urt. v. 30.12.2008, Az. 3 C 721/08.

41 LG Braunschweig, Urt. v. 11.01.2005, Az. 6 S 149/04, AUR 2005, 379.

42 Teigelack in seinem Vortrag „Tierkaufrecht, BGH oder OLG? – Was erscheint unter Berücksichtigung der BGH-Rechtsprechung noch revisionswürdig?" anlässlich des 2. Göttinger Pferderechtsforums 2008.

43 OLG Düsseldorf, Urt. v. 02.04.2004, ZGS 2004, 271 ff.

44 So auch: Kiel in Hippo-logisch, S. 41, 44 und BT-Drucks. 14/6040, S. 212, 213, wonach keine Zweifel hinsichtlich der Intention des Gesetzgebers aufkommen können, da dieser ausdrücklich darauf hingewiesen hat, dass es zwar in erster Linie auf die Beschaffenheitsvereinbarung im Vertrag ankomme, objektive Kriterien aber insoweit heranzuziehen seien, als Vereinbarungen fehlten. Zustimmend Westermann in seinem Vortrag: „Das neue Pferdekaufrecht nach der Schuldrechtsreform" beim 1. Deutschen Pferderechtstag am 02.03.2005 in Essen.

45 Instruktiv zu diesem Komplex auch die Ausführungen von Neumann, der zur Begründung ergänzend wie folgt ausführt: „Alles andere würde insbesondere im Rahmen des Verbrauchsgüterkaufs nach §§ 474 ff. BGB zu nicht hinnehmbaren Ergebnissen führen: Ein absoluter und abschließender Vorrang der individuellen Vereinbarungen und ein dadurch bedingter vollständiger Ausschluss der Anforderungen an die durchschnittliche Sollbeschaffenheit in Bereichen, die nicht von den Vereinbarungen umfasst sind, würde schnell die Wirkung einer – grundsätzlich unzulässigen – Haftungsbeschränkung des Unternehmers entfalten, wenn dieser eine nur sehr knappe und für ihn vorteilhafte Formulierung wählt (vgl. zu den insoweit teilweise fraglichen Formulierungen in Musterkaufverträgen: Fellmer/Brückner, WF 2003, 7, 9)."

46 LG Duisburg, Urt. v. 11.10.2004, Az. 2 O 71/03.

47 Riedel, S. 80, mit Verweis auf LG Osnabrück, Urt. v. 03.09. 2006, Az. 4 O 2765/06, bestätigt durch OLG Oldenburg, Beschl. v. 28.04.2006, Az. 6 U 59/06.

48 LG Osnabrück, Urt. v. 30.06.2001, Az. 9 O 2506/02.

49 OLG Karlsruhe, Urt. v. 16.04.1987, Az. 12 U 173/85, NJW-RR, 1987, 1397 ff.; a.A. Riedel, S. 149 f.

50 Vgl. bei einem Zuchtbullen: AG Gifhorn, Urt. v. 19.10.2004, Az. 2 C 920/03, AUR 2005, 264 f.

51 OLG Düsseldorf, Urt. v. 02.04.2004, Az. I-14 U 213/13, 14, ZGS 2004, 271 f. Die Ansprüche des Käufers scheiterten allerdings an einem wirksamen Haftungsausschluss.

52 AG Schwedt, Urt. v. 18.04.2007, Az. 3 C 177/05, RdL 2007, 264 f.

53 Notabene im Vorgriff auf den Aufwendungsersatzanspruch des Käufers: Auch die Transportkosten für die Abholung des Pferdes und die Beantragung des Equidenpasses musste die Verkäuferin als vergebliche Aufwendungen, die der Käufer im Vertrauen auf die Mangelfreiheit des Pferdes aufgewendet hatte, ersetzen.

Da sie im Prozess lediglich unsubstantiiert behauptet hatte, dass die Stute ihres Wissens keinerlei Berührung mit dem Hengst gehabt habe, sah das Gericht ihr Verschulden nicht als widerlegt an.

54 Demgegenüber wird von einigen Autoren darauf hingewiesen, dass sich aus der Verbrauchsgüterkauf-Richtlinie (Richtlinie 1999/44/EG des Europäischen Parlamentes und des Rates vom 25.05.1999 zu bestimmten Aspekten des Verbrauchsgüterkaufs und der Garantien für Verbrauchsgüter) ergibt, dass die Kriterien der 2. und 3. Stufe gemeinsam vorliegen müssen, damit die Sache mangelfrei ist (Art. 2 Abs. 2 und Erwägungsgrund (8) EG-Verbrauchsgüterkauf-RL; Faust in: Bamberger/Roth, § 434 Rdnr. 49). Das Gesetz sei daher so auszulegen, dass die Formulierung „sonst" im Sinne von „und" zu verstehen ist (Faust in: Bamberger/Roth, § 434 Rdnr. 49). Wie dieser Streit entschieden wird, bleibt abzuwarten.

55 Westermann in: MünchKomm, § 434 Rdnr. 18 m. w. Nachw. aus der Literatur und dem Hinweis darauf, dass diese Ansicht nicht unumstritten ist.

56 Während „Kissing Spines" röntgenologische Normabweichungen bezeichnet, wird von einem „Kissing-Spines-Syndrom" gesprochen, wenn klinische Symptome hinzutreten.

57 OLG Celle, Urt. v. 31.05.2005, Az. 7 U 252/05, RdL 2006, 209 f.; ähnlich Bemmann, RdL 2005, 57, 62 und LG Lüneburg, Urt. v. 16.03.2004, Az. 4 O 322/03, RdL 2005, 66.

58 v. Westphalen, RdL 2006, 284 f.; vgl. auch die ausführliche Darstellung bei Neumann, S. 94 ff.

59 Neumann, S. 95.

60 BGH, Urt. v. 07.02.2007, Az. VIII ZR 266/06, NJW 2007, 1351 ff.

61 LG Karlsruhe, Urt. v. 01.02.2005, Az. 8 O 103/03.

62 OLG Karlsruhe, Urt. v. 23.05.2006, Az. 11 U 9/05.

63 Mit Verweis auf Faust in: Bamberger/Roth, § 434 Rdnr. 72; Matusche-Beckmann in: Staudinger, § 434 Rdnr. 77 ff.

64 Vgl. BGH, Urt. v. 07.02.2007, Az. VIII ZR 266/06, NJW 2007, 1351 ff.

65 BGH, Urt. v. 07.02.2007, Az. VIII ZR 266/06, NJW 2007, 1351 ff.

66 So das OLG Celle zu Hufgelenk- und Strahlbeinveränderungen der Röntgenklasse III.

67 LG Stendahl, Beschl. v. 18.05.2009, Az. 22 S 148/08.

68 Vgl. LG Landshut, Urt. v. 23.12.2004, Az. 24 O 2330/03; Westermann in: MünchKomm, § 434 Rdnr. 68.

69 Mit dem ausdrücklichen Hinweis des Gerichts auf die insbesondere beim Dressurreiten starke Belastung der Halswirbelsäule, worüber durchaus zu streiten ist.

70 Dieses Urteil zutreffend kritisierend: Neumann, S. 101.

71 Z.B. OLG Hamm, Urt. v. 07.04.2006, Az. 19 U 87/05 (L/M-Springpferd); OLG Stuttgart, Urt. v. 08.02.2006, Az. 3 U 28/05 (M/S-Dressurpferd).

72 Vgl. hierzu OLG Hamm, Urt. v. 01.07.2005, Az. 11 U 43/04, ZGS 2006, 156 ff.

73 Lorenz/Riem, Rdnr. 490 ff.; Weidenkaff in Palandt, § 434 Rdnr. 52 ff.

74 Gerhards in seinem Vortrag „Möglichkeiten und Grenzen des tierärztlichen Sachverständigen bei der zeitlichen Bestimmung von Mängeln beim Pferdekauf" anlässlich des 4. Deutschen Pferderechtstages am 14.03.2008 in Dortmund.

KAPITEL 3
Die Rechte des Käufers
bei einem Mangel des Pferdes

3.1 Überblick

Liegt ein Sachmangel des Pferdes vor, muss sich der Käufer überlegen, welche Rechte er infolgedessen ausüben möchte bzw. ausüben kann. Das BGB sieht folgende Möglichkeiten vor:

- **Nacherfüllung** (§ 439 BGB)
  (Beseitigung des Mangels oder Lieferung eines mangelfreien Pferdes durch den Verkäufer nach Wahl des Käufers.)
- **Rücktritt vom Kaufvertrag** (§§ 440, 323, 326 Abs. 5 BGB)
  (Rückgabe des Pferdes an den Verkäufer Zug um Zug gegen Rückzahlung des Kaufpreises und Erstattung der notwendigen Verwendungen, die der Käufer für das Pferd aufbringen musste.)
  oder
- **Minderung des Kaufpreises** (§ 441 BGB)
  (Teilrückzahlung des Kaufpreises.)
- **Schadensersatz** (§§ 440, 280, 281, 283 BGB)
  (Ersatz der Schäden, die durch die Lieferung des mangelhaften Pferdes oder die verzögerte Lieferung entstanden sind sowie Ersatz für weitergehende Schäden des Käufers an seiner Person oder seinem Eigentum.)
  oder
- **Ersatz vergeblicher Aufwendungen** (§ 284 BGB)
  (Ersatz der Aufwendungen, die der Käufer im Vertrauen auf die Übergabe eines mangelfreien Pferdes getätigt hat.)

Die größte praktische Relevanz kommt dem Rücktrittsbegehren des Käufers zu.
Hinter den stichpunktartig aufgeführten Rechten und Ansprüchen steckt eine vom Gesetzgeber durchdachte Systematik, die der Käufer bei seinen Überlegungen zu berücksichtigen hat.

3.2 Nacherfüllung (§ 439 BGB)

Der Käufer kann vom Verkäufer zunächst – und auch nur (!) – Nacherfüllung verlangen, also wahlweise die Beseitigung des Mangels oder die Lieferung eines neuen mangelfreien Pferdes.

Bevor der Käufer mindern, vom Vertrag zurücktreten, Schadens- oder Aufwendungsersatz verlangen kann, muss er vom Verkäufer Nacherfüllung verlangen. Hierunter versteht man entweder die Beseitigung des Mangels (Nachbesserung) oder die Lieferung eines mangelfreien Pferdes (Ersatzlieferung).
Der Hintergrund dieses Vorrangs der Nacherfüllung liegt auf der Hand: Der Verkäufer soll im Falle eines Sachmangels zunächst die „zweite Chance" zur mangelfreien Leistung erhalten,

bevor der Käufer auf seine weitergehenden Rechte und Ansprüche zurückgreifen kann, die für den Verkäufer grundsätzlich belastender sind. Aus dem Nacherfüllungsrecht des Käufers wird damit zugleich eine Pflicht.

Aber auch für den Käufer hat der vorrangige Anspruch auf Nacherfüllung einen Vorteil: Allein die Tatsache, dass das Pferd zum Zeitpunkt seiner Übergabe einen Mangel hat, berechtigt ihn zur Ausübung dieses Rechts. Er hat also keine weiteren Voraussetzungen darzulegen und zu beweisen.

Dennoch kommt der Nacherfüllung im Pferdekauf nur geringe Bedeutung zu. Denn sowohl die Nachbesserung als auch die Ersatzlieferung in Form eines mangelfreien Pferdes stoßen an ihre Grenzen, wenn diese dem Verkäufer unmöglich sind (§ 275 BGB). Und dies ist beim Pferdekauf sehr häufig der Fall, wie wir im Folgenden aufzeigen werden.

Die Nacherfüllung spielt beim Pferdekauf eine untergeordnete Rolle, da sie häufig unmöglich ist.

I. Nachbesserung (§ 439 Abs. 1, 1. Alt. BGB)

Widmen wir uns zuerst der Nachbesserung, also der Beseitigung des Mangels durch den Verkäufer.

1. Möglichkeit der Nachbesserung und Fristsetzung

Die Beantwortung der Frage „Kommt eine Nachbesserung in Betracht?" richtet sich danach, ob es sich um einen behebbaren oder um einen unbehebbaren Mangel des Pferdes handelt. Es bedarf keiner weiteren Erläuterung, dass nur behebbare Mängel nachgebessert werden können. An eine Mangelbeseitigung ist beispielsweise zu denken, wenn:

- *das Pferd an einer in überschaubarem Zeitraum heilbaren Erkrankung leidet*
- *eine Operation Abhilfe schaffen kann, z.B. bei „Chips" oder wenn es sich um einen Kryptorchiden (Klopphengst) handelt*
- *Ausbildungsdefizite bestehen oder*
- *eine Zuchtbucheintragung fehlt.*

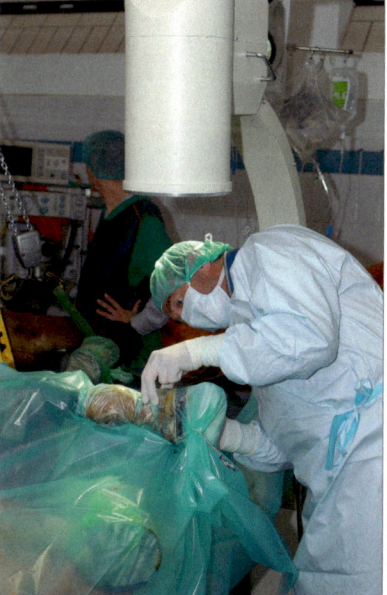

Eine Möglichkeit der Nachbesserung kann eine Operation sein.

Ist die Nacherfüllung möglich, muss der Verkäufer unter angemessener Fristsetzung aufgefordert werden, die Beseitigung des Mangels vorzunehmen. Als angemessen gilt eine Frist, innerhalb derer der Verkäufer unter normalen Umständen die Nacherfüllung vornehmen kann. Innerhalb dieser Frist muss mit der Nacherfüllung lediglich begonnen werden, sodass der Käufer mit einer zwei- bis vierwöchigen Fristsetzung i. d. R. auf der sicheren Seite ist. Setzt der Käufer eine zu kurze Frist, wird diese in eine angemessene Frist umgedeutet[1].

2. Rechtsprechungsübersicht – Kommt eine Nachbesserung in Betracht?

Im Folgenden haben wir einen Überblick über die bisherige Rechtsprechung zusammengestellt. Wie bei allen Kurz-Übersichten handelt es sich um Einzelfallentscheidungen, die lediglich eine Orientierung geben können. Ob und gegebenenfalls inwieweit diesen Entscheidungen Präzedenz-Charakter zukommt, muss von Fall zu Fall anhand einer Lektüre der Urteile nachvollzogen werden.

Mangel/Pferd	Gericht (soweit veröffentlicht mit Fundstelle)	Entscheidung: Nachbesserung möglich? (= behebbarer Mangel?)
Alter (2 ½ statt 3 ½ Jahre/Schulpferd)	**AG Hannover**, Urt. v. 11.07.2006, Az. 455 C 3962/06, RdL 2007, 10 f.	Nein
Ataxie/ (Familienpferd)	**LG Hildesheim**, Urt. v. 27.04.2007, Az. 7 S 21/07, AUR 2007, 419	Offen gelassen
Fesselträgerentzündung (mit Lahmheit/Reitpferd)	**OLG Frankfurt**, Urt. v. 17.07.2006, Az. 18 U 96/05	Ja (Hier lag jedoch eine unzulässige Selbstvornahme des Käufers vor.)
Halswirbelsäule (Achsenverschiebung/ Dressurpferd)	**LG Duisburg**, Urt. v. 11.10.2004, Az. 2 O 71/03	Nein
Hufknorpelverknöcherung (Reitpony)	**LG Bielefeld**, Urt. v. 03.07.2006, Az. 25 O 340/04	Nein
Klopphengst (Kryptorchide) (Dressurpferd)	**LG Münster**, Urt. v. 28.10.2005, Az. 16 O 582/04	Ja
Klopphengst (Kryptorchide) (Dressurpferd)	**BGH**, Urt. v. 09.01.2008, Az. VIII ZR 210/06, NJW 2008, 1371	Ja (Die Nacherfüllung war dem Käufer jedoch unzumutbar, da der Verkäufer den Mangel arglistig verschwiegen hatte.)
Klopphengst (Kryptorchide) (Dressurpferd)	**OLG Hamm**, Urt. v. 14.06.2006, Az. 11 U 143/05 (aufgehoben durch BGH u. zurückverwiesen)	Ja
Koppen (Fohlen)	**OLG Hamm**, Urt. v. 26.11.2007, Az. 2 U 148/06, RdL 2008, 37	Nein
Kissing-Spines-Syndrom (Dressurpferd)	**LG Münster**, Urt. v. 10.12.2004, Az. 10 O 716/03	Nein
OCD (Osteochondrose) (mit ca. 3,5 cm großer Läsion am hinteren Kniegelenk/Reitpferd)	**OLG Hamm**, Urt. v. 10.08.2006, Az. 2 U 19/05	Ja (durch Operation trotz unsicherer Prognose)
Sommerekzem (Dressurpferd)	**LG Detmold**, Urt. v. 26.05.2007, Az. 12 O 243/07	Nein
Sommerekzem (Dressurpferd)	**OLG Hamm**, Urt. v. 01.07.2005, Az. 11 U 43/04, ZGS 2006, 156 ff.	Nein
Spat, Röntgenklasse III-VI (Reitpferd)	**LG Münster**, Urt. v. 20.07.2007, Az. 10 O 240/06	Nein (Es bestand eine vorsichtige bis gute Prognose für die „Brauchbarmachung" des Pferdes; die hierfür angesetzte Dauer von acht bis zwölf Monaten sei für den Käufer jedoch unzumutbar.)
Ungewollte Trächtigkeit (zweijähriges „Hobbyreitpferd")	**AG Schwedt**, Urt. v. 18.04.2007, Az. 3 C 177/05, RdL 2007, 264 f.	Nein
Unrittigkeit	**LG Lüneburg**, Urt. v. 18.11.2003, Az.: 4 O 286/03	Ja

3. Verweigerungsrecht des Verkäufers

Ist die Nachbesserung möglich, bedeutet dies jedoch noch nicht, dass der Käufer seinen Anspruch „auf Biegen und Brechen" durchsetzen kann. Denn der Gesetzgeber hat zum Schutz des Verkäufers verschiedene Möglichkeiten vorgesehen, die ihn dazu berechtigen, die Nacherfüllung zu verweigern.

a) Unzumutbarkeit infolge unverhältnismäßiger Kosten

So kann der Verkäufer die Nacherfüllung verweigern, *„wenn sie nur mit unverhältnismäßigen Kosten möglich ist"* (§ 439 Abs. 3 S. 1 BGB).

Es liegt auf der Hand, dass der Begriff der Unverhältnismäßigkeit einen erheblichen Auslegungsspielraum beinhaltet. Zur Beantwortung der Frage, wann die Kosten der Nacherfüllung diese Grenze überschreiten, sind u.a. der Wert des Pferdes in mangelfreiem Zustand und die Schwere des Mangels zu berücksichtigen (§ 439 Abs. 3 S. 2 BGB). Ferner ist es von Bedeutung, ob auf die andere Art der Nacherfüllung ohne erhebliche Nachteile für den Käufer zurückgegriffen werden könnte[2]. Wie so oft in der „Juristerei" können wir keine klar definierten Grenzen, aber Faustregeln festlegen, die einer einzelfallbezogenen Überprüfung bedürfen.

Über die Frage, ob rein wirtschaftliche Überlegungen auf das Lebewesen Pferd Anwendung finden dürfen, kann man viel philosophieren. Dennoch gilt: Die Grenze der Unverhältnismäßigkeit ist grundsätzlich erst überschritten, wenn die Kosten der Nacherfüllung über 100 Prozent des Wertes des mangelfreien Pferdes liegen. Dies gilt umso mehr, wenn es sich um eine aus Tierschutzgründen akut erforderlich werdende Heilbehandlung handelt[3]. In der Literatur werden etwas unterschiedliche Grenzen oberhalb von 100 Prozent vorgeschlagen. Zum Teil wird von unverhältnismäßigen Kosten gesprochen, wenn die Nacherfüllungskosten mehr als 150% über dem Wert der Kaufsache in mangelfreiem Zustand liegen[4]. Andere Autoren ziehen Grenzen von 105 bis 145%[5] und von 100 bis 130%[6], z.T. auch in Abhängigkeit davon, ob der Verkäufer die Lieferung des mangelhaften Pferdes zu vertreten hat[7].

Beim Pferdekauf stellt sich diese Problematik also vor allem bei einer im Verhältnis zum Wert des Pferdes unverhältnismäßig kostspieligen medizinischen Behandlung. Zur Verdeutlichung folgendes Beispiel:

Beispiel 10:

DER FALL:

Ein älterer Wallach wird zu Freizeitzwecken für 900,– € verkauft. Der Wert des Pferdes in mangelfreiem Zustand beträgt ebenfalls 900,– €. Der Käufer stellt nach einigen Wochen fest, dass das Pferd ein Kryptorchide (Klopphengst) ist. Aus diesem Grund zeigt er häufig unangenehme Hengstmanieren. Der Käufer verlangt vom Verkäufer Nachbesserung in Form einer Operation des Pferdes.

DIE LÖSUNG:

Der Käufer kann die Operation nur verlangen, wenn diese nicht mit unverhältnismäßig hohen Kosten für den Verkäufer verbunden ist. Stellt sich die Operation im konkreten Fall

---

als sehr schwierig dar und würde diese – inklusive Nachbehandlung – Kosten in Höhe von 2.000,– € verursachen, so steht sie in keinem Verhältnis zum geringen Wert dieses Pferdes. Der Verkäufer kann die Nachbesserung in diesem zahlenmäßig eindeutig gebildeten Fall verweigern.

Würden die OP-Kosten hingegen mit 1300,– € zu Buche schlagen, wäre die Grenze der Unverhältnismäßigkeit noch nicht überschritten.

Wo genau jedoch die Grenzziehung zu erfolgen hat, lässt sich nicht verbindlich festlegen. Käufer und Verkäufer sind daher in dieser „Grauzone" gut beraten, sich einvernehmlich zu verständigen und nicht auf ihr Recht zu pochen.

Ist die Grenze der Unverhältnismäßigkeit überschritten und scheidet auch die Möglichkeit der Nachlieferung eines anderen Pferdes aus, was i.d.R. der Fall sein wird, kann der Käufer nach seiner Wahl den Kaufpreis mindern oder vom Kaufvertrag zurücktreten und gegebenenfalls Schadens- oder Aufwendungsersatz verlangen.

Es gilt somit folgende Faustformel:

Liegen die Kosten der Nachbesserung unter 130 Prozent des Kaufpreises, ist die Grenze der Unverhältnismäßigkeit i.d.R. noch nicht überschritten. In Einzelfällen wird man auch etwas darüber hinausgehen können.

Diese Grenzziehung würde allerdings zu ungerechten Ergebnissen führen, wenn es sich um ein wertvolles Pferd handelt. Denn es wäre zweifelsohne für den Verkäufer unverhältnismäßig, wenn er ein Pferd für 100.000,– € verkauft und verpflichtet wäre, für die Beseitigung des Mangels bis zu 130.000,– € aufzuwenden – wenngleich dieses Zahlenbeispiel von geringer praktischer Bedeutung sein dürfte. Wenn ein solches Pferd aufgrund des Mangels „nur" 5.000,– € weniger wert ist als ohne den Mangel, muss auf eine anderweitige Begrenzung zurückgegriffen werden. Zur Lösung wird zutreffend vorgeschlagen, dass die Grenze der Unverhältnismäßigkeit zugunsten des Verkäufers erreicht ist, wenn die Kosten der Nachbesserung 200% der mangelbedingten Wertminderung überschreiten[8]. In dem hier gebildeten Fallbeispiel wäre die Grenze der Unverhältnismäßigkeit demzufolge erreicht, wenn die Kosten der Mangelbeseitigung 10.000,– € überschreiten würden.

b) Unzumutbarkeit infolge Interessenabwägung – grobes Missverhältnis

Unabhängig von der Unverhältnismäßigkeit der Kosten einer Nachbesserung kann es für den Verkäufer auch aus anderen Gründen unzumutbar sein, sich auf eine Nachbesserung einzulassen. Hierzu folgendes Beispiel aus der aktuellen höchstrichterlichen Rechtsprechung, das zwar einen Welpen betrifft, jedoch unmittelbar auf den Pferdekauf übertragen werden kann:

Beispiel 11:
DER FALL[9]:
Der Käufer erwirbt von einem erfolgreichen Hundezüchter einen acht Wochen alten Rauhaardackel zum Preis von 500,– €. Nach der Übergabe des Tieres wird eine genetisch bedingte Fehlstellung des hinteren rechten Sprunggelenks festgestellt. Der Käufer fordert

den Verkäufer auf, eine Korrekturoperation (Anbringung einer am Schienbein verschraubten Platte) zu veranlassen. Der Verkäufer verweigert diese Nachbesserung und bietet stattdessen die Rücknahme des Hundes oder eine Kaufpreisminderung an.

Der Käufer geht hierauf nicht ein und lässt das Tier operieren. Bis ans Lebensende des Dackels (ca. 15 Jahre) sind halbjährliche Kontrolluntersuchungen erforderlich. Der Käufer verklagt den Verkäufer daher auf

- Erstattung sämtlicher bisheriger Tierarzt-/OP-Kosten (fast 1200,– €) nebst Zinsen sowie
- Feststellung, dass der Verkäufer sämtliche Kosten der zukünftigen Kontrolluntersuchungen zu tragen hat.

DIE ENTSCHEIDUNG DES BGH:

Der BGH lässt offen, ob der Verkäufer die geforderte Mangelbeseitigung schon wegen unverhältnismäßiger Kosten (s.o.) verweigern dürfe. Denn dem Verkäufer sei es schon wegen des weiteren Aufwandes in Form der halbjährlichen tierärztlichen Kontrolluntersuchungen bis zum Ende des Hundelebens in geschätzten 15 Jahren nicht zuzumuten, sich hierauf einzulassen (§ 275 Abs. 2 BGB). Dies übersteige auch unter Berücksichtigung der Interessen des Käufers an einem mangelfreien Kaufgegenstand den für den Verkäufer zumutbaren Aufwand; ganz abgesehen davon, dass auch die OP den Hund nicht in einen vertragsgemäßen Zustand versetzen konnte und mit nicht unerheblichen gesundheitlichen Risiken für das Tier verbunden war. Ferner hätte die OP einen unabsehbaren weiteren Aufwand zur Folge gehabt, wenn die am Schienbein verschraubte Platte zu Komplikationen führte.

Bei der Frage der Zumutbarkeit zugunsten des Verkäufers falle ferner ins Gewicht, dass dieser die anlagebedingte Fehlentwicklung des Knochenwachstums nicht zu vertreten hatte (§ 275 Abs. 2 S. 2 BGB), für ihn also nicht erkennbar war, dass er dem Käufer einen mangelbehafteten Welpen lieferte. Unter Berücksichtigung all dessen bestehe ein grobes Missverhältnis zwischen dem Interesse des Käufers an einer Korrektur des äußeren Erscheinungsbildes des Hundes und dem Aufwand, den der Verkäufer zur ohnehin nur partiellen Beseitigung des Mangels zu tragen hätte (§ 275 Abs. 2 S. 1 BGB). Die Interessen des Käufers seien unter diesen Umständen durch seine sonstigen Rechte auf Rücktritt vom Kaufvertrag oder Minderung des Kaufpreises (§ 437 Nr. 2 BGB) – wie vom Verkäufer angeboten – ausreichend gewahrt gewesen.

HALTEN WIR FEST: Der Verkäufer kann die Nachbesserung auch verweigern, soweit diese einen Aufwand erfordert, der unter Beachtung aller Umstände des konkreten Vertrages in einem groben Missverhältnis zu den Interessen des Käufers steht. Dabei ist auch die Frage einzubeziehen, ob der Verkäufer die Lieferung des mangelhaften Tieres zu vertreten hat[10] und ob es dem Käufer zuzumuten ist, auf andere Mängelrechte auszuweichen. Erforderlich ist also eine umfassende Interessenabwägung unter Berücksichtigung aller relevanten Umstände des konkreten Falles.

Eine umfassende Interessenabwägung und Zumutbarkeitsprüfung kann dazu führen, dass der Verkäufer die Nachbesserung verweigern darf.

4. Fehlschlagen der Nachbesserung

Wie verhält es sich, wenn die Nachbesserung fehlschlägt, also beispielsweise die vom Verkäufer in Auftrag gegebene tierärztliche Behandlung zur Beseitigung des Mangels keinen Erfolg zeigt?

Der Gesetzgeber hält auf diese Frage in § 440 S. 2 BGB eine Antwort parat:

- Danach gilt die Nachbesserung grundsätzlich nach dem zweiten erfolglosen Versuch als fehlgeschlagen. Der Käufer ist jedoch nicht dazu verpflichtet, dem Verkäufer zweimal eine angemessene Frist zu setzen[11]. Vielmehr hat er die Möglichkeit, unmittelbar nach dem zweiten erfolglosen Nachbesserungsversuch weitergehende Mängelrechte geltend zu machen, auch wenn die von ihm gesetzte Frist noch nicht abgelaufen ist[12].

- Zum Fehlschlagen eines operativen Eingriffs hält der BGH[13] fest: *„Die Operation eines Tieres, die einen körperlichen Defekt nicht folgenlos beseitigen kann, sondern andere, regelmäßig zu kontrollierende gesundheitliche Risiken für das Tier selbst erst hervorruft, stellt keine Beseitigung des Mangels (…) dar."*

Für den Käufer hat die zweite fehlgeschlagene Nachbesserung zur Folge, dass ihm der Weg zu den weitergehenden Sachmängelrechten eröffnet ist.

5. Für den Käufer unzumutbare Nachbesserung

Ebenso wie sich der Verkäufer nicht auf ein Nachbesserungsverlangen des Käufers einlassen muss, wenn die Beseitigung des Mangels mit unverhältnismäßigen Kosten oder einer unzumutbaren Belastung verbunden ist, befreit das Gesetz den Käufer vom Vorrang der Nacherfüllung, wenn diese für ihn unzumutbar ist (§ 440 S. 1 Alt. 3 BGB). Vereinfacht ausgedrückt geht es darum, unter welchen Voraussetzungen der Käufer anstelle der Nachbesserung unverzüglich vom Kaufvertrag zurücktreten, Minderung, Schadens- oder Aufwendungsersatz verlangen kann.

Ob die Nachbesserung für den Käufer unzumutbar ist, richtet sich – wie so oft – nach einer Abwägung zwischen den Interessen des Verkäufers und denen des Käufers. In Literatur und Rechtsprechung haben sich folgende Fallgruppen herausgebildet:

- **arglistiges Verschweigen** des Mangels durch den Verkäufer[14]. Hierzu folgendes Beispiel:

> **Beispiel 12:**
> **DER FALL[15]:**
> Die Käuferin verlangt ohne vorherige Nachfristsetzung die Minderung des Kaufpreises für ein Dressurpferd. Sie begründet dies damit, dass der Wallach mangelhaft sei, weil er aufgrund einer nicht vollständig gelungenen Kastration bereits zu Besitzzeiten des Verkäufers zu Hengstmanieren neige und deshalb als Dressurpferd weniger geeignet sei; dies hätte ihr der Verkäufer arglistig verschwiegen.
> Die Vorinstanzen haben die Klage mit der Begründung abgewiesen, dass die Käuferin es

versäumt habe, den Verkäufer unter Fristsetzung aufzufordern, den durch eine operative Nachkastration des Pferdes behebbaren Mangel zu beseitigen. Denn die Beweisaufnahme hat ergeben, dass mit einer weiteren Operation in Form der Nachkastration des Pferdes eine vollständige Beseitigung des Mangels möglich ist.

Die Entscheidung des BGH:

Der BGH hat der Minderungsklage der Käuferin stattgegeben. Denn die Unzumutbarkeit der Nacherfüllung für die Käuferin ergebe sich daraus, dass sie vom Verkäufer über die „Hengstigkeit" des Pferdes arglistig getäuscht worden ist. Damit sei eine sofortige Minderung ohne vorherige Nachfristsetzung möglich.

- **akute lebensbedrohliche Gefahr**[16]

  In diesem Fall ist der Käufer aufgrund des mit Verfassungsrang ausgestatteten Tierschutzgedankens (Art. 20 a GG) sogar dazu verpflichtet, sich selbst um tiermedizinische Hilfe zu bemühen. Der BGH hat diesen Grundsatz bereits mehrfach bestätigt[17]. Dabei hat er entschieden, dass ein Nacherfüllungsverlangen nicht nur hinsichtlich der akuten und sofortigen Notfallmaßnahmen entbehrlich sein kann, sondern darüber hinaus auch für die anschließenden Folgebehandlungen[18]. Daraus folgt jedoch nicht, dass jede Erkrankung eines Tieres stets zur Unzumutbarkeit der Nachbesserung führt. Abzustellen ist vielmehr auf die Schwere der Erkrankung des Tieres und die Dringlichkeit einer Behandlung[19].

- **drohender höherer Schaden**, sofern die Mangelbeseitigung nicht unverzüglich vom Käufer selbst vorgenommen wird[20]

  Vgl. hierzu die Ausführungen unter Ziffer 8. (= Selbstvornahme) des vorliegenden Kapitels.

- **besonders hoher** (insbesondere zeitlicher[21]) **Aufwand**

  Dies wäre z.B. der Fall, wenn zur Herstellung des geschuldeten Ausbildungsstandes ein Pferd über mehrere Monate alle zwei Tage in die Reitanlage des Verkäufers transportiert werden müsste, um dort am Springtraining teilzunehmen[22].

- **unsichere Erfolgsprognose** (umstritten!)

  Z.B. bei *„vorsichtiger bis guter Prognose"* für die „Brauchbarmachung" bei einer Spaterkrankung, zumal eine Operation im konkreten Fall eine Rekonvaleszenzzeit von acht bis zwölf Monaten bedingt[23]. Anders jedoch das Oberlandesgericht Hamm im Falle einer OCD („Chip")[24]: Eine Nachbesserung komme zwar nur in Betracht, wenn sie ohne Einschränkung zu einem vertragsgemäßen Zustand der Sache führen kann. Erklärt der Käufer also ohne Aufforderung und Fristsetzung zur Nacherfüllung den Rücktritt, obliegt ihm der Beweis, dass der gesundheitliche Defekt nicht vollständig beseitigt werden kann. Gelangt das Gericht nach Anhörung eines Sachverständigen zu der Einschätzung, dass die Prognose der Heilung lediglich *„unsicher"* ist, hätte der Käufer zunächst Nacherfüllung verlangen müssen. Schließlich stehe dem Käufer im Falle einer fehlgeschlagenen Operation *„die Geltendmachung der fehlgeschlagenen Nacherfüllung"* und damit der Rücktritt offen. Nach unserer Einschätzung ist damit jedoch weder dem Käufer noch dem Verkäufer gedient. Denn dem Verkäufer wird damit das unter Umständen hohe Risiko aufgebürdet, neben der Rücknahme des mangelhaften Pferdes auch noch die Kosten einer fehlgeschlagenen Operation zu tragen. Auch der Käufer müsste die Unsicherheiten einer Operation mit vorsichtiger Prognose letzten Endes auf sich nehmen und auf ein mangelfreies Pferd verzichten. Eine unsichere Erfolgsprognose sollte daher unseres Erachtens ausreichen, um die Nacherfüllung als unzumutbar anzusehen, sofern die Rekonvaleszenzzeit einen Zeitraum von über drei Monaten überschreitet (s.u.).

- risikoreiche Operationen[25]

- **emotionale Beziehung** zum Menschen[26]
  Diese Fallgruppe ist nach unserer Auffassung nicht geeignet, um eine Unzumutbarkeit der Nachbesserung für den Käufer zu begründen. Auch die Rechtsprechung tendiert dazu, eine emotionale Beziehung zwischen Mensch und Pferd (anders als in der Konstellation Mensch–Hund) nicht als Ursache der Unzumutbarkeit anzuerkennen. Hierzu folgendes Beispiel:

Beispiel 13:

DER FALL[27]:
Die Klägerin schließt mit dem Beklagten einen Tauschvertrag über ihren Wallach und eine Stute des Beklagten ab. Nachdem bei der Stute eine Periodische Augenentzündung festgestellt worden ist, lässt sie das Tier zweimal operieren, ohne dem Beklagten zuvor eine Frist zur Nacherfüllung zu setzen und verlangt nun Ersatz der Behandlungs- und Operationskosten.

DIE ENTSCHEIDUNG DES BGH:
Beim Kauf eines Tieres können besondere Umstände vorliegen, die ausnahmsweise die sofortige Geltendmachung des Anspruchs auf Schadensersatz rechtfertigen. Dies trifft dann zu, wenn der Zustand des Tieres eine unverzügliche tierärztliche Behandlung als Notmaßnahme erforderlich erscheinen lässt, die vom Verkäufer nicht rechtzeitig veranlasst werden kann (s.o.). Eine solche Notsituation bestand aufgrund der Periodischen Augenentzündung des Pferdes jedoch nicht.
Auch die Tatsache, dass die Klägerin das Pferd nicht aus wirtschaftlichen, sondern aus persönlichen und emotionalen Gründen erworben hat, führe nicht zur Unzumutbarkeit der Nachfristsetzung.
Nach alledem sei die Nachfristsetzung für die Käuferin zumutbar und nicht entbehrlich gewesen. Ihr stehen bereits unter diesem Gesichtspunkt keine Sachmängelrechte zu.

Von der Rechtsprechung weitgehend ungeklärt ist die Frage, für welche Zeitdauer der Käufer die Behandlung des gekauften Tieres durch den Verkäufer bzw. einen von diesem beauftragten Tierarzt hinnehmen muss. Hilfreich zur Beantwortung ist Art. 3 Abs. 3 der Verbrauchsgüterkaufrichtlinie[28]. Danach hat die Nachbesserung innerhalb einer angemessenen Frist und ohne erhebliche Unannehmlichkeiten für den Käufer zu erfolgen und die Art und der Zweck, für den der Käufer es benötigt, sind zu berücksichtigen[29]. In der Verletzung des Affektionsinteresses – der Käufer will das lieb gewonnene Pferd nicht für eine Heilbehandlung hergeben[30] – wird eine solche Unannehmlichkeit jedoch nicht zu sehen sein; ein solcher Standpunkt würde der Bedeutung des Pferdes als Wirtschaftsgut widersprechen[31].

Die Unzumutbarkeitsregel wird daher nur bei zeitaufwendigen Behandlungen eingreifen oder bei solchen, die den Tagesablauf oder die Lebensführung des Käufers deutlich tangieren, wenn das Pferd also z.B. mehrmals wöchentlich einer bestimmten medizinischen Behandlung zugeführt oder bei mangelnder Rittigkeit über Monate einem Reitlehrer zur Verfügung gehalten werden muss[32].

Wie lange der Käufer in der letztgenannten Konstellation abwarten muss, bis die Nachbesserung als fehlgeschlagen gilt, kann ebenfalls nur von Fall zu Fall entschieden werden. Faktum ist jedoch, dass der Gesetzgeber dem Vorrang der Nacherfüllung – mag er auch beim Pferdekauf nur selten von Relevanz sein – große Bedeutung beimisst. Die Toleranzgrenze des Pferdekäufers wird daher verhältnismäßig hoch anzusetzen sein, also einen Zeitraum von bis zu drei Monaten durchaus erreichen dürfen.

6. Erfüllungsort

Wo ist die Nacherfüllung durchzuführen? Weil es bei der Nachbesserung in den meisten Fällen um eine tierärztliche Behandlung geht, ist diese Frage beim Pferdekauf von untergeordneter Bedeutung. Lediglich in den sehr seltenen Fällen, in denen Rittigkeitsmängel, Verhaltensauffälligkeiten oder charakterliche Mängel vom Verkäufer behoben werden müssen, bleibt die Frage offen, ob dies im Stall des Verkäufers oder des Käufers vorzunehmen ist. Da es jedoch der Verkäufer ist, der die Nachbesserung durchzuführen bzw. in Auftrag zu geben hat, sollte nach unserer Auffassung der Erfüllungsort beim Verkäufer liegen.

7. Rechtsfolgen

Ist die Nachbesserung des Pferdes möglich und nicht für eine der Kaufvertragsparteien unzumutbar, hat der Verkäufer sämtliche zum Zweck der Nacherfüllung erforderlichen Aufwendungen zu tragen (§ 439 Abs. 2 BGB). Hierzu gehören u.a.:

- Transportkosten
  (z.B. für die Fahrt des Pferdes in eine Tierklinik oder zurück zum Stall des Verkäufers),
- Arbeitskosten
  (z.B. für einen Korrekturberitt),
- Materialkosten
  (z.B. für Medikamente oder spezielle Futtermittel).

Aufwendungen des Käufers muss der Verkäufer ersetzen (§ 256 BGB). Hierunter fallen insbesondere Transportkosten zurück zum Stall des Verkäufers oder in eine Tierklinik[33].

8. Selbstvornahme durch den Käufer

Ein im Pferdekauf häufig auftretendes Problem betrifft die sogenannte Selbstvornahme durch den Käufer. Das kurze Zeit nach der Übergabe lahm gehende Pferd wird im Auftrag des Käu-

Wie lange ein Nachbesserungsversuch zumutbar ist, bis er als fehlgeschlagen gilt, kann nur einzelfallbezogen beantwortet werden. Der Käufer wird u.E. einen Zeitraum von bis zu drei Monaten hinnehmen müssen.

PRAXIS-TIPP
FÜR KÄUFER

Ist der Käufer bei einem grundsätzlich behebbaren Mangel unsicher, ob er den Verkäufer zur Nachbesserung auffordern und ihm eine Frist setzen muss, sei ihm im Zweifel dazu geraten, dies zu tun. Die Gefahr, seine Sachmängelrechte und -ansprüche nur wegen eines „Formfehlers" zu verlieren, sollte er nicht in Kauf nehmen.

Der Erfüllungsort für die Nacherfüllung sollte beim Verkäufer liegen.

Der Verkäufer hat sämtliche für die Nacherfüllung erforderlichen Aufwendungen zu tragen.

fers tierärztlich untersucht und erfolgreich behandelt. Der Käufer möchte nach erfolgreichem Abschluss der Therapie die dafür aufgewendeten Kosten vom Verkäufer erstattet bekommen.

In rechtlicher Hinsicht ist ab dem Zeitpunkt, in dem der Käufer den Mangel durch Nachbesserung selbst beseitigt hat, die Nacherfüllung für den Verkäufer unmöglich geworden[34].

Die Rechtsfolge liegt auf der Hand: Der Käufer verliert nicht nur seinen Anspruch auf Nacherfüllung, sondern auch den Anspruch auf Erstattung seiner Kosten, weil er für die Unmöglichkeit der Nacherfüllung allein verantwortlich ist[35].

Lässt der Käufer den Mangel ohne Nachfristsetzung selbst beseitigen, wird die Nacherfüllung dem Verkäufer unmöglich, sodass der Käufer seine Sachmängelrechte verliert.

Trotz Kritik in der juristischen Literatur[36] hat der BGH[37] konsequent daran festgehalten, dass der Käufer jegliche Sachmängelrechte und Ansprüche verliert, wenn er den Mangel ohne vorherige Information und Fristsetzung gegenüber dem Verkäufer selbst beseitigt[38], sofern nicht eine Notfallsituation vorliegt.

Diese strenge und verkäuferfreundliche Rechtsprechung kann für den Käufer häufig zu unbefriedigenden Ergebnissen führen, denn er läuft Gefahr, das Pferd in Unkenntnis etwaiger Sachmängelrechte tierärztlich behandeln zu lassen. Hieraus resultiert nebenstehender Praxis-Tipp.

PRAXIS-TIPP
FÜR KÄUFER

Die Selbstvornahme der Mangelbeseitigung durch den Käufer stellt für diesen ein hohes Risiko dar. Er sei daher – abgesehen von Notsituationen – davor gewarnt, selbstständig und ohne vorherige Rücksprache mit dem Verkäufer einen Tierarzt oder Bereiter mit der Nachbesserung zu beauftragen.

9. Zusammenfassung
Abschließend alle Merkposten der Nachbesserung im Überblick:

■ **ÜBERSICHT 3:**
Die Nachbesserung im Überblick

1. **Voraussetzung der Nachbesserung**
   Behebbarer Sachmangel, der zum Zeitpunkt des Gefahrübergangs vorgelegen hat.
2. **Fristsetzung** durch den Käufer gegenüber dem Verkäufer
   ☞ Erst nach Fristablauf bestehen weitergehende Sachmängelrechte des Käufers.
3. **Verweigerungsrecht des Verkäufers**
   a) bei unverhältnismäßigen Kosten
      (Grenze: ca. 130 Prozent des Wertes des Pferdes oder ca. 200 Prozent der mangelbedingten Wertminderung)
   b) Unzumutbarkeit infolge groben Missverhältnisses (Dackelwelpen-Fall des BGH, siehe Beispiel 11)
   ☞ Wenn ein Verweigerungsrecht des Verkäufers besteht, kann der Käufer direkt auf die weitergehenden Sachmängelrechte zurückgreifen.
4. **Unzumutbarkeit für den Käufer**, z.B. bei
   a) arglistigem Verschweigen des Mangels durch den Verkäufer
   b) akuter lebensbedrohlicher Gefahr des Pferdes
   c) unsicherer Erfolgsprognose bei mehr als dreimonatiger Rekonvaleszenzzeit
   ☞ Wenn die Nachbesserung für den Käufer unzumutbar ist, kann er direkt auf die weitergehenden Sachmängelrechte zurückgreifen.

5. keine Selbstvornahme durch den Käufer

☞ Bei unzulässiger Selbstvornahme droht dem Käufer der Verlust sämtlicher Sachmängelrechte; zudem hat er keinen Anspruch auf Erstattung der Kosten der Selbstvornahme.

6. Rechtsfolgen

a) Verkäufer hat alle Kosten der Nachbesserung zu tragen

b) Erfüllungsort: beim Verkäufer

c) Nach zweitem erfolglosen Nachbesserungsversuch gilt die Nachbesserung als fehlgeschlagen; der Käufer kann dann auf die weitergehenden Sachmängelrechte zurückgreifen.

II. Ersatzlieferung

Im Pferdekauf kommt eine Mangelbeseitigung durch Nachbesserung meist nicht in Betracht, weil häufig um nicht behebbare Mängel gestritten wird. Für diesen Fall sieht der Gesetzgeber vor, dass der Käufer Anspruch auf Lieferung eines mangelfreien Ersatzes hat. Auch hierbei handelt es sich nicht nur um ein Recht des Käufers, sondern um seine grundsätzliche Pflicht, bevor er die weitergehenden Sachmängelrechte und -ansprüche geltend machen kann.

An dieser Stelle wird wieder deutlich, dass der Gesetzgeber vor allem den Kauf von Sachen und Gebrauchsgegenständen im Auge hatte, als er das Kaufrecht nahezu völlig modifizierte: Hat der ursprünglich gelieferte Fernseher einen irreparablen Mangel, so bereitet es jedenfalls dem professionellen Verkäufer keine Schwierigkeiten, dem Käufer ein gleiches oder gleichartiges Ersatzgerät zu liefern.

Gilt dieser Grundsatz auch beim Pferdekauf? Wenn ja, hätte dies für den Käufer bei einem unbehebbaren Mangel weitreichende Folgen: Denn er könnte nicht mehr vom Kaufvertrag zurücktreten, Minderung oder Schadens- und Aufwendungsersatz verlangen, wenn er den Verkäufer nicht zunächst zur Ersatzlieferung aufgefordert hat.

1. Möglichkeit der Ersatzlieferung

Um es vorweg zu nehmen: In den meisten Fallen kommt die Lieferung eines anderen Pferdes nicht in Betracht. Der Käufer kann also i.d.R. bei einem nicht durch Nachbesserung zu beseitigenden Mangel vom Kaufvertrag zurücktreten oder den Kaufpreis mindern, Schadens- oder Aufwendungsersatz verlangen, ohne den Verkäufer zunächst zur Ersatzlieferung auffordern zu müssen.

Dieses Ergebnis macht auch Sinn, denn der Pferdekauf ist meist von Emotionen geprägt und sehr stark auf die Individualität des Pferdes bezogen. Das Pferd wird durch Besichtigung und Probenritte individuell nach Alter, Geschlecht, Ausbildungsstand etc. ausgesucht. Jeder Pferdesportler weiß zudem, wie schwierig es ist und wie viel Zeit und Mühe es erfordern kann, das passende Pferd zu finden. Selbst wenn der Verkäufer zahlreiche Verkaufspferde im Angebot haben sollte, wäre es die Ausnahme, wenn der Käufer ein Ersatzpferd findet, das seinem „Wunschpferd" entspricht.

Gerade deshalb muss der Käufer davor geschützt werden, dass der Verkäufer ihm ein anderes Pferd quasi aufdrängt, das zwar gesund ist, ansonsten aber seinen Erwartungen (z.B. hinsichtlich Farbe, Größe, Alter, Abstammung oder Ausbildungsstand) nicht entspricht. Dieses Interesse wird dadurch gewahrt, dass der Käufer zwar dazu berechtigt, keinesfalls aber dazu verpflichtet ist, die Lieferung eines solchen „Ersatzpferdes" anzunehmen. Dennoch berichten Käufer immer wieder davon, dass einige Händler sie geradezu unter Druck setzen, sich ein anderes Pferd aus dem Bestand auszusuchen[39]. Daher nebenstehender Praxis-Tipp.

Die Rechtsprechung stellt zur Begründung dieses Ergebnisses vor allem auf die durch den Käufer vorgenommene Individualisierung des Pferdes ab. So urteilte beispielsweise das Oberlandesgericht Hamm[40], dass ein Fohlen, das die Käuferin nach ihren Kriterien aus einer Vielzahl von Pferden ausgesucht hat, nicht beliebig austauschbar sei.

Demzufolge kann man von einer Austauschbarkeit nur dann ausgehen, wenn der Käufer ein aus seiner Sicht x-beliebiges Pferd oder Pony gekauft hat, um es für sein Grundstück als „**lebenden Rasenmäher**" oder für sein Reitpferd als **Beistellpony** einzusetzen. Gleiches gilt bei einem **Schlachtpferd**. Bei solchen Pferden wird in den meisten Fällen jedoch von vornherein eine negative Beschaffenheit vereinbart (z.B. *„nicht als Reitpferd geeignet"*), so dass ein Mangel, der zur Nacherfüllung berechtigt, nur schwer vorstellbar ist.

Entscheidendes Kriterium der Rechtsprechung ist der Grad der Individualisierung des Pferdes durch den Käufer.

Demgegenüber haben zwei Gerichte auch bei einem **Schulpferd**[41] und einem **Familienpferd**[42] die Ersetzbarkeit bejaht. Generell sind jedoch auch solche Pferde nicht prinzipiell als austauschbar zu bewerten.

So lag einer Entscheidung des Hanseatischen Oberlandesgerichts Hamburg[43] der Kauf eines elfjährigen Schulpferdes zugrunde, das von dem Käufer – einem Reitverein – für den Schulbetrieb mit Reitanfängern, aber auch für Abzeichenprüfungen, breitensportliche Turniere und

Friese mit Shetty als Beistellpony.

zum Voltigieren eingesetzt werden sollte. Es wurde zu diesem Zweck von verschiedenen Mitgliedern des Vereins mehrfach Probe geritten, um ganz sicher zu gehen, dass es sich für die vielfältigen Aufgaben und Einsatzzwecke eignet. Sowohl das Landgericht Hamburg als auch das Hanseatische Oberlandesgericht ließen keine Zweifel daran erkennen, dass es sich um ein individuell ausgesuchtes (Schul-) Pferd handelt und der Reitverein als Käufer nicht dazu verpflichtet gewesen ist, von der Verkäuferin zunächst Nachlieferung eines anderen Pferdes zu verlangen.

Der Anspruch des Käufers auf Nachlieferung eines mangelfreien Pferdes hat beim Pferdekauf nur geringe Bedeutung.

2. Rechtsprechungsübersicht

Die Rechtsprechung verneint die Möglichkeit einer Ersatzlieferung in den meisten Fällen zu Recht.
Hierzu folgende Übersicht:

Pferd	Gericht (soweit veröffentlicht mit Fundstelle)	Entscheidung: Nachlieferung möglich?
Dressurpferd	**LG Duisburg**, Urt. v. 11.10.2004, Az. 2 O 71/03	Nein
Dressurpferd	**LG Münster**, Urt. v. 28.10.2005, Az. 16 O 582/04	Offen gelassen
Dressurpferd	**BGH**, Urt. v. 09.01.2008, Az. VIII ZR 210/06, NJW 2008, 1371	Nein
Dressurpferd	**OLG Hamm**, Urt. v. 14.06.2006, Az. 11 U 143/05 (aufgehoben durch BGH und zurückverwiesen)	Offen gelassen
Dressurpferd	**LG Detmold**, Urt. v. 26.05.2007, Az. 12 O 243/07	Nein
Dressurpferd	**OLG Hamm**, Urt. v. 01.07.2005, Az. 11 U 43/04, ZGS 2006, 156 ff.	Offen gelassen
Dressurpferd	**LG Münster**, Urt. v. 10.12.2004, Az. 10 O 716/03	Offen gelassen
Familienpferd	**LG Hildesheim**, Urt. v. 27.04.2007, Az. 7 S 21/07, AUR 2007, 419	Ja
Fohlen	**OLG Hamm**, Urt. v. 26.11.2007, Az. 2 U 148/06, RdL 2008, 37	Nein
Hobbyreitpferd	**AG Schwedt**, Urt. v. 18.04.2007, Az. 3 C 177/05, RdL 2007, 264 f.	Nein
Reitpferd	**OLG Frankfurt**, Urt. v. 17.07.2006, Az. 18 U 96/05	Offen gelassen
Reitpferd	**OLG Hamm**, Urt. v. 10.08.2006, Az. 2 U 19/05	Nein
Reitpony	**LG Bielefeld**, Urt. v. 03.07.2006, Az. 25 O 340/04	Nein
Schulpferd	**AG Hannover**, Urt. v. 11.07.2006, Az. 455 C 3962/06, RdL 2007, 10 f.	Ja
Schulpferd	**OLG Hamburg**, Urt. v. 06.02.2009, Az. 6 U 26/08	Nein
Westernreitpferd	**LG Münster**, Urt. v. 20.07.2007, Az. 10 O 240/06	Nein (*„Bei Reitpferd grundsätzlich ausgeschlossen"*)

3. Rechtsfolge

Obgleich die Nachlieferung eines mangelfreien Pferdes nur in seltenen Ausnahmefällen in Betracht kommt, sei darauf hingewiesen, dass der Käufer in diesem Fall selbstverständlich zur Rückgabe des mangelhaften Tieres Zug um Zug gegen Übergabe des „Ersatzpferdes" verpflichtet ist (§ 439 Abs. 4 i.V.m. §§ 346 bis 348 BGB).

4. Fehlschlagen der Ersatzlieferung

Ebenfalls der Vollständigkeit halber sei angemerkt, dass die Nachlieferung bereits dann als fehlgeschlagen gilt, wenn das neue Pferd denselben oder einen anderen Mangel aufweist[44]. Denn hier greift § 440 S. 2 BGB, der für das Fehlschlagen der Nachbesserung zwei erfolglose Versuche fordert (s.o.), nicht ein.

5. Verweigerungsrechte des Verkäufers sowie Unzumutbarkeit für den Käufer

Der Verkäufer kann in den wenigen in Betracht kommenden Fällen die Nachlieferung eines anderen Pferdes unter denselben Voraussetzungen verweigern, wie im Falle der Nachbesserung eines behebbaren Mangels (s.o.). Ebenso gelten die Grenzen der Unzumutbarkeit für den Käufer.

3.3 Rücktritt (§§ 437 Nr. 2, 440, 323, 326 Abs. 5 BGB)

3.3.1 Überblick und Voraussetzungen

Wesentliche Folge und Ziel der Ausübung des Rücktrittsrechts ist die Rückgewähr der empfangenen Leistungen (§ 346 Abs. 1 BGB): Der Käufer muss dem Verkäufer das Pferd zurückgeben und erhält im Gegenzug den gezahlten Kaufpreis erstattet.

Häufig hören wir in unserer anwaltlichen Praxis von Verkäufern, die sich mit einem Rücktritt auseinandersetzen müssen, folgendes Argument: Für den Rücktritt bestehe kein Grund, weil der Verkäufer den behaupteten Mangel nicht kannte und kein Anhaltspunkt darauf hindeutete, dass mit dem Pferd etwas nicht in Ordnung ist.

Auch hierbei handelt es sich um einen populären Rechtsirrtum. Denn **der Rücktritt setzt lediglich voraus**,

- dass der Verkäufer ein Pferd geliefert hat, das **zum Zeitpunkt des Gefahrübergangs** einen **erheblichen Sachmangel** aufwies;
- dass eine **Nacherfüllung** (die Beseitigung des Mangels oder die Lieferung eines anderen, mangelfreien Pferdes) **z.B.**
  - ▸ **unmöglich** ist (§ 275 Abs. 1 BGB),
  - ▸ vom Verkäufer **ernsthaft und endgültig verweigert** (§ 323 Abs. 2 Nr. 1 BGB) oder
  - ▸ trotz Fristsetzung **nicht durchgeführt** wird,
  - ▸ nach dem zweiten Versuch **gescheitert** (§ 440 S. 2 BGB)

  oder
  - ▸ nur mit **unverhältnismäßig hohen Kosten** möglich ist (§ 439 Abs. 3 S. 1 BGB) und
- dass der **Rücktritt** gegenüber dem Verkäufer **erklärt** wird (§ 349 BGB).

Auf ein Verschulden des Verkäufers, also das Kennen oder „Kennenmüssen" des Mangels, kommt es entgegen immer noch weit verbreiteter Ansicht nicht an.

Nicht erforderlich ist, dass der Verkäufer den Mangel kannte oder ihn hätte kennen müssen.

3.3.2 Erheblichkeit des Mangels

Bleibt noch der Frage nachzugehen, wann ein Sachmangel als „erheblich" anzusehen ist (§ 323 Abs. 5 S. 2 BGB).

Ein Überblick über die Rechtsprechung:
Das Oberlandesgericht Saarbrücken hatte sich u.a. mit einer Altersabweichung zu befassen.

Bei einem nur unerheblichen Mangel des Pferdes kann der Käufer nicht zurücktreten.

Beispiel 14:

DER FALL[45]:

Der Käufer erwirbt ein Kutschpferd, das er aufgrund einer Zeitungsannonce für fünfjährig hält. In der Folgezeit stellt sich heraus, dass die Stute erst drei Jahre alt ist. Dies hält der Käufer – neben weiteren Beanstandungen – für einen erheblichen Mangel und erhebt Rücktrittsklage.

DIE LÖSUNG:

Nach dem Urteil des Oberlandesgerichts Saarbrücken ist zu berücksichtigen, ob das tatsächliche Alter nach oben oder nach unten abweicht. Zudem sei das Ausmaß der Abweichung maßgeblich. Hierzu führt das Gericht aus, dass der Käufer eines Pferdes in seinen berechtigten Erwartungen i. d. R. dann getäuscht sei, wenn ein Pferd älter ist als in einer Verkaufsanzeige des Verkäufers angegeben, weil die verbleibende Nutzungs- und Lebenserwartung dann geringer ist. Dies gelte jedoch nicht ohne weiteres im umgekehrten Fall. Zwar möge es sein, dass der Käufer ein älteres Pferd wegen dessen höheren Erfahrungs- und Ausbildungsstandes erwerben möchte. Entscheidend ist dann aber der höhere Erfahrungs- und Ausbildungsstand und weniger das höhere Alter.
Der bloße Umstand, dass das Pferd bei Abschluss des Kaufvertrags lediglich drei Jahre alt und nicht wie in der Anzeige angegeben fünf Jahre alt war, sei auch für den Käufer (gegenüber dem Ausbildungsstand) von eher untergeordneter Bedeutung, sodass es unverhältnismäßig wäre, wenn er allein aus diesem Grund vom Kaufvertrag zurücktreten könnte.

Als unerheblicher Mangel wurde von der Rechtsprechung auch die Eigenschaft des **Klopphengstes (Kryptorchide)** angesehen[46].

In Betracht zu ziehen sind auch weniger gravierende Formen von Mängeln, wie z.B. **leichte Allergien** oder dass eine **Zuchtstute** regelmäßig **erst nach mehreren „Anläufen" aufnimmt**. Zum Teil wird auch die Wertminderung, die aus dem Mangel resultiert, als Abgrenzungskriterium herangezogen. Das Oberlandesgericht Hamm[47] beurteilte den Mangel des **Koppens** als erheblich. Zur Begründung wird ausgeführt, dass nach den Ausführungen des gerichtlichen Sachverständigen eine deutliche **Minderung des Marktwertes von 30 bis 50 Prozent** vorliegt.

Wo die prozentuale Grenze „nach unten" zu ziehen ist, ist schwer zu sagen, da bis dato nur einige Urteile des BGH zum Kfz-Handel vorliegen, deren Übertragbarkeit auf den Pferde-kauf fraglich ist. Als Richtschnur vertreten wir die Auffassung, dass ein Mangel grundsätzlich zumindest solange unerheblich ist, wie er **nicht zu einer über 10%igen Wertminderung** des Pferdes führt. Er kann jedoch auch bei einer objektiv darunter liegenden Wertminderung als erheblich anzusehen sein, wenn er die Einsatzfähigkeit des Pferdes für den Käufer beein-trächtigt. Es kommt also stets auf eine Gesamtschau aller relevanten Umstände an.

Grundsätzlich gilt: Unerheblich ist ein Mangel, wenn er leicht behebbar ist oder innerhalb kurzer Zeit von allein verschwindet[48]. Dies gilt auch für den Fall, dass sich aus dem Mangel nur eine geringfügige Beeinträchtigung der Einsatzfähigkeit des Pferdes ergibt.

Zusammengefasst hat der Rücktritt folgende Voraussetzungen:

ÜBERSICHT 4:
Voraussetzungen des Rücktrittsrechts im Überblick

1. Lieferung eines **zum Zeitpunkt des Gefahrübergangs mangelhaften Pferdes**
2. **Erheblichkeit des Mangels**
3. Nur **bei behebbaren Mängeln**:
   - **Fristsetzung** zur Nacherfüllung (sofern nicht entbehrlich)
   - **+ Ablauf** der Frist

Liegen die Voraussetzungen des Rücktritts vor, ist dieser vom Käufer zu **erklären**.

3.3.3 Rechtsfolgen

Die anwaltliche Erfahrung zeigt, dass sich viele Käufer vorschnell für einen Rücktritt vom Pferdekauf entscheiden. Nachdem sie diesen gegenüber dem Verkäufer erklärt haben, kommt es immer wieder dazu, dass sie im weiteren Verlauf der außergerichtlichen Klärung eine so enge Bindung zu dem Pferd aufbauen, die sie dazu veranlasst, von dem erklärten Rücktritt Abstand zu nehmen und lediglich eine Minderung vom Verkäufer zu verlangen. Diese Käufer werden spätestens bei der ersten Besprechung mit dem Anwalt ihres Vertrauens enttäuscht. Denn die Erklärung des Rücktritts kann nicht widerrufen werden. Mit anderen Worten: Wurde der Rücktritt erklärt, verliert der Käufer durch die bloße Erklärung sein grundsätzlich bestehendes Wahlrecht zwischen Minderung und Rücktritt.

Zum juristischen Hintergrund dieser wichtigen Rechtsfolge: Mit der Erklärung des Rücktritts vom Kaufvertrag wird der ursprüngliche Kaufvertrag in ein sogenanntes Rückgewährschuld-verhältnis umgewandelt, aufgrund dessen die Kaufvertragsparteien die empfangenen Leistun-gen zurückgewähren müssen; das Pferd wird vom Käufer Zug um Zug gegen Erstattung des Kaufpreises durch den Verkäufer an diesen zurückgegeben (§ 346 Abs. 1 BGB). Damit ent-fällt konsequenterweise der ursprünglich neben dem Rücktrittsrecht bestehende Anspruch des Käufers auf Minderung des Kaufpreises.

Hat der Käufer den Rücktritt rechtmäßig erklärt, kann er den bereits gezahlten Kaufpreis zurückverlangen. Seinerseits hat er das Pferd zurückzugeben und die gezogenen Nutzungen zu ersetzen, beispielsweise Gewinngelder oder Einnahmen aus der Vermietung des Pferdes im Schulbetrieb.

Der Verkäufer hat das Pferd auf seine Kosten und Gefahr an dem Ort abzuholen, an dem sich das Pferd vertragsgemäß befindet, i. d. R. also im Stall des Käufers (sogenannte „Holschuld").

Der Verkäufer muss das Pferd beim Käufer auf seine Kosten und sein Risiko abholen.

Hat der Käufer den Rücktritt wirksam erklärt, stellen sich für die Vertragsparteien folgende Fragen:

- **Den Verkäufer wird vor allem interessieren:**
  In welchem Umfang haftet der Käufer des Pferdes für eine Verschlechterung (vor allem für Krankheiten oder Rittigkeitsdefizite, die zu Besitzzeiten des Käufers eingetreten sind) oder den Tod des Pferdes?
- **Demgegenüber ist für den Käufer von Interesse:**
  Hat er einen Anspruch gegenüber dem Verkäufer auf Erstattung der Kosten, die er für das zurückzugebende Pferd aufgewendet hat?

I. Haftung des Käufers für eine Verschlechterung oder den Tod des Pferdes

Kann das Pferd nicht (aufgrund seines Todes) oder nur in einem schlechteren Zustand im Vergleich zum Zeitpunkt des Kaufes an den Verkäufer zurückgegeben werden, hat der Käufer grundsätzlich Wertersatz zu leisten (§ 346 Abs. 2 S. 1 Nr. 3 BGB). Der Käufer muss sich also bei seinem Anspruch auf Rückzahlung des Kaufpreises gegenüber dem Verkäufer den Wert oder die eingetretene Wertminderung des Pferdes entgegenhalten bzw. -rechnen lassen.

Kann das Pferd nicht oder nur in schlechterem Zustand zurückgegeben werden, muss der Käufer grundsätzlich Wertersatz leisten.

Diese Rechtsfolge erscheint auf den ersten Blick sehr belastend für den Käufer. Denn oft kommt es ohne ein fahrlässiges oder vorsätzliches Verhalten des Käufers – also rein zufällig – zu einer Verschlechterung des Pferdes. Man denke beispielsweise daran, dass ein gesundheitlicher Mangel des Bewegungsapparates vom Käufer gerügt worden ist, der dazu führt, dass das Pferd nur noch als Weidepferd gehalten werden kann. Baut das Pferd infolge dessen bis zur oft langwierigen Rücknahme durch den Verkäufer erheblich an Muskulatur ab und verliert es deswegen seine ursprünglich gute Rittigkeit, wäre es „nicht gerecht" (unbillig), dem Käufer diese Entwicklung anzulasten und ihm eine Wertersatzpflicht aufzuerlegen.

Der Gesetzgeber hat daher folgenden Interessenausgleich zwischen Käufer und Verkäufer geschaffen:
Danach entfällt die grundsätzlich bestehende Pflicht zum Wertersatz des Käufers,
a) sofern der Verkäufer die Verschlechterung oder den Tod des Pferdes zu vertreten hat
   oder
b) der Schaden auch beim Verkäufer eingetreten wäre, also beim Käufer rein zufällig entstanden ist (§ 346 Abs. 3 Nr. 2 BGB);
c) wenn die Verschlechterung oder der Tod bei dem Käufer eingetreten ist, obwohl dieser diejenige Sorgfalt beobachtet hat, die er in eigenen Angelegenheiten anzuwenden pflegt (§ 346 Abs. 3 Nr. 3 BGB).

Aus dem „Juristendeutsch" übersetzt:

- Hat der gerügte und zum Zeitpunkt des Gefahrübergangs bestehende Mangel zu einer Verschlechterung oder zum Tod des Pferdes geführt, hat der Käufer keinen Wertersatz zu leisten (a).

- Gleiches gilt für den Fall, dass das Pferd zufällig, z.B. an einer Kolik, erkrankt und infolgedessen eingeht (b).

- Die letztgenannte Voraussetzung (c) ist zu bejahen, wenn der Käufer mit dem zurückzugebenden Pferd so verfahren hat, wie er im Normalfall auch mit jedem anderen eigenen Pferd umgegangen wäre bzw. hätte umgehen müssen.

Demzufolge bleibt nur eine Möglichkeit bestehen, nach der der Anspruch des Käufers auf Rückgewähr des Kaufpreises um den Grad der Verschlechterung des Pferdes reduziert bzw. beim Tod des Pferdes ggf. auf Null gesetzt wird: die Verschlechterung oder der Tod des Pferdes infolge unsachgemäßer Behandlung durch den Käufer.

Der Käufer haftet nur dann auf Wertersatz, wenn er die Krankheit oder den Tod des Pferdes verschuldet, also fahrlässig oder vorsätzlich herbeigeführt hat.

Da dies in den meisten Fällen jedoch weder anzunehmen noch vom Verkäufer zu beweisen sein wird, kann der Käufer den gezahlten Kaufpreis vom Verkäufer zurückverlangen. Seinerseits ist er aber i. d. R. nicht dazu verpflichtet, dem Verkäufer Wertersatz für eine Verschlechterung oder den Tod des Pferdes zu leisten. Hieraus ergibt sich folgende **Faustformel**:

Hat der Käufer in diesen seltenen Fällen Wertersatz zu leisten, orientiert sich dessen Höhe am vereinbarten Kaufpreis (§ 346 Abs. 2 S. 2 BGB), der als Wert des mangelfreien Pferdes zugrunde zu legen ist. Hiervon muss in entsprechender Anwendung der Minderungsformel eine mangelbedingte Kürzung vorgenommen werden.

II.   Erstattung der vom Käufer aufgewendeten Kosten (notwendige Verwendungen)

In welchem Umfang ist der Verkäufer verpflichtet, dem Käufer die Kosten zu erstatten, die dieser für den Unterhalt des Pferdes zu tragen hatte? Als Anwälte sprechen wir von dem sprichwörtlichen „Rattenschwanz" an erstattungsfähigen Kosten, die auf den Verkäufer zukommen (können). Denn bis ein Kaufvertrag rückabgewickelt ist, vergehen oft viele Monate – ein Zeitraum, innerhalb dessen die Folgekosten eines Pferdes den Anschaffungspreis häufig übersteigen.

Dem Käufer sind die sogenannten notwendigen Verwendungen zu erstatten (§ 347 Abs. 2 S. 1 BGB). Unter diesen Begriff fallen sämtliche Aufwendungen, die der
- Erhaltung,
- Wiederherstellung und
- Verbesserung
der Kaufsache nach objektiven Maßstäben dienen.

Hierzu zählen
- **Futter-** und
- **Pensionskosten** sowie
- **Hufschmied-** und
- **Tierarztkosten**, auch z.B. für
- **Wurmkuren**[49].

Umstritten ist die Ersatzfähigkeit der Prämien einer **Tierhalterhaftpflichtversicherung**[50] als notwendige Verwendung. Da es sich hierbei nicht um eine Pflichtversicherung handelt (wenngleich deren Abschluss jedem Pferdehalter dringend zu empfehlen ist) und sie nicht der Erhaltung oder Verbesserung des Pferdes dient, schließen wir uns der Auffassung an, wonach eine Erstattungsfähigkeit nicht besteht.

Zu den notwendigen Verwendungen zählen u.a. Futter- und Unterstellkosten.

Zusammengefasst handelt es sich bei den notwendigen Verwendungen also um solche Kosten, die ansonsten der Verkäufer für den Unterhalt des Pferdes hätte aufbringen müssen und die nicht nur eigenen Zwecken des Käufers dienen[51]. Kosten für den **Reitunterricht** und den **Beritt** zählen somit nicht dazu. Der Käufer ist dazu verpflichtet, diese Kosten so gering wie möglich zu halten (sogenannte **Schadensminderungspflicht**).

Der Käufer hat Anspruch auf Ersatz der notwendigen Verwendungen.

Eigenleistungen des Käufers[52] haben im Bereich des Pferdehandels nur eine geringe Bedeutung. Zu denken wäre daran, dass ein professioneller Bereiter sein erworbenes Pferd zeitaufwendig trainiert hat (sofern dies aufgrund der Mangelhaftigkeit des Tieres möglich war) oder auch, dass ein Amateur-Trainer Ausbildungsarbeit an dem Pferd geleistet hat. Beide können diesen Anspruch nur geltend machen, wenn sie darlegen und beweisen, dass und in welcher Höhe sie bezahlt worden wären, wenn sie diese Arbeit in fremde Pferde investiert hätten.

Andere Aufwendungen des Pferdekäufers, die über die notwendigen Verwendungen hinausgehen – sogenannte **nützliche Verwendungen** –, sind dem Käufer nur zu ersetzen, wenn und soweit der Verkäufer durch diese bei Rückgabe des Pferdes bereichert wird (§ 347 Abs. 2 S. 2 BGB). Zu denken ist beispielsweise an einen (kostspieligen) Beritt, der allenfalls dann erstattungsfähig ist, wenn der Wert des Pferdes hierdurch erhöht wurde, der Verkäufer also einen Vermögensvorteil erlangt. Die praktische Bedeutung dieser Ausnahmetatbestände ist beim Pferdekauf jedoch gering, denn i. d. R. werden solche Mängel beanstandet, die eine Einsatzfähigkeit des Pferdes dauerhaft ausschließen.

Nützliche Verwendungen sind nur dann ersatzfähig, wenn der Verkäufer durch diese bereichert wird.

III. Nutzungen des Käufers

Eine weitere für den Verkäufer beim Rücktritt wichtige Frage lautet: *Muss sich der Käufer, der das Pferd trotz des Mangels noch eine Zeit lang nutzen konnte, diesen Vorteil finanziell anrechnen lassen?*

Man denke an einen unerkannten Mangel im Bereich des Bewegungsapparates (z.B. gravierende röntgenologische Befunde im Sinne von Spat oder Arthrose), der sich erst zwei oder drei Monate nach der Übergabe durch eine Lahmheit des Pferdes äußert.

Die eingangs gestellte Frage ist im Sinne des Verkäufers dahingehend zu beantworten, dass sich der Käufer die von ihm gezogenen Nutzungen anrechnen lassen muss. **In welcher Höhe sind diese Nutzungen zu veranschlagen?**

Wurde das Pferd **hobbymäßig reiterlich genutzt** oder hätte es zumindest genutzt werden können, bietet der objektive Mietwert eines Pferdes einen tauglichen Anhaltspunkt. So kann der vom Käufer zu ersetzende Gebrauchsvorteil mit den Kosten für die Bereitstellung eines vergleichbaren Pferdes angesetzt werden[53], die bei einem durchschnittlichen Freizeit- und Turnierpferd der unteren Klassen bei **5,– € bis 10,– € pro Tag** liegen und in etwa den täglichen Unterhaltskosten entsprechen[54].

Die private Verwendung des Pferdes zum Reiten gilt als Nutzung, die sich der Käufer anrechnen lassen muss.

So verhältnismäßig einfach sich der Wert der Nutzungen bei einem durchschnittlichen Freizeit- und Turnierpferd mit der o.g. Faustformel festlegen lässt, so schwierig ist dies bei einem hochklassigen Turnierpferd. Hier ist im Streitfall ein Sachverständiger gefragt.

Zu den Nutzungen zählen auch Deckgelder oder Einnahmen aus der Vermietung als Schulpferd.

Bedeutung kommt auch dem Ersatz tatsächlich gezogener Nutzungen zu, wenn das **Pferd zeitweise vermietet** worden ist. In diesem Fall sind die erzielten Einnahmen an den Verkäufer herauszugeben. Hat das Pferd trotz des Mangels **Deckgelder** eingebracht oder die verkaufte Stute ein Fohlen geboren, sind diese ebenfalls zu ersetzen bzw. das **Fohlen** an den Verkäufer herauszugeben (§§ 346 Abs. 1, 100 BGB).

Gewinngelder sind u. E. nicht vom Käufer zu erstatten[55]. Denn zum einen handelt es sich hierbei nicht um Vorteile aus dem Gebrauch des Tieres[56]; zum anderen beruhen diese zu einem wesentlichen Teil auf den Fähigkeiten des Reiters[57]. Etwas anderes mag allenfalls dann gelten, wenn es sich um ein Rennpferd handelt, das aufgrund seiner herausragenden Qualitäten mit beinahe jedem Jockey den Sieg davongetragen hätte.

Kaum von praktischer Relevanz im Pferdehandel, daher nur der Vollständigkeit halber zu erwähnen: Muss der Käufer auch dann Wertersatz leisten, wenn er Nutzungen aus dem Pferd nicht gezogen hat, die er bei einer „ordnungsgemäßen Wirtschaft" hätte ziehen können (§ 347 Abs. 1 S. 1 BGB)? Der Erwerber eines mangelhaften Pferdes wird nur selten in der Lage sein, es dauerhaft in zweckmäßiger Weise zu nutzen. Eine **Ersatzpflicht für unwirtschaftlich nicht gezogene Nutzungen** kommt daher nur in Ausnahmefällen in Betracht. Zu denken ist daran, dass eine Stute, die zu Sport- und Zuchtzwecken verkauft wurde, wegen Lahmheit nicht geritten werden kann, ersatzweise jedoch hätte gedeckt werden können. Entsprechendes gilt, wenn mit einem Hengst Deckeinnahmen hätten erzielt werden können. Hier müssen die Gerichte unter Berücksichtigung sämtlicher Umstände des Einzelfalles entscheiden.

Zusammengefasst ergibt sich folgender vereinfachter **Leitfaden** für die Leistungen, die im Falle des wirksam erklärten Rücktritts wechselseitig zu erstatten sind:

■ Ü BERSICHT 5:
Wechselseitig zu erstattende Leistungen

1. **Vom Verkäufer an den Käufer sind zu leisten:**
   • **notwendige Verwendungen** (vgl. Ziffer 2)
   • **nützliche Verwendungen**, sofern der Verkäufer hierdurch einen Vermögensvorteil erlangt (wenig praktische Relevanz, vgl. Ziffer 2)
2. **Vom Käufer an den Verkäufer sind zu leisten:**
   • **Wertersatz**, wenn das Pferd aufgrund eines vorsätzlichen oder fahrlässigen Verhaltens des Käufers eingegangen ist oder sich dessen Zustand durch ein Fehlverhalten des Käufers verschlechtert hat (vgl. Ziffer 1)
   • **gezogene Nutzungen** (vgl. Ziffer 3)
   • **nicht gezogene Nutzungen**, sofern diese vom Käufer aus dem Pferd hätten gezogen werden können (wenig praktische Relevanz, vgl. Ziffer 3)

Abschließend ein kurioses Fallbeispiel, das eine ganze Reihe der mit der Rückabwicklung des Kaufvertrages verbundenen Probleme aufzeigt:

Beispiel 15:
D ER F ALL [58]:
Die Käuferin erwirbt eine Quarter Horse Stute zum Preis von 13.000,– €. 7.000,– € finanziert sie mit Hilfe eines Bankkredits, 5.000,– € durch den Verkauf ihres Pferdes. Da ihr von der Verkäuferin zusätzlich eine kostenlose Bedeckung für die Stute versprochen wird, soll das zu erwartende Fohlen verkauft und aus dem Erlös € 1.000,– auf den Kaufpreis angerechnet werden. Die Käuferin plant mit dem Pferd wenige Monate nach dem Kauf, die Trainer C-Prüfung im Westernreiten abzulegen. Dies ist wegen einer wenige Wochen nach Übergabe auftretenden Lahmheit aufgrund einer Gleichbeinerkrankung jedoch nicht möglich. In der Folge wird zudem eine Hufknorpelverknöcherung festgestellt und das Pferd unreitbar.
Die Käuferin erklärt den Rücktritt vom Kaufvertrag, die Verkäuferin verweigert die Rücknahme. Um die Trainer-C-Prüfung doch noch – zwanzig Monate später – ablegen zu können, erwirbt die Käuferin ein neues Pferd, für dessen Finanzierung sie wiederum ein Darlehen aufnimmt. Ein knappes Jahr später – fast drei Jahre nach dem Kauf – muss die ursprünglich erworbene Quarter Horse Stute wegen einer Lungen-, Bauch- und Rippenfellentzündung eingeschläfert werden.
Im Wege der Klage macht die Käuferin u.a. folgende Erstattungen geltend:
1. **Kaufpreis sowie Zinsen für den aufgenommenen Kredit**
2. **Pensionskosten für die Unterstellung der Stute**
3. **Tierarztkosten für die Behandlung der Stute**
4. **Kosten für den Hufschmied**
5. **Kosten für einen orthopädischen Hufbeschlag**
6. **Prämien der Tierhalterhaftpflicht-Versicherung**
7. **Kilometergeld für Fahrten zu Gutachtern und dem Hufschmied**
8. **Tierarztkosten für das Einschläfern der Stute**

DIE LÖSUNG:

Das Landgericht Münster erachtete die Klage für überwiegend begründet, insbesondere sei der Rücktritt wirksam erklärt worden. Zu den Kostenpositionen wird Folgendes ausgeführt:

Zu 1.:

Der Käuferin steht die **Rückzahlung des Kaupreises** zu. Auf die **Zinsen für den Kredit** hatte sie mangels substantiierten Vortrags (sie konnte keine Kontoauszüge etc. vorlegen) keinen Anspruch.

Zu 2., 3., 4., 5.:

Diese Positionen sind als **notwendige Verwendungen** ersatzfähig (§ 347 Abs. 2 BGB).
Das Gericht verweist zudem darauf, dass die Verpflichtung zum Wertersatz ausgeschlossen sei, da der Tod des Pferdes auch bei der Verkäuferin eingetreten wäre (§ 346 Abs. 3 Nr. 2 BGB). Die Stute sei schließlich an einer Infektionskrankheit verendet, bei der es sich um ein allgemeines Risiko eines jeden Tieres handelt, das nicht speziell dem Risikobereich der Käuferin zuzuordnen ist. Ein Verschulden der Käuferin sei nicht ersichtlich.

Zu 6:

Auch die Prämien der **Tierhalterhaftpflichtversicherung** wurden ersetzt (§ 347 Abs. 2 BGB); zwar handele es sich nicht um Vermögensaufwendungen, die der Wiederherstellung, Erhaltung oder Verbesserung des Pferdes dienen. Sie seien jedoch (entgegen der von uns vertretenen Ansicht) für eine ordnungsgemäße Unterhaltung des Pferdes notwendig[59].

Zu 7:

Die **Fahrtkosten zum Schmied** sind als notwendige Verwendungen ersatzfähig (§ 347 Abs. 2 BGB). Nicht hingegen stehe der Käuferin ein Anspruch für die **Fahrtkosten zum Gutachter** zu. Insoweit handele es sich um Kosten der Beweisaufnahme bzw. des gerichtlichen Verfahrens, die der Käuferin für die Wahrnehmung der Gerichtstermine entstanden sind. Diese müsse sie im Rahmen der Prozesskosten geltend machen.

Zu 8:

Die **Tierarztkosten für das Einschläfern der Stute** sind erstattungsfähig (§ 347 Abs. 2 BGB). Ist das Einschläfern notwendig, ist auch dies eine notwendige Verwendung, die auch bei der Verkäuferin angefallen wäre.

3.3.4 Verhältnis zu den übrigen Rechten des Käufers

Der Käufer, der einmal den Rücktritt erklärt hat, kann diesen – wie bereits erwähnt – zu einem späteren Zeitpunkt nicht mehr zurücknehmen und stattdessen Minderung verlangen.

Das Recht des Käufers, neben dem wirksam erklärten Rücktritt Schadens- oder Aufwendungsersatz zu verlangen, sofern die Voraussetzungen hierfür vorliegen, wird demgegenüber nicht berührt (§ 325 BGB).

3.4 Minderung (§§ 437 Nr. 2, 441 BGB)

3.4.1 Überblick und Voraussetzungen

Statt vom Kaufvertrag zurückzutreten, kann der Käufer den Kaufpreis durch Erklärung gegenüber dem Verkäufer mindern (§ 441 BGB).

Diese Möglichkeit war im früheren Viehmängelrecht gesetzlich nicht vorgesehen, weil die Kaufpreisminderung bei einem Lebewesen als nicht marktgerecht angesehen wurde. Zudem wollte der Gesetzgeber Schwierigkeiten vermeiden, die bei der Wertermittlung von Vieh auftreten können. Heutzutage entspricht es jedoch häufig dem Interesse des Käufers, das lieb gewonnene Tier trotz des Mangels zu behalten und nur die Erstattung des Minderwertes zu verlangen.

Aus der vom Gesetzgeber gewählten Formulierung *„statt zurückzutreten"* ergibt sich zum einen, dass die gleichen Voraussetzungen vorliegen müssen wie beim Rücktritt. Zum anderen folgt daraus, dass es sich um ein Wahlrecht des Käufers handelt; Rücktritt und Minderung schließen einander aus.

Der Käufer ist auch zur Minderung erst nach erfolgloser Fristsetzung zur Nacherfüllung berechtigt, sofern nicht eine Ausnahme von diesem Grundsatz vorliegt. Dies wird beim Pferdekauf meist der Fall sein. Abweichend von den Vorschriften über den Rücktritt kann der Käufer sein Minderungsrecht auch bei unerheblichen Mängeln ausüben.

Auch bei nur unerheblichen Mängeln kann der Käufer den Kaufpreis mindern.

> ■ **Übersicht 6:**
> **Voraussetzungen der Minderung im Überblick**
>
> 1. Lieferung eines **zum Zeitpunkt des Gefahrübergangs mangelhaften Pferdes**
> 2. **Erklärung** der Minderung
> 3. **Nur bei behebbaren Mängeln:**
>   - **Fristsetzung** zur Nacherfüllung (sofern erforderlich)
>   - + erfolgloser **Ablauf** dieser Frist

3.4.2 Berechnung

Minderung bedeutet entgegen landläufiger Meinung nicht, dass der Käufer anstelle des vereinbarten Kaufpreises lediglich den wirklichen Wert des (mangelhaften) Pferdes zu zahlen hat. Vielmehr ist der Kaufpreis in dem Verhältnis herabzusetzen, *„in welchem zur Zeit des Vertragsschlusses der Wert der Sache in mangelfreiem Zustand zu dem wirklichen Wert gestanden haben würde"* (§ 441 Abs. 3 S. 1 BGB).

Diese auf den ersten Blick umständliche gesetzliche Formulierung lässt sich in folgender **Formel** zusammenfassen:

$$\text{Geminderter Kaufpreis} = \frac{\text{Wert des Pferdes mit Mangel} \times \text{vereinbarter Kaufpreis}}{\text{Wert des Pferdes ohne Mangel}}$$

Diese umständlich erscheinende Berechnungsmethode ist sinnvoll und interessengerecht: Hat der Käufer einen günstigen Kaufpreis gezahlt, der unter dem Wert des Pferdes ohne Mangel liegt, würde er benachteiligt, wenn er infolge der Minderung den tatsächlichen Wert des Pferdes (mit Mangel) bezahlen müsste. Zugleich werden die Interessen des Verkäufers berücksichtigt, wenn dieser „ein gutes Geschäft" gemacht und das Pferd zu einem über dessen Wert ohne Mangel liegenden Preis verkauft hat.

Einen Überblick geben die folgenden Beispiele:

Beispiel 16:

Der Käufer, der ein Pferd für 9.000,– € gekauft hat, will den Kaufpreis wegen einer chronischen Erkrankung des Tieres mindern. Der Verkäufer will sich nur auf eine Minderung von 9.000,– € auf 8.000,– € einlassen, da das mangelhafte Pferd diesem Wert entspricht. Der Käufer strebt jedoch eine höhere Minderung an, da er meint, das Pferd habe ohne den Mangel einen Wert von 12.000,– €. Unterstellt, dass die genannten Zahlen korrekt sind, ergibt sich folgende Berechnung:

$$\text{Geminderter Kaufpreis} = \frac{8.000\ € \times 9.000\ €}{12.000\ €} = 6.000\text{,-}\ €$$

Der Käufer kann den Kaufpreis folglich um 3.000,– € auf 6.000,– € mindern. Hätte er den tatsächlichen Wert des Pferdes zu zahlen, wäre er benachteiligt, denn die Minderung würde dann nur 1.000,– € betragen.

Auf der anderen Seite würden die Interessen des Verkäufers nicht hinreichend berücksichtigt, wenn er „ein gutes Geschäft" gemacht hat und das Pferd zu einem über dessen Wert (ohne Mangel) liegenden Preis verkauft hat.

Beispiel 17:

Der Verkäufer hat für das Pferd im o.g. Beispielsfall einen Kaufpreis von 15.000,– € erzielt. Der geminderte Kaufpreis berechnet sich wie folgt:

$$\text{Geminderter Kaufpreis} = \frac{8.000\ € \times 15.000\ €}{12.000\ €} = 10.000\ €$$

Der Käufer kann den Kaufpreis folglich um 5.000,– € auf 10.000,– € mindern. Hätte der Käufer in diesem Fall nur den tatsächlichen Wert des Pferdes zu zahlen, wäre der Verkäufer benachteiligt, da die Minderung dann 7.000,– € betragen würde.

Minderung ist nicht die Reduzierung des Kaufpreises auf den Marktwert unter Berücksichtigung des Mangels, sondern die Reduzierung des vereinbarten Kaufpreises durch entsprechende Bewertung des Mangels.

Die Beispiele haben verdeutlicht, dass die finanziellen Interessen sowohl des Käufers als auch des Verkäufers nur dann gewahrt bleiben, wenn der Wert des Pferdes ohne Mangel zum vereinbarten Kaufpreis in Relation gesetzt wird.

Es liegt auf der Hand, dass bei Minderungsstreitigkeiten hippologische Sachverständige gefragt sind. Das Gesetz sieht allerdings auch vor, dass die Minderung durch Schätzung ermittelt werden kann (§ 441 Abs. 3 S. 2 BGB), was beim Pferdekauf aufgrund der meist schwierigen und komplexen Wertermittlung nur selten der Fall ist.

Nach anwaltlicher Erfahrung kommt es in den meisten Fällen jedoch nicht zur Erstellung eines Minderungsgutachtens. Stattdessen einigen sich die Kaufvertragsparteien häufig auf einen Vergleich über die Höhe der Minderung. Es gibt daher nur wenige Urteile, die sich mit dem Minderungsrecht des Pferdekäufers beschäftigen.

3.4.3 Wertminderungstabellen

Kontrovers diskutiert wird über Wertminderungstabellen, die als Hilfestellung bei der Bewertung von Mängeln dienen sollen. So wurden in der Fachliteratur für eine Vielzahl vornehmlich gesundheitlicher Normabweichungen prozentuale Wertminderungen vorgeschlagen[60].

Folgende Tabellen seien beispielhaft und auszugsweise vorgestellt:

Minderung – chronische Gelenkerkrankungen[61] (Zahlenangaben in Prozent)**:**

Befund	Sportpferd	Freizeitpferd	Zuchtpferd
mit Lahmheit[62]	80 – 100	80 – 100	30 – 50
ohne Lahmheit (Röntgenklasse IV)	60 – 90	50 – 90	50 – 70
mit Lahmheit (Röntgenklasse IV)	90 – 100	90 – 100	70 – 90

Während in den Wertminderungstabellen der Autoren aus dem Jahre 2003 auch röntgenologischen Befunden der Klasse II und III eine prozentuale Wertminderung zugeordnet worden ist, sollen nunmehr lediglich noch Befunde der Klasse IV zu einer Wertminderung führen; Befunde der Klasse III oder darunter nur im Falle einer darauf beruhenden Lahmheit. Gleiches gelte für das Podotrochlose-Strahlbein-Syndrom und Kissing Spines[63].

Diesem Ansatz ist vor allem im Hinblick auf das Marktgeschehen mit Skepsis zu begegnen. Die Mehrzahl der Käufer reagiert auf entsprechende Abweichungen, die insbesondere der Röntgenklasse III zuzuordnen sind, vor allem bei jungen Pferden mit deutlich reduzierten Kaufangeboten.

Man stelle sich folgendes Beispiel vor: Ein junges Pferd wird aufgrund der Ergebnisse einer tierärztlichen Kaufuntersuchung veräußert. Der Kaufvertrag sieht vor, dass sich die gesundheitliche Beschaffenheit aus dem Protokoll des kaufuntersuchenden Tierarztes ergibt. Der Tierarzt stellt in den Sprunggelenken des Pferdes geringfügige röntgenologische Abweichungen fest, die er (unzutreffend) beschreibt und infolgedessen der Röntgenklasse I-II zuordnet. Tatsächlich übersieht er jedoch Befunde, sodass sich nachträglich herausstellt, dass das Pferd

Veränderungen in den Sprunggelenken aufweist, die der Klasse III zuzuordnen sind. Aufgrund der kaufvertraglichen Vereinbarungen liegt eindeutig eine Abweichung der Soll-Beschaffenheit (= beschriebene Befunde der Klasse I-II) von der Ist-Beschaffenheit (= übersehene Befunde der Klasse III) vor. Der Käufer möchte das Pferd dennoch behalten und den Kaufpreis mindern. Nach den hier vorgestellten Tabellen liegt in diesem Fall keine Minderung, wohl aber ein Sachmangel des Pferdes vor. Ein untragbarer, da nicht mit dem Marktgeschehen vereinbarer Zustand, der zeigt, dass mit den Tabellen kritisch umzugehen ist.

Minderung – chronisch obstruktive Bronchitis[64] (Zahlenangaben in Prozent)**:**

Befund	Sportpferd	Freizeitpferd	Zuchtpferd
Symptome Geringgradig	20 – 30	10 – 20	10 – 20
Symptome Mittelgradig	30 – 50	20 – 40	20 – 30
Symptome Hochgradig	80 – 100	70 – 90	50 – 80

Minderung – Koppen[65] (Zahlenangaben in Prozent)**:**

Befund	Sportpferd	Freizeitpferd	Zuchtpferd
Aufsetzkopper	10 – 40	30 – 40	40 – 60
Freikopper oder Windschnapper	20 – 60	50 – 60	60 – 80

Derartige Wertminderungstabellen können daher lediglich eine grobe Orienterungshilfe bei der Ermittlung (Taxation) einer Minderung geben, was im Übrigen auch der Intention der Autoren entspricht. Die Ermittlung der konkreten Wertminderung muss der Fachkunde eines Sachverständigen vorbehalten bleiben und hat auf der Grundlage des Einzelfalles sachgerecht, nachvollziehbar und verständlich zu erfolgen. Die einfache Übernahme einer pauschalen Prozentangabe aus derartigen Tabellen ist dafür ungeeignet.

Auch die Minderung muss gegenüber dem Verkäufer erklärt werden. Diese Erklärung ist bindend und kann nicht widerrufen werden.

3.4.4 Erklärung der Minderung
Hat sich der Käufer für die Minderung entschieden, muss er diese gegenüber dem Verkäufer erklären (§ 441 Abs. 1 BGB). Da es sich hierbei um ein Gestaltungsrecht handelt, ist die Erklärung ab ihrem Zugang beim Verkäufer unwiderruflich (§ 130 BGB).

3.4.5 Verhältnis zu den übrigen Rechten des Käufers
Wie bereits erwähnt, kann der Käufer entweder vom Vertrag zurücktreten oder den Kaufpreis mindern.

Demgegenüber kann der Käufer neben der Minderung einen Anspruch auf Schadensersatz für etwaige Mangelfolgeschäden beanspruchen; man denke an die Erstattung von Tierarztkosten, die ihm dadurch entstehen, dass er ein krankes Pferd erwirbt, das andere Pferde in seinem Stall ansteckt.

3.5 Schadensersatz (§§ 437 Nr. 3, 440, 280, 281, 283 BGB)

Neben dem Rücktritt und dem Minderungsrecht kann der Käufer auch Schadensersatz verlangen (§ 437 Nr. 3 BGB). Er hat dann Anspruch darauf, vom Verkäufer finanziell so gestellt zu werden, als ob dieser ihm ein mangelfreies Pferd geliefert hätte. Der Gesetzgeber hat hierfür ein diffiziles System entwickelt, indem er wie folgt unterscheidet:

I. **Schadensersatz statt der Leistung**
   a) „Kleiner Schadensersatz"
   b) „Großer Schadensersatz"
II. **Schadensersatz wegen Mangelfolgeschäden**
III. **Schadensersatz wegen Verzögerung der mangelfreien Leistung**

3.5.1 Umfang der Schadensersatzansprüche
Zum besseren Verständnis zäumen wir das Pferd sprichwörtlich von hinten auf und werfen einen Blick auf die Schadenspositionen, die hinter diesen drei Fallgruppen stecken. Sowohl für Käufer als auch für Verkäufer ergibt sich daraus ein Leitfaden über den Umfang der Schadensersatzansprüche. Soviel vorab: Beansprucht der Käufer Schadensersatz, ist dies für den Verkäufer finanziell meist deutlich belastender als die Folgen des Rücktritts oder der Minderung.

I. Schadensersatz statt der Leistung

a) „Kleiner Schadensersatz"
Fordert der Käufer Schadensersatz statt der Leistung, so hat er die Möglichkeit, das **mangelhafte Pferd** zu **behalten** und den Minderwert ersetzt zu bekommen. Ohne Anspruch auf Vollständigkeit umfasst dieser Schadensersatzanspruch:

> ▌ ÜBERSICHT 7:
> Der „kleine Schadensersatz" umfasst:
>
> ● den **Minderwert** des mangelhaften Pferdes,
>   berechnet wie bei der Minderung (§§ 437 Nr. 2, 441 BGB), *oder*
> ● den **Minderwert**,
>   berechnet nach den Kosten, die die Mangelbeseitigung, z.B. durch tierärztliche Behandlungen oder Korrekturberitt, verursacht. Diese Alternative ist empfehlenswert, sofern diese Kosten höher sind als der Minderungsbetrag.

- die **Kosten der Feststellung von Mangel und Schadensumfang**, z.B. durch tierärztliche Untersuchungen
- **entgangene Nutzungsmöglichkeiten** während der Zeit der Mangelbeseitigung
  Beachte: Diese sind nur ersatzfähig bei einem erwerbswirtschaftlichen Einsatz des Pferdes (z.B. als Schulpferd). Bei privat genutzten Tieren verneint die Rechtsprechung – anders als bei Kfz – den Ersatz eines Nutzungsausfallschadens[66].
- unmittelbar **auf dem Mangel beruhende sonstige Vermögensschäden**, z.B. Schadensersatzansprüche gegenüber einem „Endabnehmer", an den der Käufer das Pferd weiterveräußert hat[67]
- den **entgangenen Gewinn** (§ 252 BGB) aus einer wegen des Mangels gescheiterten Weiterveräußerung des Pferdes.

Es liegt auf der Hand, dass beim kleinen Schadensersatz kein Anspruch auf Ersatz der gewöhnlichen Unterhaltungskosten besteht, da der Käufer sich dazu entschlossen hat, das Pferd trotz des Mangels zu behalten und diese Kosten auch bei mangelfreier Lieferung entstanden wären.

b) „Großer Schadensersatz"

Möchte der Käufer **das Pferd nicht behalten**, sondern es an den Verkäufer zurückgeben, kann er bei einem erheblichen Mangel (§ 281 Abs. 1 S. 3 BGB) den „großen Schadensersatz" beanspruchen. Der Käufer hat in diesem Fall Anspruch auf Ersatz sämtlicher Schäden, die ihm durch den Erwerb des mangelhaften Pferdes entstanden sind.

> **ÜBERSICHT 8:**
> **Der „große Schadensersatz" umfasst:**

- die **Rückzahlung** des gesamten **Kaufpreises** zuzüglich Zinsen
- **Fahrtkosten** zum Verkäufer und **Transportkosten** zur Verbringung des Pferdes in den Stall des Käufers nach Kaufvertragsabschluss
- die Kosten der **Feststellung von Mangel und Schadensumfang**, z.B. durch tierärztliche Untersuchungen
- Ersatz der bis zur Rückgabe entstandenen **Futter-, Unterbringungs-, Tierarzt- und Hufschmiedekosten**
  (wie beim Rücktritt)
- **Transportkosten** zum Tierarzt
- unmittelbar **auf dem Mangel beruhende sonstige Vermögensschäden**, z.B. Schadensersatzansprüche gegenüber einem „Endabnehmer", an den der Käufer das Pferd weiterveräußert hat
- die **Kosten** der Beschaffung eines gleichwertigen **Ersatzpferdes**. Dazu gehören **Fahrt- und Transportkosten, Kosten der tierärztlichen Kaufuntersuchung, Zeitungsinserate, Vermittlungsprovisionen** etc. Für den Käufer ist es jedoch schwierig zu beweisen, dass er für das Ersatzpferd einen **höheren Kaufpreis zahlen muss**. Findet er nur ein teureres Ersatzpferd, kann dies viele Gründe haben, die nicht zwingend dem Verkäufer anzulasten sind[68]. Hier ist im Streitfall ein Sachverständiger gefragt.

- **entgangener Gewinn** (§ 252 BGB) aus einer wegen des Mangels gescheiterten Weiterveräußerung.

Auf den Schadensersatz statt der Leistung sind die für den Rücktritt geltenden Vorschriften entsprechend anwendbar. Kann das Pferd also nur
- in verschlechtertem Zustand oder
- aufgrund seines Todes nicht mehr zurückgegeben werden oder
- sind dem Käufer Nutzungen anzurechnen,

ist auf die Ausführungen zum Rücktritt (SIEHE KAPITEL 3.3) zu verweisen.

Bei behebbaren Mängeln ist der Vorrang der Nacherfüllung zu beachten: Erst nach erfolglosem Ablauf einer angemessenen Frist kann der Käufer Schadensersatz verlangen (§ 281 Abs. 1 S. 1 BGB). Demgegenüber entfällt die Pflicht des Käufers zur Setzung einer Nachfrist bei nicht behebbaren Mängeln[69], da eine Fristsetzung in diesen Fällen nur „Förmelei" wäre.

Bei unbehebbaren Mängeln entfällt die Pflicht zur Fristsetzung.

II. Schadensersatz wegen Mangelfolgeschäden
Mangelfolgeschäden sind die Schäden, die selbst bei ordnungsgemäßer Beseitigung des Mangels bestehen bleiben würden:

ÜBERSICHT 9:
Mangelfolgeschäden umfassen:

- **Schäden an anderen Rechtsgütern des Käufers**
  Ein solcher Schaden kann insbesondere in der **Ansteckung eines Tierbestandes durch das mangelhafte Pferd** liegen. Zu ersetzen sind dann z.B. die Kosten der tierärztlichen Behandlung der infizierten Tiere oder der Wert eines infolge der Infektion verendeten Tieres oder eine eingetretene Wertminderung.

  HIERZU FOLGENDES BEISPIEL:
  Der Käufer erwirbt von dem Verkäufer ein – wie sich nach der Übergabe herausstellt – krankes Pferd, das einen wertvollen und zum Verkauf stehenden Hengst in seinem Stall ansteckt. Infolgedessen kann der Käufer seinen Hengst nicht wie beabsichtigt für 50.000,– € verkaufen. Einige Monate später, nachdem die Krankheit wieder auskuriert ist, erzielt der Käufer lediglich noch einen Preis i.H.v. 35.000,– €. Der Käufer kann neben den Tierarztkosten vom Verkäufer auch Ersatz des ihm entgangenen Verkaufserlöses i.H.v. 15.000,– € beanspruchen.

- Nutzungsausfall
  s.o. zum „kleinen Schadensersatz"
- (Gutachter-)Kosten zur Feststellung des Mangels

Auch bei Mangelfolgeschäden ist eine Fristsetzung entbehrlich, da es sich um Schadenspositionen handelt, die de facto eingetreten sind und auch durch Nacherfüllung nicht beseitigt werden könnten.

III. Schadensersatz wegen Verzögerung der mangelfreien Leistung

Hierzu ist vor allem an den Fall zu denken, dass die Nacherfüllung bereits durch den Käufer erfolglos verlangt wurde und dieser daraufhin einen Rechtsanwalt einschaltet[70]. Solche Kosten der Rechtsverfolgung sind als typischer Verzögerungsschaden ersatzfähig (§§ 437 Nr. 3, 280 Abs. 1, 2, 286 BGB).

3.5.2 „Verantwortlichsein" des Verkäufers als gemeinsame Voraussetzung der Schadensersatzansprüche

Wie die übrigen Sachmängelrechte setzen auch die Schadensersatzansprüche die Lieferung eines zum Zeitpunkt der Übergabe mangelhaften Pferdes voraus. Darüber hinaus muss der Käufer stets prüfen, ob eine Fristsetzung erforderlich ist und dem Verkäufer eine solche im Zweifelsfall setzen. Worin also unterscheiden sich die Schadensersatzansprüche von den übrigen Sachmängelrechten?

Der Überblick über die Rechtsfolgen hat gezeigt, dass Schadensersatzansprüche den Verkäufer wesentlich empfindlicher belasten können als der Rücktritt oder die Minderung. Zum Schutz des Verkäufers hat der Gesetzgeber deswegen eine zusätzliche Voraussetzung geschaffen, die erfüllt sein muss, wenn der Käufer Schadensersatz verlangt:

Der Verkäufer muss die Lieferung des mangelhaften Pferdes „zu verantworten" haben (§ 280 Abs. 1 S. 2 BGB). Diese Verantwortlichkeit wird als „Vertretenmüssen" bezeichnet. Anders ausgedrückt: Es geht darum, ob dem Verkäufer vorzuwerfen ist, dass er vorsätzlich oder fahrlässig ein mangelhaftes Pferd geliefert hat.

Vorsatz setzt, vereinfacht gesagt, voraus, dass der Verkäufer wissentlich und willentlich ein mangelhaftes Pferd geliefert hat. Dies kommt natürlich nur selten vor und ist schwierig für den Käufer zu beweisen.

Hätte der Verkäufer die Mangelhaftigkeit des Pferdes erkennen müssen?

Meist steht daher der Vorwurf der Fahrlässigkeit im Raum, also die Frage, ob der Verkäufer die Mangelhaftigkeit des Pferdes hätte erkennen müssen.

Der Verkäufer muss beweisen, dass er die Lieferung des mangelhaften Pferdes nicht zu vertreten hat.

An der Entstehung des Mangels kann der Verkäufer daher unschuldig sein. Es geht vielmehr darum festzustellen, ob er zumindest fahrlässig verkannt bzw. nicht verhindert hat, dass er ein mangelhaftes Pferd liefert. Genau hierin besteht seine Pflichtverletzung. Wichtig für den Verkäufer zu wissen: Nicht der Käufer muss das Vertretenmüssen beweisen, sondern der Verkäufer den Entlastungsbeweis erbringen (§ 280 Abs. 1 S. 2 BGB).

Hierzu gehört der **Nachweis des Verkäufers**, dass er

- für die **Entstehung des Mangels nicht verantwortlich** ist

  und

- zum Zeitpunkt der Übergabe **keine Kenntnis von der Mangelhaftigkeit** des Pferdes hatte[71]

  und

- **keinerlei Anhaltspunkte oder Verdachtsmomente** für die Mangelhaftigkeit hatte und auch nicht haben konnte (wie z.B. bei symptomfreien röntgenologischen Befunden) *oder*

- den **Käufer** über etwaige **Verdachtsmomente aufgeklärt** hat.

Hat der Verkäufer alles Erforderliche getan, um dem Käufer ein mangelfreies Pferd zu verschaffen, liegt kein Vertretenmüssen vor.

Wir können diese Punkte auch unter der pauschalen Beweisfrage zusammenfassen, ob der Verkäufer alles Erforderliche getan hat, um dem Käufer ein mangelfreies Pferd zu verschaffen.

Dabei spielen vor allem die Sachkunde und Kenntnisse des Verkäufers sowie die Höhe des Kaufpreises eine Rolle. Je mehr Fachkenntnisse und Wissen der Verkäufer hat, desto höher sind die an ihn anzulegenden Sorgfaltsmaßstäbe.

Damit wird die bedeutsame Folgefrage aufgeworfen, ob und gegebenenfalls welche Untersuchungspflichten den Pferdeverkäufer treffen. Im Pferdehandel kommt insbesondere die tierärztliche Kaufuntersuchung in Betracht. Es ist jedoch anerkannt, dass keine generelle Pflicht des Verkäufers besteht, eine solche in Auftrag zu geben[72].

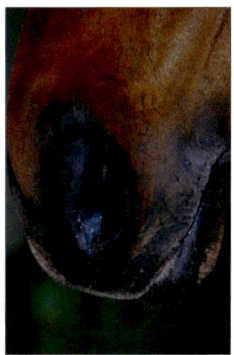

Drängen sich dem Verkäufer hingegen Verdachtsmomente auf, die das Bestehen eines Mangels vermuten lassen, sollte er diesen nachgehen und das Pferd entsprechenden Untersuchungen unterziehen. **Verdachtsmomente** können z.B. sein:

- Umfangsvermehrungen im Bereich der Gliedmaßen,
- klammer Gang,
- Husten oder
- (leichter) Nasenausfluss.

Leichter Nasenausfluss kann ein aufklärungsbedürftiger Verdachtsmoment für einen bestehenden Mangel sein.

Teilt der Verkäufer seinen Verdacht mit, genügt dies als Aufklärung, insbesondere wenn er dabei erwähnt, dass er eine tierärztliche Untersuchung noch nicht veranlasst hat[73]. Diese Aufklärung gegenüber dem Käufer sollte zu Beweiszwecken schriftlich erfolgen.

Verletzt der Verkäufer diese Aufklärungspflicht kann sich hieraus ein eigenständiger Schadensersatzanspruch des Käufers ergeben. Hierzu folgender Überblick:

■ **Übersicht 10:**
Inhalt und Umfang der Aufklärungspflicht des Verkäufers:

1. **Fragt der Käufer gezielt nach bestimmten Umständen** oder legt er für den Verkäufer erkennbar Wert auf bestimmte Eigenschaften, so ist eine Aufklärungspflicht diesbezüglich zu bejahen.
So muss nach einem Urteil des Landgerichts Darmstadt[74] wahrheitsgemäß über eine bekannte Beinoperation des Pferdes aufgeklärt werden, wenn der Käufer sich nach einer Beinverdickung des Tieres erkundigt.
2. Im Übrigen ist zu prüfen, ob es sich um **Umstände** handelt, **die für den Käufer von entscheidender Bedeutung sind**, sodass er eine Aufklärung hätte erwarten dürfen. Auch in diesem Fall trifft den Verkäufer eine Aufklärungspflicht.

PRAXIS-TIPP
FÜR VERKÄUFER

Drängen sich dem Verkäufer Verdachtsmomente eines Mangels auf, muss er den Käufer hierüber – aus Beweisgründen möglichst schriftlich – aufklären (vgl. hierzu die nebenstehende Übersicht).

HIERZU FOLGENDE BEISPIELE:

- Über die **Zuchtuntauglichkeit** oder einen entsprechenden Verdacht ist u. E. auch dann aufzuklären, wenn es sich um eine Stute handelt, die zu Sportzwecken verkauft wird. Denn es kann für den Käufer wichtig sein, die Stute züchterisch zu nutzen, wenn sie krankheits- oder altersbedingt aus dem Sport genommen wird.
- Nach Ansicht des Oberlandesgerichts Düsseldorf[75] besteht keine Aufklärungspflicht für den **wegen einer Sehnenentzündung vorgenommenen Eingriff** („Brennen"), wenn das Pferd lediglich für einen Anfänger zum Spazierenreiten erworben wurde und es hierzu einsetzbar ist.
- Bei **schwerwiegenden Operationen** besteht eine Aufklärungspflicht. Dazu zählen nicht nur der allgemeine Hinweis, sondern auch nähere Angaben zu Art und Ausmaß der Operation[76]. Nach einem Urteil des Amtsgerichts Neuss[77] muss der Käufer über eine **Kehlkopfoperation** unterrichtet werden, bei der eine **Kehlkopfplastik** eingesetzt wurde.
- Auch alle Begleitumstände, die z.B. einen **zukünftigen Versicherungsschutz** des Pferdes **unmöglich** machen, muss der Verkäufer mitteilen[78].
- **Ausgeheilte Verletzungen, Krankheiten** und **medizinische Eingriffe** müssen nur dann offenbart werden, wenn mit verborgenen **Folgeschäden** oder dem **Wiederaufleben** der Krankheit **zu rechnen** ist[79].
- Alle **erheblichen Verdachtsmomente** müssen mitgeteilt werden[80]. So besteht z.B. eine Aufklärungspflicht, wenn dem Verkäufer aufgefallen ist, dass das Pferd **wiederholt** und **auffällig stolpert** und einen **unsicheren Gang** zeigt[81]. Denn hierbei muss zumindest der Verdacht einer (Hufrollen-)Erkrankung aufkommen, der einen schwerwiegenden Mangel darstellen würde.
- Alle **Umstände, die dem Verkäufer durch seinen „Stalltierarzt" bekannt** sind, muss er dem Käufer mitteilen[82]. Dies gilt umso mehr, wenn der Käufer erkennbar geschäftlich unerfahren ist und nicht über eine vergleichbare Fachkunde wie der Verkäufer verfügt[83].
- Eigenschaften oder **Unarten** des Pferdes, **die den Umgang** mit ihm **besonders gefahrträchtig machen**, sind ebenfalls einschränkungslos anzugeben[84].

Rechtsfolge der Verletzung einer Aufklärungspflicht ist ein Schadensersatzanspruch des Käufers (§ 280 Abs. 1 BGB i.V.m. §§ 241 Abs. 2, 311 Abs. 2 BGB)[85].

3.5.3 Verhältnis zu den übrigen Rechten des Käufers

Das Recht auf Schadensersatz tritt sowohl neben das Recht auf Rücktritt als auch neben das Recht auf Minderung. Wer den Kaufpreis mindert oder vom Vertrag zurücktritt, kann daher ungeachtet dessen Schadensersatz für Mangelfolgeschäden verlangen. Darüber hinaus kann umgekehrt der Minderwert des mangelhaften Pferdes als Schadensposition im Rahmen eines einheitlichen Schadensersatzanspruchs geltend gemacht werden.

3.6 Ersatz vergeblicher Aufwendungen (§§ 437 Nr. 3, 284 BGB)

Alternativ zum „Schadensersatz statt der Leistung" kann der Käufer auch Aufwendungsersatz verlangen (§§ 437 Nr. 3, 284 BGB). Hierunter versteht man alle Aufwendungen, die der Käufer im Vertrauen auf die Mangelfreiheit des Pferdes getätigt hat und auch tätigen durfte, und die sich im Nachhinein als nutzlos erweisen. Letzteres ist der Fall, wenn der Käufer das Pferd zurückgibt[86]. Er ist dann finanziell so zu stellen, als wenn der Vertrag nie abgeschlossen worden wäre.

Hat der Käufer im Vertrauen auf die Mangelfreiheit des Pferdes Aufwendungen getätigt, die er tätigen durfte, hat er einen Aufwendungsersatzanspruch, sofern der Verkäufer die Mangelhaftigkeit des Pferdes zu vertreten hat.

■ ÜBERSICHT 11:
Erstattungsfähig als vergebliche Aufwendungen sind z.B. die Kosten für:

- den Transport[87]
  (z.B. vom Verkäufer zum Käufer oder zur Untersuchung in eine Tierklinik)
- die Tierhalterhaftpflichtversicherung[88]
- den Beritt[89]
- eine Kastration des Pferdes[90]
- die Kaufuntersuchung[91]
- die Besitzwechsel-Eintragung im Equiden-Pass[92]
- die Anschaffung eines maßgeschneiderten Sattels oder speziellen Zaumzeugs[93]
- Ersatzreitstunden auf Schulpferden
  Dies soll nach einem Urteil des Landgerichts Münster[94] jedoch nur möglich sein, wenn dargelegt werden kann, dass diese Stunden nur deshalb genommen wurden, weil das mangelhafte Pferd nicht einsatzfähig war. Man kann über diese Entscheidung streiten.

Die Beispiele zeigen, dass der Aufwendungsersatzanspruch sehr weitreichend und für den Käufer vorteilhaft ist. Dennoch kann er seine Ausgaben nicht in beliebiger Höhe auf den Verkäufer abwälzen. Denn erstattungsfähig sind nur die Kosten, die der Käufer „billigerweise" machen durfte. Es geht folglich darum festzustellen, ob die Aufwendungen noch als angemessen anzusehen sind. Der Verkäufer wird sich daher fragen, wann diese Grenze überschritten ist. Da der Käufer als Eigentümer mit der Sache nach Belieben verfahren darf, ist diese Grenze für den Zeitraum, in dem er von der Mangelhaftigkeit des Pferdes noch nichts weiß, sehr weit zu ziehen. Lediglich bei einem auffälligen Missverhältnis zwischen Aufwendungen und Wert des Pferdes kann der Ersatzanspruch gekürzt werden[95]. Wird beispielsweise ein Pferd für 1.000,– € gekauft und hierfür ein maßgeschneiderter Sattel zum Preis 3.000,– € erworben, kann der Käufer nicht in dieser Höhe einen Aufwendungsersatzanspruch geltend machen. Wann genau diese Grenze erreicht ist, ist von Fall zu Fall zu prüfen.

Ein auffälliges Missverhältnis zwischen dem Wert des Pferdes und der getätigten Aufwendung führt zur Kürzung des Ersatzanspruchs.

Der Anspruch des Käufers auf Aufwendungsersatz wird anteilig herabgesetzt, wenn er das Pferd noch nutzen konnte. Dann nämlich waren seine Ausgaben nicht komplett vergeblich.

Aufwendungsersatz kann – ebenso wie Schadensersatz – neben Rücktritt oder Minderung verlangt werden.

3.7 Garantieübernahme (§ 443 BGB)

Garantien für bestimmte Eigenschaften oder Fähigkeiten des Pferdes kommen eher selten vor[96]. Häufiger ist die sogenannte Haltbarkeitsgarantie (§ 443 Abs. 1, 2. Alt. BGB). Damit versichert der Verkäufer, dass das Pferd für eine bestimmte Dauer eine bestimmte Beschaffenheit behält. Der Käufer muss zur Ausübung der Sachmängelrechte dann lediglich beweisen, dass während der Garantiefrist ein Sachmangel aufgetreten ist, nicht aber, dass dieser schon zum Zeitpunkt des Gefahrübergangs vorhanden war. Aufgrund der starken physiologischen Veränderlichkeit, die der Verkäufer spätestens ab der Übergabe nicht mehr in der Hand hat, ist ihm hiervon abzuraten.

Dem Verkäufer ist von der Übernahme einer Garantie abzuraten.

Übernimmt der Verkäufer eine Haltbarkeitsgarantie, ohne besondere Rechte (z.B. Rückgaberecht) des Käufers für den Garantiefall zu nennen, so ist im Zweifel davon auszugehen, dass er dem Käufer alle gesetzliche Mängelrechte für den Garantiefall einräumen wollte[97].

3.8 Kenntnis des Käufers vom Mangel (§ 442 Abs. 1 BGB)

Die effektivste Regel, um den Verkäufer vor einer Haftung für Sachmängel zu schützen, enthält der nebenstehende Praxis-Tipp.

Denn sofern der Käufer den Mangel des Pferdes bei Vertragsschluss kennt oder hätte kennen müssen, sind seine Rechte wegen dieses Mangels ausgeschlossen (§ 442 Abs. 1 S. 1 BGB).

3.8.1 Kenntnis vom Mangel

Kenntnis ist gleich zu setzen mit Wissen um den Mangel. Ein auch nur dringender Verdacht reicht hierfür nicht aus. Häufigstes Beispiel ist die Kaufuntersuchung: Dem Käufer wird das Protokoll der Kaufuntersuchung vor oder bei Vertragsschluss ausgehändigt oder es wird in den Kaufvertrag einbezogen. Entscheidet sich der Käufer zum Erwerb des Pferdes, so hat er keine Rechte hinsichtlich solcher Mängel, die im Kaufuntersuchungs-Protokoll erwähnt worden sind[98].

Zur Vermeidung späterer Unklarheiten darüber, ob der Verkäufer über einen Mangel auch tatsächlich informiert hat, ist ihm zu empfehlen, Hinweise auf etwaige Mängel schriftlich in den Kaufvertrag aufzunehmen. Denn die Beweislast liegt insoweit beim Verkäufer[99].

Der Verkäufer mag nun zu Recht einwenden, dass die lückenlose Offenbarung von Mängeln des Pferdes im Rahmen der Vertragsverhandlungen unweigerlich zu einer Reduzierung des Kaufpreises führen wird. Dennoch ist diese „vorweggenommene Minderung"[100] die sicherste Möglichkeit für ihn, seine Haftung zu begrenzen.

3.8.2 Grob fahrlässige Unkenntnis des Mangels

Ausgeschlossen sind die Rechte des Käufers auch dann, wenn ihm ein Mangel *„infolge grober Fahrlässigkeit unbekannt geblieben"* ist (§ 442 Abs. 1, S.2 BGB). Grob fahrlässig handelt, wer schon einfachste, ganz nahe liegende Überlegungen nicht anstellt und nicht beachtet, was jedermann hätte einleuchten müssen[101].

Beim Kaufvertragsabschluss ist dies grundsätzlich der Fall, wenn sich dem Käufer ein Mangel geradezu aufdrängt, dieser also ohne eine detaillierte, Fachkenntnisse voraussetzende Überprüfung mit bloßem Auge erkennbar ist. Zu denken ist an eine offensichtliche Lahmheit oder erkennbare äußerliche Verletzungen des Pferdes.

Besondere Erfahrungen und Fachkenntnisse muss der Käufer jedoch nutzen; er darf sich nicht auf die Position eines Laien zurückziehen, wenn er kompetent ist[102]. Die Beantwortung der Frage, ob der Käufer grob fahrlässig gehandelt hat, kann also bei ein und demselben Sachverhalt sehr unterschiedlich ausfallen, je nachdem, ob der Käufer Laie oder Profi ist.

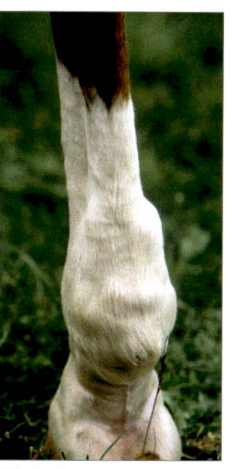

Pferd mit ausgeprägter Sehnenscheidengalle.

Eine Pflicht des Käufers zur Durchführung einer Kaufuntersuchung besteht jedoch grundsätzlich nicht. Auch wenn er auf eine Kaufuntersuchung verzichtet, entfallen dadurch nicht seine Sachmängelrechte[103].

Immer wieder hören wir von Fällen, in denen der Käufer auf einen Proberitt des Pferdes verzichtet hat. Es stellt sich die Frage, ob dieser Verzicht eine grobe Fahrlässigkeit des Käufers darstellt, die zum Verlust seiner Ansprüche und Rechte führt.
Hierbei muss man u. E. differenzieren: Wird ein Pferd aus dem entfernten Ausland erworben, nachdem im Vorfeld Videoaufnahmen und/oder tierärztliche Untersuchungsprotokolle angesehen wurden, wird man darin, dass keine „direkte" Besichtigung und kein Proberitt durchgeführt wurden, keine grobe Fahrlässigkeit sehen können. Gleiches gilt, wenn der Käufer sich das Pferd zumindest hat vorreiten lassen. Grobe Fahrlässigkeit wird jedoch anzunehmen sein, wenn der Käufer „auf gut Glück" telefonisch einen Kaufvertrag über ein Reitpferd abschließt, das er noch nie gesehen hat. Unabhängig von dieser juristischen Wertung ist dem Käufer das (mehrmalige) Probereiten im eigenen Interesse dringend zu empfehlen.

Zum Komplex der Kenntnis bzw. fahrlässigen Unkenntnis folgendes Beispiel:

> **Beispiel 18:**
> **Der Fall[104]:**
> Die Käuferin erwirbt ein Dressurpferd zum Preis von 25.000,– €. Die Stute leidet unter einem Sommerekzem und ist von der Verkäuferin deshalb unter einer Ekzemerdecke gehalten worden, die vom Schweif bis zu den Ohren reicht. Die Käuferin reitet das Pferd an vier bis fünf Terminen zur Probe. Im Rahmen der Verkaufsgespräche erkundigt sie sich nach der Decke. Dabei wird auch darüber gesprochen, ob das Pferd unter einem Sommerekzem oder Sommerräude leidet, wobei Ablauf und Inhalt des Gesprächs im Detail strittig sind.

> **Praxis-Tipp**
> **für Käufer**
>
> *Dem Käufer sei geraten, das Pferd „auf Herz und Nieren" zu prüfen, beispielsweise durch mehrmaliges und umfangreiches Probereiten. Auf diese Weise kann man ihm später nicht vorwerfen, dass ihm Mängel des Pferdes infolge grober Fahrlässigkeit unbekannt geblieben sind.*

Die Käuferin behauptet, sie habe die Verkäuferin nach einer solchen Erkrankung und der Bedeutung der Decke gefragt und darauf die Antwort erhalten, sie sei lediglich „putzfaul". Die Verkäuferin gibt demgegenüber an, sie habe die Käuferin von sich aus auf das Sommerekzem hingewiesen. Zudem habe die Käuferin gesehen, wie das Tier mit einer Lotion eingerieben wurde.

Nach dem Kauf des Pferdes nimmt die Käuferin mit ihm an einigen Turnieren teil. Zeitweise hält sie das Pferd im Sommer auch ohne Decke, woraufhin es starke allergische Reaktionen zeigt. Der eingeschaltete Tierarzt diagnostiziert ein Sommerekzem. Die Käuferin erklärt daraufhin den Rücktritt vom Kaufvertrag und verfolgt mit der Klage die Rückabwicklung des Kaufvertrages.

DIE LÖSUNG:

Entscheidender Prüfungspunkt war für das Landgericht Detmold die Frage, ob der Rücktritt der Käuferin ausgeschlossen ist, weil sie von dem Sommerekzem wusste oder infolge grober Fahrlässigkeit keine Kenntnis hatte.

Grob fahrlässige Unkenntnis schloss das Landgericht von vornherein aus, weil Käuferin und Verkäuferin über ein mögliches Sommerekzem des Pferdes gesprochen hatten.

Auch sah das Landgericht keine Kenntnis der Käuferin. Zum einen ging es davon aus, dass die Käuferin das teure Pferd dann in jedem Falle einer tierärztlichen Untersuchung zwecks Klärung der Schwere der Erkrankung unterzogen hätte. Zum anderen – dies war entscheidend – konnte die Verkäuferin den Beweis der ordnungsgemäßen Aufklärung der Käuferin nicht führen. Sie konnte weder die von ihr behauptete Absprache beweisen, noch dass die Käuferin gesehen habe, wie das Pferd mit einer Lotion behandelt worden ist. Aufgrund dieser Beweislage und dem Verhalten der Käuferin, das nicht auf eine Kenntnis des Mangels hindeutete, wurde der Rücktrittsklage stattgegeben.

3.8.3 Arglistiges Verschweigen durch den Verkäufer

Erkennt der Käufer infolge grober Fahrlässigkeit einen Mangel des Pferd nicht, den ihm der Verkäufer arglistig verschwiegen hat, führt dies nicht zum Ausschluss seiner Rechte (§ 442 Abs. 1 S. 2 BGB). Hierzu reicht es vereinfacht zusammengefasst aus,

Verschweigt der Verkäufer einen Mangel arglistig, verliert der Käufer trotz grob fahrlässiger Unkenntnis seine Gewährleistungsrechte nicht.

- wenn der Verkäufer einen offenbarungspflichtigen Mangel (d.h. keinen Bagatellmangel) für möglich hält,
- diesen bewusst verschweigt
- oder Angaben „ins Blaue hinein" macht[105]
- und damit rechnet, dass der Käufer den Vertrag bei Offenbarung der tatsächlichen Umstände nicht oder nicht mit dem vereinbarten Inhalt abgeschlossen hätte.

Die gleiche Rechtsfolge gilt für den Fall, dass der Verkäufer eine Garantie für die Beschaffenheit des Pferdes übernommen hat (§ 442 Abs. 1 S. 2, 2. Alt. BGB).

Für den Käufer ist der Nachweis einer Arglist des Verkäufers äußerst schwer zu führen. In unserer anwaltlichen Praxis ist trotz mittlerweile Tausender bearbeiteter Fälle kaufvertraglicher Gewährleistung beim Pferdekauf kaum ein Fall bekannt, in dem der Käufer diesen Nachweis zur Überzeugung eines Gerichts führen konnte. Dennoch liegt vor allem bei gesundheitlichen Mängeln des Pferdes der Verdacht einer Arglist des Verkäufers oft nahe. Wenn sich der Käufer eine reelle Chance zum Nachweis eines etwaigen arglistigen Verhaltens in Form einer Manipulation durch den Verkäufer sichern möchte, sei ihm die Entnahme einer Blutprobe des Pferdes empfohlen. Diese kann bei der Kaufuntersuchung kostengünstig gezogen und im Falle eines Verdachts zu einem späteren Zeitpunkt analysiert werden.

> **PRAXIS-TIPP**
> FÜR KÄUFER
>
> *Der Käufer, der sich den Nachweis eines arglistigen Verhaltens des Verkäufers sichern möchte, ist die Entnahme einer Blutprobe des Pferdes im Rahmen der Kaufuntersuchung zu empfehlen.*

3.9   Verjährung (§ 438 BGB)

Sämtliche Ansprüche des Käufers verjähren in zwei Jahren (§ 438 Abs.1 Nr. 3 BGB). Die Verjährungsfrist beginnt grundsätzlich mit der Ablieferung des Pferdes (§ 438 Abs. 2 BGB).

Die Ansprüche des Käufers verjähren i. d. R. in zwei Jahren ab Ablieferung des Pferdes.

Um den Verjährungseintritt zu vermeiden reicht es aus, wenn der Käufer den Rücktritt innerhalb der Zweijahresfrist gegenüber dem Verkäufer erklärt. Denn hierdurch wird der Kaufvertrag in ein Rückgewährschuldverhältnis umgewandelt und die sich daraus ergebenden Ansprüche auf Rückzahlung des Kaufpreises und Erstattung der notwendigen Verwendungen unterliegen der regelmäßigen Verjährung, die erst nach drei weiteren Jahren ab Rücktrittserklärung zum Jahresende eintritt (§§ 195, 199 BGB)[106].

Hat der Verkäufer den Mangel des Pferdes arglistig verschwiegen, so verjähren die Ansprüche erst nach drei Jahren, beginnend mit dem Schluss des Jahres, in dem der Käufer von dem Mangel Kenntnis erlangt hat (§ 438 Abs. 3 i.V.m. §§ 195, 199 Abs. 1 Nr. 2 BGB).

Bei arglistigem Verschweigen des Mangels beträgt die Verjährungsfrist drei Jahre ab Kenntniserlangung vom Mangel.

Diese gesetzlichen Verjährungsfristen haben im Pferdehandel nur geringe praktische Bedeutung. Denn tritt ein Mangel des Pferdes zeitnah nach der Übergabe auf, wird der Käufer nicht lange warten, um den Verkäufer hierfür in Anspruch zu nehmen. Zeigt sich der Mangel erst kurz vor Ablauf der gesetzlichen Verjährungsfrist, ist dem Käufer die Rückdatierung des Mangels auf den Zeitpunkt der Übergabe ohnehin nicht oder nur noch in den seltensten Fällen möglich. Daher nur der Vollständigkeit halber der Hinweis, dass die Verjährungsfrist gehemmt wird, z.B. durch
- schwebende Verhandlungen, z.B. wegen eines Nachbesserungsversuchs (§ 203 BGB),
- Klageerhebung (§ 204 Abs. 1 Nr. 1 BGB),
- Zustellung eines Mahnbescheids (§ 204 Abs. 1 Nr. 3 BGB) oder
- Zustellung eines Antrages auf Durchführung eines selbstständigen Beweisverfahrens (§ 204 Abs. 1 Nr. 7 BGB).

FUSSNOTEN ZU KAPITEL B3

1 Faust in: Bamberger/Roth, § 437 Rdnr. 15; Heinrichs in: Palandt, § 281 Rdnr. 10.

2 Vgl. auch OLG Braunschweig, NJW 2003, 1053; Grunewald in: Erman, § 439 Rdnr. 10.

3 Neumann, S. 114 f.

4 Bitter/Meidt, ZIP 2001, 2114, 2120 ff.

5 Faust in: Bamberger/ Roth, § 439 Rdnr. 50.

6 Huber, NJW 2002, 1004, 1007 f.

7 So Huber, NJW 2002, 1004, 1008.

8 Bitter/Meidt, ZIP 2001, 2114, 2121.

9 BGH, Urt. v. 22.06.2005, Az. VIII ZR 281/04, NJW 2005, 2852.

10 Huber/Faust, Kap. 13, Rdnr. 33 ff.

11 Neumann, S. 117 m. w. Nachw.

12 Bitter/Meidt, ZIP 2001, 2114, 2117.

13 BGH, Urt. v. 22.06.2005, Az. VIII ZR 281/04, NJW 2005, 2852.

14 BGH, Urt. v. 09.01.2008, Az. VIII ZR 210/06, NJW 2008, 1371 ff.; Büdenbender in: AnwKomm-BGB, § 440 Rdnr. 9.

15 BGH, Urt. v. 09.01.2008, Az. VIII ZR 210/06, NJW 2008, 1371 ff.

16 BGH, Urt. v. 22.06.2005, Az. VIII ZR 1/05, NJW 2005, 3211; LG Essen, Urt. v. 04.11.2003, Az. 13 S 84/03, NJW 2004, 527.

17 BGH, Urt. v. 23.02.2005, Az. VIII ZR 100/04, NJW 2005, 1348; BGH, Urt. v. 22.06.2005, VIII ZR 1/05, ZGS 2005, 433.

18 BGH, Urt. v. 23.02.2005, Az. VIII ZR 100/04, NJW 2005, 1348.

19 Augenhofer, ZGS 2001, 385, 391.

20 BT Drucks. 14/6040, S. 140; Heinrichs in: Palandt, § 281 Rdnr. 15; BGH NJW 2005, 3211, 3212.

21 LG Münster, Urt. v. 20.07.2007, Az. 10 O 240/06: Bei Behandlungszeitraum von acht bis zwölf Monaten Unzumutbarkeit bejaht.

22 Kiel in: Hippo-logisch, S. 41.

23 LG Münster, Urt. v. 20.07.2007, Az. 10 O 240/06.

24 OLG Hamm, Urt. v. 10.08.2006, Az. 2 U 19/05.

25 So Teigelack in seinem Vortrag „Tierkaufrecht, BGH oder OLG? – Was erscheint unter Berücksichtigung der BGH-Rechtsprechung noch revisionswürdig?" anlässlich des 2. Göttinger Pferderechtsforums 2008.

26 Bejahend: Adolphsen, AgrarR 2001, 203, 205.

27 BGH, Urt. v. 07.12.2005, Az. VIII ZR 126/05, ZGS 2006, 113 f.

28 Vgl. hierzu Teigelack in seinem Vortrag „Tierkaufrecht, BGH oder OLG? – Was erscheint unter Berücksichtigung der BGH-Rechtsprechung noch revisionswürdig?" anlässlich des 2. Göttinger Pferderechtsforums 2008.

29 Richtlinie 1999/44 EG des Europäischen Parlamentes und des Rates vom 25. Mai 1999 zu bestimmten Aspekten des Verbrauchsgüterkaufs und der Garantien für Verbrauchsgüter.

30 Beispiel bei Adolphsen, AgrarR 2001, 201, 203.

31 Teigelack in seinem Vortrag „Tierkaufrecht, BGH oder OLG? – Was erscheint unter Berücksichtigung der BGH-Rechtsprechung noch revisionswürdig?" anlässlich des 2. Göttinger Pferderechtsforums 2008.

32 Teigelack in seinem Vortrag „Tierkaufrecht, BGH oder OLG? – Was erscheint unter Berücksichtigung der BGH-Rechtsprechung noch revisionswürdig?" anlässlich des 2. Göttinger Pferderechtsforums 2008.

33 Westermann, ZGS 2005, 342, 345; Westermann in: MünchKomm, § 439 Rdnr. 10.

34 Westermann in: MünchKomm, § 439 Rdnr. 10.

35 Lorenz, NJW 2003, 1417 f.

36 Lorenz, NJW 2003, 1417 f.; Oechseler, NJW 2004, 1825 f.; Grunewald in: Ermann, § 437 Rdnr. 3; Lamprecht, ZGS 2005, 266 ff.; LG Bielefeld ZGS 2005, 79 f. – Begründung verworfen durch BGH, Urt. v. 22.06.2005, Az. VIII ZR 1/05, NJW 2006, 3211 ff.

37 BGH, Urt. v. 23.02.2005, Az. VIII ZR 100/04, NJW 2005, 1348; BGH, Urt. v. 07.12.2005, Az. VIII ZR 126/05, ZGS 2006, 113 f.

38 BGH, Urt. v. 22.06.2005, Az. VIII ZR 01/05, NJW 2005, 3211 ff.

39 Westermann, ZGS 2005, 342, 345.

40 OLG Hamm, Urt. v. 26.11.2007, Az. 2 U 148/06, RdL 2008, 37.

41 AG Hannover, Urt. v. 11.07.2006, Az. 455 C 3962/06, RdL 2007, 10 f.

42 LG Hildesheim, Urt. v. 27.04.2007, Az. 7 S 21/07, AUR 2007, 419.

43 Hanseatisches OLG Hamburg, Urt. v. 06.02.2009, Az. 6 U 26/08.

44 Weidenkaff in: Palandt, § 440 Rdnr. 7.

45 Saarländisches OLG, Urt. v. 24.05.2007, Az. 8 U 328/06, RdL 2008, 10 ff.

46 BGH, Urt v 09.01.2008, Az. VIII ZR 210/96, NJW 2008, 1371 ff.

47 OLG Hamm, Urt. v. 26.11.2007, Az. 2 U 148/06, RdL 2008, 37.

48 Brox/Walker, § 4 Rdnr. 62.

49 LG Münster, Urt. v. 24.09.2007, Az. 2 O 11/07, RdL 2008, 9 f.

50 Vgl. LG Münster, Urt. v. 24.09.2007, Az. 2 O 11/07, RdL 2008, 9 f. (verneinend); LG Münster, Urt. v. 20.07.2007, Az. 10 O 240/06 (bejahend).

51 BGH, Urt. v. 24.11.1995, Az. V ZR 88/95, BGHZ 131, 220; BGH, Urt. v. 09.11.1995, Az. IX ZR 19/95, NJW-RR 1996, 336.

52 Hierzu Neumann, S. 128.

53 Kiel in: Hippo-logisch, S. 54.

54 So auch Neumann, S. 129.

55 Bejahend Marly in: Soergel, § 100 Rdnr. 3; Nipperdey in: Enneccerus, § 127 Rdnr. 21.

56 Holch in: MünchKomm, § 100 Rdnr. 6; Jickeli/Stieper in: Staudinger, § 100 Rdnr. 4.

57 So auch Neumann, S. 129.

58 LG Münster, Urt. v. 20.07.2007, Az. 10 O 240/06.

59 In seiner Entscheidung vom 24.09.2007 stellt sich das Landgericht Münster hingegen auf den Standpunkt, dass die Prämien für die Tierhalterhaftpflichtversicherung keine notwenigen Verwendungen darstellen, da es sich nicht um eine Pflichtversicherung handele. Eine solche Versicherung diene weder der Haltung noch der Nutzung des Tieres, sondern schütze lediglich die Vermögensinteressen des Versicherungsnehmers, sodass ein solcher Ersatzanspruch insoweit zurückzuweisen sei (LG Münster, Az. 2 O 11/07, RdL 2008, 9 f.). Wir sind dieser Auffassung bereits oben gefolgt.

60 Pick, v. Salis, Schüle, 2003; Pick, v. Salis, Schön, Schüle, 2009.

61 Pick, v. Salis, Schön, Schüle, 2009, S. 128.

62 Anmerkung des Autors: unabhängig von der Röntgenklasse

63 Pick, v. Salis, Schön, Schüle, 2009, S. 130 und 140.

64 Pick, v. Salis, Schön, Schüle, 2009, S. 120.

65 Pick, v. Salis, Schön, Schüle, 2009, S. 142.

66 Heinrichs in: Palandt, Vorb. vor § 249 Rdnr. 25 ff.; kritisch Fellmer/Kiel, AgrarR 1984, 29 ff.

67 Kiel in: Hippo-logisch, S. 52.

68 Kiel in: Hippo-logisch, S. 53.

69 Ist ein Mangel nicht behebbar, wird zwischen anfänglicher und nachträglicher Unmöglichkeit der Nacherfüllung differenziert:
Besteht der Mangel bereits zum Zeitpunkt des Vertragsabschlusses, stellt § 311 a Abs. 2 BGB i.V.m. §§ 437 Nr. 3, 280 Abs. 1, 3 BGB die Anspruchsgrundlage dar. In der Praxis des Pferdekaufs ist dies der häufigere Fall.
Nachträgliche Unmöglichkeit liegt vor, wenn die Unmöglichkeit nach Vertragsschluss, aber vor Gefahrübergang eingetreten ist. Ein solcher Fall liegt vor, wenn das Pferd vereinbarungsgemäß erst einige Tage nach Abschluss des Kaufvertrages an den Käufer übergeben wird und es sich in dieser Zwischenzeit irreparabel verletzt. Denn der Gefahrübergang findet – sofern die Kaufvertragsparteien nichts anderes vereinbaren – erst mit der Übergabe des Pferdes statt. Anspruchsgrundlage in solchen Konstellationen sind die §§ 437 Nr. 3, 280 Abs. 1, 3, 283 BGB.

70 LG Münster, Urt. v. 24.09.2007, Az. 2 O 11/07, RdL 2008, 9 f.

71 Im Zuge der Rückabwicklung eines Pferdekaufvertrages (wegen eines Sommerekzems) verlangte die Käuferin Ersatz für nicht notwendige Verwendungen (Kastration, Ausbildung, eine tierärztliche Bescheinigung) im Wege des Schadensersatzes statt der Leistung. Die Verkäuferin konnte mit Hilfe von Zeugen beweisen, dass das Pferd bis zur Übergabe an die Käuferin keine Symptome zeigte und sie deshalb nichts von dem Mangel wusste. Da sie auch keine Pflicht zur Veranlassung einer Laboruntersuchung traf, scheiterte der Anspruch der Käuferin auf Schadensersatz an einem Vertretenmüssen der Verkäuferin (OLG Hamm, Urt. v. 01.07.2005, Az. 11 U 43/04).

72 BGH, Urt. v. 11.06.1979, Az. VII ZR 224/78, BGHZ 74, 388; BGH, Urt. v. 21.01.1981, Az. VIII ZR 10/80, BGH NJW 1981, 929; OLG Hamm, Urt. v. 01.07.2005, Az. 11 U 43/04 (keine Pflicht zur Laboruntersuchung auf Sommerekzem ohne Symptome bzw. Verdachtsmomente).

73 So auch Neumann, S. 25.

74 LG Darmstadt, Urt. v. 22.04.1998, Az. 21 S 263/97, VersR 2000, 732; vgl. auch Westermann, ZGS 2005, 342, 344.

75 OLG Düsseldorf, Urt. v. 02.11.1978, Az. 2 U 1/77.

76 Oexmann, S. 45.

77 AG Neuss, Urt. v. 20.06.1986, Az. 36 C 585/85, NJW-RR 1986, 1439.

78 OLG Nürnberg, Urt. v. 23.11.1982, Az. 3 U 1056/82, OLGZ 1984, 121.

79 Bornhövd/Hafke, S. 22; LG Lüneburg, Urt. v. 27.11.1980, Az. 1 S 234/80.

80 OLG Bremen, Urt. v. 21.12.1979, Az. 4 U 117/79 c, DAR 1980, 373.

81 Nach Neumann, S. 25.

82 Westermann, ZGS 2005, 342, 344.

83 BGH, Urt. v. 07.10.1991, Az. II ZR 194/90, NJW 1992, 300; LG Berlin, Urt. v. 17.10.1988, Az. 51 S 287/87, NJW-RR 1989, 504.

84 So auch Neumann, S. 28 f.

85 Ausführlich hierzu und zu den kontrovers diskutierten Konkurrenzproblemen zu den spezielleren kaufrechtlichen Vorschriften: Neumann, S. 26 ff.

86 Vgl. BGH NJW 2005, 2848.

87 LG Münster, Urt. v. 10.12.2004, Az. 10 O 716/03.

88 Neumann, S. 147.

89 OLG Hamm, Urt. v. 01.07.2005, Az. 11 U 43/04.

90 OLG Hamm, Urt. v. 10.08.2006, Az. 2 U 19/05: Der Käufer verlangte nach wirksam erklärtem Rücktritt neben der Rückzahlung des Kaufpreises und Erstattung der notwendigen Verwendungen auch den Ersatz seiner Kosten für die Kaufuntersuchung und die Kastration des mangelhaften Pferdes. Das Gericht bejahte den Ersatz der Kosten für Kastration und Kaufuntersuchung als vergebliche Aufwendungen.

91 OLG Hamm, Urt. v. 10.08.2006, Az. 2 U 19/05.

92 LG Münster, Urt. v. 10.12.2004, Az. 10 O 716/03.

93 Neumann, S. 147.

94 LG Münster, Urt. v. 10.12.2004, Az. 10 O 716/03.

95 Medicus, Neues Schuldrecht, Kap. 3, Rdnr. 61; Heinrichs in: Palandt, § 284 Rdnr. 7.

96 Zur Haltbarkeitsgarantie (Lahmheit bei Turnierpferd): OLG Koblenz, Urt. v. 12.09.2005, Az. 12 U 1047/04.

97 OLG Koblenz, Urt. v. 12.09.2005, Az. 12 U 1047/04, ZGS 2006, 26 ff.

98 So auch Westermann in seinem Vortrag: „Das neue Pferdekaufrecht nach der Schuldrechtsreform" anlässlich des 1. Deutschen Pferderechtstages am 02.03.2005 in Essen.

99 Weidenkaff in: Palandt, § 442 Rdnr. 6; LG Detmold, Urt. v. 26.05.2008, Az. 12 O 243/07.

100 Adolphsen, Der praktische Tierarzt, 2003, 372, 376.

101 Westphalen in: Henssler/Westphalen, § 442 Rdnr. 4 m. w. Nachw.

102 Neumann, S. 153.

103 LG Itzehoe, Urt. v. 10.04.2003, Az. 6 O 407/02.

104 LG Detmold, Urt. v. 26.05.2008, Az. 12 O 243/07.

105 BGH, Urt. v. 29.05.1991, Az. VIII ZR 125/90, NJW 1991, 2138; BGH, Urt. v. 07.07.1989, Az. V ZR 21/88, NJW 1990, 43.

106 BGH, Urt. v. 15.11.2006, Az. VIII ZR 3/06, NJW 2007, 674 ff.

KAPITEL 4
Die Besonderheiten des Verbrauchsgüterkaufs

4.1 Überblick

Ein Verbrauchsgüterkauf liegt vor, wenn ein Unternehmer an einen Verbraucher eine bewegliche Sache verkauft (§ 474 Abs. 1 BGB). Im Umkehrschluss handelt es sich bei Kaufverträgen

Ein Verbrauchsgüterkauf liegt nur vor, wenn ein Unternehmer eine bewegliche Sache an einen Verbraucher verkauft.

- zwischen Verbrauchern sowie
- zwischen Unternehmern untereinander und
- zwischen einem Verbraucher-Verkäufer und einem Unternehmer-Käufer

nicht um einen Verbrauchsgüterkauf.

> **Hinweis:**
> Zum besseren Verständnis vorab: Die Ausführungen zu den Kapiteln 1 bis 3 im Teil B dieses Buches gelten ebenfalls für den Verbrauchsgüterkauf, soweit sich keine Besonderheiten aus dem nachfolgenden Text ergeben.

Welche käuferfreundlichen Besonderheiten bringt das Verbrauchsgüterkaufrecht mit sich? Ein kurzer Überblick:

- **Beweislastumkehr zugunsten des Käufers**, wenn sich ein Mangel innerhalb von sechs Monaten seit Gefahrübergang zeigt (§ 476 BGB)
- **Verbot jeglicher Vereinbarungen, die den Käufer** benachteiligen, indem sie die gesetzliche Sachmängel-Haftung des Verkäufers einschränken (§ 475 Abs. 1 BGB);

einzige Ausnahmen:
- Der Verkäufer darf **die Verjährungsfrist** von zwei Jahren auf **ein Jahr verkürzen**, sofern es sich bei dem Kaufgegenstand um eine **gebrauchte Sache** handelt (§ 475 Abs. 2 BGB);
- Ferner darf er den **Schadensersatzanspruch des Käufers ausschließen oder einschränken**, sofern hierin kein Verstoß gegen das Recht der AGB besteht (§§ 305 bis 309 BGB).

Die anwaltliche Erfahrung zeigt, dass bei Streitigkeiten über einen Pferdekauf sehr oft ein Verbrauchsgüterkauf vorliegt.
Demgegenüber streiten sich Unternehmer untereinander seltener. Die Erklärung hierfür liegt auf der Hand: Zum einen gibt es im Pferdehandel deutlich mehr kaufende Verbraucher als Unternehmer. Zum anderen ziehen Unternehmer untereinander eine schnelle und unbürokratische Lösung vor, da sie über mehr Möglichkeiten (z.B. Rück- oder Umtausch) verfügen, um sich zu einigen. Zudem besteht i. d. R. kein Rechtsschutz für (kauf-)vertragsrechtliche Streitigkeiten, die einer unternehmerischen Tätigkeit zuzuordnen sind. Und dass ein Kaufrechtsstreit sehr teuer werden kann, ist allgemein bekannt.

Demgegenüber lassen es vor allem die rechtsschutzversicherten Verbraucher-Käufer häufig auf eine gerichtliche Auseinandersetzung mit dem Verkäufer ankommen, da ihre Rechte bei einem Verbrauchsgüterkauf erheblich gestärkt wurden.

4.2   Verbraucher und Unternehmer

Wer ist „Verbraucher", der vom Verbrauchsgüterkaufrecht profitiert, und wer ist „Unternehmer"? Das Gesetz definiert beide Begriffe, gibt damit jedoch nur Anhaltspunkte zur Abgrenzung vor:

> *„Verbraucher ist jede natürliche Person, die ein Rechtsgeschäft zu einem Zweck abschließt, der weder ihrer gewerblichen noch ihrer selbstständigen beruflichen Tätigkeit zugeordnet werden kann." (§ 13 BGB)*

> *„Unternehmer ist eine natürliche oder juristische Person oder eine rechtsfähige Personengesellschaft, die bei Abschluss eines Rechtsgeschäfts **in Ausübung ihrer gewerblichen oder selbstständigen beruflichen Tätigkeit** handelt." (§ 14 BGB)*

Der BGH[1] präzisiert diese Definition wie folgt: Unternehmer ist derjenige, der am Markt
- **planmäßig,**
- **dauerhaft** und
- **gegen Entgelt**

Leistungen anbietet.

Es kommt jedoch nicht auf
- eine **Eintragung im Handelsregister,**
- eine **Gewinnerzielungsabsicht**[2],
- oder darauf an, ob der Verkäufer **haupt- oder nebenberuflich** mit Pferden handelt.

■ Übersicht 12:
Unter den Status des Unternehmers fallen vor allem:

- **Pferdehändler**
- **Züchter**
  (und zwar nicht nur als Gewerbetreibende oder Landwirte, sondern **auch** wenn der Pferdeverkauf als **Nebengeschäft** erfolgt)
- **Reitschulinhaber**
  (auch als Nebengeschäft)
- **selbstständige Reitlehrer**
  (auch als Nebengeschäft).

Man beachte: Der Reitschulinhaber und Reitlehrer, der auch nur ein Pferd verkauft, ist grundsätzlich als Unternehmer anzusehen, da es sich insoweit um ein **Nebengeschäft** handelt[3].

Problematisch kann die Einordnung werden, wenn z.B.

- (Turnier-)Reiter oder (Turnier-)Fahrer Pferde für eigene sportliche Zwecke an- und verkaufen, stets auf der Suche nach dem optimalen Pferd für die eigenen Ansprüche;
- Hobby-Züchter ihre Fohlen verkaufen.

Zur Abgrenzung zwischen Verbraucher und Unternehmer werden verschiedene Kriterien diskutiert, um vor allem diese sprichwörtliche „Grauzone" zu erhellen:

4.2.1 Abgrenzungsmerkmale[4]

Kurz nach Inkrafttreten des neuen Kaufrechts hatten wir in der 2. Auflage von „Pferdekauf heute" auf die **Häufigkeit von Verkäufen** abgestellt. Unsere Faustregel lautete damals: Wer regelmäßig **mindestens zwei Pferde pro Jahr** verkauft bzw. anbietet, sollte als Unternehmer angesehen werden[5]. Zwei Jahre später entschied das Landgericht Braunschweig verkäuferfreundlicher, dass die Veräußerung von **zwei bis drei Pferden pro Jahr** nicht ausreiche[6]. Demgegenüber kamen dem Landgericht Hagen[7] bereits bei **durchschnittlich 0,85 Verkäufen p. a.**, bezogen auf die letzten zehn Jahre, Bedenken, ob noch von einem Verbraucherstatus des Verkäufers gesprochen werden könne. Die verkauften Pferde hatten sich jedoch durchschnittlich über vier Jahre lang im Besitz des Verkäufers, einem ambitionierten Turnierreiter, befunden. Dieser hielt die Pferde für sich und seine reitenden Kinder. Dies zugrunde gelegt ließ das Gericht erkennen, dass es im Falle eines Urteils nicht von einem Unternehmerstatus ausgehen würde. Der Fall wurde nach Einholung eines Sachverständigengutachtens, das mehr Fragen aufwarf als Antworten lieferte, verglichen.

Ähnlich die Ansicht des Oberlandesgerichts Hamm[8], wonach der **Verkauf von vier Fohlen in dem Zeitraum von 2005 bis 2008** nicht über das gelegentliche Anbieten von gezogenen Pferden hinaus geht. Von einem planvollen und dauerhaften Anbieten von Leistungen am Markt als Züchter könne noch nicht die Rede sein. Ein Unternehmerstatus sei daher zu verneinen.

Die Anzahl der Verkäufe ist zwar kein absolutes Kriterium, aber (immer noch) ein gewichtiges Indiz. In der „Grauzone" der oben beispielhaft genannten Personenkreise kann damit eine recht treffsichere Einschätzung gewährleistet werden. Die Verweildauer der Pferde im Besitz des Verkäufers spielt dabei ebenso eine Rolle wie folgende Punkte:

So wird als weiteres Indiz der Aufwand genannt, den der Verkäufer betreibt[9], also ob und in welchem Umfang er z.B. **Zeitungs- oder Internetinserate** schaltet. Dies führt häufig dazu, dass Käufer systematisch die einschlägige Fachpresse und Internetseiten auf der Suche nach Anzeigen des Verkäufers „durchforsten", um damit vor Gericht dessen Unternehmerstatus beweisen zu können. Als Anwalt gerät man oft ins Staunen, mit welch akribischer Detektivarbeit manch ein Käufer vorgeht und seine Ergebnisse in Form von teils Jahre alten Annoncen präsentiert.

Sind die Pferdeverkäufe von **einkommensteuerrechtlicher Relevanz**, ist dies ein gewichtiges Indiz für den Unternehmerstatus. Wer für seine Einnahmen als Pferdeverkäufer einkommensteuerpflichtig ist, wird in aller Regel auch als Unternehmer anzusehen sein.

Der Umkehrschluss, wonach der für seine Pferdeverkäufe nicht Einkommensteuerpflichtige nicht Unternehmer ist, trifft jedoch nicht zu. Hiervon betroffen sind viele Züchter, deren Tätigkeit zwar infolge einer Entscheidung des Finanzamtes als **Liebhaberei** bewertet wird, die als Pferdeverkäufer dennoch Unternehmer im Sinne des BGB sein können.

Der Verkäufer sollte nach alledem stets selbstkritisch seine eventuelle Einstufung als Unternehmer prüfen, um nicht später unerwartet vor Gericht als solcher angesehen zu werden. Allerdings muss der Käufer die Unternehmereigenschaft beweisen. Bleiben Zweifel an der Beweisführung bestehen, gehen diese zu Lasten des Käufers; der Verkäufer ist dann nicht als Unternehmer anzusehen.

Eine abschließende Anmerkung zu diesem Komplex: Oft gibt sich der Profi-Verkäufer als Verbraucher aus; sei es in Gesprächen mit dem Käufer oder auf dem Kaufvertragsformular, wo schnell das Kreuz bei *„Verbraucher-Verkäufer"* gemacht ist, sofern der Mustervertrag dies vorsieht. Entscheidend ist in diesen Fällen nicht, wie der Verkäufer auftritt, sondern was er tatsächlich ist (§ 475 Abs. 1 S. 2 BGB i. V. m. § 242 BGB). Die Vorschriften des Verbrauchsgüterkaufs finden daher in jedem Falle Anwendung, wenn der Verkäufer faktisch Unternehmer und der Käufer Verbraucher ist.

4.2.2 Rechtsprechungsübersicht

Als Zusammenfassung und Nachschlagewerk folgende Übersicht über die Entscheidungen zahlreicher Gerichte. Wie bei allen Tabellen auch hier der Hinweis, dass es sich um Einzelfallentscheidungen handelt, die nicht ohne Weiteres unmittelbar auf andere Fälle übertragen werden können.

Tätigkeit etc.	Gericht (soweit veröffentlicht mit Fundstelle)	Entscheidung: Unternehmer gem. § 14 BGB?
drei bis vier Pferde jährlich verkauft	**LG Braunschweig**, Urt. v. 26.03.2004, Az. 4 O 118/04	Nein
eine Zuchtstute (Verkäuferin bezeichnete sich selbst als Züchterin)	**OLG Celle**, Urt. v. 02.10.2003, Az. 4 U 94/03	Nein
früherer Rindviehhändler (nun Rentner und Verkauf eines Pferdes)	**LG Aurich**, Beschl. v. 20.05.2003, Az. 3 O 356/03	Ja (fragwürdige Entscheidung)
Hobbyzucht (von Kfz-Mechaniker)	**AG Helmstedt**, Urt. v. 01.04.2003, Az. 3 C 486/02 (bestätigt durch LG Braunschweig, Az. 3 S 218/03)	Nein
Hobby-Züchterin (betreibt Araber-Hof, Verkauf von Deckhengsten und Pferden aus Nachzucht)	**BGH**, Urt. v. 29.03.2006, Az. VIII ZR 173/05, NJW 2006, 2250 f.	Ja
Hobby-Züchterin (schaltet Inserate von Pferden in Zeitschriften und Internet in „größerem Umfang")	**OLG Köln**, Urt. v. 08.08.2007, Az. 11 U 23/07, RdL 2008, 68 f.	Ja

Tätigkeit etc.	Gericht (soweit veröffentlicht mit Fundstelle)	Entscheidung: Unternehmer gem. § 14 BGB?
kein Mehrwertsteuerausweis im Kaufvertrag	**LG Osnabrück**, Urt. v. 14.04.2005, Az. 9 O 3262/04 (bestätigt durch OLG Oldenburg, Az. 8 U 121/05)	Nein
keine Organisation, kein Büro	**LG Osnabrück**, Urt. v. 30.06.2004, Az. 9 O 2506/02	Nein
Landwirt (Nebenerwerb), **Hobbyzucht** (Internetwerbung)	**LG Münster**, Urt. v. 24.09.2007, Az. 2 O 11/07, RdL 2008, 9 f.	Ja
Pensionpferdehaltung (vier Tiere) als **Nebengewerbe zur Mutterkuhhaltung** (obwohl vom Finanzamt die Pferdehaltung als Liebhaberei deklariert wurde)	**LG Hannover**, Hinweisbeschl. v. 29.04.2003, Az. 17 O 293/02	Ja
Rentner, der seinen Betrieb verpachtet hat, aber noch zwei Pferde hält (von denen er eines verkauft)	**LG Mönchengladbach**, Hinweisbeschl. v. 24.04.2003, Az. 1 O 404/02	Ja
sieben Fohlen in **zehn Jahren** gezogen, **vier verkauft**	**LG Karlsruhe**, Urt. v. 02.10.2003, Az. 4 U 94/03	Ja
sporadisches Anbieten zur Zucht und Vermietung zweier Boxen	**LG Darmstadt**, Urt. v. 19.05.2006, Az. 9 O 607/02 (nicht rechtskräftig)	Nein
Steuerberater (Nachweis, dass Pferdesport lediglich Hobby ist und kein Zusammenhang mit gewerblicher oder selbstständiger Tätigkeit besteht)	**LG Verden**, Urt. v. 07.02.1989, Az. 4 O 561/88, StB 1990, 61	Nein
Verkauf von **Deckhengsten** und **selbst gezogenen Fohlen** (Inserate)	**OLG Hamm**, Urt. v. 01.07.2005, Az. 11 U 43/04, ZGS 2006, 156 ff.	Ja
Vertragsformular für Unternehmer	**OLG Oldenburg**, Urt. v. 17.06.2004, Az. 14 U 41/04	Ja
vier selbst gezüchtete Pferde (Verkauf)	**LG Braunschweig**, Urt. v. 1.01.2005, Az. 6 S 149/04, AUR 2005, 379	Nein
zehn Fohlen in **30 Jahren** verkauft	**OLG Frankfurt am Main**, Urt. v. 24.96.2006, Az. 25 U 123/05	Nein
zeitgleicher Verkauf mehrerer Pferde	**OLG Hamm**, Urt. v. 04.08.2006, Az. 11 U 142/05,	„Nicht unzweifelhaft"
Züchterverzeichnis-Eintrag für zwei Pferde (kein Eigentum)	**OLG Düsseldorf**, Urt. v. 02.04.2004, Az. 14 U 213/03	Nein
Züchterverzeichnis-Eintrag (ohne weitere Angaben zum Umfang der Verkaufstätigkeit)	**OLG Düsseldorf**, Urt. v. 02.04.2004, Az. I – 14 U 213/03, 14 U 213/03, ZGS 2004, 271 ff.	Nein

4.3 Die Beweislastumkehr

Bei einem Verbrauchsgüterkauf wird zu Lasten des Verkäufers vermutet, dass ein Mangel des Pferdes, der sich innerhalb von sechs Monaten seit Gefahrübergang zeigt, bereits bei Übergabe vorgelegen hat.

Eine der zentralen Vorschriften des Verbrauchsgüterkaufs ist die Beweislastumkehr (§ 476 BGB). Sie lautet:

*„Zeigt sich innerhalb von **sechs Monaten** seit Gefahrübergang ein Sachmangel, so wird **vermutet**, dass die Sache (das Pferd) bereits bei Gefahrübergang mangelhaft war, es sei denn, diese Vermutung ist **mit der Art der Sache oder des Mangels unvereinbar**."*

4.3.1 Überblick

Wir hatten schon darauf hingewiesen, dass grundsätzlich der Käufer den Beweis dafür anzutreten und zu führen hat, dass das Pferd bei Gefahrübergang einen Mangel hatte. Die Beweisführung, dass das Pferd mangelhaft ist, stellt ihn oft vor keine besonderen Schwierigkeiten. Als problematisch erweist sich jedoch vielfach die Führung des Beweises, dass dieser Mangel schon bei Gefahrübergang, also bei Übergabe des Pferdes, vorhanden war.

Man denke z.B. daran, dass das Pferd einige Monate nach der Übergabe plötzlich lahm geht. Ausführliche und u.a. röntgenologische Untersuchungen führen zur Diagnose „Hufrollenerkrankung". Die Befunde sind in Klasse IV des Röntgenleitfadens einzuordnen. Liegt kein Verbrauchsgüterkauf vor, muss der Käufer den Beweis führen, dass schon zum Zeitpunkt der Übergabe entsprechende röntgenologische Normabweichungen des damals noch lahmfreien Pferdes vorgelegen haben.

Bei gravierenden Normabweichungen ist diese Rückdatierung aus anwaltlicher Erfahrung über einen Zeitraum von bis zu vier Monaten meist möglich; darüber hinaus wird es für den Käufer bereits schwierig. Manchmal kommt es auch dazu, dass die veterinärmedizinischen Sachverständigen uneinig sind: Das Hanseatische Oberlandesgericht Hamburg musste über eine Rücktrittsklage entscheiden, in der es um eine Insertionsdesmopathie[10] mit starken Verkalkungen des Nackenstrangs ging[11]. Diese wurden knapp 4 ½ Monate nach der Übergabe des Pferdes mittels einer röntgenologischen Untersuchung festgestellt. Während zwei Privatgutachter die Rückdatierung auf den Zeitpunkt des Gefahrübergangs mit an Sicherheit grenzender Wahrscheinlichkeit vorgenommen hatten, ließ der gerichtliche Sachverständige die Rückdatierung offen.

Liegt ein Verbrauchsgüterkauf vor, reicht es zugunsten des Käufers aus, wenn ungewiss bleibt, ob das Pferd diesen Mangel schon bei Gefahrübergang hatte. Zweifel gehen dann zu Lasten des Verkäufers. Liegt kein Verbrauchsgüterkauf vor, wird der Käufer scheitern, wenn ihm die Rückdatierung nicht mit zumindest hoher oder besser noch mit an Sicherheit grenzender Wahrscheinlichkeit gelingt.

Zusammengefasst: Die beim Verbrauchsgüterkauf eingreifende Beweislastumkehr hat zur Folge, dass der Käufer innerhalb von sechs Monaten ab Gefahrübergang lediglich behaupten und beweisen muss, dass das Pferd einen Mangel und dieser sich gezeigt hat. Über die oft schwierige(re) Beweisführung, dass der Mangel zum entscheidenden Zeitpunkt des Gefahrübergangs vorlag, hilft ihm das Gesetz mit der Vermutung des § 476 BGB hinweg. Es liegt auf der Hand, dass der Verkäufer hierdurch erheblich benachteiligt wird.

Bei einem Verbrauchsgüterkauf obliegt es dem Verkäufer, den (Gegen-)Beweis zu führen, dass der Mangel zum Zeitpunkt des Gefahrübergangs noch nicht vorgelegen hat.

4.3.2 Das „Sichzeigen" des Mangels

Es darf jedoch nicht verkannt werden, dass auch der dem Käufer obliegende Beweis des „Sichzeigens" des Mangels problematisch sein kann.
Das Pferd zeigt innerhalb der Sechsmonatsfrist immer wieder auftretende Taktstörungen; erst im achten oder neunten Monat fördert eine röntgenologische Untersuchung den „eigentli-

Der Käufer muss beweisen, dass sich der Mangel innerhalb von sechs Monaten gezeigt hat, um in den Vorteil der Beweislastumkehr zu kommen.

chen" Mangel in Form einer Hufrollenerkrankung zu Tage. Der gut beratene Verkäufer wird in diesen Fällen – nicht zu Unrecht – behaupten, dass die innerhalb der ersten sechs Monate aufgetretenen Taktstörungen zahlreiche, vor allem auch reiterliche Ursachen haben können. Zu denken ist an eine so genannte „Zügellahmheit" oder daran, dass das Pferd nicht den Grundsätzen der klassischen Lehre entsprechend über den Rücken gearbeitet worden ist. Auch kommen diverse andere, rein temporäre gesundheitliche Probleme in Betracht, die mit dem später entdeckten Mangel nichts zu tun haben und die zu Taktstörungen führen können. Sofern daher dem Mangel innerhalb der Sechsmonatsfrist nicht konkret auf den Grund gegangen wird, besteht für den Käufer die Gefahr, dass er den Beweis des „Sichzeigens" nicht erbringen kann und mit seiner Sachmangelklage scheitert.

Um den Verkäufer vor den dennoch weit reichenden Folgen der Beweislastumkehr zu schützen, ist diese nach dem Wortlaut des Gesetzes dann nicht anwendbar, wenn die Vermutung mit der Art der Sache oder des Mangels unvereinbar ist. Aus dem „Juristendeutsch" übersetzt: Es gibt Kaufgegenstände (Sachen) und Mängel, die die Beweislastumkehr ausschließen.

4.3.3 Anwendbarkeit der Beweislastumkehr beim Pferd?

Der Zustand eines Pferdes kann sich in einer Zeitspanne von sechs Monaten erheblich verändern, vor allem in Abhängigkeit von seiner Haltung und seinem Einsatz. Bereits kurz nach Inkrafttreten des neuen Kaufrechts wurde daher von vielen Seiten gefordert, Tiere von der Beweislastumkehr komplett auszunehmen[12]. Sie sei mit der Art der verkauften Sache nicht vereinbar. Auch in der Rechtsprechung wurde diese Auffassung vertreten[13].

Die Beweislastumkehr ist mit der Art der „Kaufsache Pferd" zu vereinbaren.

Mittlerweile ist jedoch geklärt, dass die Beweislastumkehr auch auf den Tierkauf anzuwenden ist. So hielt der BGH[14] fest, dass es gesetzgeberisches Ziel gewesen sei, den Tierkauf nach allgemeinem Kaufrecht zu behandeln. Auch beim Tierkauf kommen die *„schlechteren Beweismöglichkeiten des Verbrauchers"* und die *„ungleich besseren Erkenntnismöglichkeiten des Unternehmers"* zum Tragen. Der naturgemäß stetige Wandel der körperlichen und gesundheitlichen Zustände eines Tieres erfordere keine andere Beurteilung[15].

4.3.4 Anwendbarkeit der Beweislastumkehr aufgrund der Art des Mangels?

Es bleibt die Frage zu klären, ob es Fälle gibt, in denen die Beweislastumkehr aufgrund der Art des Mangels nicht eingreift.

Die Regierungsbegründung zum Gesetzentwurf des neuen Kaufrechts[16] geht davon aus, dass bei bestimmten *„Tierkrankheiten"* die Beweislastumkehr mit der Art des Mangels unvereinbar sein könne, da *„wegen der Ungewissheit über den Zeitraum zwischen Infektion und Ausbruch der Krankheiten nicht selten ungewiss bleiben wird, ob eine Ansteckung bereits vor oder erst nach Lieferung des Tieres an den Käufer erfolgt ist"*. In diesen Fällen lasse sich die Vermutung rechtfertigen, dass der Mangel bereits zum Zeitpunkt des Gefahrübergangs vorgelegen hat.

Dementsprechend vertrat das Oberlandesgericht Hamm[17] die Auffassung, dass die Beweislastumkehr unpassend ist, wenn bei einer Infektionskrankheit die Frist zwischen dem Gefahrübergang und dem Ausbruch der Krankheit länger ist als die Inkubationszeit.

Vielfach wurde auch wie folgt argumentiert: Wenn der Mangel typischerweise jederzeit auftreten kann, soll die Beweislastumkehr mit der Art des Mangels unvereinbar sein.

Der BGH favorisiert in seiner „Sommerekzem-Entscheidung" vom 29.03.2006 eine differenziertere Lösung[18]: Vereinfacht ausgedrückt unterscheidet er danach, ob die Entstehung der Krankheit oder Verletzung ihrer Natur nach im Grundsatz aufklärbar ist oder nicht. In der Gesetzesbegründung wird hierzu als Beispiel der Fall zitiert, in dem die Inkubationszeit den Zeitpunkt des Gefahrübergangs einschließt[19]. Wenn es in der Natur des Pferdes und des konkreten Mangels liegt, dass der Zeitpunkt der Ansteckung von niemandem festgestellt werden kann, ist kein Raum für die Vermutung, dass dieser bereits bei der Übergabe vorgelegen hat[20]. Bei dem der BGH-Entscheidung zugrunde liegenden Sommerekzem sei jedoch feststellbar, ob das Pferd unter dieser Allergie bereits bei Gefahrübergang gelitten hat. Die Beweislastumkehr ist unter dieser Prämisse anwendbar, da mit der Art des Mangels vereinbar. Offen bleibt, wie im Falle eines versteckten Mangels entschieden worden wäre.

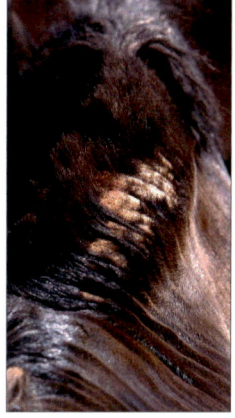

Pferd mit Ekzem im Mähnenbereich

Bei welchen Pferdekrankheiten die Beweislastumkehr keine Anwendung findet, wird von der Rechtsprechung nach dem „Sommerekzem-Urteil" des BGH neu entschieden werden müssen.

Wie sich die Gerichte nach dieser BGH-Entscheidung zu weiteren Erkrankungen positionieren werden, bleibt mit Spannung abzuwarten. Tatsache ist jedenfalls, dass die Beweislastumkehr in den meisten Fällen, in denen es um gesundheitliche Mängel geht, anwendbar sein wird.

Ebenfalls vom BGH noch nicht geklärt ist die Frage, ob eine Unvereinbarkeit der Beweislastumkehr bei **Verhaltensstörungen** und **Rittgikeitsdefiziten** anzunehmen ist[21]. Nicht ausreichend wird hierfür sein, dass die Ursache für solche Probleme auch in der Veränderung von Lebensumständen liegen kann, z. B. durch Stallwechsel, Ernährungsumstellung, neue Bezugspersonen, Trainingsmethoden und -schwerpunkte etc. Denn es ist objektiv feststellbar, ob das Tier ein bestimmtes Verhalten bereits vor der Übergabe gezeigt hat[22].

Sowohl bei Verhaltensstörungen als auch bei Rittigkeitsdefiziten sollte jedoch an der bisher herrschenden Auffassung[23] festgehalten und diese als unvereinbar mit der Beweislastumkehr angesehen werden. Denn die Entwicklung des Verhaltens und der Rittigkeit – positiv wie negativ – ist derart gravierend von verschiedenen Einflüssen abhängig, dass eine Anwendung der Beweislastumkehr auf diese Konstellationen nicht zu rechtfertigen ist. Dennoch wäre der Verkäufer nicht maßgeblich benachteiligt, wenn die Beweislastumkehr eingreifen würde. Schließlich wird er i.d.R. eine Reihe von Zeugen benennen können, die seine Behauptungen über die Mangelfreiheit des Pferdes zum Zeitpunkt des Gefahrübergangs bestätigen, wenn er das Pferd redlich verkauft hat.

4.3.5 Rechtsprechungsübersichten

Einen Überblick über gesundheitliche Mängel, Verhaltensstörungen und Rittigkeitsmängel sowie die Rechtsprechung zur Frage nach der Vereinbarkeit mit der Beweislastumkehr bietet folgende Tabelle. Maßstab ist jedoch die oben zitierte BGH-Entscheidung vom 29.03.2006, sodass die älteren Entscheidungen vor dem Hintergrund dieses Grundsatzurteils kritisch gelesen werden müssen.

I. Gesundheitliche Mängel

Mangel	Gericht (soweit veröffentlicht mit Fundstelle)	Entscheidung: Beweislastumkehr mit Art des Mangels vereinbar? (=> § 476 anwendbar?)
Achsenverschiebung der Halswirbelsäule	**LG Duisburg**, Urt. v. 11.10.2004, Az. 2 O 72/03	Ja
Atemwegserkrankung (Follikelkatarrh)	**AG Hannover**, Urt. v. 06.10.2004, Az. 512 C 5538/04 (durch Vergleich in 2. Instanz beendet)	Nein
Borreliose	**LG Verden**, Urt. v. 16.02.2005, Az. 2 S 394/03, RdL 2005, 176 f.	Nein
Borreliose, Pilzbefall des Verdauungstraktes, **Harnwegsinfektion** (Symptome erst nach Ablauf der Inkubationszeit)	**AG Osterholz-Scharmbeck**, Urt. v. 22.09.2003, Az. 13 C 268/02	Nein
Bronchitis (allergisch bedingt)	**LG Karlsruhe**, Urt. v. 12.04.2005, Az. 8 O 378/03 (durch Vergleich in 2. Instanz beendet)	Ja
Chips (OCD)	**OLG Hamm**, Urt. v. 10.08.2006, Az. 2 U 19/05	Ja
Chips (OCD)	**OLG Köln**, Beschl. v. 05.05.2006, Az. 11 U 230/05	Ja
Chronische Bronchitis (COPD), Veranlagung, noch nicht ausgebrochen, kann dies aber zumindest mit hoher Wahrscheinlichkeit tun	**OLG Stuttgart**, Urt. v. 27.04.2007, Az. 6 U 72/07	Nein
Gastropathie	**LG Kiel**, Urt. v. 30.06.2005, Az. 5 O 115/04, RdL 2006, 65	**Nein** (da Krankheit kurzfristig auftreten kann)
Insertionsdesmopathie	**OLG Hamm**, Urt. v. 24.02.2006, Az. 19 U 116/05,	Ja
Kehlkopfpfeifen	**AG Hannover**, Urt. v. 06.10.2004, Az. 512 C 5538/04 (durch Vergleich in 2. Instanz beendet)	Nein
Kehlkopfpfeifen und Koppen	**AG Worbis**, Urt. 28.01.2005, Az. 1 C 437/03, RdL 2005, 146 f.	Nein
Kissing-Spines-Syndrom	**OLG Oldenburg**, Urt. v. 20.09.2006, Az. 4 U 32/06, RdL 2006, 319 f.	Nein
Kissing-Spines-Syndrom	**LG Augsburg**, Urt. v. 13.05.2005, Az. 8 U 4902/03 (bestätigt durch OLG München, Urt. v. 25.10.2005, Az. 27 U 413/05)	Ja
Kissing-Spines-Syndrom (könne laut Sachverständigem innerhalb von drei Wochen durch Trauma auftreten)	**LG Lüneburg**, Urt. v. 29.09.2005, Az. 4 O 204/04	Ja

Mangel	Gericht (soweit veröffentlicht mit Fundstelle)	Entscheidung: Beweislastumkehr mit Art des Mangels vereinbar? (=> § 476 anwendbar?)
Kissing-Spines-Syndrom	**OLG Celle**, Urt. v. 31.05.2006, Az. 7 U 252/05	Nein
Kreuz-Darmbein-Gelenkentzün-dung, dadurch Taktunreinheiten, Kreuzgalopp	**AG Herne**, Urt. v. 06.10.2003, Az. 5 C 85/02, ZGS 2005, 199	Nein
Lahmheit	**LG Kaiserslautern**, Urt. v. 19.10.2005, Az. 3 S 138/04	Nein
Luxation Kreuz-Darmbein-Gelenk, Lahmheit	**OLG Hamm**, Urt. v. 03.05.2005, Az. 19 U 123/04, NJW-RR 2005, 1369	Ja
Periodische Augenentzündung	**LG Bautzen**, Urt. v. 26.04.2005, Az. 1 S 145/04 (von BGH bei Urteilsaufhebung offen gelassen)	Nein
Podotrochlose	**OLG Köln**, Urt. v. 08.08.2007, Az. 11 U 23/07, RdL 2008, 68 f.	Ja
Podotrochlose	**LG Darmstadt**, Urt. v. 19.05.2006, Az. 9 O 607/02	Ja
Sehnenschaden (Defekt Fesselträgerursprung)	**LG Neubrandenburg**, Urt. v. 07.05.2004, Az. 3 O 565/02, RdL 2006, 36 f.	Nein
Sommerekzem	**BGH**, Urt. v. 29.03.2006, Az. VIII ZR 173/05, ZGS 2006, 260 ff.	Nein
Sommerekzem (Distanzpferd)	**OLG Hamm**, Urt. v. 01.07.2005, Az. 11 U 43/04, ZGS 2004, 156 ff.	Ja
Spat	**AG Bad Gandersheim**, Urt. v. 23.04.2004, Az. 4 C 32/03, RdL 2005, 66	Nein
Spat	**OLG Hamm**, Urt. v. 15.10.2004, Az. 19 U 75/04, RdL 2005, 66	Ja (aber Beweis für das „Sichzeigen" des Mangels innerhalb von sechs Monaten nicht erbracht)
Strahlfäule	**LG Lüneburg**, Urt. v. 18.11.2002, Az. 4 O 286/03	Nein
Venenentzündung, Venenverschluss	**LG Memmingen**, Urt. v. 15.06.2004 (bestätigt durch OLG München, Urt. v. 19.01.2005, Az. 24 U 485/04)	Ja

II. Verhaltensstörungen

Mangel	Gericht	Entscheidung
Koppen	**LG Oldenburg**, Urt. v. 26.05.2004, Az. 13 O 3912/02, RdL 2006, 65 f.	Nein
Koppen	**AG Worbis**, Urt. v. 28.01.2005, Az. 1 C 437/03	Nein (Beweislastumkehr mit Art der Sache unvereinbar; => nicht mehr haltbares Urteil!)
Weben	**OLG Oldenburg**, Urt. v. 17.06.2004, Az. 14 U 41/04, RdL 2005, 65 f.	Nein
Weben durch Initialtraumata (Stallwechsel etc.)	**LG Aurich**, Urt. v. 24.02.2004, Az. 3 O 256/03, ZGS 2005, 40	Ja

III. Rittigkeitsmängel

Mangel	Gericht (soweit veröffentlicht mit Fundstelle)	Entscheidung: Beweislastumkehr mit Art des Mangels vereinbar? (=> § 476 anwendbar?)
Rittigkeit	**LG Lüneburg**, Urt. v. 13.11.2003, Az. 4 O 286/03	Nein
Rittigkeit	**LG Aurich**, Beschl. v. 26.02.2004, Az. 2 O 54/04 (bestätigt durch OLG Oldenburg, Beschl. v. 11.05.2004, Az. 8 W 76/04)	Nein
Rittigkeit	**LG Göttingen**, Beschl. v. 17.10.2005, Az. 9 S 10/05, RdL 2006, 14	Nein
Rittigkeit	**LG Lüneburg**, Urt. v. 16.03.2004, Az. 4 O 347/03	Nein
Rittigkeit (Freizeitpferd)	**AG Soltau**, Urt. v. 09.10.2003, Az. 4 C 982/02	Nein
Rittigkeit (mangelnde Beherrschbarkeit)	**OLG Oldenburg**, Urt. v. 11.05.2004, Az. 8 W 76/04, RdL 2005, 65	Nein

4.3.6 Widerlegung der Vermutung durch den Verkäufer

Um die gesetzliche Vermutung zu widerlegen, muss der Verkäufer den Beweis des Gegenteils erbringen, also das Gericht davon überzeugen, dass der Mangel noch nicht bei Gefahrübergang bestand.

Hat der Käufer das Sichzeigen des Sachmangels innerhalb von sechs Monaten nach Gefahrübergang bewiesen und liegt keine Unvereinbarkeit der Beweislastumkehr mit der Art des Mangels vor, so wird vermutet, dass dieser zum Zeitpunkt des Gefahrübergangs vorlag.

Diese Vermutung kann natürlich widerlegt werden. Der Verkäufer muss sich die Frage stellen, ob und wie er den Beweis des Gegenteils (§ 292 ZPO) führen kann[24]. Hierzu genügt es nicht, die Überzeugung des Gerichts nur zu erschüttern[25]; vielmehr muss das Gericht davon überzeugt werden, dass der vermutete Mangel nicht schon bei Übergabe vorlag[26].

4.3.7 Zusammenfassung: Wer muss was beweisen?

Käufer	Verkäufer
seinen eigenen Status als Verbraucher (§ 13 BGB)	Dass der Mangel zum Zeitpunkt des Gefahrübergangs nicht vorgelegen hat (§ 476 BGB)
den Status des Verkäufers als Unternehmer (§ 14 BGB)	
das Vorliegen des Mangels (§ 434 BGB)	
Das „Sichzeigen" des Mangels innerhalb von sechs Monaten seit Gefahrübergang (§ 476 BGB)	

4.4 Vertragliche Verkürzung der Verjährungsfrist – Wann ist ein Pferd „gebraucht[27]"?

Der Verkäufer ist bei einem Verbrauchsgüterkauf im Nachteil. Es liegt daher auf der Hand, dass er von den wenigen Möglichkeiten Gebrauch machen möchte, seine Haftung für Sachmängel einzuschränken.

Eine Erleichterung, die ihm das Gesetz gewährt, ist die Verkürzung der Verjährungsfrist von zwei Jahren auf ein Jahr (§ 475 Abs. 2 BGB). Hierauf kann er jedoch nur zurückgreifen, wenn es sich bei dem Verkaufsgegenstand um eine gebrauchte Sache handelt.

4.4.1 Die „Fohlen-Entscheidung" des BGH

In seiner Richtung weisenden „Fohlen-Entscheidung" hat der BGH[28] ein sechs Monate altes Fohlen, das noch nicht von der Mutterstute abgesetzt worden war, als neu angesehen.

Der Verkäufer kann daher bei einem Verbrauchsgüter-Verkauf eines Fohlens die Verjährungsfrist für Sachmängel nicht von zwei Jahren auf ein Jahr verkürzen.

Zur Begründung führt der BGH – vereinfacht dargestellt – u.a. zwei Argumente an:

Der BGH sieht ein sechs Monate altes Fohlen, das noch nicht abgesetzt worden ist, als „neu" an.

- Der Gesetzgeber habe beim Tierkauf bewusst zwischen neu und gebraucht differenzieren wollen, was sich aus der Begründung des Gesetzesentwurfes[29] ergibt, wonach junge Haustiere auch künftig als neu anzusehen und *„nicht generell wie gebrauchte Sachen behandelt werden können".*

- Bereits nach dem Wortsinn muss eine Sache benutzt werden, um ihr den Status des Gebrauchtseins zu vermitteln (Reiten, Zucht etc.). Wird das Pferd in Gebrauch genommen, so ist es gerechtfertigt, den Verkäufer vor den daraus resultierenden erhöhten Gefahren einer Inanspruchnahme durch den Käufer zu schützen und ihm die Verkürzung der Verjährungsfrist auf ein Jahr zu gestatten.

Unklar bleibt nach dem Urteil des BGH der konkrete Zeitpunkt, in dem das Gebrauchtsein bei älteren Pferden eintritt. Hierzu müsste zunächst geklärt werden, wann ein Pferd gebrauchsbedingten Risiken ausgesetzt ist. Dies dürfte dann der Fall sein, wenn es erstmals seinem Einsatzzweck zugeführt wird, der in Abhängigkeit von dem Verwendungszweck des Pferdes zu bestimmen ist. In Betracht kämen folgende Zeitpunkte:
- Einreiten bei einem Reitpferd,
- Einfahren bei einem Fahrpferd,
- erster Decksprung bei einem Deckhengst,
- erste Bedeckung bei einer Zuchtstute.

FUSSNOTEN SIEHE SEITE 189 | 185

Die Probleme dieser Stichtagbestimmung stecken jedoch im Detail: Ist beispielsweise mit dem Einreiten der Zeitpunkt gemeint, in dem das erste Mal ein Reiter aufsitzt? Reicht es aus, wenn das Pferd unter einem Reiter geführt oder an die Longe genommen wird oder muss sich das Pferd unter dem Reiter frei bewegen? Oder kann man von einem eingerittenen Pferd erst dann sprechen, wenn es taktrein, losgelassen und in weitgehend konstanter Anlehnung in den drei Grundgangarten geritten werden kann? Oder ist der Zeitpunkt des Einreitens verfehlt, da das Pferd bereits beim Anlongieren gebrauchsbedingten Risiken ausgesetzt ist?

Die hier aufgeworfenen Fragen verdeutlichen, dass der Auslegungsspielraum und die damit verbundene Rechtsunsicherheit einer solchen Lösung immens sind.

4.4.2 Überblick über die Meinungen in der Literatur

Bis zum „Fohlen-Urteil" des BGH wurden alle theoretisch möglichen Zeitpunkte als Abgrenzungskriterien zwischen neuen und gebrauchten Pferden diskutiert:

- die erste Fütterung und Unterbringung des Fohlens[30],
- die (bestimmungsgemäße) Ingebrauchnahme[31],
- die (theoretische) Möglichkeit der Ingebrauchnahme/Geschlechtsreife[32],
- das Absetzen[33],
- das Einreiten[34],
- der erste Verkauf[35],
- das Alter[36].

Überwiegend werden Tiere jedoch generell als gebraucht angesehen, also bereits mit dem Zeitpunkt ihrer Geburt[37]. Auch wir vertreten diese Ansicht nach wie vor, wenngleich wir damit die vom BGH herausgestellten Motive des Gesetzgebers übergehen; aber auch der Gesetzgeber kann von falschen bzw. sachfremden Erwägungen geleitet worden sein. Hierfür sprechen folgende Argumente:

Anders als bei Gebrauchsgegenständen kann es bei Pferden nicht auf zusätzliche gesteigerte Gefahren durch einen Gebrauch ankommen. Denn gegenüber gewöhnlichen Sachen tragen Pferde bereits ab ihrer Geburt ein erhöhtes (Sach-)Mängelrisiko:

Jeder lebende Organismus unterliegt ständig Veränderungen. Schon das gerade geborene Fohlen ist unzähligen Infektions- und Verletzungsrisiken ausgesetzt. Es kann von seiner Mutter verletzt werden, mit einem Nabelbruch oder irreparablen Fehlstellungen zur Welt kommen. Zudem erhält jedes Fohlen nach seiner Geburt Impfungen. Und schließlich führt bereits die eigene Tiergefahr, also die Unberechenbarkeit des tierischen Verhaltens, die die strenge Tierhalterhaftung nach sich zieht (§ 833 BGB), dazu, dass jedes Pferd schon mit dem Zeitpunkt seiner Geburt gesteigerten Gefahren ausgesetzt ist.

Es ist interessengerecht, ein Pferd bereits mit dem Zeitpunkt seiner Geburt als gebraucht anzusehen. Der BGH hat dies in seiner „Fohlen-Entscheidung" jedoch anders beurteilt.

Aufgrund dessen sollte nach unserer Auffassung – auch wenn sie sich nicht mit den Erwägungen des Gesetzgebers und die Rechtsprechung des BGH deckt – jedes Pferd, und zwar bereits mit dem Zeitpunkt seiner Geburt, als gebraucht gelten; neu ist es allenfalls für eine „juristische Sekunde".

Man mag die Auffassung des BGH teilen oder nicht; die Verkäufer eines Fohlens haben sich aufgrund der BGH-Entscheidung damit abzufinden, dass sie die Verjährungsfrist für Sachmängel nicht auf ein Jahr reduzieren dürfen. Wie bei älteren Pferden zu entscheiden ist, bleibt abzuwarten.

Der Verkäufer wird sich in Anbetracht dessen die Frage stellen, ob er im Vertrag vereinbaren kann, dass das Fohlen gebraucht ist. Dies lässt der BGH erwartungsgemäß nicht zu, da hierdurch der Schutz des Verbraucher-Käufers ausgehöhlt würde.

Ein Pferd kann nicht per Vertrag zur gebrauchten Sache erklärt werden.

Aus dem Urteil des BGH ergibt sich eine weitere Frage: Wird ein Tier ab einem gewissen Zeitpunkt (ab dem sechsten Monat nach der Geburt) zur gebrauchten Sache?[38] In der Fachliteratur wird dies u. E. zu Recht vertreten[39]. Der BGH konnte die Beantwortung dieser Frage in seinem „Fohlen-Urteil" offen lassen. Denn solange das Tier noch jung ist, wie das sechs Monate alte Fohlen, sei der bloße Zeitablauf unerheblich.

4.5 Gestaltungs- und Umgehungsmöglichkeiten – Verbot abweichender Vereinbarungen

Gegenüber den allgemeinen kaufrechtlichen Vorschriften sind die vertraglichen Gestaltungsmöglichkeiten zugunsten des Verkäufers beim Verbrauchsgüterkauf weitgehend eingeschränkt. Soweit (Pferde-)Verkäufer versuchen, die strengen Regelungen des Verbrauchsgüterkaufs zu umgehen, reagiert die Rechtsprechung sehr sensibel auf jegliche Umgehungsversuche. Denn die Vorschriften des Verbrauchsgüterkaufs finden nach dem Wortlaut des Gesetzes auch dann Anwendung, *„wenn sie durch anderweitige Gestaltungen umgangen werden"* (§ 475 Abs. 1 S. 2 BGB).

Zulässig ist beim Verbrauchsgüterkauf jedoch eine Haftungsbegrenzung durch negative Beschaffenheitsvereinbarungen (z.B. *„Pferd koppt"* oder *„Pferd ist aufgrund von (...) nicht/nur eingeschränkt zum Reiten geeignet"*). Hierzu müssen allerdings konkrete Mängel des Pferdes von der Beschaffenheit ausgenommen werden. Wird eine unspezifizierte Vielzahl von Mängeln aufgeführt (z.B. *„krank und unrittig"*) ist das nicht nur unzulässig; vielmehr wird jeder Käufer in einem solchen Fall vom Erwerb des Pferdes absehen.

Eine weitere Möglichkeit besteht für den Verkäufer darin, sich mit dem Käufer zu einigen, nachdem dieser ihm den Mangel mitgeteilt hat (Umkehrschluss aus § 475 Abs. 1 S. 1 BGB). Hierzu folgender kurioser Fall aus unserer anwaltlichen Praxis:

Beispiel 19[40]:

DER FALL:

Ein Pferdehändler verkauft ein nachweislich zum Zeitpunkt der Übergabe mangelhaftes Pferd an einen Verbraucher zum Preis von 8.000,– € . Das Pferd war sieben Jahre alt und hatte den Ausbildungsstand der Klasse A bis L in Dressur und Springen. Da sich der Verkäufer telefonisch nicht zur Rücknahme des Pferdes motivieren lässt, obgleich eine eindeutige Diagnose einer vet.-med. Universitätsklinik vorliegt, entschließt sich der Käufer dazu, das Pferd kurzerhand wieder auf die rund 500 km entfernte Anlage des Verkäufers zurückzubringen. Nachdem sich der Verkäufer auch vor Ort vehement weigert, das Pferd anzunehmen, unterbreitet er dem verzweifelten Käufer folgendes Angebot „zur Güte":

Er sei bereit, den ursprünglichen Kaufvertrag aufzuheben und mit dem Käufer einen „Gutschein-Vertrag" über den ursprünglich gezahlten Kaufpreis abzuschließen. Der verzweifelte Käufer erklärt sich hierzu bereit und unterzeichnet einen „Aufhebungsvertrag" nebst einem „Gutschein-Vertrag" über 8.000,– € .

Der Verkäufer nimmt das Pferd infolgedessen zurück und unterbreitet dem Käufer in den folgenden Monaten zahlreiche Verkaufsangebote von unpassenden Pferden, die dem ursprünglich gekauften Pferd weder in puncto Alter, Ausbildungsstand und erst recht nicht im Preis-Leistungs-Verhältnis entsprechen.

Der unglückliche Käufer wendet sich an seinen Anwalt und ist der Ansicht, dass er durch das Verbrauchsgüterkaufrecht bestens geschützt sei und man dem unseriösen Pferdehändler nun problemlos das Handwerk legen könne.

DIE LÖSUNG:

Der Käufer musste in seiner Erwartung enttäuscht werden. Denn mit der vom Verkäufer gewählten Vertragsaufhebung nebst Unterzeichnung des „Gutschein-Vertrages" hat sich der Verkäufer **nach Mitteilung des Mangels** – und damit rechtlich nicht zu beanstanden – auf einen neuen Vertrag geeinigt. Es lag demzufolge keine Umgehung der käuferschützenden Vorschriften des Verbrauchsgüterkaufs vor. Eine solche Umgehung ist nach dem Wortlaut des Gesetzes nur dann gegeben, wenn es sich um eine Vereinbarung handelt, die vor der Mitteilung des Mangels, also i. d. R. mit dem Abschluss des Kaufvertrages, erfolgt ist (§ 475 Abs. 1 S. 1 BGB).

Der Käufer war also an den „Aufhebungs-" und „Gutschein-Vertrag" gebunden und musste letzteren grundsätzlich auch vereinbarungsgemäß beim Verkäufer einlösen.

Aus anwaltlicher Sicht blieb dem Käufer nur eine Möglichkeit:

Er argumentierte, dass ihm der Verkäufer nicht irgendein Pferd schuldet, sondern ein dem ursprünglich gekauften zumindest in Alter, Ausbildungsstand und Preis-Leistungs-Verhältnis vergleichbares. Das Landgericht Aurich, vor dem dieser Fall verhandelt wurde, schloss sich dieser Meinung an.

Zur Vorbereitung dieses Rechtsstreits war es erforderlich, alle bisher per Video angebotenen Pferde zu katalogisieren und genauestens herauszustellen, warum jedes einzelne nicht als vergleichbar und damit „erfüllungstauglich" anzusehen war.

Sodann musste dem Verkäufer eine Nachfrist gesetzt werden, verbunden mit der Aufforderung, innerhalb dieser ein entsprechendes Pferd anzubieten. Ihm wurde ferner der Rücktritt vom „Gutschein-Vertrag" für den Fall angedroht, dass er innerhalb der Frist diese Leistungspflicht nicht erfüllt.

Nachdem auch bis zum Fristende keine passenden Angebote des Pferdehändlers eingingen, erklärte der Käufer den Rücktritt vom „Gutschein-Vertrag" und forderte den Verkäufer zur Rückzahlung der 8.000,– € auf.

Der Händler ließ es dennoch auf eine Klage ankommen, die mit einer umfangreichen Beweisaufnahme verbunden gewesen wäre. Im Termin zur mündlichen Verhandlung lenkte er dann doch noch ein. Er einigte sich mit dem Käufer zwecks Vermeidung eines langen Rechtsstreits mit erheblichen Beweisrisiken für beide Seiten auf einen Vergleich.

PRAXIS-TIPP
FÜR VERKÄUFER

Der Unternehmer-Verkäufer kann sich bei Kaufvertragsabschluss durch die Vereinbarung einer konkreten negativen Beschaffenheit des Pferdes (siehe Teil B Kapitel 2.2, I., 7., S. 112) schützen. Nach Abschluss des Kaufvertrages und Mitteilung des Mangels hat er die Möglichkeit, sich mit dem Käufer beliebig zu einigen, sofern er damit nicht gegen die guten Sitten verstößt.

FUSSNOTEN ZU KAPITEL B4

1 U. a. BGH, Urt. v. 29.03.2006, Az. 173/05, NJW 2006, 2250 ff.
2 BGH NJW 2006, 2250, 2251 ff.: Es kann zur Annahme des Unternehmer-Status ausreichen, wenn die Pferdezucht lediglich als Hobby betrieben wird und die damit einhergehenden Geschäfte nur dazu dienen, die Verluste zu reduzieren.
3 Ausführlich und m. w. Nachw.: Neumann, S. 180.
4 Ausführlich hierzu Teigelack in seinem Vortrag „Tierkaufrecht, BGH oder OLG? – Was erscheint unter Berücksichtigung der BGH-Rechtsprechung noch revisionswürdig?" anlässlich des 2. Göttinger Pferderechtsforums 2008.
5 Rahn/Fellmer/Brückner, 2. Auflage, S. 118.
6 LG Braunschweig, Urt. v. 26.03.2004, Az. 4 O 118/04 (unveröffentlicht).
7 LG Hagen, Az. 6 O 113/07 (beendet durch Vergleich).
8 OLG Hamm, Urt. v. 05.03.2009, Az. 2 U 203/08.
9 Teigelack in seinem Vortrag „Tierkaufrecht, BGH oder OLG? – Was erscheint unter Berücksichtigung der BGH-Rechtsprechung noch revisionswürdig?" anlässlich des 2. Göttinger Pferderechtsforums 2008.
10 Insertionsdesmopathie: Krankhafte Veränderung im Ursprungs- oder Ansatzbereich von Sehnen, Bändern und Gelenkkapseln.
11 OLG Hamburg, Urt. v. 06.02.2009, Az. 6 U 26/08 (unveröffentlicht).
12 Adolphsen, AgrarR 2001, 203, 206 f.; Pelhak, AgrarR 2001, 312 f.; Bemmann, RdL 2005, 57, 60 f.
13 OLG Oldenburg, Urt. v. 17.06.2004, Az. 14 U 41/04, RdL 2005, 65; AG Helmstedt 2003, Urt. v. 01.04.2003, Az. 3 C 486/02, RdL 2005, 65.
14 BGH, Urt. v. 29.03.2006, Az. VIII ZR 173/05, NJW 2001, 2250 ff.
15 So auch: OLG Hamm, Urt. v. 03.05.2005, Az. 19 U 123/04, NJW-RR 2005, 1369; OLG Köln, Beschl. v. 05.05.2006, Az. 11 U 230/05; Saarländisches OLG, Urt. v. 24.05.2007, Az. 8 U 328/06; AG Wertheim, Urt. v. 03.06.2005, Az. 1 C 94/04, bestätigt durch LG Mosbach, Hinweisbeschl. v. 30.08.2005, Az. 1 S 61/05 u. Beschl. v. 23.09.2005, Az. 1 S 61/05.
16 BT-Drucks. 14/6040, S. 245.
17 OLG Hamm, Urt. v. 01.07.2005, Az. 11 U 43/04, ZGS 2006, 156 ff.
18 BGH, Urt. v. 29.03.2006, Az. VIII ZR 173/05, ZGS 2006, 260 ff.
19 BT-Drucks. 14/6040, S. 245.
20 Vgl. hierzu Teigelack in seinem Vortrag „Tierkaufrecht, BGH oder OLG? – Was erscheint unter Berücksichtigung der BGH-Rechtsprechung noch revisionswürdig?" anlässlich des 2. Göttinger Pferderechtsforums 2008.
21 So z.B. LG Lüneburg, Beschl. v. 03.11.2003, Az. 4 S 75/03.
22 So auch Teigelack in seinem Vortrag „Tierkaufrecht, BGH oder OLG? – Was erscheint unter Berücksichtigung der BGH-Rechtsprechung noch revisionswürdig?" anlässlich des 2. Göttinger Pferderechtsforums 2008.
23 Statt vieler: Neumann, S. 200 f. m. w. Nachw.
24 Huber in: Musielak, ZPO, § 292 Rdnr. 5.
25 Riedel, S. 233 m. w. Nachw.
26 BGH, Urt. v. 29.03.2006, Az. VIII ZR 173/05, ZGS 2006, 260 ff. m. w. Nachw.; Laumen, NJW 2002, 3739, 3741.
27 Detailliert hierzu: Brückner/Böhme, MDR 2002, 1406 ff.; Bemmann, AUR 2003, 233, 236 f.; Adolphsen AgrarR 2001, 203, 207; Faust in: Bamberger/Roth, § 474 Rdnr. 15; Lorenz in: MünchKomm, § 474 Rdnr. 16 a; Matusche-Beckmann in: Staudinger, § 474 Rdnr. 85 ff.; Fellmer/Brückner, WF 2003, 7, 11 f.; Westermann ZGS 2005, 342, 347.
28 BGH, Urt. v. 15.11.2006, Az. VIII ZR 3/06, NJW 2007, 674.
29 BT-Drucks. 14/6040, S. 245.
30 Reuter, ZGS 2005, S. 88, 90 f.
31 Brinkmann, AUR 2005, S. 181, 187 f.
32 Riedel, S. 235, stellt hierzu auf die Geschlechtsreife des Pferdes ab und nimmt ab einem Alter von 1 ½ Jahren an, dass es sich um ein gebrauchtes Pferd handelt.
33 Schindler, JA 2004, 835, 838.
34 Holtgräve, Reiter und Pferde 2002, Heft 2, S. 54, 56; wohl auch Westermann, ZGS 2005, S. 342, 346 f.
35 Ablehnend: Riedel, S. 191.
36 Lorenz in: MünchKomm, § 474 Rdnr. 14; offen gelassen im „Fohlen-Urteil" des BGH, s.o.
37 Grunewald in: Erman, § 474 Rdnr. 7, Lorenz in: MünchKomm, § 474 Rdnr. 16 a; Bemmann, AUR 2003, S. 233, 237; Bemmann, RdL 2005, S. 57, 60; Brückner/Böhme, MDR 2002, 1406, 1409; Neumann, S. 162, 166.
38 Vgl. OLG Düsseldorf, ZGS 2004, 271, 273 f. („Zeitspanne, aufgrund der nach der Verkehrsanschauung das Tier nicht mehr als neue Sache angesehen wird").
39 Lorenz in: MünchKomm, § 474 Rdnr. 14; Reinicke/Tiedtke, Rdnr. 728; Matusche-Beckmann in: Staudinger, § 475 Rdnr. 81.
40 LG Aurich, Az. 3 O 1332/04, beendet durch Vergleich.

KAPITEL 5

„Besondere Arten" des Pferdekaufs

5.1 Kauf auf Probe (§§ 454 f. BGB)

Ein Kauf auf Probe wird vereinbart, damit der Käufer über einen bestimmten Zeitraum prüfen kann, ob das Pferd seinen Ansprüchen gerecht wird. Als Probezeit werden häufig 14 Tage bis vier Wochen angesetzt. Wird keine Frist vereinbart, muss der Käufer seine Entscheidung innerhalb einer vereinbarten oder vom Verkäufer bestimmten angemessenen Frist erklären, damit er den Vertrag nicht unbegrenzt in der Schwebe halten kann. Wichtig zu wissen: Ob der Vertrag letzten Endes zustande kommt, steht im Belieben des Käufers, hängt somit nicht von einem bestimmten Ereignis oder Untersuchungsergebnis ab[1].

Das endgültige Zustande-kommen des Vertrages steht im Belieben des Käufers.

Angesichts der weitreichenden Möglichkeiten des Käufers, mit dem Pferd während der Probezeit umzugehen, wird sich der Verkäufer zu einem Kauf auf Probe allenfalls bei ihm bekannten, seriösen Käufern bereit finden. Denn er muss sicher sein können, dass er das Pferd bei Nichtgefallen in einem ordentlichen Zustand zurückerhält. In der Praxis des Pferdehandels kommen Kaufverträge auf Probe daher selten vor.

Für den Käufer ist der Kauf auf Probe eine sehr nützliche Vertragsform.

Für den Käufer hingegen ist ein Kauf auf Probe eine sehr nützliche Vertragsform. Er kann das Pferd „auf Herz und Nieren" testen und es ohne jede Begründung nach Ablauf der Probezeit zurückgeben.

Damit stellt sich die wichtige Frage, wer während der Probezeit der finanziell Leidtragende ist, wenn dem Pferd etwas zustößt.

- Grundsätzlich liegt die Gefahr in der Probezeit beim Verkäufer. Verschlechtert sich der Zustand des Pferdes zufällig oder durch höhere Gewalt, vertritt es sich beispielsweise in der ordnungsgemäß ausgestatteten Box oder erliegt es einem plötzlichen Herzstillstand, trägt der Verkäufer dieses Risiko[2].
- Kommt es zu einer Verschlechterung oder zum Tod des Pferdes dadurch, dass der Käufer im Umgang mit dem Tier die im Verkehr erforderliche Sorgfalt nicht beachtet hat, haftet er für diese Schäden (Verletzung der Rückgabe- und Obhutspflichten nach § 280 Abs. 1 BGB ggf. i.V.m. §§ 241 Abs. 2, 311 Abs. 2 BGB[3]). Die Beweislast für das Vorliegen eines Sorgfaltspflichtverstoßes trägt der Verkäufer; gelingt diese – zumeist schwierige – Beweisführung, wird vermutet, dass der Käufer fahrlässig oder vorsätzlich gehandelt hat (§ 280 Abs. 1 S. 1 BGB).

Während der Probezeit liegt die Gefahr weiterhin beim Verkäufer.

Im Schadensfall kann diese nachvollziehbare Gefahrenverteilung für den Verkäufer misslich sein. Denn die Klärung der entscheidenden Frage, ob der Schaden an dem Pferd zufällig oder durch ein schuldhaftes Fehlverhalten des Käufers herbeigeführt worden ist, dürfte selten einvernehmlich erfolgen.

Im Hinblick auf die Kostentragung gilt: Der Käufer muss die Kosten für die Unterbringung und gegebenenfalls für in seinem Interesse liegende tierärztliche Untersuchungen tragen.

Abschließend noch ein Blick auf die Beweislastverteilung: Verlangt der Käufer die Rückzahlung des Kaufpreises, weil es sich nach seinen Behauptungen um einen Kauf auf Probe gehandelt hat, muss er beweisen, dass ein Rückgaberecht vereinbart worden ist[4].

5.2 Kauf auf Probe mit Umtauschvereinbarung

Diese Vertragsform entspricht dem Kauf auf Probe, jedoch mit der für den Käufer ungünstigen Einschränkung, dass er das Pferd bei Nichtgefallen zwar während der Probezeit und ohne Begründung dem Verkäufer zurückgeben kann, dafür jedoch kein Geld zurückerhält. Das Pferd wird stattdessen umgetauscht. Der Verkäufer stellt also ein anderes Pferd vergleichbarer Qualität zur Verfügung. Der Käufer bleibt dadurch an den Verkäufer gebunden und muss von diesem zwar nicht das erste Beste, aber ein Tier ähnlicher Qualität alsbald abnehmen. Andere Rechte (Rücktritt, Minderung etc.) kann er nicht geltend machen; auf diese hat er bei einer Umtauschvereinbarung verzichtet.

Es liegt auf der Hand, dass sich aus einer solchen Vereinbarung leicht Differenzen zwischen Käufer und Verkäufer ergeben können: Entweder ist dem Käufer das neue Pferd nicht gut genug oder er fühlt sich benachteiligt, weil er für ein aus seiner Sicht gleichwertiges Pferd zuzahlen muss. Von Händlern werden solche Verträge gern verwendet, um Konflikte mit dem Gewährleistungsrecht zu vermeiden.

> **PRAXIS-TIPP**
> FÜR KÄUFER
>
> *Dem Käufer ist von einem Kauf auf Probe mit Umtauschvereinbarung abzuraten.*

Von einem „Kauf auf Probe mit Umtauschvereinbarung" abzugrenzen ist folgende vertragliche Klausel, die Gegenstand eines Rechtsstreites vor dem Oberlandesgericht Stuttgart war:

> *„Der Verkäufer erklärt sich bereit, das Pferd innerhalb von einem Jahr nach Abschluss des Kaufvertrages zurückzunehmen und dem Käufer ein gleichwertiges Pferd bereit zu stellen, wenn (z.B.: die Widersetzlichkeiten) nicht zu beheben sind."[5]*

Hierbei handelt es sich um eine Tauschvereinbarung, die die gesetzlichen Gewährleistungsansprüche des Käufers unberührt lässt. Das Oberlandesgericht Stuttgart ließ in diesem Fall offen, ob der Käufer den Rücktritt erst geltend machen kann, nachdem der Verkäufer den Tauschvertrag nicht ordnungsgemäß erfüllt hat.

5.3 Kauf unter Eigentumsvorbehalt (§ 449 BGB)

Gelegentlich mangelt es Käufern an Liquidität, um den Kaufpreis sofort vollständig zu zahlen. Soll das Pferd dennoch unverzüglich übergeben werden, machen viele Käufer von der Möglichkeit Gebrauch, den Kaufpreis über ein Kreditinstitut zu finanzieren. Auch der Abschluss eines Leasingvertrages kommt in der Praxis des Pferdehandels immer häufiger vor. Meist einigen sich die Kaufvertragsparteien jedoch auf eine Ratenzahlung. Dann aber braucht der Verkäufer eine Sicherheit. Hierzu sollte er von der Vereinbarung eines Eigentumsvorbehalts Gebrauch machen. Eine solche Vertragsklausel könnte lauten:

> *„Der Kaufpreis beträgt 10.000,– €. Der Käufer zahlt bei Übergabe des Pferdes 5.000,– €. Die restlichen 5.000,– € zahlt er in monatlichen Raten à 500,– €, beginnend mit dem Monat März 2010, jeweils fällig am 15. eines jeden Monats.*
>
> *Der Verkäufer bleibt bis zur vollständigen Kaufpreiszahlung Eigentümer des verkauften Pferdes. Die Abstammungspapiere bleiben bis zur vollständigen Kaufpreiszahlung im Besitz des Verkäufers."*

PRAXIS-TIPP
FÜR VERKÄUFER

Wird das Pferd übergeben, ohne dass der vollständige Kaufpreis gezahlt wird, sollte der Verkäufer einen Eigentumsvorbehalt im Kaufvertrag vereinbaren.

Hierdurch wird erreicht, dass der Käufer das Eigentum an dem Pferd erst mit Zahlung der letzten Kaufpreisrate erwirbt.

Auch wenn der Verkäufer die Abstammungspapiere des Pferdes zurückbehält, ist nicht auszuschließen, dass der Käufer das Pferd an einen Dritten weiterverkauft und dieser gutgläubig Eigentümer des Pferdes wird (§ 932 BGB). Der gutgläubige Erwerb eines Pferdes mit Brandzeichen, das ohne Papiere übergeben wird, ist nach unserer Auffassung zwar nicht möglich; im Einzelfall kann jedoch nicht ausgeschlossen werden, dass ein Gericht zu einer abweichenden Auffassung gelangt.

Die für den Verkäufer sicherste Variante beim Pferdekauf ist die Barzahlung.

Leistet der Käufer trotz Mahnung die fällige Kaufpreiszahlung nicht, kann der Verkäufer entweder vor Gericht Klage auf Zahlung des Kaufpreises zu erheben oder nach erfolglosem Ablauf einer angemessenen Zahlungsfrist vom Vertrag zurücktreten und das Pferd zurückverlangen (§§ 346 Abs. 1, 323, 449 Abs. 2 BGB).

5.4 Wiederkauf (§§ 456-462 BGB) und Vorkauf (§§ 463-473 BGB)

Der **Wiederkauf** spielt im Pferdehandel eine geringe Rolle. Er wird gelegentlich aus verschiedenen Gründen vereinbart, z. B. wenn eine starke emotionale Bindung des Verkäufers an das Pferd besteht und er verhindern möchte, dass das Tier später in falsche Hände gerät.

Hat sich der Verkäufer im Kaufvertrag das Recht des Wiederkaufs vorbehalten, so kommt der Wiederkauf mit der Erklärung des Verkäufers gegenüber dem Käufer zustande (§ 456 Abs.1). Es genügt also die einseitige Erklärung. Der ursprüngliche Verkaufspreis gilt im Zweifel auch für den Wiederkauf (§ 456 Abs. 2 BGB), es sei denn, die Vertragsparteien haben einen anderen Preis vereinbart.

Eng verwandt mit dem Wiederkauf ist der **Vorkauf**. Derjenige, dem ein Vorkaufsrecht eingeräumt wird (Vorkaufsberechtigter), hat folgendes Recht: Er kann das Pferd vom Vorkaufsverpflichteten kaufen, sobald dieser es an einen Dritten weiterverkauft. Das hört sich auf den ersten Blick unverständlich an. Daher folgendes Beispiel zur Erläuterung:

Beispiel 20:

Der Verkäufer eines Pferdes möchte verhindern, dass es der Käufer an einen Dritten weiterverkauft und es möglicherweise in schlechte Hände gerät. Sollte dieser Verkaufsfall eintreten, möchte er das Pferd lieber wieder zurückkaufen. Aus diesem Grund vereinbart er mit dem Käufer ein Vorkaufsrecht.

Schließt nun der Käufer (Vorkaufsverpflichteter) mit einem Dritten einen Kaufvertrag über das Pferd ab, muss er den Verkäufer (Vorkaufsberechtigter) hierüber informieren. Der Verkäufer kann dann gegenüber dem Käufer erklären, dass er sein Vorkaufsrecht ausübt (§ 464 Abs. 1 BGB). Mit dieser Erklärung kommt dann der Kauf des Pferdes mit ihm zustande, und zwar zu den Bedingungen und dem Kaufpreis, den der Käufer mit dem Dritten vereinbart hat (§ 464 Abs. 2 BGB).

Der Käufer ist daher gut beraten, den Dritten bei Abschluss des Vertrages darüber zu informieren, dass der Verkäufer ein Vorkaufsrecht hat und hierüber im Kaufvertrag mit dem Dritten folgende Vereinbarung zu treffen:

„Der Käufer (= Dritter) wird darauf hingewiesen, dass XY (= ursprünglicher Verkäufer) ein Vorkaufsrecht an dem Pferd hat. Die Erfüllung dieses Kaufvertrages steht daher unter der Bedingung, dass XY sein Vorkaufsrecht nicht ausübt."

Ansonsten läuft er Gefahr, dass ihn der Dritte, der von dem Vorkaufsrecht nichts wusste, auf Schadensersatz verklagt.

Vertraglich könnte ein Vorkaufsrecht wie folgt geregelt werden:

„Dem Verkäufer wird ein Vorkaufsrecht an dem Pferd eingeräumt."

Eine absolute Sicherheit, dass der Käufer das Pferd nicht doch an einen Dritten verkauft, ohne den Vorkaufsberechtigten vorher zu informieren und dass der Dritte neuer Eigentümer wird, kann es jedoch nicht geben. Als vertraglicher Schutzmechanismus zugunsten des Verkäufers (Vorkaufsberechtigter) kann eine Vertragsstrafe vereinbart werden, die für den Fall eingreift, dass der Käufer ihm nicht die Möglichkeit gibt, sein Vorkaufsrecht auszuüben. Eine solche Vertragsstrafevereinbarung könnte z. B. lauten:

> **PRAXIS-TIPP**
> FÜR VERKÄUFER
>
> *An die Wirksamkeit einer Vertragsstrafevereinbarung mittels eines vorformulierten Textes (AGB) werden strenge Anforderungen gestellt. Die Vertragspartner sollten daher möglichst eine individuelle Vereinbarung über die Vertragsstrafe treffen. Ansonsten läuft der vorkaufsberechtigte Verkäufer Gefahr, dass die Vereinbarung unwirksam ist (§§ 307 ff. BGB). Um die Individualität der Vereinbarung zum Ausdruck zu bringen, könnte z.B. zu Papier gebracht werden, warum sich die Vertragspartner für diese Vereinbarung entschieden und wie sie die Höhe der Strafe ausgehandelt haben.*

„Für den Fall, dass der Käufer das Pferd unter Missachtung des Vorkaufsrechts an einen Dritten verkauft und dieser Eigentümer des Pferdes wird, vereinbaren die Vertragsparteien eine vom Käufer an den Verkäufer zu zahlende Vertragsstrafe i.H.v. € (…)."

5.5 Inzahlungnahme eines Pferdes

Vor allem beim Erwerb von einem Händler entscheidet sich der Käufer häufig dazu, sein „altes" Pferd in Zahlung zu geben[6]. Finanziell können beide Seiten hiervon profitieren: Der Käufer muss nicht lange nach einem Interessenten für das Pferd suchen und bekommt einen Teil des Kaufpreises angerechnet. Der Händler hat meist bessere Vermarktungsmöglichkeiten und schafft dem Käufer einen zusätzlichen Anreiz zum Abschluss des Kaufs.

Wird beim Pferdekauf ein anderes Pferd in Zahlung gegeben, liegt ein einheitlicher Kaufvertrag vor.

Wie ein solcher Vertrag rechtlich zu qualifizieren ist, wird kontrovers diskutiert[7]. Nach Ansicht des BGH[8] kommt im Regelfall kein gesonderter Kaufvertrag über die in Zahlung gegebene Sache zustande, vielmehr liegt ein einheitlicher Kaufvertrag vor. Bei dem in Zahlung gegebenen Pferd handelt sich somit um eine Form des (teilweisen) Kaufpreisersatzes[9], man spricht von einer Leistung „an Erfüllung statt" (§ 364 Abs. 1 BGB).

Häufig kommt es auch vor, dass das Pferd lediglich zwecks Weitervermittlung (und nicht zwecks sofortiger Anrechnung auf den Kaufpreis) abgegeben wird. Dann liegt ein kombinierter Vermittlungsvertrag vor. Dabei übernimmt der Händler eine Mindestpreisgarantie, stundet insoweit die Kaupreisforderung und verrechnet später den Verkaufserlös, wobei ihm der Mehrerlös als Provision verbleibt[10].

Wie verhält es sich, wenn eines der beiden Pferde mangelhaft ist? Zu unterscheiden sind zwei Konstellationen:

I. die **Mangelhaftigkeit des „neuen" Pferdes** und die daraus resultierenden Gewährleistungsansprüche des Käufers;

II. die **Mangelhaftigkeit des in Zahlung gegebenen Pferdes** und die daraus resultierenden Ansprüche des Verkäufers.

5.5.1 Das „neue" Pferd ist mangelhaft

Erweist sich das „neue" Pferd als mangelhaft, richten sich die Ansprüche des Käufers nach den kaufrechtlichen Vorschriften, wie wir sie in den vorangegangenen Kapiteln erläutert haben. Erklärt er wirksam den Rücktritt, hat der Verkäufer den als Geldleistung erbrachten Kaufpreis zurückzuerstatten sowie das in Zahlung genommene Tier herauszugeben, Zug um Zug gegen Rückübereignung des mangelhaften Pferdes.

PRAXIS-TIPP
FÜR KÄUFER / VERKÄUFER

Wichtig bei der Inzahlunggabe eines Pferdes ist es, den angerechneten Preis dieses Pferdes im Kaufvertrag festzuhalten. Denn die Erfahrung zeigt, dass später häufig über dessen Wert gestritten wird.
So konnte in einem Prozess vor dem Landgericht Oldenburg[11] lediglich bewiesen werden, dass der Käufer neben dem in Zahlung gegebenen Pferd 2.000,– € gezahlt hat. Wie hoch der Kaufpreis für das „neue" Pferd insgesamt war, wurde nicht geregelt. Dies ist sowohl im Falle einer Minderung als auch des Rücktritts äußerst misslich, da Streit über die Höhe der Preise vorprogrammiert ist.

Entscheidend ist, dass grundsätzlich das in Zahlung genommene Pferd herauszugeben und nicht etwa der angerechnete Betrag zu vergüten ist[12]. Ein Anspruch auf den Verrechnungswert des „alten" Pferdes besteht also nicht[13]. Wird hingegen Schadensersatz statt der Leistung („großer Schadensersatz") verlangt, kann der Käufer neben dem Barkaufpreis auch den Verrechnungspreis für sein „altes" Pferd verlangen.

Wird der Kaufvertrag rückabgewickelt, ist neben der Erstattung des Kaufpreises auch das in Zahlung gegebene Pferd herauszugeben.

Beim **kombinierten Vermittlungsvertrag** kann neben dem gezahlten Kaufpreisanteil auch der vereinbarte Mindestpreis für das „alte" Pferd verlangt werden, sofern das Pferd zwischenzeitlich verkauft wurde. Andernfalls wird der Vermittlungsauftrag gegenstandslos, sodass zusätzlich zum gezahlten Kaufpreisteil das „alte" Pferd im Wege der Rückabwicklung des Auftrags zurückzugeben ist[14].

Ist die Herausgabe des in Zahlung gegebenen Pferdes nicht mehr möglich (Verkauf oder Tod), muss der Verkäufer Wertersatz leisten.

Meist ist die Herausgabe des in Zahlung genommenen Pferdes nicht mehr möglich, weil es zwischenzeitlich verkauft wurde. In diesem Fall hat der Verkäufer Wertersatz zu leisten (§ 346 Abs. 2 S. 2 BGB).

Hierzu folgendes Beispiel:

Beispiel 21:

DER FALL[15]:

Die Käuferin erwirbt ein Dressurpferd zum Preis von 30.000,– €. Vereinbart wird, dass die Käuferin 25.000,– € bezahlt und dafür ihr Springpferd mit dem vereinbarten Wert von 5.000,– € in Zahlung gibt. Später stellt sich heraus, dass das Dressurpferd an einem Sommerekzem leidet. Die Käuferin erhebt daraufhin Rücktrittsklage. Das Gericht stellt fest, dass der Rücktritt wirksam erklärt worden ist.

DIE LÖSUNG:

Das Landgericht Detmold verurteilt die Beklagte, 25.000,– € an die Käuferin zu zahlen sowie das in Zahlung genommene Springpferd an sie zurückzuübereignen, Zug um Zug gegen Herausgabe des mangelhaften Dressurpferdes. Da das in Zahlung genommene Pferd zwischenzeitlich weiterveräußert worden ist, hat die Verkäuferin Wertersatz zu leisten (§ 346 Abs. 2 Nr. 2 BGB), also weitere 5.000,– € an die Käuferin zu zahlen.

Ist das Pferd im Besitz des Verkäufers erkrankt und nicht mehr oder nur noch bedingt einsatzfähig oder eingegangen, wird dies häufig zufällig passiert sein. In diesem Fall ist der Verkäufer von der Wertersatzpflicht befreit. Der Käufer kann dann also nur den Teil des Kaufpreises zurückverlangen, den er in Geld geleistet hat. Eine vollständige oder anteilige Wertersatzpflicht des Verkäufers tritt daher nur dann ein, wenn er für den Schaden des in Zahlung genommenen Pferdes verantwortlich ist.

Der Verkäufer muss bei einer Verschlechterung des in Zahlung genommenen Pferdes nur dann Wertersatz leisten, wenn er für den Schaden an dem Pferd verantwortlich ist.

Wichtig zu wissen: Der Verkäufer hat „nur" diejenige Sorgfalt im Umgang mit dem Pferd zu beachten, die er auch in eigenen Angelegenheiten anzuwenden pflegt (§ 346 Abs. 3 Nr. 3 BGB). Ist er mit dem Pferd in einer Weise umgegangen, wie er seine eigenen Pferde behandelt, kann er sich entlasten. Der Maßstab wird in den meisten Fällen bei routinemäßig etwas

Hat der Verkäufer die für ihn eigenübliche Sorgfalt im Umgang mit dem in Zahlung genommenen Pferd beachtet, ist er von der Wertersatzpflicht befreit. Der Käufer kann dann nur den in Geld geleisteten Teil des Kaufpreises im Zuge der Rückabwicklung des Kaufvertrages zurückverlangen.

unvorsichtigeren Umgangsformen weitaus niedriger liegen, als der Maßstab der ansonsten im Verkehr erforderlichen Sorgfalt. Sobald der Verkäufer jedoch Kenntnis davon hat, dass er das in Zahlung genommenen Pferdes zurückgeben muss, haftet er nach den Kriterien der objektiv erforderlichen Sorgfalt. Das heißt, der Sorgfaltsmaßstab wird strenger

Hat dem Verkäufer das in Zahlung genommene Pferd z.B. durch den Einsatz im Schulbetrieb Einnahmen erbracht, muss er diese an den Käufer herausgeben (§ 346 Abs. 3 S. 2 BGB). Gleiches gilt für den Fall, dass eine in Zahlung gegebene Stute beim Verkäufer ein Fohlen geboren hat (§ 346 Abs. 1 i.V.m. § 99 BGB).

Die Geltendmachung von Gewährleistungsansprüchen bei einem mangelhaften in Zahlung gegebenen Pferd richtet sich nach den kaufrechtlichen Vorschriften.

5.5.2 Das in Zahlung gegebene Pferd ist mangelhaft

Weist das in Zahlung gegebene Pferd einen Sachmangel auf, so richtet sich auch das rechtliche Vorgehen des Verkäufers gegenüber dem Käufer nach den kaufrechtlichen Gewährleistungsvorschriften (§ 365 BGB).

Wird das mangelhafte in Zahlung genommene Pferd zurückgegeben, bleibt der Kaufvertrag über das „neue" Pferd bestehen; der restliche Kaufpreis muss nun anderweitig, also in Geld, erbracht werden.

Der Rücktritt vom Vertrag über das „alte" Pferd lässt den Kaufvertrag über das „neue" Pferd jedoch unberührt[16]. In diesem Fall muss der Käufer des „neuen" Pferdes sein „altes" Pferd zurücknehmen und dessen Wert ersetzen, also den Rest des Kaufpreises in Geld zahlen. Im Falle der Minderung erfolgt die Zahlung anteilig.

Beim **kombinierten Vermittlungsvertrag** kann der Verkäufer bei schweren Mängeln des Pferdes oder arglistiger Täuschung den Vermittlungsauftrag kündigen[17]. Dadurch entfällt die Stundung des angerechneten Restkaufpreises, sodass der gesamte Kaufpreis fällig wird[18].

Auktionskauf

5.6 Auktionskauf

Vor allem die Elite-Auktionen der großen deutschen Warmblutzuchtverbände locken Jahr für Jahr finanzkräftige Kaufinteressenten aus dem In- und Ausland und noch mehr Schaulustige an. Sie sind zu einem bedeutenden und etablierten Vermarktungsinstrument geworden. Auch viele Verkaufsställe führen mittlerweile vermehrt Auktionen durch, um ihre Pferde in einem prestigeträchtigen Ambiente zu veräußern. Dass das Auktionsgeschehen oftmals Einfluss auf die Preise nimmt, ist ebenso klar, wie es vereinzelt Preisabsprachen im Vorfeld der Veranstaltungen gibt. Kaufinteressenten sind daher gut beraten, wenn sie sich im Vorfeld ein Preislimit setzen und sich nicht vom Auktionsgeschehen dazu hinreißen lassen, mehr zu bieten als ihnen das Pferd wert ist.

5.6.1 Die rechtlichen Beziehungen der Beteiligten

> **ÜBERSICHT 13:**
> **Beschicker:** Der Aussteller/Verkäufer des Pferdes auf einer Auktion.
> **Ersteigerer:** Der Käufer des Pferdes auf einer Auktion.
> **Versteigerer:** Der Auktionator.

Um die rechtlichen Beziehungen zwischen Käufer und Veranstalter zu regeln, halten die Veranstalter Auktionsbedingungen parat, die in den Katalogen als AGB veröffentlicht sind. Durch das Bieten gibt der Kaufinteressent zu erkennen, dass er sich diesen Auktionsbedingungen unterwirft. Der (Auktions-)Kauf wird rechtsgültig, wenn der Auktionator den Zuschlag für das Gebot eines Interessenten gibt (§ 156 BGB). Die Verbände setzen hierzu aus gutem Grund (siehe Ziffer 5.6.3.) öffentlich bestellte Versteigerer ein.

Einheitlich geregelt ist der Übergang der Gefahr; sie geht mit dem Zuschlag auf den Ersteigerer über. Von diesem Moment an trägt er das Risiko, wenn dem Pferd etwas passiert. V. a. auf den Zuchtverbandsauktionen geht aufgrund dessen mit dem Zuschlag eine vom Veranstalter zugunsten des Ersteigerers abgeschlossene Versicherung auf diesen über, die das Risiko des Todes oder der Nottötung für einen Zeitraum von mehreren Wochen nach der Versteigerung abdeckt. Über die Konditionen des Versicherungsschutzes sollte sich der Kaufinteressent in den Auktionsbedingungen informieren.

Die Gefahr geht regelmäßig mit dem Zuschlag auf den Käufer über. Der Ersteigerer sollte sich daher über einen etwaigen Versicherungsschutz informieren.

Die Eigentumsübertragung des gekauften Pferdes erfolgt dagegen erst nach vollständiger Bezahlung des Pferdes (Eigentumsvorbehalt nach § 449 BGB)[19].

> **ÜBERSICHT 14:**
> Der **Rechnungsbetrag** über das ersteigerte Pferd kann sich wie folgt zusammen setzen[20]:

Zuschlagspreis
+ 6% Vermittlungs-/Kommissionsgebühr
+ 1,25% Versicherung (zzgl. 19% Versicherungssteuer)
= Nettobetrag
+ Umsatzsteuer gem. § 12 Abs. 2 UstG (7%)
= **Abrechnungsbetrag**

5.6.2 „Auktionsmodelle"
Die Zuchtverbände greifen auf zwei unterschiedliche Auktionsmodelle zurück, die Konsequenzen für die Gewährleistungsansprüche des Ersteigerers haben:

I. Handeln des Versteigerers als Vertreter des Beschickers
Eine Möglichkeit besteht darin, dass das Pferd in fremdem Namen und auf fremde Rechnung verkauft wird[21]. So z.B. bei der Auktion „Schaufenster der Besten 2009" in Neustadt/Dosse. Der Zuchtverband bzw. Auktionsveranstalter verkauft die Pferde als Vertreter der Beschicker.

Sachmängelansprüche des Ersteigerers müssen sich daher direkt an den Beschicker als Verkäufer richten[22]. Ist der Ersteigerer Verbraucher und der Beschicker Unternehmer, greifen die Vorschriften über den Verbrauchsgüterkauf ein, d.h. Haftungsbeschränkungen sind nur im Rahmen des Verbrauchsgüterkaufrechts möglich.

Den Zuchtverband trifft eine Eigenhaftung als Vertreter des Beschickers nur in seltenen Ausnahmefällen, auf die hier nicht näher einzugehen ist (§§ 280 Abs. 1, 241 Abs. 2, 311 Abs. 2 BGB)[23].

Der Vertrag zwischen Beschicker und Auktionsveranstalter („Versteigerungsauftrag") ist als Dienstvertrag mit Geschäftsbesorgungscharakter zu qualifizieren[24]. Veranstalter und Auktionator haben die Versteigerung mit der Sorgfalt eines ordentlichen Geschäftsmannes durchzuführen. Verletzen sie schuldhaft ihre Vertragspflichten gegenüber dem Beschicker, sind sie ihm zum Schadensersatz verpflichtet (§ 280 Abs. 1 BGB).
Der Auktionsveranstalter behält seinen Vergütungsanspruch (Vermittlungsgebühr) auch dann, wenn der Kaufvertrag aufgrund von Mängeln des Pferdes rückabgewickelt wird.

II. Kommissionsgeschäft

Bei einem Kommissionsgeschäft verkauft der Veranstalter die im Auktionskatalog aufgeführten Pferde in eigenem Namen und auf fremde Rechnung der Beschicker[25] als Kommissionär[26]. So beispielsweise bei den Oldenburger Elite-Auktionen in Vechta, den Auktionen des Hannoveraner Verbandes in Verden und des Westfälischen Pferdestammbuchs in Münster. Die Rechtsbeziehungen zwischen Käufer, Beschicker und Versteigerer bzw. Veranstalter bestimmen sich daher nach den Auktionsbedingungen, den Kommissionsverträgen sowie nach den gesetzlichen Vorschriften über den Kauf und das Kommissionsgeschäft (§§ 383 ff. HGB).

Der entscheidende Unterschied zwischen der 1. Alternative des Auktionsmodells (siehe 5.6.2 I.) und dem Kommissionsgeschäft ist folgender:

Der Kaufvertrag kommt beim Kommissionsgeschäft zwischen dem Veranstalter der Auktion und dem Ersteigerer zustande. Jegliche Gewährleistungsansprüche des Ersteigerers sind daher an den Veranstalter zu richten, der als Kommissionär die Ansprüche für den Beschicker regelt. Das bedeutet allerdings nicht, dass der Beschicker für Mängel des zu versteigernden Pferdes nicht zu haften hat. Zwar richten sich sämtliche Sachmangelansprüche des Käufers gegen den Veranstalter, aber dieser wird den Beschicker in Regress nehmen. Stellt sich ein Mangel des Pferdes heraus, der Gewährleistungsansprüche auslöst, belastet das letztendlich den Beschicker, der den Auktionsveranstalter von berechtigten Gewährleistungsansprüchen des Erwerbers i. d. R. freihalten muss.

Als Kommissionär hat der Auktionsveranstalter das Geschäft mit der Sorgfalt eines ordentlichen Kaufmannes auszuführen und dabei die Interessen und Weisungen des Beschickers zu beachten (§ 384 Abs. 1 HGB). Er muss daher Mängelrügen des Ersteigerers sorgfältig auf ihre Berechtigung prüfen. Eine Anerkennung von Reklamationen, z.B. die Rücknahme eines ersteigerten Pferdes ohne erkennbare rechtliche Verpflichtung, ist daher pflichtwidrig. Auch andere schuldhafte Verletzungen des Kommissionsvertrages durch den Auktionsveranstalter als Kommissionär, z.B. die Herausgabe des ersteigerten Pferdes ohne hinreichende Sicherung der Kaufpreiszahlung, können Schadensersatzansprüche des Beschickers auslösen.

5.6.3 Der Auktionskauf als Kommissionsgeschäft – ein Verbrauchsgüterkauf?

Die rechtliche Beurteilung eines Auktionskaufs, der als Kommissionsgeschäft ausgestaltet ist, gab Anlass zu kontroversen Diskussionen. Im Mittelpunkt stand die Frage, ob die strengen Regelungen des Verbrauchsgüterkaufs auch auf solche Auktionen Anwendung finden[27]. Denn damit steht und fällt die Wirksamkeit der in den Auktionsbedingungen oftmals formulierten Gewährleistungsbeschränkungen.

Gesetzlicher Anknüpfungspunkt ist § 474 Abs. 1 S. 2 BGB. Danach gelten die strengen Vorschriften des Verbrauchsgüterkaufs *„nicht für gebrauchte Sachen, die in einer öffentlichen Versteigerung verkauft werden, an der der Verbraucher persönlich teilnehmen kann"*.

Mit anderen Worten: Sind die drei Voraussetzungen
  1. öffentliche Versteigerung
  2. gebrauchter Sachen
  3. Möglichkeit des Verbrauchers zur persönlichen Teilnahme
erfüllt, braucht der Veranstalter einer Auktion die strengen Vorschriften des Verbrauchsgüterkaufs in seinen Auktionsbedingungen nicht zu beachten.

In seinem Urteil vom 24.02.2010[28] hat der VIII. Zivilsenat des BGH entschieden, dass eine von einem Pferdezuchtverband veranstaltete Pferdeauktion, die von einem öffentlich bestellten Versteigerer durchgeführt wird, als öffentliche Versteigerung anzusehen ist, auf die die Vorschriften des Verbrauchsgüterkaufrechts nicht anzuwenden sind. Hierzu aus der Pressemitteilung des BGH[29]:

Beispiel 22:

Die Käuferin, die hobbymäßig ein Gestüt betreibt, verlangt die Rückerstattung des Kaufpreises für eine im Januar 2005 bei einer Auktion des Beklagten ersteigerte Stute. Der Beklagte ist ein anerkannter Pferdezuchtverband. Er organisiert jährlich mehrere Auktionen, über die Pferde der Mitglieder des Zuchtverbandes versteigert werden. So auch bei der im Januar 2005 durchgeführten Auktion, die von einem nach § 34 b GewO öffentlich bestellten Versteigerer geleitet wurde. Aus den allgemeinen Auktionsbedingungen des Verbandes ergibt sich unter anderem, dass die Versteigerungen vom Verband veranstaltet werden und dass die im Rahmen der Auktion geschlossenen Verträge zwischen dem Ersteigerer und dem Verband zustande kommen. Im März 2005 stellte die Käuferin fest, dass die im Januar ersteigerte Stute die Verhaltensauffälligkeit des „Freikoppens" aufweist, die den Zucht- und Wiederverkaufswert eines Pferdes mindert. Mit der Klage hat sie deshalb unter anderem die Rückerstattung des Kaufpreises von rund 160.000,– € begehrt. Die Klage ist in erster und zweiter Instanz[30] abgewiesen worden.

Die Vorschriften des Verbrauchsgüterkaufs finden keine Anwendung auf Zuchtverbandsauktionen von Reitpferden, die von einem öffentlich bestellten Versteigerer durchgeführt worden sind.

Der VIII. Zivilsenat des Bundesgerichtshofs entschied, dass die Käuferin sich nicht auf die Vorschriften über den Verbrauchsgüterkauf berufen kann, weil der Ausnahmetatbestand des Verkaufs gebrauchter Sachen in einer öffentlichen Versteigerung erfüllt ist (§ 474 Abs. 1 Satz 2 BGB, s. o.). Die Ausnahme von der Anwendbarkeit der Verbrauchsgüterkaufvorschriften ist zwar nur dann hinnehmbar, wenn der Versteigerer aufgrund seiner Person eine besondere Gewähr für die ordnungsgemäße Durchführung der Versteigerung einschließlich einer zutreffenden Beschreibung der angebotenen Gegenstände bietet. Das ist jedoch – wie hier – bei einem öffentlich bestellten Versteigerer der Fall. Nicht erforderlich ist es, dass der Versteigerer selbst Veranstalter der Auktion ist.

Der Rechtsstreit ist an das Oberlandesgericht zurückverwiesen worden, weil weitere Feststellungen dazu getroffen werden müssen, ob die Verhaltensauffälligkeit des „Freikoppens" bereits bei Übergabe des Pferdes vorhanden war. Da die für den Verbrauchsgüterkauf geregelte Beweislastumkehr (§ 476 BGB) nicht zur Anwendung kommt, muss die Käuferin dies beweisen. Diese hatte dazu aber, anders als es das Oberlandesgericht angenommen hat, hinreichende Anknüpfungstatsachen vorgetragen, zu denen ein Sachverständigengutachten einzuholen sein wird.

PRAXIS-TIPP
FÜR VERKÄUFER

Verkauft der unternehmerisch tätige Verkäufer seine Pferde über eine „öffentliche Auktion" im Sinne eines Kommissionsgeschäfts, kann er die strengen Regelungen des Verbrauchsgüterkaufs zulässig umgehen.

Reitpferdeauktionen (als Kommissionsgeschäft) sind unter den o.g. Maßgaben folglich nicht dem Verbrauchsgüterkaufrecht zuzuordnen. Diese Auktionen stellen eine haftungsprivilegierte Vertriebsmethode dar. Für den unternehmerisch tätigen Pferdeverkäufer eröffnet sich damit die Chance, Pferde auch gegenüber Verbrauchern mit eingeschränkter Gewährleistung für Sachmängel zu verkaufen.

PRAXIS-TIPP
FÜR KÄUFER

Der Käufer sollte sich über etwaige Haftungseinschränkungen in den Auktionsbedingungen informieren und bei Bedenken juristischen Rat einholen.

Dem Kaufinteressenten sei empfohlen, die Auktionsbedingungen genau zu studieren, um in Erfahrung zu bringen, inwieweit die Sachmängelhaftung in diesen eingeschränkt wird. Wir können an dieser Stelle lediglich auf die jeweiligen Auktionsbedingungen verweisen, da diese eine Vielzahl von Detailregelungen beinhalten. Ob solche Haftungsprivilegien auch nach dem Recht der Allgemeinen Geschäftsbedingungen (AGB) wirksam sind, ist eine weitere, komplexe Frage.

Bei **Fohlen-Auktionen** (als Kommissionsgeschäft) handelt es sich hingegen nach herrschender Auffassung um die Versteigerung neuer Sachen, sodass bei diesen das Haftungsprivileg entfällt[31].

Wichtig ist für die Veranstalter von Fohlen-Auktionen zu wissen: Sehen die Auktionsbedingungen vor, dass der Käufer seine Rechte verliert, wenn er den Mangel nicht binnen einer kurzen Frist von acht Wochen nach Gefahrübergang anzeigt (Mängelanzeigefrist), ist diese Regelung gegenüber einem Verbraucher-Käufer unwirksam (§ 475 BGB)[32].

Ebenso unwirksam ist die Auktionsbedingung, nach der ein Fohlen als gebrauchte Sache fingiert wird[33].

Für den Veranstalter einer Fohlen-Auktion bleibt es somit dabei, dass er nach den strengen Vorschriften des Verbrauchsgüterkaufs haftet, sofern ein Verbraucher das Fohlen erwirbt.

5.6.4   Ende der „Auktions-Lyrik"

Besonderes Augenmerk sollten die Auktionsveranstalter auf die Beschreibungen der angebotenen Pferde in den Auktionskatalogen richten. Hierin sind nicht nur unverbindliche Anpreisungen zu sehen. Denn der Verkäufer haftet auch für unrichtige öffentliche Aussagen (§ 434 Abs. 1 S. 3 BGB), also auch für die Statements im Auktionskatalog über bestimmte Eigenschaften des Pferdes, sofern diese geeignet sind, die Kaufentscheidung zu beeinflussen.

Vor diesem Hintergrund findet sich in den aktuellen Auktionsbedingungen der großen deutschen Zuchtverbände der Hinweis, dass die Kommentare im Auktionskatalog lediglich einen Ersteindruck wiedergeben, ohne dass Versteigerer oder Aussteller damit eine Zusage hinsichtlich besonderer Fähigkeiten abgeben[34].

5.7   Schutzvertrag

Wird ein Pferd sportuntauglich oder ist es nur noch eingeschränkt für den Freizeitsport einsetzbar, wird es häufig mit einem sogenannten Schutzvertrag an jemanden übergeben, der sich dazu verpflichtet, das Tier bis zu seinem Tod oder seiner Nottötung zu pflegen. Der Eigentümer verzichtet damit meist darauf, durch den Verkauf des Pferdes noch einen geringen Erlös zu erzielen, um dem Tier einen schönen Lebensabend zu garantieren. Bereits mit dieser Zielsetzung ist klar, dass bei der Abwicklung eines solchen Vertrages viele Emotionen im Spiel sind. Dadurch kommt es immer wieder zu Streitigkeiten im Zusammenhang mit derartigen „Pflege-Versprechen".

Beim Schutzvertrag handelt es sich um einen Kaufvertrag oder einen Schenkungsvertrag unter Auflagen.

Der Schutzvertrag ist gesetzlich nicht normiert. Wird ein geringer Kaufpreis, meist der symbolische Euro, vereinbart, ist eine solche vertragliche Vereinbarung rechtlich als Kaufvertrag einzuordnen. Es kann sich aber ebenso um einen Schenkungsvertrag unter Auflagen (§ 525 BGB)[35] handeln. Der Schutzvertrag enthält in den meisten Fällen ein Veräußerungsverbot.

Daneben können weitere gegenseitige Verpflichtungen in den Vertrag aufgenommen werden. Zu denken ist an Besuchsrechte oder bestimmte Haltungsbedingungen. Aus Gründen der Beweisbarkeit ist es ratsam, den als Schutzvertrag ausgestalteten Schenkungs- oder Kaufvertrag schriftlich zu fixieren.

Hauptleistungspflicht des ehemaligen Pferdebesitzers ist es, dem Vertragspartner das Eigentum an dem Pferd zu verschaffen. Dieser ist wiederum dazu verpflichtet, dass Pferd zu pflegen und nicht weiterzuveräußern. Verstößt eine der Parteien gegen ihre Pflichten, kann der andere Teil sie unter Fristsetzung dazu auffordern, ihre Pflichten zu erfüllen. Verstreicht diese Frist reaktionslos, kann er vom Vertrag zurücktreten oder Schadensersatz wegen Nichterfüllung verlangen. Dies führt unter Umständen dazu, dass das übereignete Pferd wieder herausgegeben werden muss[36]. Ist die Herausgabe des Pferdes unmöglich, weil es inzwischen verstorben oder weiterveräußert worden ist, sind auch Schadensersatzansprüche bzw. Wertersatz in Betracht zu ziehen, die jedoch aufgrund des meist hohen Alters und schlechten Gesundheitszustandes des Pferdes kaum praktische Bedeutung erlangen.

Vielfach praktiziert und empfehlenswert ist es daher, eine Vertragsstrafe zu vereinbaren. Ein Verstoß gegen das Veräußerungsverbot führt dann zur Fälligkeit der Strafe. Wir verweisen hierzu auf die Ausführungen und den Praxis-Tipp im Abschnitt 5.4 „Wiederkauf und Vorkauf", wonach einem individuell ausgehandelten Schutzvertrag, insbesondere einer derart ausgehandelten Vertragsstrafe, der Vorzug zu geben ist.

> ## PRAXIS-TIPP
> ### FÜR VERKÄUFER
>
> *Die Pflichten aus einem Schutzvertrag sollten mit einer individuell ausgehandelten Vertragsstrafenregelung abgesichert werden.*

Auch bei Verletzung der Auflage, das Pferd lebenslänglich zu pflegen, kann der Vertragspartner Schadensersatz (§ 280 Abs. 1 BGB i.V.m. dem Schutzvertrag) geltend machen. Die Vertragsstrafevereinbarung sollte auch auf diese Vertragspflichten mit einer individuellen Regelung ausgeweitet werden. Von Musterverträgen, die in vielfältiger Form im Umlauf sind, ist eher abzuraten.

FUSSNOTEN ZU KAPITEL B5

1   OLG Köln, Urt. v. 12.06.1995, Az. 19 U 295/94, NJW-RR 1996, 499.
2   Westermann in: MünchKomm, § 454 Rdnr. 7; Mayer-Maly in: Staudinger, § 495 Rdnr. 7; Berger in: Jaurnig, § 454 Rdnr. 8.
3   Heinrichs in: Palandt, § 454 Rdnr. 13; Berger in: Jauernig, § 454 f. Rdnr. 10.
4   Vertiefend zur Beweislastthematik: AG St. Wedel, Urt. v. 13.12.1993, Az. 4 C 786/93.
5   OLG Stuttgart, Urt. v. 27.10.2004, Az. 3 U 198/03.
6   Z.B. LG Bielefeld, Urt. v. 29.05.2007, Az. 6 O 83/07: Verkauf eines Springpferdes zum Preis von 25.000,– €, wovon 10.000,– € durch Inzahlungnahme eines anderen Pferdes ersetzt wurden.
7   Für einen kombinierten Vertrag aus Kauf und Tausch: Medicus, NJW 1976, 54 f.; Honsell, Jura 1983, 523 ff.; Olzen in: Staudinger, § 365 Rdnr. 36.
8   BGH, Urt. v. 20.02.2008, Az. VIII ZR 334/06, BGH MDR 2008, 561; Fortführung der Rechtspr. BGHZ 46, 338 ff; 89, 126; 128,11: BGH NJW 2003, 505.
9   Vgl. hierzu Weidenkaff in: Palandt, § 433 Rdnr. 40.
10 BGH, Urt. v. 31.03.1982, Az. VIII ZR 65/81, NJW 1982, 1699 ff.
11 LG Oldenburg, Urt. v. 26.05.2004, Az. 13 O 3912/02, RdL 2006, 65 f.
12 BGH, Urt. v. 30.11.1981, Az. VIII ZR 190/82, NJW 1984, 429; BGH, Urt. v. 28.11.1994, Az. VIII ZR 53/94, NJW 1995, 518; Binder NJW 2003, 393.
13 BGH, Urt. v. 30.11.1983, Az. VIII ZR 190/82, BGHZ 89, 126 ff.
14 BGH, Urt. v. 28.05.1980, Az. VIII ZR 147/79, NJW 1980, 2190 ff.
15 LG Detmold, Urt. v. 26.05.2007, Az. 12 O 243/07.
16 Kerwer, jurisPK-BGB, 2006, § 364 Rdnr. 7.
17 BGH. Urt. v. 05.04.1978, Az. VIII ZR 83/77, NJW 1978, 1482 ff.
18 Kerwer, jurisPK-BGB, § 365 Rdnr. 9.
19 So z.B. die Auktionsbedingungen (Stand 2007) der Hannoveraner Auktionen, http://www.hannoveraner.com.
20 Vgl. Auktionsbedingungen Reitpferde, 72. Oldenburger Elite-Auktion, Vechta, 26./27. März 2010.
21 Vgl. hierzu die Verkaufsbedingungen dieser Veranstaltung, wonach die Pferde „im Namen des jeweils genannten Ausstellers auf dessen Rechnung (Agenturgeschäft)" verkauft werden.
22 Vgl. für Kunstauktionen: Braun, WM 1992, 893, 895.
23 Vgl. für Kunstauktionen: Wertenbruch, NJW 2004, 1977, 1981.
24 Sprau in: Palandt, § 675 Rdnr. 25.
25 So z.B. die Auktionsbedingungen (Stand 2007) der Hannoveraner Auktionen, http://www.hannoveraner.com.
26 Vgl. zum Ganzen: Reuter, ZGS 2005, 88 ff.
27 Vgl. Bemmann, AUR 2003, 233, 237; Neumann, S. 209 ff.; Reuter ZGS 2005, 88 ff.; Wertenbruch, NJW 2004, 1977, 1981 f.
28 Az. VIII ZR 71/09.
29 BGH, Pressemitteilung Nr. 44/2010 v. 24.02.2010. Der Urteilstext lag bis Redaktionsschluss noch nicht vor.
30 LG Köln, Urt. v. 14.03.2007, Az. 4 O 40/06; OLG Köln, Urt. v. 17.02.2009, Az. 3 U 66/07.
31 Vgl. BGH, Urt. v. 15.11.2006, Az. VIII ZR 3/06, BGHZ 170, 31.
32 OLG Hamm, Urt. v. 26.11.2007, Az. 2 U 148/06, RdL 2008, 37.
33 BGH, Urt. v. 15.11.2006, Az. VIII ZR 3/06, BGHZ 170, 31.
34 Vgl. http://www.holsteiner-verband.de; http://www.hannoveraner.com; http://www.westfalen-pferde.de.
35 § 525 Abs. 1 BGB: „Wer eine Schenkung unter einer Auflage macht, kann die Vollziehung der Auflage verlangen, wenn er seinerseits geleistet hat."
36 Vgl. AG Holzminden, Urt. v. 13.06.1994, Az. 23 C 218/94.

KAPITEL 6
Die Legitimationspapiere des Pferdes

IN ZUSAMMENARBEIT MIT DR. MICHAEL DÜE (FN) UND DR. TERESA DOHMS (FN)

6.1   Überblick

„Auf Papieren kann man nicht reiten!" Mit dieser allseits bekannten Floskel wird zum Ausdruck gebracht, dass dem Reiter die beste Abstammung nichts nützt, wenn das Pferd für die jeweiligen Zwecke nur wenig veranlagt ist. In rechtlicher Hinsicht kommt den Papieren eines Pferdes jedoch große Bedeutung zu. Zum einen sind verwaltungsrechtliche Vorgaben im Leben und auch beim Tod eines Pferdes zu beachten. Zum anderen hängen von der richtigen, falschen oder fehlenden Dokumentation über die Identität des Pferdes nicht nur die Kaufentscheidung, sondern (Gewährleistungs-)Ansprüche und Rechte des Käufers gegenüber dem Verkäufer ab.

Zu den Legitimationspapieren eines Pferdes gehören:
- der **Equidenpass**,
- die (integrierte) **Zuchtbescheinigung**, **Abstammungsnachweis** oder **Geburtsbescheinigung** und
- die **Eigentumsurkunde**.

6.2   Die Legitimationspapiere im Detail

I.   Equidenpass

Seit dem 1. Juli 2009 benötigen alle Pferde binnen sechs Monaten nach ihrer Geburt einen Equidenpass. Hintergrund ist eine Verordnung der Europäischen Kommission vom 6. Juni 2008[1]. Hiermit soll u.a. die Identifizierung von Equiden verbessert und eindeutiger gemacht werden, um Missbrauch und Mehrfachausstellung von Pässen vorzubeugen[2]. Diese Verordnung ist in den Mitgliedstaaten unmittelbares Recht geworden. Die Zuchtverbände identifizieren daher die Fohlen bereits bei Fuß der Mutter und stellen den Equidenpass aus.

Der Equidenpass ist jedoch keine neue Erfindung. Schon seit dem Jahr 2000 ist es nach den gesetzlichen Vorgaben der Europäischen Union (EU) erforderlich, dass für alle Pferde und Ponys innerhalb der EU bei jedem Transport – z.B. zum Tierarzt oder Turnier – ein Equidenpass mitgeführt wird[3]. Zudem ist der erforderliche Impfschutz bei einer Turnierteilnahme durch dieses Dokument nachzuweisen[4].

Daher wurde der Equidenpass schon vor dem 1. Juli 2009 für alle Pferde/Ponys spätestens mit der Eintragung als Turnierpferd ausgestellt.

Jedes Pferd muss spätestens seit dem 1. Juli 2009 einen Equidenpass haben.

EQUIDENPASS
PASSPORT FOR EQUIDAE
PASSEPORT POUR EQUIDES

Dient nicht als Zuchtbescheinigung / Does not serve as breeding certificate / Ne sert pas de certificat d'élevage

Deutsche Reiterliche Vereinigung e.V.

UELN (Universal Equine Life Number)
Name/name/nom

FEI-Nr./FEI-No./No. FEI
FEI-Name/FEI-name/FEI-nom

FEI:

Tag der Ausstellung Date of issue Date d'émission	Alle 4 Jahre zu verlängern durch die Nationale Federation To be revalidated every 4 years by National Federation A revalider tous les 4 ans par la Fédération Nationale		

Dient nicht zum Nachweis des Eigentums / Does not serve as proof of ownership / Ne sert pas de preuve de propriété

1

EQUIDENPASS UELN: 2

UELN (Universal Equine Life Number)	Rasse Breed/Race

Name
Name/Nom

Geschlecht
Sex/Sexe

Farbe
Colour/Robe

Letztes Deckdatum der Mutter
Date of last cover of the mare/Dernière date de saillie de la mère

Geburtsdatum Date of birth/Date de naissance	Geburtsort Place where bred/Lieu d'élevage

Besitzer
Owner/Propriétaire

Züchter
Breeder/Eleveur

Geburtsbescheinigung

1. Ausstellungs- und Eintragungsformalitäten

Der Equidenpass enthält u. a.

- die Zuchtbescheinigung (Abstammungsnachweis oder Geburtsbescheinigung, sofern vorhanden),
- die Identifizierung des Pferdes (Mikro-Chip-Code, Lebensnummer, Graphiken zum Eintragen der Abzeichen des Pferdes/Ponys),
- Angabe des Besitzers und
- eine Dokumentationsmöglichkeit über alle Impfungen und andere Medikationen, die dem Pferd verabreicht wurden (Arzneimittelanhang).

Diagramm zur Identifikation des Pferdes

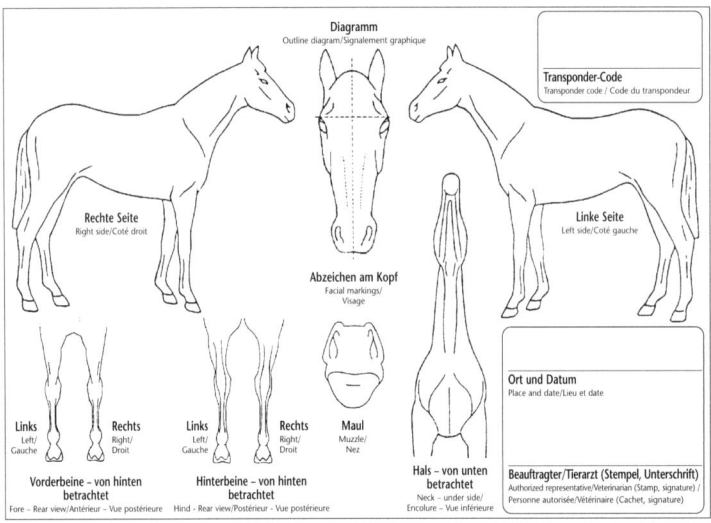

Diagramm
Outline diagram/Signalement graphique

Transponder-Code
Transponder code / Code du transpondeur

Rechte Seite
Right side/Coté droit

Linke Seite
Left side/Coté gauche

Abzeichen am Kopf
Facial markings/
Visage

Links
Left/
Gauche

Rechts
Right/
Droit

Links
Left/
Gauche

Rechts
Right/
Droit

Maul
Muzzle/
Nez

Hals – von unten
betrachtet
Neck – under side/
Encolure – Vue inférieure

Vorderbeine – von hinten
betrachtet
Fore – Rear view/Antérieur – Vue postérieure

Hinterbeine – von hinten
betrachtet
Hind – Rear view/Postérieur – Vue postérieure

Ort und Datum
Place and date/Lieu et date

Beauftragter/Tierarzt (Stempel, Unterschrift)
Authorized representative/Veterinarian (Stamp, signature) /
Personne autorisée/Vétérinaire (Cachet, signature)

7

Das Pferd wird entweder durch einen Beauftragten der Zuchtverbände oder Landeskommissionen, durch einen (Turnier-)Tierarzt oder durch einen Beauftragten der zuständigen Stellen identifiziert. Wer im Einzelfall zur Identifikation befugt ist, ist von Bundesland zu Bundesland unterschiedlich geregelt. Die Landeskommissionen und Zuchtverbände geben hierüber Auskunft. Neben dem Geschlecht werden Farbe, Abzeichen („*Signalement*") und alle Wirbel von Kopf und Hals erfasst und in ein Diagramm eingetragen.

Dokumentationsmöglichkeiten über Impfungen

32

Nur Pferde-Influenza oder Pferde-Influenza unter Verwendung kombinierter Impfstoffe			Equine influenza only or equine influenza using combined vaccines			Grippe équine seulement ou Grippe équine dans le cadre de vaccins combinés	
Impfnachweis			**Vaccination record**			**Enregistrements des vaccinations**	
Jede Impfung des Pferdes/Equiden ist deutlich und korrekt einzutragen und durch Namen und Unterschrift des Tierarztes zu attestieren.			Details of every vaccination which the horse/equidae has received must be entered clearly and in detail, and certified with the name and signature of the veterinary surgeon.			Toute vaccination suble par le cheval/équidé doit être portée dans le cadre ci-dessous de facon lisible et précise avec le nom et la signature du vétérinaire.	

Datum Date	Ort Place Lieu	Land Country Pays	Impfstoff/Vaccine/Vaccin			Name (in Großbuchstaben) und Unterschrift des Tierarztes Name (printed) and signature of the veterinarian Nom en capitales et signature du vétérinaire
			Name Name Nom	Nummer der Einheit Batch number Numéro du lot	Krankheit(en) Disease(s) Maladie(s)	

Hat der Tierarzt ein Antragsformular nicht vorrätig, kann dieses bei der Deutschen Reiterlichen Vereinigung e.V. (FN) angefordert werden. Nachdem das Pferd identifiziert worden ist und der Antrag auf Registrierung bei der FN mit Diagramm eingereicht wurde, wird der Equidenpass mit dem eingehefteten Original des gezeichneten Diagramms zugeschickt.

Arzneimittelbehandlung	Medicinal Treatment	Traitement médicamenteux

Teil I / Part I / Partie I

Datum und Ort(1) Date and Place Date et lieu	Für die Ausstellung dieses Passkapitels zuständige Behörde(1) Competent authority issuing this section of the identification document Autorité compétente délivrant ce chapitre du document d'identification

Teil II / Part II / Partie II

Hinweis: Der Equide soll nicht zum menschlichen Verzehr geschlachtet werden.
Dem Equiden können daher tiermedizinische Arzneimittel verabreicht werden, die gemäß Artikel 6 Absatz 3 zugelassen sind oder gemäß Artikel 10 Absatz 2 der Richtlinie 2001/82/EG verabreicht werden.

Note: The equine animal is not intended for slaughter for human consumption.
The equine animal may therefore undergo the administration of veterinary medicinal products authorised in accordance with Article 6(3) or those administered in accordance with Article 10(2) of Directive 2001/82/EC.

Remarque: L'équidé n'est pas destiné à l'abattage pour la consommation humaine.
Par conséquent, l'équidé peut recevoir des médicaments vétérinaires autorisés conformément à l'article 6, paragraphe 3, ou des médicaments administrés conformément à l'article 10, paragraphe 2, de la directive 2001/82/CE.

Der Unterzeichnete, Eigentümer(2)/Besitzer(2)/Verfügungsberechtigter(2)/Halter(2) des Equiden, erklärt, dass der in diesem Dokument beschriebene Equide nicht zur Schlachtung bestimmt ist
I, the undersigned owner/representative of the owner/keeper declare that the equine animal described in this identification document is not intended for slaughter for human consumption
Je soussigné, propriétaire/représentant du propriétaire/détenteur, déclare que l'animal décrit dans le présent document d'identification n'est pas destiné à l'abattage pour la consommation humaine

Datum und Ort Date and Place Date et lieu	Name in Großbuchstaben und Unterschrift des Eigentümers/Besitzers/Verfügungsberechtigten/Halters Name in capitals and signature of the owner of the animal or his/her representative/keeper Nom en capitales et signature du propriétaire de l'animal ou de son représentant/sa représentante/détenteur	Name in Großbuchstaben und Unterschrift des zuständigen Tierarztes der gemäß Artikel 10 Absatz 2 der Richtlinie 2001/82/EG handelt Name in capitals and signature of the veterinarian responsible acting in accordance with Article 10(2) of Directive 2001/82/EC Nom en capitales et signature du vétérinaire responsable procédant conformément à l'article 10, paragraphe 2, de la directive 2001/82/CE

47

Teil III / Part III / Partie III

Hinweis: Der Equide soll zum menschlichen Verzehr geschlachtet werden.
Unbeschadet der Verordnung (EWG) Nr. 2377/90 und der Richtlinie 96/22/EG kann der Equide gemäß Artikel 10 Absatz 3 der Richtlinie 2001/82/EG mit Arzneimitteln behandelt werden, sofern die entsprechend behandelten Tiere erst nach Ablauf der allgemeinen Wartefrist von sechs Monaten ab dem Datum der letzten Verabreichung von Wirkstoffen gemäß Artikel 10 Absatz 3 der genannten Richtlinie für den menschlichen Verzehr geschlachtet werden.

Note: The equine animal is intended for slaughter for human consumption.
Without prejudice to Regulation (EEC) No. 2377/90 and Directive 96/22/EC, the equine animal may be subject to medical treatment in accordance with Article 10 (3) of Directive 2001/82/EC under the condition that animals so treated can only be slaughtered for human consumption after the end of the the general withdrawal period of six months following the date of last administration of the substances listed in accordance with Article 10(3) of that Directive.

Remarque: L'équidé est destiné à l'abattage pour la consommation humaine.
Sans préjudice du règlement (CEE) no 2377/90 ni de la directive 96/22/CE, l'équidé peut faire l'objet d'un traitement médicamenteux conformément à l'article 10, paragraphe 3, de la directive 2001/82/CE à condition que l'équidé ainsi traité ne soit abattu en vue de la consommation humaine qu'au terme d'un temps d'attente général de six mois suivant la date de la dernière administration de substances listées conformément à l'article 10, paragraphe 3, de ladite directive.

Datum und Ort der letzten Behandlung mit einem Arzneimittel gemäß Artikel 10 Absatz 3 der Richtlinie 2001/82/EG oder der Aussetzung gemäß Artikel 16 Absatz 2 der Verordnung (EG) Nr. 504/2008 (7) (8) Date and place of last treatment with a medicinal product in accordance with Article 10(3) of Directive 2001/82/EC or of suspension in accordance with Article 16(2) of Regulation (EC) 504/2008 Date et lieu de la dernière administration, telle que prescrite, conformément à l'article 10, paragraphe 3, de la directive 2001/82/CE ou de la suspension conformément à l'article 16, paragraphe 2, du règlement (CE) no 504/2008 (Tag/Monat/Jahr) / (dd/mm/yyyy) / (jj/mm/aaaa) (Landes-Code, Postleitzahl, Ort) / (Country Code, Postcode, Place) / (Code pays, Code postal, Lieu)	Wesentlicher Wirkstoff(e) im Arzneimittel, das gemäß Artikel 10 Absatz 3 der Richtlinie 2001/82/EG verabreicht wurde, wie in der ersten Spalte genannt (3) (4) oder gemäß Artikel 16 Absatz 2 der Verordnung (EG) Nr. 504/2008 (7) (8) Essential substance(s) incorporated in the veterinary medicinal product administered in accordance with Article 10(3) of Directive 2001/82/EC as mentioned in first column or in accordance with Article 16(2) of Regulation (EC) No 504/2008 Substance(s) fondamentale(s) incorporée(s) dans le médicament vétérinaire administré conformément à l'article 10, paragraphe 3, de la directive 2001/82/CE, ainsi que mentionné dans la première colonne ou conformément à l'article 16, paragraphe 2, du règlement (CE) no 504/2008	Zuständiger Tierarzt, der das Arzneimittel verabreicht und/oder verschreibt Veterinarian responsible applying and/or prescribing administration of veterinary medicinal product Vétérinaire responsable appliquant et/ou prescrivant le traitement médicamenteux Name (5) / Name / Nom Anschrift (5) / Address / Adresse Postleitzahl (5) / Postcode / Code Postal Ort (5) / Place / Lieu Telefon (6) / Tel / Téléphone Unterschrift / Signature / Signature

49

Weltweit gelten Pferde als lebensmittelliefernde Tiere. Der Equidenpass hat daher das Kapitel **Arzneimittelanhang**, das dazu dient, Ausnahmen von den Bestimmungen über lebensmittelliefernde Tiere für Pferde zu ermöglichen. Der Besitzer muss erklären, ob er für sein Pferd den Status *„zur Schlachtung bestimmt"* oder *„nicht zur Schlachtung bestimmt"* wählt. Der Status *„nicht zur Schlachtung bestimmt"* ist unwiderruflich und muss von nachfolgenden Besitzern übernommen werden. Die FN empfiehlt, den Status *„zur Schlachtung bestimmt"* anzukreuzen. Das heißt nicht, dass das Pferd irgendwann geschlachtet werden muss. Es gibt jedoch einige Sonderregelungen bei der Verabreichung von Medikamenten zu beachten. Grundsätzlich dürfen Pferden mit Schlachtstatus nur solche Wirkstoffe verabreicht werden, die für lebensmittelliefernde Tiere zugelassen sind. In der ausschließlich für Pferde geltenden so genannten „Positiv-Liste" sind weitere Medikamente aufgeführt, die mit einer Wartezeit von sechs Monaten vor der Schlachtung verabreicht werden dürfen. Der Tierarzt kann hierüber Auskunft geben.

Arzneimittelanhang als Bestandteil des Equidenpasses mit dem Eintrag „zur Schlachtung/nicht zur Schlachtung" bestimmt.

In Teil III des Arzneimittelanhangs erfolgt der Eintrag der Arzneimittel.

Der Status „nicht zur Schlachtung bestimmt" ist unwiderruflich.

Besitzer von Pferden, die einen FN-Pass (in grüner Hülle) oder einen von einem Zuchtverband ausgestellten Pass (in roter Hülle) bereits vor 2000 erhalten hatten, haben den Abschnitt *„Arzneimittelbehandlung"* automatisch zugeschickt bekommen. Fehlt der Arzneimittelhang in diesen Fällen, sollte der Vorbesitzer danach gefragt werden.

Für **Pferde ohne Papiere** richtet sich die Zuständigkeit für die Ausstellung des Equidenpasses nach der Regelung des jeweiligen Bundeslandes. Er kann aber auch bei der Deutschen Reiterlichen Vereinigung e.V. (FN) beantragt werden.

Für **ausländische Pferde, die nicht in Deutschland registriert sind, jedoch bereits über einen Pass verfügen,** gilt: Handelt es sich um Pferde aus dem europäischen Ausland, haben diese i. d. R. einen Pass. Bei der FN muss dann ein Antrag auf Registrierung des Pferdes und Anerkennung des Passes gestellt werden. Dort wird geprüft, ob der Pass den nationalen Vorgaben entspricht. Ist dies der Fall, erlangt das bereits ausgestellte ausländische Dokument durch Anerkennung der FN den Status eines deutschen Equidenpasses. Hat das Pferd keinen Pass, muss ein Antrag auf Neuausstellung eines Equidenpasses und Registrierung bei der FN gestellt werden. Gleiches gilt für Pferde aus Drittländern.

Der Equidenpass dient nicht dem Nachweis des Eigentums.

Pferde, die schon einen internationalen Pass (FEI-Pass) besitzen, benötigen keinen neuen Equidenpass. Der Equidenpass wird als „Personalausweis" des Pferdes verstanden[5]. Er dient jedoch nicht dem Nachweis des Eigentums.

Jedes Pferd wird in einer **Datenbank bei der Deutschen Reiterlichen Vereinigung e.V. (FN)** unter einer individuellen internationalen Kennnummer – der sogenannten Universal Equine Life Number (UELN) – registriert, die lebenslang bestehen bleibt, auch wenn der Name des Tieres geändert wird. Alle Angaben, die der Pferdebesitzer macht, sowie die vom Tierarzt eingetragenen Abzeichen, Wirbel und eventuell Brände werden gespeichert. Bei Verlust des Passes, bei Diebstahl des Pferdes, Besitzerwechsel etc. kann darauf zurückgegriffen werden.

2. Mikro-Chip (Transponder)

Die Identifizierung von Pferden erfolgte in der deutschen Pferdezucht bislang mittels eines kombinierten Verfahrens, das aus folgenden Komponenten besteht: Erfassung von Farbe und Abzeichen zusammen mit der Ausstellung eines Diagramms, Registrierung mit einer internationalen Lebensnummer, Vergabe eines Verbands- und Nummernbrandes sowie häufig schon die DNA-Typisierung für registrierte Pferde.

Ab dem 01.07.2009 geborene Pferde müssen durch einen Mikro-Chip gekennzeichnet werden.

Alle Pferde, die ab dem 1. Juli 2009 geboren werden, müssen nunmehr eine „aktive Kennzeichnung" in Form eines Mikro-Chips erhalten[6]. Je nach den Bestimmungen der jeweiligen Zuchtverbände wird zusätzlich ein Schenkelbrand angebracht. Diese Neuregelung wurde zum Teil scharf kritisiert: Die Zuchtverbände und die FN hatten sich intensiv dafür eingesetzt, den Schenkelbrand auch weiterhin als alleinige aktive Kennzeichnung zu behalten. Obgleich die zugrunde liegende EU-Verordnung den Mitgliedsstaaten diese Möglichkeit einräumt, fanden die Interessen der organisierten Pferdezucht beim deutschen Gesetzgeber kein

Gehör. In der Praxis wird dies zu einem deutlichen Mehraufwand und Mehrkosten für den Pferdezüchter und -halter führen; die Pferdezuchtverbände stehen vor logistischen Herausforderungen, die nicht notwendig gewesen wären[7], so die kritischen Stimmen.

Die **Implantation** des Transponders erfolgt mittels einer Injektionsspritze grundsätzlich zwischen Genick und Widerrist in der Mitte des Halses im Bereich Nackenband. Sie darf nur
- von Veterinärmedizinern oder
- einer unter dessen Aufsicht stehenden Person oder
- durch eine von einer tierzuchtrechtlich anerkannten Züchtervereinigung oder
- einer internationalen Wettkampforganisation beauftragten, im Hinblick auf die Vornahme der Kennzeichnung von Einhufern sachkundigen Person

vorgenommen werden.

Bei der Schlachtung muss der Chip entfernt, eingezogen, vernichtet und entsorgt werden. Der Equidenpass wird ungültig gestempelt und an die ausstellende Behörde übermittelt. Das Gleiche gilt für **euthanasierte Tiere**; auch hier soll die Kontrolle bei der Behörde liegen. Inwieweit ein Missbrauch der Mikro-Chips verhindert werden kann, ist noch unklar.

Für Pferde, die bis einschließlich 30.06.2009 geboren und bis zu diesem Zeitpunkt mit dem herkömmlichen Equidenpass identifiziert worden sind, gilt: Diese Tiere müssen nicht erneut gekennzeichnet werden. Ebenso behalten bisherige Mikro-Chips ihre Gültigkeit.

Eine weitere Neuerung könnte es für den inner- und zwischenstaatlichen Verkehr geben: Der Transport eines Pferdes mit der sogenannten **Smartcard**. Hierbei handelt es sich um eine Plastikkarte mit integriertem Computerchip, der Daten speichern und auf elektronischem Wege an kompatible Computersysteme übermitteln kann. Sie soll enthalten:
- die ausstellende Stelle, Equiden-Kennnummer, Name, Geschlecht, Farbe, gegebenenfalls die letzten 15 Stellen des vom Mikro-Chip übertragenen Codes, Foto des Equiden;
- mit Hilfe von Standard-Software zugängliche weitere Informationen.

Ob und inwieweit die Smartcard umgesetzt wird, stand bis zum Redaktionsschluss noch nicht fest.

3. Kosten der Ausstellung und Verfahrensfragen
Für die Identifikation des Pferdes fallen Gebühren i. H. v. 25,– € an. Gegebenenfalls können weitere Kosten und eine Kilometerpauschale hinzukommen. Die Eintragung des Pferdes bei der FN als Freizeitsportpferd und die Ausstellung des Pferdepasses kostet ebenfalls 25,– €. Hinzu kommen 7,50 € für begleitende Maßnahmen der Landeskommissionen oder der Zuchtverbände (in Hessen 10,– €, im Saarland 12,– €) sowie Versandkosten und Mehrwertsteuer. Der Pass wird per Nachnahme verschickt oder die Kosten auf Wunsch per Lastschrift eingezogen.

Täglich kommen viele Anträge in der FN-Geschäftsstelle in Warendorf an. Von Antragseingang bis zur Versendung des fertigen Passes kann es daher mehrere Wochen dauern. Diese lange Bearbeitungsdauer liegt u.a. daran, dass sehr viele Anträge unvollständig oder falsch ausgefüllt wurden. Häufig fehlen die detaillierten Angaben zum Pferd. Es werden Alter oder Geschlecht nicht eingetragen, oder es fehlt der Name des Pferdes. Eine weitere Fehlerquelle sind die gesetzlich vorgeschriebenen Diagramme. In vielen Fällen ist das Diagramm nur unvollständig oder falsch ausgefüllt, oder fehlt ganz. Oft wird auch die Bestätigung durch den Tierarzt vergessen.

Änderungen des Equidenpasses müssen von den zuständigen Stellen (s.o.) registriert werden. Dazu gehören insbesondere Änderungen des Eigentums-/Besitzstandes, der Abzeichen, des Geschlechts und des Lebensmittelstatus des Pferdes.

> **ÜBERSICHT 15:**
> **Leitfaden zur Vermeidung der häufigsten Fehler bei Ausstellung der Antragsunterlagen**
>
> - Handelt es sich um einen Schecken, muss angegeben werden, ob es ein Rapp-, ein Fuchs- oder ein Braunschecke ist.
> - Zu den Besitzerangaben zählen Vor- und Nachname (keine Abkürzungen) sowie die komplette Anschrift.
> - Der Antrag muss vom Besitzer und vom Tierarzt/Beauftragten unterschrieben werden.
> - Das Diagramm darf nur ein Tierarzt/Beauftragter ausfüllen.
> - Wenn Abstammungsnachweise vorhanden sind, müssen sie im Original – nicht in Kopie – eingeschickt werden. Es reicht auch nicht aus, bei ausländischen Pferden nur die Abstammungspapiere ohne den ausgefüllten Antrag einzuschicken.
> - Im Antragsformular muss angekreuzt werden, ob eine Registrierung als Freizeitsportpferd oder die Eintragung als Turnierpferd gewünscht wird.

4. Duplikat und Ersatzdokument

Geht das Original des Equidenpasses verloren, kann jedoch die Identität des Pferdes ermittelt werden und liegt eine entsprechende Erklärung des Besitzers vor, wird ein **Duplikat** des Passes ausgestellt und als solches ausgewiesen. Hierzu sind die Eigentumsurkunde und/oder der Kaufvertrag und eine Versicherung des Vorbesitzers über den Verlust des Pferdepasses sowie die Angaben zu Abzeichen, Farbe, Alter und Geschlecht erforderlich.

In diesem Fall wird das Pferd als nicht zur Schlachtung bestimmt eingestuft. Letzteres gilt nicht, wenn der Halter innerhalb von 30 Tagen nach dem erklärten Zeitpunkt des Verlustes des Passes hinreichend nachweisen kann, dass der Status als *„zur Schlachtung für den menschlichen Verzehr bestimmt"* nicht durch etwaige Arzneimittelbehandlungen gefährdet ist.

Ist der Equidenpass verloren gegangen und kann die Identität des Pferdes nicht ermittelt werden, fertigt die ausstellende Stelle einen **Ersatz** des Dokuments aus. Der neue Pass wird als „Ersatz" ausgewiesen. Das Pferd wird in diesem Fall ausnahmslos als *„nicht zur Schlachtung bestimmt"* klassifiziert.

II. Zuchtbescheinigung (Abstammungsnachweis und Geburtsbescheinigung)

Die Zuchtverbände sind gehalten, neugeborene Fohlen bei Fuß der Mutter zu identifizieren und einen Equidenpass auszustellen. Aus diesem Grund wurde dazu übergegangen, die Zuchtbescheinigung in den Equidenpass zu integrieren.

Die Zuchtbescheinigung ist eine von einem tierschutzrechtlich anerkannten Zuchtverband ausgestellte Urkunde über die Abstammung und Leistung eines Zuchtpferdes (§ 2 Nr. 12 TierZG)[8]. Sie kann als Abstammungsnachweis oder als Geburtsbescheinigung ausgestellt werden, sofern die Eltern in das Zuchtbuch der Rasse eingetragen sind. Die Bestimmungen sowie die Festlegung der Anforderungen für die Ausstellung von Zuchtbescheinigungen sind in den Zuchtprogrammen der jeweiligen Rassen festgelegt. So wird z. B. bei den Deutschen Reitpferden für jedes Pferd, bei dem der Vater in das Hengstbuch I und die Mutter in einem der Abschnitte der Hauptabteilung des jeweiligen Zuchtverbandes eingetragen sind, eine Zuchtbescheinigung als Abstammungsnachweis ausgestellt. Für alle anderen Pferde wird eine Zuchtbescheinigung als Geburtsbescheinigung ausgestellt. Zur Ausstellung ist die Züchtervereinigung nur gegenüber Mitgliedern verpflichtet.

Nur Mitglieder haben gegenüber der Züchtervereinigung einen Anspruch auf Ausstellung der Zuchtbescheinigung.

Ausnahmen ergeben sich nur für Englische Vollblüter und Traberpferde: Bei diesen hat jeder Züchter Anspruch darauf, ein von ihm gezüchtetes Pferd in das Zuchtbuch eintragen zu lassen und eine Zuchtbescheinigung zu erhalten (§ 6 Abs. 3 TierZG)[9].

◼ ÜBERSICHT 16:
Zuchtbescheinigung

Die **Zuchtbescheinigung** ist eine Urkunde, die mindestens Angaben über die Abstammung und Leistung eines eingetragenen oder reinrassigen Zuchttieres enthält und zusätzlich Angaben zu dessen Samen, Eizellen oder Embryonen enthalten kann.

Weitere vorgeschriebene Angaben für die Zuchtbescheinigungen sind in den jeweiligen Zuchtbuchordnungen der Zuchtverbände festgehalten. Für die der FN angeschlossenen Zuchtverbände sind diese Angaben in der Zuchtverbandsordnung vorgegeben:

1) Name der Züchtervereinigung
2) Ausstellungstag/-ort
3) (internationale) Lebensnummer des Pferdes
4) Rasse
5) Name und Anschrift des Züchters und des Besitzers
6) Deckdatum der Mutter
7) Geburtsdatum, Geschlecht, Farbe und Abzeichen
8) Kennzeichnung
9) Namen, Lebensnummern, Geburtsnummern (falls vorhanden), Farbe und Rasse der Eltern sowie Namen, Lebensnummern und Rasse einer weiteren Generation
10) Eintragung des Zuchtpferdes und seiner Vorfahren in die Abteilung eines Zuchtbuches
11) die Unterschrift des für die Zuchtarbeit Verantwortlichen oder seines Vertreters
12) das neueste Ergebnis der Leistungsprüfungen und der Zuchtwertfeststellung des Pferdes, seiner Eltern und bei reinrassigen Pferden auch seiner Großeltern, ferner die Angabe der Behörde, die den Zuchtwert festgestellt hat

13) ggf. die Entscheidung „gekört"
14) bei einem Pferd, das aus einem Embryotransfer hervorgegangen ist, außerdem die Angaben seiner genetischen und leiblichen Eltern sowie deren DNA- oder Blut-Typ

Für den Einsatz eines Pferdes in der Zucht ist die der Zuchtbescheinigung unerlässlich.

Die Zuchtbescheinigung ist ein Qualitätsnachweis. Zuchttiere können nur mit Übergabe einer Zuchtbescheinigung gehandelt werden (§ 12 TierZG).

WICHTIG ZU WISSEN: Aufgrund der stufenweise eingeführten Regelungen zum Equidenpass gibt es noch vereinzelt Pferde, die einen Equidenpass besitzen und zusätzlich die Zuchtbescheinigung des Zuchtverbandes. Üblich ist jedoch die sogenannte integrierte Zuchtbescheinigung, die fest im Equidenpass integriert ist.
Für Pferde ohne Zuchtbescheinigung wird ein Equidenpass nach den unter Abschnitt I.1. des vorliegenden Kapitels genannten Modalitäten von der FN ausgestellt.

III. Eigentumsurkunde
Die Eigentumsurkunde wird mit identischer Lebensnummer zusätzlich zum Equidenpass ausgestellt, wenn dieser zusammen mit dem Abstammungsnachweis bzw. der Geburtsbescheinigung in einer gemeinsamen Mappe zusammengefasst ist oder keine Zuchtbescheinigung vorliegt.

Die Eigentumsurkunde steht demjenigen zu, der im Sinne des BGB Eigentümer des Pferdes ist. Sie ist daher bei Veräußerung des Pferdes zusammen mit dem ebenfalls zum Pferd gehörenden Pferdepass dem neuen Eigentümer zu übergeben und bei Tod des Tieres an den ausstellenden Verband zurückzugeben. Equidenpass und Eigentumsurkunde gehören zu jedem eingetragenen Pferd wie Fahrzeugschein und -brief zu einem Kraftfahrzeug.

Der Besitzer der Eigentumsurkunde ist nicht automatisch Eigentümer des Pferdes.

WICHTIG ZU WISSEN: Wer im Besitz der Eigentumsurkunde ist, ist entgegen landläufiger Meinung nicht automatisch auch Eigentümer des Pferdes. Ist das Eigentum an einem Pferd streitig, gilt die Vermutung, dass der Besitzer des Tieres auch dessen Eigentümer ist (§ 1006 BGB).

Wird das Eigentum an einem Pferd nachgewiesen, steht dem Eigentümer ein **Anspruch auf Herausgabe der Eigentumsurkunde** zu (§§ 985, 952 BGB).

IV. Registrierung als Turnierpferd
Möchte der Käufer mit seinem neu erworbenen Pferd in Leistungsprüfungen an den Start gehen, muss dieses als Turnierpferd registriert sein[10].

Der Käufer eines Pferdes, das bereits als Turnierpferd bei der FN eingetragen ist, muss den Besitzwechsel umgehend und schriftlich bei der FN anzeigen und den Equidenpass dorthin senden, um den Besitzwechsel vermerken zu lassen[11]. Die Fortschreibung der Turnierpferderegistrierung und die damit einhergehende Berechtigung zur Teilnahme an Leistungsprüfungen sind jährlich zu erneuern.

Ist eine Eintragung als Turnierpferd bis zum Abschluss des Kaufvertrages nicht erfolgt, muss der Käufer als neuer Eigentümer die Kosten für die Registrierung tragen.

Ist das erworbene Pferd bereits als Turnierpferd registriert, muss der Besitzwechsel der FN schriftlich angezeigt und von dieser im Equidenpass vermerkt werden.

V. Messbescheinigung für Ponys

Während vor Einführung des Equidenpasses für Pferde mit einem Stockmaß von maximal 148 cm ein separater „Ponypass" ausgestellt wurde, erhalten heute auch Ponys einen Equidenpass.

Von besonderer Bedeutung ist die Messbescheinigung, also die Eintragung der Größe des Ponys in den Equidenpass. Denn für die Registrierung als Turnierpony bei der FN und die Teilnahme an Pony-Leistungsprüfungen ist die Messbescheinigung der zuständigen Landeskommission erforderlich.

Für G-Ponys (138 – 148 cm Stockmaß) muss bis zum Alter von sieben Jahren jedes Jahr eine aktuelle Messbescheinigung der jeweiligen Landeskommission bei der FN vorgelegt werden.

Für die Registrierung als Turnierpony bei der FN ist eine Messbescheinigung der Landeskommission erforderlich, die bei G-Ponys bis zum Alter von sieben Jahren jährlich erneuert werden muss.

Auf internationalen Ponyturnieren gelten noch strengere Regelungen: Ponys, die bei internationalen Wettbewerben an den Start gehen, müssen bis zu einem Alter von acht Jahren nachgemessen werden, wobei die Messungen durch anerkannte FEI-Tierärzte durchgeführt werden.

G-Ponys, die auf internationalen Turnieren starten, müssen bis zum Alter von acht Jahren jährlich von FEI-Tierärzten nachgemessen werden.

Es liegt auf der Hand, dass ein Pony durch die Überschreitung des zulässigen Größenmaßes erheblich an Wert verliert. Ponys, die nicht unter Vorlage der Messbescheinigung als Turnierpony registriert sind, werden als Turnierpferd eingetragen und unabhängig von ihrer Größe entsprechend der Ausschreibung wie Pferde behandelt (§ 16 Nr. 5 b) LPO).

Bei jungen und vor allem wertvollen Ponys, die bereits das Endmaß erreicht haben, werden im Kaufvertrag daher oft spezielle Regelungen (z. B. Rückgaberecht, Kaufpreisminderung oder Umtauschmöglichkeit) für den Fall getroffen, dass das Tier das Ponymaß überschreitet und deshalb nicht im Ponysport eingesetzt werden kann. Denkbar ist auch, dass der Verkäufer eine Garantie dafür übernimmt, dass das Pony „nicht aus dem Maß geht". Erreicht das Pferd ein Stockmaß von mehr als 148 cm, kann der Käufer hieraus Sachmängelansprüche gegenüber dem Verkäufer herleiten.

6.3 Übergabe der Legitimationspapiere

Beim Verkauf von Rasse- und Turnierpferden, bei denen der Nachweis über Herkunft und Stammbaum von Bedeutung ist, gehört die Übergabe ordnungsgemäßer Legitimationspapiere zu den kaufvertraglichen Hauptpflichten des Verkäufers[12]. Ebenso wie ein Turnierpferd nur nach einer ordnungsgemäßen Registrierung bei der FN in Leistungsprüfungen starten darf, kann eine Zuchtstute zur Zucht nur eingesetzt werden, wenn eine Zuchtbescheinigung vorliegt. In diesen Fällen dient die Verschaffung ordnungsgemäßer Legitimationspapiere nicht nur dem Identitätsnachweis, sondern ist für den vertragsgemäßen Gebrauch des Tieres unabdingbar.

Die Übergabe der Pferde-papiere zählt zu den ver-traglichen Pflichten des Verkäufers. Bei Zucht- und Turnierpferden ist diese als vertragliche Hauptpflicht einzustufen.

Die Übergabe des Equidenpasses ist demgegenüber vertragliche Nebenpflicht (§ 241 Abs. 1 BGB). Gleiches gilt i. d. R. für die Übergabe der Eigentumsurkunde von Pferden, die nicht Rasse- oder eingetragenes Turnierpferd sind.

Ein Überblick über mögliche **Rechtsfolgen** bei Verletzung der Pflicht zur Übergabe der Pfer-depapiere[13]:

- **Herausgabeanspruch**[14]
  Der Käufer hat einen vertraglichen Erfüllungsanspruch auf Übergabe der Papiere, der im Wege der Klage durchgesetzt werden kann[15].
- **Einrede des nicht erfüllten Vertrages** und **Zurückbehaltungsrecht**[16]
  Der Käufer kann die Zahlung des Kaufpreises bis zur Übergabe ordnungsgemäßer Pferde-papiere verweigern (§ 320 Abs. 1 BGB) oder diesen zurückbehalten (§ 273 BGB).
- **Bei Fehlen oder Falschheit der Papiere: Rücktritt vom Kaufvertrag**[17]
  Der Käufer kann vom Kaufvertrag zurücktreten, wenn die Pferdepapiere nicht mehr zu beschaffen oder falsch/gefälscht sind (§ 323 Abs. 1 BGB). Wird „lediglich" der Equiden-pass nicht übergeben, dürfte es allerdings an einer erheblichen Pflichtverletzung fehlen, sodass der Rücktritt nicht statthaft ist (§ 323 Abs. 5 S. 2 BGB).
- **Schadensersatzanspruch (§§ 281, 280 Abs. 3 BGB i. V. m. § 241 Abs. 1 BGB)**[18]
  Beachte: Dem Verkäufer muss grundsätzlich eine Nacherfüllungsfrist gesetzt werden (§ 281 Abs. 1 S. 1 BGB).
- **Sachmängelrechte (§§ 437 ff. BGB)**
  Sachmängelrechte kommen in Betracht, wenn die tatsächliche Abstammung des Pferdes nicht der vertraglich vereinbarten und in den schriftlichen Nachweisen festgehaltenen Ab-stammung entspricht[19].

6.4 Besitzrechte an den Legitimationspapieren

Während der Eigentümer eines Pferdes auch Eigentümer der Eigentumsurkunde ist, gehören Equidenpass und Zuchtbescheinigung dem jeweiligen Zuchtverband bzw. der FN, je nach-dem, wer den Pass ausgestellt hat. Beide Dokumente müssen bei Tod oder Schlachtung des Pferdes an die jeweilige Stelle zurückgeschickt werden.

Während der Pferdeeigen-tümer auch Eigentümer der Eigentumsurkunde ist, stehen Equidenpass und Zuchtbescheinigung im Eigentum des Zuchtver-bandes oder der FN.

Wird ein Pferd im Wege der **Zwangsversteigerung** oder **öffentlichen Pfandversteigerung** er-worben, gehen alle Pferdepapiere auf den Meistbietenden über. Durch den Zuschlag erhält dieser zugleich einen Anspruch auf Herausgabe der Zuchtbescheinigung[20].

Fussnoten zu Kapitel B6

1 Verordnung EG Nr. 504/2008 der EU-Kommission vom 06.06.2008 zur Umsetzung der Richtlinien 90/426 EWG und 90/427 EWG des Rates in Bezug auf Methoden zur Identifizierung von Equiden. Im Gesetzestext heißt es: „Mit dem Antrag auf einen Equidenpass hat der Tierhalter 1. seine Registriernummer (...) und 2. den Eigentümer mitzuteilen.". Equidenpässe können daher nur noch ausgegeben werden, wenn Halter und Eigentümer erfasst sind. Die Zuchtorganisationen übernehmen hierdurch indirekt Aufgaben der Behörden bei der Betriebs- und Bestandsregistrierung. Problematisch ist in diesem Zusammenhang, dass in der nationalen Verordnung der Pferdehalter im Vordergrund steht und nicht der Eigentümer oder der Züchter. Vor allem bei Pensionspferdehaltungen ist der Halter häufig nicht der Eigentümer der Pferde. Es wird daher noch einer Abstimmung zwischen den Pferdesport- und -zuchtorganisationen und den Behörden bedürfen, um Probleme zu vermeiden (Miesner in: FN aktuell, 4/2010 vom 17.02.2010, S. 10).

2 Miesner, in: Mie/Hb, fn-press, Warendorf, 2008.

3 So auch Füller in seinem Vortrag: „Die Bedeutung der Pferdepapiere (Equidenpass, Zuchtbescheinigung, Eigentumsurkunde) im Zivil- und Sportrecht" anlässlich des 2. Göttinger Pferderechtsforums am 30.06.2008.

4 LPO, Durchführungsbestimmungen zu § 66.3.10.

5 Neumann, S. 16.

6 Neufassung der Viehverkehrsverordnung vom 03. März 2010.

7 FN aktuell, 4/2010 vom 17.02.2010, S. 9 f.

8 Tierzuchtgesetz vom 21.12.2006, BGBl. I, S. 3294.

9 Hierzu Schertler in seinem Vortrag: „Die Bedeutung der Pferdepapiere im öffentlichen Recht – Tierzucht- und Tierseuchenrecht" anlässlich des 2. Göttinger Pferderechtsforums am 30.06.2008.

10 Vgl. §§ 15 f. LPO.

11 Zum Besitzwechsel siehe § 14 LPO.

12 Eikmeier/Fellmer/Moegle, S. 49; Sommer, S. 21; Oexmann, S. 32; Neumann, S. 14 m. Verw. auf OLG Stuttgart, AgrarR 1977, 232.

13 Detailliert hierzu Neumann, S. 15 ff.

14 LG Karlsruhe, Urt. v. 28.12.1979, Az. 9 S 224/79, NJW 1980, 789.

15 AG Bremen, Urt. v. 18.08.2006, Az. 8 C 59/06, RdL 2006, 280.

16 Neumann, S. 14.

17 So schon zum alten Recht (§ 326 BGB a. F.): OLG Stuttgart AgrarR 1977, 232 (Nachweis bei Neumann, S. 14); Eikmeier/Fellmer/Moegle, S. 49.

18 Kramer in: MünchKomm, § 241 Rdnr. 19; Recker, NJW 2002, 1247 f.

19 Vgl. zum Ganzen: Neumann, S. 22 f.

20 Vgl. hierzu Füller in seinem Vortrag: „Die Bedeutung der „Pferdepapiere" (Equidenpass, Zuchtbescheinigung, Eigentumsurkunde) im Zivil- und Sportrecht" anlässlich des 2. Göttinger Pferderechtsforums am 30.06.2008. Hierzu auch LG Augsburg, Urt. v. 18.08.2004, Az. 7 S 2155/04, RdL 2004, 196 f. und AG Lemgo, Urt. v. 06.04.2006, Az. 18 C 385/06.

KAPITEL 7

Die tierärztliche Kaufuntersuchung und deren Bedeutung beim Pferdekauf

VON PROF. DR. DR. HARTMUT GERHARDS, KLINIK FÜR PFERDE DER LMU MÜNCHEN

Die tierärztliche Kaufuntersuchung hat in den vergangenen Jahrzehnten erheblich an Bedeutung zugenommen.

7.1 Überblick

Die Einbeziehung einer tierärztlichen Untersuchung in die Entscheidungsfindung, ob ein Pferd gekauft werden soll oder nicht, ist nicht neu. Während in der Stallmeisterzeit in erster Linie eine rein hippologische Beratung durch Pferdekenner in Anspruch genommen wurde, suchten potenzielle Pferdekäufer bereits Ende des 19. Jahrhunderts auch veterinärmedizinische Kompetenz. So riet bereits Graf Wrangel in seinem „Buch vom Pferde" im Jahre 1890 zur tierärztlichen Ankaufsuntersuchung und Schoenbeck gab 1902 in seinem „Reithandbuch" den Rat, beim Pferdekauf einen unparteiischen Tierarzt und einen Pferdekenner mitzunehmen. Aber erst mit dem Wiedererstarken der Pferdezucht und des Pferdesports Ende der 60er/Anfang der 70er Jahre des vergangenen Jahrhunderts nahm die tierärztliche Kaufuntersuchung bei zunehmend teureren Pferden einen erheblichen Aufschwung.

Inzwischen ist die tierärztliche Kaufuntersuchung für die am Pferdehandel beteiligten Personen zu einer wichtigen, vielfach unverzichtbaren Entscheidungshilfe geworden. Gleichzeitig ist sie ein wesentliches Betätigungsfeld in vielen pferdetierärztlichen Kliniken und Praxen.

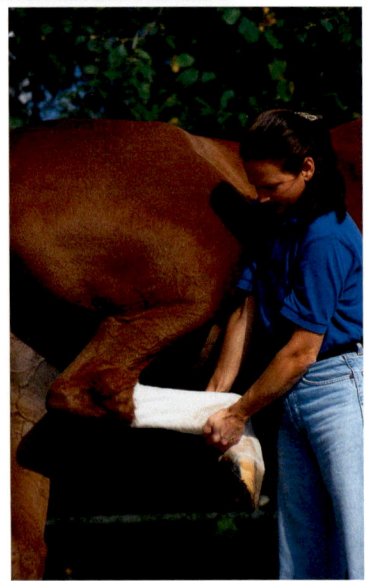

Klinisch-orthopädische Untersuchung mittels Beugeprobe

Die Kaufuntersuchung wird im Jargon von Pferdeleuten oft mit dem „TÜV" von Kraftfahrzeugen verglichen und auch so bezeichnet. Es heißt dann häufig im Vertrag: „Der TÜV war o.k.". Damit soll zum Ausdruck gebracht werden, dass eine tierärztliche Kaufuntersuchung keine Beanstandung ergeben hat. Allerdings täuscht diese Kurzformel manchen Pferdekäufer darüber hinweg, dass damit weder gesagt ist, wann die Untersuchung erfolgte, wer Auftraggeber und wer Untersucher war, welchen Umfang die Untersuchung hatte und welche Befunde erhoben wurden. Es ist damit auch nicht gesagt, ob eine Röntgenuntersuchung erfolgte und welches Ergebnis diese hatte. Ebenso wenig, ob zum Zeitpunkt der Kaufuntersuchung eine Laboruntersuchung auf Behandlung mit Mitteln vorgenommen wurde, die geeignet sind, ansonsten sichtbare Zustände oder Widersetzlichkeiten zu verschleiern (Medikationsnachweis). Auf diese Punkte kommt es jedoch ganz wesentlich an.

Pferdekäufern ist deshalb dringend zu raten, sich das Untersuchungsprotokoll inklusive eventuell gefertigter Röntgenaufnahmen aushändigen zu lassen, um sich die Dokumente vom Tierarzt ihres Vertrauens erläutern bzw. interpretieren zu lassen. Keinesfalls sollten sich Pferdekäufer von der lapidaren Aussage von Anbietern blenden lassen, das Pferd sei *„gut getüvt"* worden. Auch die Aussage, es seien Röntgenaufnahmen gefertigt worden, sagt noch nichts aus. Denn damit ist weder gesagt, welche Röntgenaufnahmen gefertigt wurden, noch ob diese den heutigen Qualitätsanforderungen entsprechen, noch ob diese nach heutigen Standards (Röntgenleitfaden 2007, siehe Kapitel 7.7 II.) beurteilt und klassifiziert wurden. Im schlimmsten Fall kann sich bei orthopädischen Problemen nach dem Kauf herausstellen, dass die Röntgenaufnahmen alt, unvollständig oder schlicht unbrauchbar sind bzw. verharmlosend beurteilt wurden und somit ein Pferd mit erheblichen Röntgenbefunden erworben wurde.

Viele der bei einer Kaufuntersuchung vorgenommenen Untersuchungsschritte, aber auch das Probereiten, können nur dann zu richtigen veterinärmedizinischen Ergebnissen führen bzw. eine richtige Beurteilung zulassen, wenn die Pferde zum Zeitpunkt der Untersuchungen oder des Probereitens nicht unter der Wirkung von entzündungshemmenden, schmerzstillenden und beruhigenden Medikamenten standen.

*Dem Punkt „Medikation"
ist besondere Aufmerksam-
keit zu schenken.*

7.2 Definition und Terminologie

Die tierärztliche Kaufuntersuchung eines Pferdes ist eine nach speziellen Regeln ablaufende tierärztliche Untersuchung, die im Zusammenhang mit einem konkreten oder mit einem noch undatiert geplanten An- oder Verkaufsvorhaben vorgenommen wird. Sie hat eine (werkvertragliche) Gutachtenerstattung über Aspekte der gesundheitlichen Beschaffenheit eines Pferdes im Rahmen eines weitgehend standardisierten Untersuchungsumfangs zum Gegenstand. Dabei kann der Umfang der Untersuchung durch individuelle Wünsche des Auftraggebers erweitert oder eingeschränkt werden. Die individuelle Gestaltung des Untersuchungsauftrags sollte nach einem Aufklärungs- und Beratungsgespräch erfolgen, in dem der Tierarzt den Auftraggebern die Konsequenzen der Erweiterung oder der Einschränkung des Untersuchungsumfangs erläutert.

Das Ergebnis der Untersuchung mit tiermedizinischen Befunden und einer abschließenden Zusammenfassung wird in einem Untersuchungsprotokoll festgehalten, das dem Auftraggeber auszuhändigen ist.

7.3 An- und Verkaufsuntersuchung

I. Ankaufsuntersuchung
Der populäre Begriff **„Ankaufsuntersuchung"** hat sich für den Fall etabliert, in dem ein potenzieller Käufer das von ihm ausgesuchte Pferd zeitnah zum Kauf von einem Tierarzt seines Vertrauens auf „Gesundheit" bzw. gesundheitliche Geeignetheit für den vorgesehenen Verwendungszweck untersuchen lässt. Die Wirksamkeit eines unter diesen Prämissen geschlossenen Kaufvertrages hängt dann von dem tierärztlichen Untersuchungsergebnis ab (aufschiebende oder auflösende Bedingung gem. § 158 BGB).

> **PRAXIS-TIPP**
> FÜR KÄUFER / VERKÄUFER
>
> *Beabsichtigen Käufer und Verkäufer den Kauf von dem Ergebnis einer Kaufuntersuchung abhängig zu machen, sind folgende Formulierungen zu empfehlen:
> „Der Kaufvertrag wird erst wirksam, wenn das Pferd durch den Tierarzt XY untersucht worden ist und wenn sich der Käufer nach Bekanntgabe des Untersuchungsergebnisses entscheidet, das Pferd zu übernehmen. Der Verkäufer wird von seiner Verkaufsverpflichtung frei, wenn der Käufer seine Entscheidung nicht innerhalb von zwei Tagen nach dem Zeitpunkt der tierärztlichen Untersuchung dem Verkäufer mitgeteilt hat."*

Im Hinblick auf die Kosten der Kaufuntersuchung gilt: Der Auftraggeber ist verpflichtet unabhängig vom Untersuchungsergebnis die Kosten zu tragen. Sollte eine andere Regelung gewünscht sein, so sollten sich die Kaufvertragsparteien auf eine eindeutige Absprache einigen, also keinesfalls folgenden auslegungsbedürftigen Passus (*„ohne Befund"*) verwenden:

„Der Käufer trägt die Kosten der Untersuchung, sofern das Untersuchungsergebnis ohne Befund ist. Sollte ein Befund vorliegen, kommt der Verkäufer für die Kosten der Untersuchung auf."

Für den potenziellen Käufer ist eine Ankaufsuntersuchung vorteilhaft: Er profitiert als Auftraggeber und späterer Nutzer oder Wiederverkäufer des Pferdes, z.B. durch die Auswahl des untersuchenden Tierarztes, dessen Ruf und Untersuchungserfahrung.

Ferner kann er im Rahmen des vor der Untersuchung durchgeführten Beratungs- und Aufklärungsgesprächs auf den Umfang der Untersuchung in Form von

- klinischen Untersuchungsschritten,
- Art und Anzahl der Röntgenaufnahmen,
- weiterführenden Untersuchungen und
- einer Entnahme und Untersuchung von Blut- und/oder Harnproben für einen Ausschluss der medikamentösen Behandlung

entscheidenden Einfluss nehmen.

> ### PRAXIS-TIPP
> FÜR KÄUFER
>
> *Der Käufer sollte die Kaufuntersuchung bei einem Tierarzt seines Vertrauens in Auftrag geben und mit diesem den Umfang der Untersuchung besprechen.*

Insbesondere wenn der Verkäufer seine Sachmängelhaftung (für gesundheitliche Mängel) wirksam im Kaufvertrag ausgeschlossen oder eingeschränkt hat, empfiehlt es sich für den Käufer, eine Ankaufsuntersuchung in Auftrag zu geben.

II.   Verkaufsuntersuchung

Unter dem Begriff **„Verkaufsuntersuchung"** versteht man eine Untersuchung im Auftrag des Verkäufers im Hinblick auf einen beabsichtigten Verkauf. Dabei müssen weder die Person des Käufers noch ein konkretes Verkaufsdatum feststehen; diese Untersuchung erfolgt daher oft unabhängig von einem konkreten Verkaufsgeschäft. Das Untersuchungsergebnis soll einem Kaufinteressenten als Informationsgrundlage dienen. Verkaufsuntersuchungen werden vor allem vor Auktionen in Auftrag gegeben.

Bei der Verkaufsuntersuchung gibt der Verkäufer die Untersuchung vor dem geplanten Verkauf in Auftrag.

Der Verkäufer gibt hierbei, zumindest bis zu einem gewissen Grad, den Umfang der Untersuchung in Auftrag. Allein dadurch kann er das Untersuchungsergebnis beeinflussen. Er erhofft sich ein Attest über einen einwandfreien Gesundheitszustand des Pferdes, das er bei einem Verkaufsgespräch als Anpreisung bzw. als eine Art Gütesiegel einsetzen kann. Manchen Verkäufern ist daher nicht an einer gründlichen, mit hohem Kosten- und Zeitaufwand verbundenen tierärztlichen Untersuchung gelegen, weil die Chance, krankhafte Befunde zu entdecken, bekanntlich mit der Intensität und Gründlichkeit der Untersuchung steigt. Die meisten Verkäufer legen jedoch Wert darauf, nur „gesunde" Pferde zu verkaufen, dadurch zufriedene Kunden sowie einen guten Ruf zu haben und zu halten und sich selbst keinem Risiko auszusetzen.

Wenn in dem Untersuchungsprotokoll normabweichende Befunde festgehalten sind, hat der Käufer davon Kenntnis erlangt und das Pferd mit diesen Eigenschaften akzeptiert (§ 442 BGB).

Im umgekehrten Fall ist dem Verkäufer hierdurch der Nachweis möglich, dass das Pferd im Rahmen und Zeitpunkt der Untersuchung frei von gesundheitlichen Mängeln war. Er kann sich somit vor unberechtigten Schadenersatz- und sonstigen Gewährleistungsansprüchen schützen.

Insbesondere beim Verbrauchsgüterkauf kann es aufgrund der Beweislastumkehr daher von Vorteil für den Verkäufer sein, eine Verkaufsuntersuchung in Auftrag zu geben, sofern der Käufer auf eine Untersuchung verzichtet. Bestehen Verdachtsmomente, die auf einen gesundheitlichen Defekt des Pferdes hindeuten (z. B. Nasenausfluss, Umfangsvermehrungen, stumpfer Bewegungsablauf oder gar Lahmheiten), gehört es zu den vertraglichen Pflichten des Verkäufers, diese vor dem Verkauf mittels einer tierärztlichen Untersuchung abzuklären. Zumindest sollte er den Käufer – aus Beweiszwecken schriftlich – über die Verdachtsmomente detailliert informieren. Er läuft ansonsten Gefahr, gegenüber dem Käufer auch auf Schadens- und Aufwendungsersatz zu haften.

> **PRAXIS-TIPP**
> FÜR VERKÄUFER
>
> *Der Verkäufer sollte bei Verdacht auf einen gesundheitlichen Mangel tierärztliche Abklärung veranlassen oder zumindest den Käufer über die Verdachtsmomente schriftlich aufklären.*

Seit Inkrafttreten des neuen Kaufrechts im Jahre 2002 wird zunehmend vorgeschlagen, nur noch den Begriff „Kaufuntersuchung" zu verwenden.

7.4   Tierärztliche Kaufuntersuchung im Vergleich zur klinisch indizierten Untersuchung

Eine tierärztliche Kaufuntersuchung unterscheidet sich von einer klinisch veranlassten Untersuchung in mehreren wesentlichen Punkten: Während bei klinisch indizierten Untersuchungen ein bekanntermaßen oder vermutlich krankes Pferd untersucht wird, werden bei Kaufuntersuchungen klinisch unauffällige (vermutlich „gesunde") Pferde einem Untersuchungsprozedere unterzogen. Die Kaufuntersuchung wird daher nicht gezielt aufgrund einer Krankheitsgeschichte (Anamnese), nach Anfangsverdacht oder anhand von Leitsymptomen vorgenommen. Das erschwert die Untersuchung durchaus, da diese „blind" erfolgen muss. Sie verfolgt auch nicht das Ziel, die Ursache eines eventuell festgestellten Krankheitsanzeichens (z.B. Nasenausfluss, eine Bewegungsstörung) zu klären oder eine Diagnose zu stellen. Allerdings kann sich zufällig eine Diagnose ergeben. Die typische Kaufuntersuchung endet vielmehr bereits mit der Feststellung von Krankheitssymptomen oder wird – nach Absprache und im Einzelfall – dann als klinisch indizierte Untersuchung weitergeführt.

7.5 Umfang einer tierärztlichen Kaufuntersuchung: Kaufuntersuchung ist nicht gleich Kaufuntersuchung

Die Kaufuntersuchung soll bei vertretbarem Kosten- und Zeitaufwand zutreffende und möglichst weitreichende Informationen über den aktuellen Gesundheitszustand eines Pferdes liefern. Es geht im Kern darum, noch nicht augenfällige krankhafte Veränderungen oder unerwünschte Zustände zu entdecken, die später, bei eventuellem Fortschreiten oder unter zukünftiger Belastung des Pferdes zu gesundheitlichen Problemen (z.B. zu Lahmheiten, Leistungseinschränkungen oder vorzeitiger Unbrauchbarkeit) führen können.

In den vergangenen Jahrzehnten wurden der erforderliche Umfang und die Modalitäten einer fachlich versierten Kaufuntersuchung in Pferdetierärztekreisen, oft im Dialog mit Juristen, auf zahllosen Kongressen und in vielen Arbeitskreisen diskutiert und weiterentwickelt. Inzwischen gibt es ein Untersuchungsprotokoll, wonach die Kaufuntersuchung nach einem checklistenartig und weitgehend standardisierten Untersuchungsplan durchgeführt und protokolliert wird („Vertrag über die Untersuchung eines Pferdes"[1]). Eine Kopie des Vertrages befindet sich im Anhang 1. Tierärztliches Kaufuntersuchungsprotokoll dieses Buches.

Der in diesem Protokoll vorgegebene Untersuchungsumfangs entspricht dem derzeitigen anerkannten Stand der tierärztlichen Sorgfalt einer Kaufuntersuchung bei Pferden. Damit ist Pferdekäufern und -verkäufern ein Mittel an die Hand gegeben, späteren Enttäuschungen wegen etwaigen gesundheitlichen Mängeln eines gehandelten Pferdes so gut wie heute möglich und im Rahmen einer vernünftigen Kosten-Nutzen-Relation vorzubeugen. Tierärzten bietet die Nutzung und Abarbeitung dieses Protokolls oder inhaltlich gleicher Protokolle die größtmögliche Sicherheit vor rechtlich haltbaren Vorwürfen, die Untersuchung nicht fachgerecht durchgeführt zu haben. Attesten, die inhaltlich nicht diesem Protokoll entsprechen, sollte grundsätzlich mit Skepsis begegnet werden. Pferdekäufer wie -verkäufer müssen sich im Klaren darüber sein, dass auch heute noch vereinzelt kursierende „selbst gestrickte" dreiviertelseitige Kaufuntersuchungsatteste zwar an sich zutreffend und richtig sein können. Häufig sind diese jedoch mit heutigen Standards einer Kaufuntersuchung nicht konform, wodurch deren Wert begrenzt ist.

Vorsicht bei „selbst gestrickten" und allzu knappen Kaufuntersuchungsprotokollen!

7.6 Kaufuntersuchungsprotokoll und „Vertrag über die Untersuchung eines Pferdes"

Das Protokoll (Anhang 1. Tierärztliches Kaufuntersuchungsprotokoll) wurde zuletzt 2008 vom „Ausschuss Pferde" der Bundestierärztekammer und der Gesellschaft für Pferdemedizin (GPM) überarbeitet und aktualisiert. Der Formularsatz besteht aus den Teilen

- Erklärung des Verkäufers,
- A. Allgemeine Vertragsbedingungen,
- B. Untersuchungsprotokoll,
- C. Zusammenfassung,

- Hinweise für die Tierärzte,
- Erklärung des Tierhalters (in dreifacher Ausfertigung),
- blauer Formularsatz für die vorläufige Protokollierung am Pferd und
- Allgemeine Vertragsbedingungen mit Untersuchungsauftrag als Originalvertrag.

Dabei soll das **vorläufige Protokoll** (blauer Formularsatz) vom Auftraggeber oder dessen Vertreter sofort unterzeichnet werden. Das endgültige Protokoll kann später in Reinschrift (auf weißem Papier) gefasst werden und bedarf ebenfalls der Unterschriften des Auftraggebers bzw. seines Vertreters und des Tierarztes. Ferner liegt dem Formularsatz ein Bogen (Protokoll) für die endoskopische Untersuchung bei. Dieser wird Teil des Vertragsformulars, wenn die Endoskopie als weitere Untersuchung vereinbart wird.

Die „**Erklärung des Verkäufers**" mit den Angaben zum Verkäufer, zur Identität und zur Vorgeschichte des Pferdes soll vor Abschluss des Untersuchungsvertrags unterschrieben vorliegen.

Dem Auftraggeber soll ferner der Teil „**A. Allgemeine Vertragsbedingungen**" vor Vertragsabschluss zur Kenntnis gegeben werden. Darin sollen u. a. der konkret gewünschte Untersuchungsumfang innerhalb des Standards oder Einschränkungen oder Erweiterungen des Untersuchungsauftrags schriftlich fixiert und von Tierarzt und Auftraggeber unterzeichnet werden.

Unter Ziff. 9 wird der Auftraggeber eingehend darüber belehrt, dass die Befunderhebung nur zu einem richtigen Ergebnis führen kann, wenn das Pferd (zum Untersuchungszeitpunkt) nicht unter der Einwirkung von Medikamenten steht, wobei unter Ziff. 8 bereits durch Ankreuzen eine Medikationsprobe in Auftrag gegeben werden kann. Ziff. 10 geht auf die Röntgenuntersuchung, deren Umfang und Aussagekraft sowie auf den Urheberrechtsschutz des Tierarztes ein und schließt mit der Empfehlung ab, für die Anfertigung der Röntgenaufnahmen der Vordergliedmaßen die Hufeisen abzunehmen.

Teil B. des Formularsatzes beinhaltet in den Abschnitten I bis IV den Untersuchungsgang im anerkannten Standardumfang, dessen Einhaltung angeraten wird. Es soll keine Untersuchung ausgelassen werden. Auftraggebern soll Sinn und Zweck der Untersuchungen, besonders der optionalen Untersuchungen (z. B. Endoskopie, weitere Röntgenuntersuchungen, Medikationskontrolle) erläutert werden. Hierbei sollten auch Kostenaspekte zur Sprache kommen, damit die Auftraggeber bei der Festlegung des Untersuchungsumfangs sachgemäß eingebunden sind.

Die einzelnen Schritte der Kaufuntersuchung sind folgende:

Nach Eintrag von Auftraggeber, Tierarzt und ggf. „Dritter" und vorberichtlichen Angaben (u. a. zum Probereiten, zum Equidenpass, zum Lebensmittelstatus und zur Identität) in den Protokollkopf wird eine Allgemeinuntersuchung vorgenommen und protokolliert. Diese umfasst die Punkte

- Pflegezustand,
- Ernährungszustand,
- Haut und Haarkleid,
- auffällige Narben,
- Hauttumoren,
- Körperinnentemperatur,
- Puls und Atmung.

Außerdem werden die
- Kopfregion und die
- Augenschleimhäute
betrachtet.

Ferner werden die
- Kehlgangslymphknoten und die
- Halsvenen (Drosselvenen) geprüft und es wird auf
- Husten und Nasenausfluss
geachtet.

Anschließend werden das
- Nervensystem mit Zentralnervensystem und peripheren Nerven,
- Augen und
- Verhalten
untersucht.

Es folgen die Untersuchungen von
- Atmungssystem,
- Herz,
- Maulhöhle,
- äußeren Geschlechtsorganen
- und die Feststellung der Kotbeschaffenheit.
Dann wird eingetragen, ob eine Probe zur Untersuchung auf Medikation entnommen werden soll und wie damit verfahren wird (sofortige oder spätere Untersuchung).

Danach wird die **Untersuchung des Bewegungsapparates** vorgenommen. Diese schließt eine Betrachtung und eine Betastung aller wichtigen Strukturen der Gliedmaßen, des Halses, des Rückens, der Kruppe sowie der Brust- und Bauchregion im Stand ein. Dann erfolgt die Beurteilung des Pferdes im Schritt und im Trab an der Hand auf der Geraden auf hartem Boden. Dabei werden auch **Provokationsproben**, nämlich
- Untersuchung auf Wendeschmerz durch Bewegung auf dem Zirkel an der Hand,
- Beugeproben
- und Untersuchung auf Beugeschmerz und auf Beugehemmung
vorgenommen. Außerdem können hier **zusätzlich gewünschte Untersuchungen** durchgeführt und protokolliert werden, **z.B.**

- Hufzangenuntersuchung,
- Untersuchung unter dem Reiter, im Trab auf hartem Zirkel, nach Longenbelastung etc.

Bei Untersuchungen während und nach der Belastung an der Longe, unter dem Reiter oder am freilaufenden Pferd wird auf Bewegungsstörungen, auf abnorme Atemgeräusche und auf Atembeschwerden geachtet. Ferner werden Herz und Lunge abgehört und die so genannten Beruhigungswerte festgehalten. Zuletzt folgen weitere und/oder zusätzliche Untersuchungen.

Dazu zählt die **Röntgenuntersuchung**, wobei festgelegt werden kann, ob nur zehn oder zwölf Röntgenaufnahmen nach Standard gefertigt werden sollen, oder zusätzlich Aufnahmen der Knie und der Dornfortsätze und ggf. noch weitere Aufnahmen. Durch Ankreuzen kann festgelegt werden, ob die Befundbeschreibung der Standardaufnahmen gemäß Röntgenleitfaden (Angabe von Röntgenklassen) erfolgen soll.

Schließlich kann noch gewählt werden, ob eine **Endoskopie** („Spiegelung") der Atemwege, eine **transrektale**, eine **vaginale** und/oder eine **Laboruntersuchung** durchgeführt werden soll.

Teil C. dient der Zusammenfassung der erhobenen Befunde. Tierärzten wird dringend geraten, zurückhaltend mit Aussagen zur möglichen Entwicklung von Einzelbefunden zu sein. Leistungsprognosen sind nicht möglich. Die letzte Seite des Protokolls soll nochmals von beiden Vertragsparteien unterzeichnet werden, auch in dem Fall, dass die Untersuchung abgebrochen wurde. Dann soll vermerkt werden, warum und auf wessen Veranlassung dies erfolgte.

Das Original des mit einer individuellen Kontrollnummer versehenen Protokolls wird dem Auftraggeber ggf. mit einem Durchschlag überlassen. Der Tierarzt behält eine Kopie des Untersuchungsprotokolls.

Unter Beachtung von Kosten und Nutzen und den Risiken für die untersuchten Pferde liefert die Kaufuntersuchung verwertbare Aussagen zu den typischen Fragestellungen der Auftraggeber. Zugleich gewährt die gemäß Musterverträge (Anhang 2.) durchgeführte Untersuchung nebst Vertragsbedingungen den Tierärzten vernünftige Haftungsbeschränkungen und trägt somit zu einem ausgewogenen Interessenausgleich der Beteiligten bei.

7.7 Aussagekraft der Röntgenuntersuchung im Rahmen von Kaufuntersuchungen

I. Umfang der Röntgenuntersuchung

Die Röntgenuntersuchung des Bewegungsapparates von Pferden gehört nahezu seit Erfindung der Röntgentechnik zum tierärztlichen Arsenal der orthopädischen Untersuchung von lahmenden Pferden. Normalanatomische Befunde wie auch krankhafte (pathologische) Befunde sind heute in Röntgenatlanten, Lehr- und Handbüchern sowie in zahllosen Fachpublikationen dokumentiert. Es lag nahe, die Röntgenuntersuchung als weitergehende Untersuchung auch im Rahmen der Kaufuntersuchung einzusetzen.

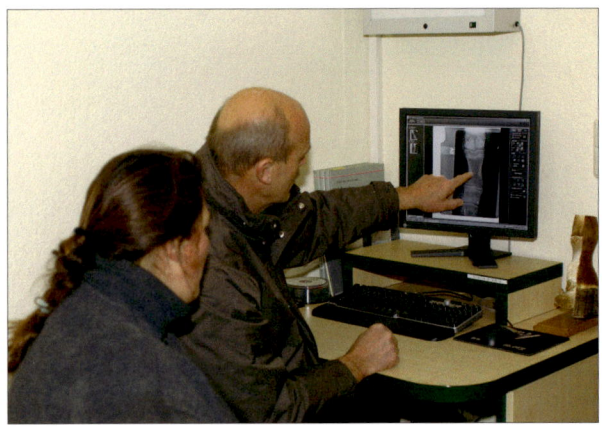

*Besprechung eines röntge-
nologischen Befundes*

Dabei ging es von Anfang an darum, eventuell vorhandene, krankhafte Befunde röntgenologisch feststellen zu können, die sich allein durch die klinisch-orthopädische Untersuchung mittels Betrachtung, Betastung, Provokationsproben und Vorführen (noch) nicht feststellen lassen, die sich aber unter der zukünftigen Belastung eines Pferdes möglicherweise als lahmheitsverursachend erweisen können. Denn jedem Reiter ist bekannt, dass der Gesundheitsstatus der Gliedmaßenknochen und -gelenke von entscheidender Bedeutung für die Leistungsfähigkeit eines sportlich genutzten Pferdes ist. Deshalb liegt es im Interesse der meisten Sportpferdekäufer, über den Gliedmaßengesundheitsstatus möglichst eingehende Informationen zu erlangen, um sich vor Fehlkäufen so gut wie möglich abzusichern. Bei Pferden, die zur Zuchtnutzung vorgesehen sind, oder hierfür zumindest in Frage kommen, geht es außerdem darum, klinisch nicht erkennbare, möglicherweise aber vorhandene und vererbbare Knochen- und Gelenkveränderungen aufzuspüren, die einer Zuchtnutzung entgegenstehen.

Aus diesen Gründen sind Röntgenuntersuchungen seit mehr als 40 Jahren Bestandteil vieler Kaufuntersuchungen. Sie gelten hierbei – wie oben dargelegt – als weiterführende Untersuchungen und werden aus praktischen und ökonomischen Gründen erst dann durchgeführt, wenn die klinische Untersuchung keinen krankhaften Befund oder zumindest einen akzeptablen Befund ergeben hat.

Wurde in der Anfangszeit des Röntgens im Rahmen der Kaufuntersuchung noch über Anzahl und Art der für sinnvoll erachteten Röntgenaufnahmen diskutiert, hat sich inzwischen ein Standard herausgebildet, in dem zehn bzw. zwölf Röntgenaufnahmen als Grundlage der Röntgenuntersuchung bei der Kaufuntersuchung definiert sind.

Der **Standardumfang der Röntgenuntersuchung** für Kaufuntersuchungen ist in dem von der Bundestierärztekammer und der Gesellschaft für Pferdemedizin (GPM) herausgegebenen **Röntgenleitfaden 2007** festgelegt. Diese Aufnahmen umfassen

- Abbildungen der Strahlbeine („Hufrollenaufnahmen") beider Vordergliedmaßen in der Röntgenaufnahmetechnik nach „Oxspring",
- die Aufnahmen aller vier Zehen im seitlichen (90°- oder latero-medialen) Strahlengang und
- Aufnahmen beider Sprunggelenke in zwei Schrägprojektionen (45° bis 70° und 90° bis 135°) oder – so die Empfehlung im Röntgenleitfaden – in drei Aufnahmerichtungen (dann zusätzlich jeweils eine 0°-Aufnahme). Damit wären zwölf Aufnahmen nach dem Standard angefertigt.

Im Rahmen der ebenfalls noch **standardisierten**, sogenannten **erweiterten Röntgenuntersuchung** können

- Aufnahmen beider Kniegelenke in zwei Ebenen gefertigt werden. Hier werden die Aufnahmerichtungen 90° bis 115° und 0° oder 180° empfohlen.
- Ferner können innerhalb des erweiterten Standards seitliche Röntgenaufnahmen (90° oder 270°) der Dornfortsätze der Brust- und Lendenwirbelsäule (oft als „Rückenaufnahmen" bezeichnet) gefertigt werden.

Die genannten Röntgenaufnahmen entsprechen denjenigen, die bei Lahmheiten oder Rittigkeitsproblemen im Rahmen der klinischen Diagnostik zuerst gefertigt würden, dann aber typischerweise nur von der lahmen Gliedmaße bzw. vom empfindlichen Rückenbereich. Genau wie bei einer klinisch veranlassten Untersuchung können auch im Rahmen von Kaufuntersuchungen zusätzliche Röntgenaufnahmen (spezielle, ergänzende und Kontrollröntgenaufnahmen) angefertigt werden. Ansönsten können innerhalb des erweiterten Standards

- z.B. sogenannte Tangentialaufnahmen der Strahlbeine,
- Schrägaufnahmen der Huf- und Fesselgelenke

gemacht werden, wenn bestimmte Fragestellungen oder individuelle Wünsche dieses erforderlich machen. Vor allem ausländische Käufer verlangen oft sehr viele Röntgenaufnahmen.

II. Röntgenleitfaden 2007

Für die Befundung der Standard-Röntgenaufnahmen und für die, die nach dem erweiterten Standard gefertigten werden, gibt es seit 1993 eine Interpretationshilfe, die als *„Röntgenprotokoll"* bzw. seit der Überarbeitung 2002 als *„Röntgenleitfaden"* und seit der zweiten Überarbeitung 2007 als *„Röntgenleitfaden 2007"* bekannt ist.

Im Röntgenleitfaden sind Qualitätsanforderungen an Kaufuntersuchungsaufnahmen definiert; zusätzlich enthält er Empfehlungen zur Aufnahmetechnik und zu den Befundbeschreibungen. Es sind aber auch die bei Kaufuntersuchungsaufnahmen einzugehenden Kompromisse erwähnt[2].

Die wichtigsten Befunde, immerhin 286, die sich auf den Standardaufnahmen erheben lassen, sind im Röntgenleitfaden systematisch erfasst und hinsichtlich ihrer Bedeutung in vier Röntgenklassen eingeteilt, denen jeweils „griffige" Bezeichnungen zur Seite gestellt sind. Sie lauten folgendermaßen:

ÜBERSICHT 17:
Röntgenklassen gem. Röntgenleitfaden 2007

Klasse I:
Röntgenologisch ohne besonderen Befund und Befunde, die als anatomische Formvarianten eingestuft werden *(Idealzustand)*.

Klasse II:
Befunde, die von der Norm abweichen, bei denen das Auftreten von klinischen Erscheinungen in unbestimmter Zeit mit einer Häufigkeit unter 3 % geschätzt wird *(Normzustand)*.

Klasse III:
Befunde, die von der Norm abweichen, bei denen das Auftreten von klinischen Erscheinungen in unbestimmter Zeit mit einer Häufigkeit von 5 bis 20 % geschätzt wird *(Akzeptanzzustand)*.

Klasse IV:
Befunde, die erheblich von der Norm abweichen, bei denen klinische Erscheinungen wahrscheinlich (über 50 %) sind *(Risikozustand)*.

Die Angabe der prozentualen Schätzwerte soll den Auftraggebern die Bedeutung der Befunde in Form eines Risikos für mögliche spätere Probleme veranschaulichen.

Außerdem können **Zwischenklassen** gebildet werden. Die Unterteilung in die Zwischenklassen I-II, II-III und III-IV soll zum Ausdruck bringen, dass verschiedene Untersucher möglicherweise nach der Deutlichkeit der Befunde und den eigenen Erfahrungen zu unterschiedlichen Ergebnissen kommen. Die Differenz der Prozentzahlen zwischen den Klassen II, III und IV entspricht dabei den Zwischenklassen II-III und III-IV. Mit anderen Worten: Rein mathematisch führt ein Befund der Zwischenklasse II-III mit einer Wahrscheinlichkeit von 3 bis 4,9 % zum Auftreten von klinischen Erscheinungen; ein Befund der Zwischenklasse III-IV mit einer Wahrscheinlichkeit von 21 bis 49 %.

Die **Erwähnung der Befunde** der Klasse II ist wegen der geringen Bedeutung der Befunde freigestellt. Allerdings müssen Befunde ab der Zwischenklasse II-III Erwähnung finden. Die Zwischenklassen können nach der Deutlichkeit der Befunde und den eigenen Erfahrungen vergeben werden. Teilt der Tierarzt jedoch einen gem. Röntgenleitfaden 2007 den Zwischenklassen II-III oder III-IV zugeordneten Befund in die Klassen II oder III ein, so muss diese Abweichung vom Röntgenleitfaden erwähnt und die Herauf- oder Herabstufung nachvollziehbar begründet werden. Bei eindeutig im Röntgenleitfaden 2007 definierten Klassen (z.B. Klasse III oder Klasse IV) ist keine Abweichung vorgesehen.

Für die Einteilung in eine Röntgenklasse kommt es nur auf die röntgenologischen Befunde, nicht aber auf die klinischen an.

Die Einteilung in die Röntgenklassen erfolgt nur anhand der röntgenologischen Befunde. Ferner ist empfohlen, die Röntgenklassen sowohl für den Einzelbefund als auch für die röntgenologische Gesamtbeurteilung zu nennen.

Weiterhin entspricht die schlechteste Röntgenklassen-Einzelbefundung der röntgenologischen Gesamtbeurteilung. Ein einzelner Befund der Klasse III-IV kann also bei sonst nur Klasse I-Befunden im Wege der mathematischen Mittelwertbildung nicht zu Klasse I-II bei der Gesamtbeurteilung werden. In dem Beispiel des einzelnen Befundes der Klasse III-IV muss also auch die Gesamtbeurteilung trotz diverser Klasse I-Befunde „III-IV" lauten. Es gilt das Prinzip, dass das schwächste Glied der Kette deren Gesamtstärke bestimmt. Denn wenn ein Klasse III-IV Befund (um im Beispiel zu bleiben) zur Lahmheit führt, ist es unerheblich, dass mehrere Klasse II oder Klasse II-III Befunde nicht zur Lahmheit geführt haben.

Der schlechteste röntgenologische Einzelbefund entspricht der röntgenologischen Gesamtbeurteilung.

Die klinischen Befunde (Vorbericht, Betrachtung [Adspektion], Betastung [Palpation], Funktion der Gliedmaßen und Ergebnis der Provokationsproben) können im Rahmen einer vollständigen Kaufuntersuchung in Verbindung mit den röntgenologischen Befunden in die persönliche tierärztliche Endbeurteilung des Pferdes positiv oder negativ einfließen. Das bedeutet z.B., dass unterschiedliche Untersucher angesichts positiver klinischer Untersuchungsergebnisse trotz Röntgenklassen III-IV oder IV ein insgesamt positives Urteil für ein Pferd ausstellen können, sofern ihnen dies bei sorgfältiger und gewissenhafter Würdigung aller Befunde angebracht erscheint. Pferdekäufer wären in Kenntnis der Röntgenklassen dann trotzdem darüber informiert, dass andere Beurteiler der Röntgenaufnahmen durchaus zu einer kritischeren Einschätzung der Röntgenbilder kommen können, was auch für Wiederverkäufe eine bedeutsame Rolle spielen kann.

Trotz „schlechter" Röntgenklasse kann die tierärztliche Endbeurteilung positiv ausfallen, wenn klinische Befunde und persönliche Erfahrungswerte des Untersuchenden dies bei sorgfältiger Abwägung aller Umstände rechtfertigen.

Die Beurteilung im Röntgenleitfaden 2007 bezieht sich nur auf die Standardprojektionen und auf die Aufnahmen der erweiterten Röntgenuntersuchung (Knie und Dornfortsätze der Rückenwirbelsäule). Werden nach Absprache und Auftrag weitere Röntgenaufnahmen gefertigt, müssen diese außerhalb der Röntgenleitfaden-Klassifizierung individuell beurteilt werden. Hierunter fallen beispielsweise die im Kaufuntersuchungsprotokoll bzw. im „Vertrag über die Untersuchung eines Pferdes" unter Ziffer V. 3) aufgelisteten „zusätzlichen Röntgenaufnahmen" des Strahlbeins, der Hufgelenke und der Fesselgelenke.

Zur Verdeutlichung des Ausmaßes und der Lokalisation von krankhaften Röntgenbefunden können diese in die dem Röntgenleitfaden beigefügten kopierbaren anatomischen Skizzen (Zehe, Sprunggelenk, Knie und Dornfortsätze) eingezeichnet werden. Diese Maßnahme kann dazu beitragen, möglichen Missverständnissen vorzubeugen. Denn sie führt zu mehr Transparenz der tierärztlichen Befundung, die sich zur exakten Befundbeschreibung manchmal lateinischer Fachausdrücke bedienen muss. Für veterinärmedizinische Laien wird das tierärztliche Gutachten dadurch nachvollziehbarer und die Möglichkeit des Nachfragens erleichtert.

Ein wesentlicher Punkt für die Befundbeschreibung ist folgende Aussage im Röntgenleitfaden:

„Unklare, undeutliche oder verdächtige Befunde auf den Standardaufnahmen sollten durch spezielle Aufnahmen abgesichert werden. Kontrollaufnahmen sollen im Zweifelsfall einen schwerwiegenden (Klasse IV) Befund absichern und Artefakte (Kunstprodukte) ausschließen."

Damit soll sichergestellt werden, dass sich auf den Standardaufnahmen andeutende, von der Norm abweichende bzw. pathologische Befunde durch weitere Röntgenaufnahmen näher untersucht werden. Denn auf diese Weise wird vor endgültiger Feststellung eines schwerwiegenden Befundes das Mögliche getan, um (negative) Fehlbeurteilungen zu vermeiden.

Die Befundziffern des Röntgenleitfadens sollten bei den Befundbeschreibungen ab Röntgenklasse II-III angegeben werden. Auch dies soll helfen, größtmögliche Klarheit bei der Röntgenbildbefundung zu schaffen. Der Röntgenleitfaden beinhaltet ferner den Hinweis, dass möglicherweise nicht alle vorkommenden Befunde dort aufgelistet sind. Auch solche Befunde müssen erwähnt, aber nicht klassifiziert werden.

Ab Röntgenklasse II-III sollte die Klassifizierung der Befunde angegeben werden.

Die vorgenannten Hinweise verstehen sich als Maßnahmen zur Vermeidung von Fehlinterpretationen. Sie unterstreichen die Bemühungen der dritten Röntgenkommission, den Tierärzten einen Leitfaden zur Verfügung zu stellen, der nach dem derzeitigen Stand der Kenntnisse und Möglichkeiten in jeder denkbaren Richtung eine sorgfältige und gewissenhafte Befunderhebung und -interpretation der röntgenologischen Kaufuntersuchung ermöglicht. Mittels einer sogenannten Röntgen-CD, auf der sich Beispielabbildungen zu fast allen Punkten bzw. Befundziffern des Röntgenleitfadens finden, können Tierärzte die Befundbeschreibungen nachvollziehen und die eigene Befundung überprüfen.

Der Vorsitzende der dritten Röntgenkommission (Prof. Dr. B. Hertsch) hat – auch im Hinblick auf den manchmal zu hörenden Kritikpunkt der „Unwissenschaftlichkeit" – im Vorwort zum Röntgenleitfaden 2007 auf Folgendes hingewiesen:
„Die von der Kommission vorgenommene Befundeinteilung in Klassen und Zwischenklassen beruht einerseits auf gesicherten wissenschaftlichen Erkenntnissen. Andererseits aber dort, wo diese Ergebnisse fehlten, wurde die fachkompetente Einschätzung von Befunden durch die Kommission vorgenommen."

In diesem Zusammenhang wird auf eine Definition für den medizinischen Standard verwiesen, wie sie in der Fachzeitschrift „Der Anaesthesist" Nr. 4/2004 publiziert wurde:
„Der medizinische Standard gibt den jeweils aktuellen medizinisch-wissenschaftlichen Erkenntnisstand unter Berücksichtigung praktischer Erfahrung und professioneller Akzeptanz wieder. Er wird aus einzelnen Forschungsergebnissen, Lehrmeinungen und institutionalisierten Expertenkommissionen gewonnen und ist niedergelegt in Originalpublikationen, wissenschaftlichen Übersichtsarbeiten und Lehrbüchern."

Nach diesen Kriterien kann der Röntgenleitfaden als Standard angesehen werden. Er darf im positiven Sinne als Maßstab für die tierärztliche Haftung bei der röntgenologischen Kaufuntersuchung herangezogen werden, ohne dass damit andere Formen der Röntgenuntersuchung und Befundbeschreibung (Individualbeurteilungen) als sorgfaltswidrig gelten müssen.

Unter http://www.vetmed.fu-berlin.de/einrichtungen/kliniken/we17/roelf/roelf_2007.pdf und http://www.vetmed.fu-berlin.de/einrichtungen/kliniken/we17/roelf/roelf_anhang.pdf kann der vollständige und aktuelle Röntgenleitfaden 2007 heruntergeladen werden.

III. Worin liegt der Wert des Röntgens anlässlich von Kaufuntersuchungen?

Die im Rahmen der Kaufuntersuchung klinisch zu erhebenden Befunde am Bewegungsapparat (Lahmheiten, Druckempfindlichkeiten, Ergebnis der Beugeproben) können von vielen Faktoren beeinflusst werden. Hierzu gehören beispielsweise:

- Trainingszustand,
- Beschlag,
- Schonung oder Ruhephasen vor der Kaufuntersuchung,
- Gabe schmerzstillender Medikamente im Vorfeld,
- Aufregung des zu untersuchenden Pferdes,
- Dominanzverhalten bei Hengsten.

Die Befunde sind einzig und allein in die Beurteilung durch den untersuchenden Tierarzt gestellt. Da es z.B. außer der Festlegung der Beugedauer (60 Sekunden) keine praxistaugliche Möglichkeit der Standardisierung und Überprüfung der Beugeprobendurchführung gibt, kann der Auftraggeber der Kaufuntersuchung oder der Pferdekäufer, der ein Kaufuntersuchungsprotokoll ausgehändigt bekommt, nur auf die Versiertheit des Untersuchers vertrauen. Röntgenbilder als bleibende Dokumente lassen sich aber auch durch andere Tierärzte beurteilen und geben dadurch die Möglichkeit, zumindest einen Teil der Kaufuntersuchungsergebnisse überprüfen zu lassen.

Die Erfahrung zeigt, dass auf Röntgenaufnahmen, die anlässlich einer Kaufuntersuchung gefertigt wurden, manchmal Veränderungen zu erkennen sind, die sich auch bei der Betrachtung und Betastung der Gliedmaßen hätten feststellen lassen (z. B. Gelenkschwellungen, Fehlstellungen, Besonderheiten an den Hufen), die aber im Untersuchungsprotokoll nicht erwähnt sind. Deshalb können Röntgenaufnahmen auch dazu dienen, übersehene klinische Befunde festzuhalten, was besonders im Streitfalle wichtig sein kann.

FAZIT: Werden im Rahmen eines Kaufuntersuchungsauftrags die empfohlenen Standardröntgenaufnahmen und ggf. Aufnahmen der erweiterten Röntgenuntersuchung in dem Umfang und in der Qualität erstellt, wie im Röntgenleitfaden 2007 empfohlen, und wird die Befundung so vorgenommen und festgehalten, wie im Röntgenleitfaden 2007 vorgesehen, werden den Auftraggebern solide Untersuchungsergebnisse geliefert, die neben den klinischen Untersuchungsergebnissen als wichtige Kriterien für die Kaufentscheidung dienen können.

Die Röntgenuntersuchung ist sowohl bei Sport- als auch bei Zuchtpferden eine sinnvolle Ergänzung der klinischen Kaufuntersuchung.

7.8 Die Haftung des Tierarztes für fehlerhafte Kaufuntersuchungen

7.8.1 Voraussetzungen und Rechtsfolgen der Haftung

Bei tierärztlichen Kaufuntersuchungen kommt durch den Auftrag zur Erstellung eines Gutachtens über den Gesundheitszustand eines Pferdes zwischen Auftraggeber und Tierarzt ein Werkvertrag zustande (§ 631 BGB).
Ist das Gutachten fehlerhaft, z.B. infolge fahrlässig übersehener oder falsch interpretierter Befunde, ist der Tierarzt seinem Auftraggeber zum Schadensersatz verpflichtet. Dies führt dazu,

dass der Veterinär antragsgemäß dazu verurteilt werden kann, dem Käufer sowohl den Kaufpreis als auch sämtliche Kosten, die dieser in das Pferd investiert hat, zu erstatten. Zug um Zug wird dem Tierarzt dann das Eigentum an dem Pferd übertragen. Das gilt selbstverständlich nur, wenn der Käufer beweisen kann, dass er bei richtiger Befundung von dem Kauf Abstand genommen hätte. Von den Schadensersatzpositionen muss der Käufer allerdings den Nutzen in Abzug bringen, den er aus dem Pferd gezogen hat.

7.8.2 Untersuchung vom Käufer in Auftrag gegeben

Vorteilhaft stellt sich die Situation für den Käufer dar, wenn er selbst die Untersuchung in Auftrag gegeben hat. Er hat dann einen eigenen vertraglichen Schadensersatzanspruch gegen den Tierarzt. Stellt der übersehene oder falsch interpretierte Befund zugleich einen Sachmangel im Sinne der kaufrechtlichen Gewährleistung dar, kann er sich aussuchen, ob er gegen den Verkäufer des mangelhaften Pferdes aufgrund der Sachmangelhaftung vorgeht oder den Tierarzt in Anspruch nimmt[3]. Er ist nicht verpflichtet, zunächst den Verkäufer in die Haftung zu nehmen[4].

Nimmt der Käufer den Tierarzt in Anspruch, stellt sich die Folgefrage, ob der Veterinär den Verkäufer in Regress nehmen kann. Dies wird von der obergerichtlichen Rechtsprechung bejaht, da Verkäufer und Tierarzt als sogenannte Gesamtschuldner angesehen werden[5].

Nicht geklärt ist in diesem Zusammenhang jedoch, zu welchen Anteilen der Innenausgleich unter den Gesamtschuldnern (Verkäufer und Tierarzt) stattfindet. Eine Behandlung dieser komplizierten Frage würde den Umfang dieses Kapitels jedoch sprengen.

7.8.3 Untersuchung vom Verkäufer in Auftrag gegeben

I. Ansprüche des Verkäufers

Ist der Verkäufer Auftraggeber des Tierarztes, hat er einen unmittelbaren vertraglichen Anspruch gegen den Veterinär.

Es stellt sich die Frage, ob und ggf. in welcher Höhe dem Verkäufer durch das fehlerhafte tierärztliche Gutachten ein Schaden entstanden ist. Denn hätte der Tierarzt ordnungsgemäß befundet und so einen Mangel des Pferdes aufgedeckt, hätte der Verkäufer entweder insgesamt vom Verkauf des Pferdes Abstand genommen oder den Kaufpreis in Relation zu dem festgestellten Mangel herabstufen müssen. Der Tierarzt haftet aus diesem Grund nur für die nutzlosen Aufwendungen des Verkäufers sowie ggf. Rechtsanwalts- und/oder Gerichtskosten.

II. Ansprüche des Käufers

Unter bestimmten Voraussetzungen kann auch der Käufer – ohne Vertragspartner des Tierarztes zu sein – in den Vertrag zwischen dem Tierarzt und dem Verkäufer miteinbezogen sein, sodass auch ihm ein vertraglicher (Haftungs-)Anspruch zusteht (**Vertrag mit Schutzwirkung** zugunsten Dritter)[6]. Hierbei ist jedoch zu beachten, dass der Käufer eigene Gewährleistungsansprüche gegenüber dem Verkäufer hat. Diese muss er zunächst ausüben. Erst wenn er damit scheitert, kann er den Veterinär in die Haftung nehmen.

7.8.4 Vertragliche Haftungseinschränkungen des Tierarztes gegenüber seinem Auftraggeber

Der Tierarzt darf seine Haftung für fehlerhafte Kaufuntersuchungen nicht in seinen AGB begrenzen. Er muss, da seine tierärztliche Sorgfalt sogenannte Kardinalpflicht ist, auch im Falle leichter Fahrlässigkeit haften.

Im Hinblick auf die Höhe der Haftung bei Kaufuntersuchungen sind viele Tierärzte nur bis zu 50.000,– € oder 100.000,– € haftpflichtversichert (Vermögensschadenhaftpflicht). Viele Tierärzte reduzieren daher die Höhe ihrer Haftung per Vertrag mit dem Auftraggeber auf die Deckungssumme dieses Versicherungsschutzes. Handelt der Tierarzt diese Haftungsreduzierung individuell aus, ist dies nahezu einschränkungslos möglich. Verwendet er jedoch AGB – was i.d.R. der Fall ist –, so hat er Folgendes zu beachten: Die vertraglich reduzierte Haftungssumme muss nach der Rechtsprechung des BGH stets in einem angemessenen Verhältnis zu dem potenziellen Schaden stehen. Zum Beispiel: Untersucht der Tierarzt ein Pferd zum Kaufpreis von 150.000,– € und möchte er seine Haftung auf 50.000,– € Versicherungssumme einschränken, so ist ein angemessenes Verhältnis nicht mehr gegeben. Dies hat zur Folge, dass die Haftungseinschränkung unwirksam ist (§ 307 BGB) und der Veterinär in voller Höhe haftet. 50.000,– € wird dann im Schadensfall sein Versicherer beisteuern; die restlichen mehr als 100.000,– € muss er aus eigener Tasche bezahlen. Bei Kaufuntersuchungen hochpreisiger Pferde bleibt dem Tierarzt daher nur die Möglichkeit, seinen Vermögensschaden-Versicherungsschutz aufzustocken oder eine individuelle Vereinbarung mit seinem Auftraggeber über die Höhe der Haftung zu treffen.

Will der Tierarzt seine Haftung z.B. auf die Fälle grober Fahrlässigkeit und Vorsatz beschränken, also nicht für leicht fahrlässig begangene Fehler haften, oder aber seine Haftung der Höhe nach wie oben beispielhaft genannt erheblich reduzieren, so kann er dies rechtswirksam nur mittels einer individuellen Vereinbarung mit dem Auftraggeber tun. Dieser sollte dann jedoch kritisch hinterfragen, ob der von ihm ausgewählte Veterinär auch wirklich der Untersucher seines Vertrauens ist.

Fussnoten zu Kapitel B7

1 „Vertrag über die Untersuchung eines Pferdes" 10. Auflage, Hippiatrika Verlag Stuttgart, Herausgeber: Pferdeheilkunde und Gesellschaft für Pferdemedizin in Abstimmung mit der Bundestierärztekammer.

2 Zum Beispiel die sich aus röntgenphysikalischen Gründen bei sogenannten Übersichtsaufnahmen der Zehen in der 90°-Aufnahmerichtung ergebenden unorthograd abgebildeten Gelenklinien. Denn hier kann nicht jedes der drei Zehengelenke, die sich vom Boden aus gesehen in unterschiedlicher Höhe befinden, zugleich exakt seitlich bzw. orthograd abgebildet werden. Dieser Kompromiss hält aber sowohl die Kosten der Untersuchung als auch die Strahlenbelastung der beim Röntgen anwesenden Personen in vernünftigen Grenzen.

3 OLG Hamm, Urt. v. 26.01.2005, Az. 12 U 121/04: „Wird ein Pferd auf Grund eines mangelhaften Gutachtens gekauft, stehen die Klage auf Rückabwicklung des Kaufvertrages und der Schadensersatzanspruch gegen den Gutachter selbstständig nebeneinander."

4 OLG Hamm, Urt. v. 26.01.2005, Az. 12 U 121/04: „Der Auffassung des Beklagten (= Tierarzt), seine Haftung sei gegenüber der Mängelhaftung des auf Rückabwicklung des Vertrages in Anspruch genommenen Verkäufers nachrangig, ist nicht zu folgen. Beide Rechtsverhältnisse stehen selbstständig nebeneinander."

5 OLG Hamm, Urt. v. 26.01.2005, Az. 12 U 121/04.

6 So z. B. OLG Hamm, Urt. v. 05.07.2005, Az. 26 U 2/05; LG Verden, Urt. v. 20.12.2007, Az. 4 O 285/07; LG Verden, Urt. v. 05.10.2006, Az. 4 O 45/06; Grüneberg in: Palandt, 68. Aufl., 2009, § 328 Rdnr. 13 f. und Rdnr. 34 f.

KAPITEL 8

Der Prozess um den missglückten Pferdekauf

8.1 Rücktritts- und Minderungsklage

Eine außergerichtliche Einigung zwischen Käufer und Verkäufer ist häufig die beste Lösung für beide Seiten. Ein Rechtsstreit in erster Instanz dauert erfahrungsgemäß im Durchschnitt ein Jahr, über zwei Instanzen drei bis vier Jahre, und verschlingt viel Geld: für die Anwälte, das Gericht, die Zeugen, die Sachverständigen etc.

Es gilt der Grundsatz: Derjenige, der den Rechtsstreit verliert, muss sämtliche Kosten tragen; im Übrigen werden die Kosten entsprechend dem Verhältnis zwischen Gewinnen und Unterliegen aufgeteilt. Zum Beispiel: Kläger und Beklagter streiten über 10.000,– €. Dem Kläger werden vom Gericht 8.000,– € zugesprochen. Folglich muss der Beklagte 80 % sämtlicher Kosten des Rechtsstreits und der Kläger 20% tragen.

Bei einem Streitwert von 15.000,– €, der für ein „durchschnittliches" Sportpferd schnell erreicht ist, kommen so für den Verlierer der ersten Instanz vor dem Landgericht rund 3.400,– € Anwaltskosten (für beide Anwälte), 726,– € Gerichtskosten und zwischen 1.000,– € und 2.000,– € für den gerichtlichen Sachverständigen zusammen. Aufschluss über die Höhe der erstattungsfähigen und streitwertabhängigen Anwaltskosten sowie der Gerichtsgebühren gibt das Rechtsanwaltsvergütungsgesetz (RVG).

Bei einem Streitwert bis einschließlich 5.000,– € ist das Amtsgericht, darüber hinaus das Landgericht zuständig.

Das Gericht wird durch Klage angerufen. Diese muss einen Antrag auf Verurteilung enthalten; die Parteien, also Käufer und Verkäufer, sind mit ihren Anschriften als Kläger und Beklagter genau zu bezeichnen und der Sachverhalt ist dem Gericht mit Beweisangeboten substantiiert (detailliert) zu schildern.

Hat der Käufer den **Rücktritt vom Kaufvertrag** erklärt, lauten die Klageanträge:

1. *Der Beklagte wird verurteilt, an den Kläger (...),– €[1] nebst Zinsen in Höhe von fünf Prozentpunkten über dem Basiszinssatz seit dem (...)[2] Zug um Zug gegen Rücknahme des Pferdes (...)[3] zu zahlen.*
2. *Es wird festgestellt, dass der Beklagte verpflichtet ist, dem Kläger die Aufwendungen für das Pferd zu erstatten, die der Kläger bis zur Rücknahme des Pferdes noch erbringen wird.*
3. *Es wird festgestellt, dass sich der Beklagte mit der Rücknahme des Pferdes in Verzug befindet.*

Wichtig ist der **Feststellungsantrag unter Ziffer 2.**, damit auch die erstattungsfähigen, aber noch nicht bezifferbaren Kosten des Käufers vom Urteil erfasst werden, die ihm nach Klageerhebung bis zum Zeitpunkt der Rücknahme des Pferdes entstehen. Da es bis zur Rücknahme meist Monate, wenn nicht gar Jahre dauert, ist diese Position oft sehr hoch, sodass an diesen Antrag gedacht werden muss. Bei geringpreisigen Pferden kommt es meist vor, dass diese Kosten den Kaufpreis des Pferdes im Laufe der Zeit übersteigen.

Der **Feststellungsantrag gem. Ziffer 3.** ist für die Erleichterung einer Zwangsvollstreckung wichtig, wenn der Verkäufer trotz eines rechtskräftigen Urteils nicht zahlen will und der Gerichtsvollzieher in Gang gesetzt werden muss. Mit diesem Antrag wird bezweckt, dass der Gerichtsvollzieher bei der Zug-um-Zug-Leistung das Pferd nicht am Halfter vorführen muss. Stattdessenkann er die Vollstreckung des Kaufpreises etc. durchführen, ohne das Pferd übergeben zu müssen.

Im Falle einer **Minderungsklage** ist die Antragstellung einfacher:

Der Beklagte wird verurteilt, an den Kläger (...),– €[4] nebst Zinsen in Höhe von fünf Prozentpunkten über dem Basiszinssatz seit dem (...)[5]zu zahlen.

8.2   Klage auf Kaufpreiszahlung

Der Klageantrag, wenn der Verkäufer den Kaufpreis nicht bekommen, der Käufer das Pferd aber schon in seinem Stall stehen hat, lautet wie im Falle der Minderung:

Der Beklagte wird verurteilt, an den Kläger (...),– €[6] nebst Zinsen in Höhe von fünf Prozentpunkten über dem Basiszinssatz seit dem (...)[7] zu zahlen.

Hat der Verkäufer das Abstammungspapier noch zurückgehalten, müsste der Klageantrag auf Zahlung folgendermaßen ergänzt werden:

(...) Zug um Zug gegen Übergabe des Abstammungspapiers des Pferdes (...)[8] an den Beklagten.

8.3   Das selbstständige Beweisverfahren (§§ 485 ff. ZPO)

Obgleich die Ansprüche des Käufers regelmäßig erst in zwei Jahren verjähren, ist es für ihn empfehlenswert, sich so frühzeitig wie möglich darüber Klarheit zu verschaffen, welchen Mangel das Pferd aufweist und ob dieser bereits bei der Übergabe vorgelegen hat. Denn die Führung dieses Nachweises, die grundsätzlich dem Käufer obliegt, wird mit zunehmendem Zeitablauf erheblich schwieriger; und bis das Gericht im Falle der Klageerhebung einen

PRAXIS-TIPP
FÜR KÄUFER

Das selbstständige Beweisverfahren dient der schnellen Beweissicherung und kann daher für den beweispflichtigen Käufer eines Pferdes empfehlenswert sein.

Sachverständigen beauftragt und dieser tätig wird, vergehen Monate. Deshalb kann es für den Käufer empfehlenswert sein, anstelle der Klageerhebung oder auch während des Prozesses einen Antrag auf Durchführung eines selbstständigen Beweisverfahrens zu stellen, mit dem das Gericht z.B. ersucht wird, einen Sachverständigen mit der Feststellung von Mängeln des Pferdes zu beauftragen.

Diese zivilprozessuale Verfahrensart hat zudem den Vorteil, dass sie ab dem Zeitpunkt der Zustellung des Antrages zu einer Hemmung (= Unterbrechung) der Verjährungsfrist führt (§ 204 Abs. 1 Nr. 7 BGB).

Zum besseren Verständnis und als Beispiel für eine Antragstellung im selbstständigen Beweisverfahren folgende Musteranträge:

Es wird beantragt, im Wege des selbstständigen Beweisverfahrens ein Sachverständigengutachten über folgende Fragen einzuholen:

1. Leidet der 13jährige Holsteiner Fuchswallach „Miesepeter" (Stern, Schnippe, Lebens-Nr. …) an einer Periodischen Augenentzündung?
2. Hat die Periodische Augenentzündung schon zum Zeitpunkt seiner Übergabe vom Antragsgegner an den Antragsteller am (…) vorgelegen, ggf. mit welchem Grad an Wahrscheinlichkeit?

Im Gegensatz zur alten Rechtslage ist der Sachverständige nicht mehr vom Antragsteller zu benennen; dieser hat lediglich das Beweismittel (z.B. Sachverständigengutachten) anzugeben. Will er jedoch bestimmte Sachverständige ausschließen, mit denen er schlechte Erfahrungen gemacht hat, kann er dies in seinen Antrag zusätzlich wie folgt aufnehmen, verbunden mit einer kurzen Begründung:

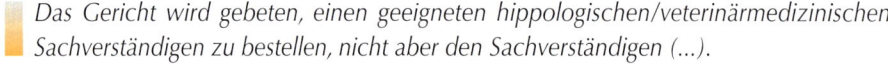

Das Gericht wird gebeten, einen geeigneten hippologischen/veterinärmedizinischen Sachverständigen zu bestellen, nicht aber den Sachverständigen (...).

Meist führen die Ergebnisse des selbstständigen Beweisverfahrens dazu, dass sich die Parteien ohne weitere gerichtliche Hilfe einigen. Stellt sich durch die Beweisaufnahme heraus, dass das Pferd mangelfrei oder der Beweis der Rückdatierung des Mangels nicht zu erbringen ist, sollte der Käufer das Beweisverfahren zum Anlass nehmen, seine Ansprüche gegen den Verkäufer mangels hinreichender Erfolgsaussichten fallen zu lassen.

Ein weiterer Vorteil für den meist rechtsschutzversicherten Käufer besteht darin, dass i. d. R. der Versicherer die Kosten dieses Verfahrens übernimmt. Zieht der Käufer demgegenüber einen privaten Gutachter zur Klärung hinzu, muss der Rechtsschutzversicherer diese Kosten nach den Allgemeinen Versicherungs-Bedingungen für den Rechtsschutz (ARB) nicht tragen.

Sofern Käufer und Verkäufer noch nicht im Klageverfahren vor Gericht über Mängel des Pferdes streiten, reicht es aus, wenn durch das Beweisverfahren ein Rechtsstreit (Klage) vermieden werden kann. Diese Voraussetzung wird von den Gerichten großzügig bejaht. Denn die Richter haben ein Interesse daran, das Aufkommen von langwierigen Klageverfahren gering zu halten.

Während eines laufenden Rechtsstreits kann das Selbständige Beweisverfahren hingegen nur unter der Prämisse eingeleitet werden, dass der Gegner zustimmt oder zu befürchten ist, dass das Beweismittel verloren geht oder seine Benutzung erschwert wird. Hierzu genügt den Gerichten meist der Hinweis, dass es sich bei dem Pferd um ein Lebewesen handelt, dessen Organismus ständig physiologischen Veränderungen unterliegt, sodass es darauf ankommt, das gegenwärtige Krankheitsbild unverzüglich durch einen Sachverständigen zu erfassen.

Das selbstständige Beweisverfahren wird – ähnlich wie die Klage – mit einer Antragsschrift an das Gericht eingeleitet, in der
- der Antragsteller,
- der Antragsgegner,
- der Sachverhalt über den Beweis erhoben werden soll und
- die Beweismittel (z. B. Sachverständigengutachten) zu bezeichnen sind (§ 487 ZPO).
Damit gewährleistet ist, dass der Antragsteller wahrheitsgemäß vorträgt, muss er den Sachverhalt „glaubhaft" machen, also eine eidesstattliche Versicherung vorlegen.

Da das selbstständige Beweisverfahren ein Dringlichkeitsverfahren ist, entscheidet das Gericht über den Antrag grundsätzlich ohne mündliche Verhandlung per unanfechtbarem Beschluss (§ 490 ZPO).
Zuständig ist das Gericht, das auch zur Entscheidung in der Hauptsache (Klage) angerufen worden wäre bzw. bei dem die Klage schon eingereicht ist. In den seltenen Fällen „dringender Gefahr" kann der Antrag auch bei einem Gericht gestellt werden, in dessen Bezirk das zu begutachtende Pferd untergebracht ist, wenn es sich also beispielsweise in einer Pferdeklinik befindet.

Einigen sich die Kaufvertragsparteien nach dem selbstständigen Beweisverfahren nicht und wird ein Sachmangelprozess gegenüber dem Verkäufer geführt, wird das Gericht das Ergebnis der Beweisaufnahme seiner Entscheidung zugrunde legen oder bei Bedarf den Sachverständigen des Beweisverfahrens mündlich anhören.

Fussnoten zu Kapitel B8

1 Kaufpreis und bis zur Erhebung der Klage bezifferbare notwendige Verwendungen oder Schadens-/ Aufwendungsersatzpositionen des Käufers.
2 Beginn des Verzuges oder Zeitpunkt der Zustellung der Klage (= Rechtshängigkeit).
3 Exakte Beschreibung des Pferdes (Name, Lebens-Nr., Geschlecht, Farbe, Abzeichen).
4 Betrag der Minderung.
5 Beginn des Verzuges oder Zeitpunkt der Zustellung der Klage (= Rechtshängigkeit).
6 Kaufpreis.
7 Beginn des Verzuges oder Zeitpunkt der Zustellung der Klage (= Rechtshängigkeit).
8 Exakte Beschreibung des Pferdes (Name, Lebens-Nr., Geschlecht, Farbe, Abzeichen).

KAPITEL 9

Besonderheiten des Pferdekaufs nach Österreichischem Recht

VON MAG. HELWIG SCHUSTER, RECHTSANWALT AUS WIEN, ÖSTERREICH

9.1 Einleitung

Viele deutsche Pferde werden ins Ausland, häufig auch nach Österreich, verkauft. Der umgekehrte Fall des Verkaufs eines Pferdes von Österreich nach Deutschland nimmt nach meinen Beobachtungen zu. Bei Pferdekaufverträgen zwischen einer deutschen und einer österreichischen Vertragspartei stellt sich zunächst die Frage des anzuwendenden Rechts und der internationalen Gerichtszuständigkeit. Hierbei handelt es sich um eine komplexe juristische Thematik, die den Umfang dieses Kapitels sprengen würde[1]. Die Einholung anwaltlichen Rates ist in diesen Fällen unabdingbar.

9.2 Das österreichische Recht zum Pferdekauf

Die österreichischen Rechtsvorschriften über den Kauf von Pferden sind weitgehend dem deutschen Recht gleich oder ähnlich. So bestehen etwa für die Rechtsfragen des Zustandekommens eines Pferdekaufvertrages, dessen Formfreiheit und für den Eigentumserwerb keine nennenswerten Unterschiede.

Die Verbrauchsgüterkauf-Richtlinie der EU wurde sowohl in Österreich als auch in Deutschland in das innerstaatliche Recht umgesetzt, in Österreich mit dem per 01.01.2002 in Kraft getretenen Gewährleistungsrechtsänderungsgesetz[2]. Man könnte daher meinen, dass hinsichtlich Rechtsfolgen und Leistungsstörungen bei einem Pferdekauf annähernd eine parallele Rechtsanwendung in Österreich und Deutschland existiert. Die Praxis zeigt jedoch, dass im Detail bedeutsame Unterschiede bestehen.

9.2.1 Verständnis des gewährleistungsrechtlich relevanten Mangels

In Deutschland zeichnet sich eine Rechtsprechung ab, wonach bei bloßem Vorliegen einer röntgenologischen Veränderung ohne Vorhandensein eines klinischen Befundes nicht ohne weiteres ein gewährleistungsrechtlich relevanter Mangel vorliegt. Im „Kissing-Spines-Fall" hat der BGH[3] ausgeführt, dass die Eignung eines klinisch unauffälligen Pferdes für die Verwendung als Reitpferd nicht schon dadurch beeinträchtigt wird, dass aufgrund von Abweichungen von der physiologischen Norm eine geringe Wahrscheinlichkeit dafür besteht, dass das Tier zukünftig klinische Symptome entwickeln wird, die seiner Verwendung als Reitpferd entgegenstehen. Der Umstand, dass der Markt auf einen Röntgenbefund durch Preisabschläge reagiere, habe keinen Einfluss darauf, ob ein Sachmangel vorliegt.

Hat das Pferd etwa röntgenologische Veränderungen an der Hufrolle, einen auf dem Röntgenbild ersichtlichen Gelenkskörper oder „Kissing Spines" und besteht lediglich eine geringe Wahrscheinlichkeit, dass eine Lahmheit oder Schmerzempfindlichkeit auftritt, liegt nach der deutschen Rechtsprechung grundsätzlich kein Sachmangel auf der 2. oder 3. Prüfungsstufe vor.

Derartige Bestrebungen haben bis jetzt in der österreichischen Rechtsprechung nicht Eingang gefunden. Es wird von der Überlegung ausgegangen, dass jede Partei kalkuliert, was ihr die Leistung der anderen Partei wert ist („subjektive Äquivalenz"). Danach richtet sich die Höhe ihres eigenen Angebots. Als Faustregel kann davon ausgegangen werden, dass alle Umstände, die die Preiskalkulation beeinflusst hätten, wenn diese bei Vertragsabschluss den Vertragsparteien bekannt gewesen wären, einen gewährleistungsrechtlich relevanten Mangel darstellen können.

Für ein Pferd mit Röntgenklasse I oder I–II wird nach allgemeiner Markterfahrung ein z.T. deutlich höherer Preis bezahlt als für ein Pferd mit der Röntgenklasse III, auch wenn dieses im Kaufzeitpunkt keine klinischen Erscheinungen, wie Lahmheit oder Schmerzsymptome, zeigt. Das ist nachvollziehbar, da die schlechtere Röntgenklasse eine schlechtere Zukunftsprognose für den Einsatz des Pferdes vor allem im Sport bedeutet. Wenn der BGH trotzdem das Vorliegen eines Sachmangels verneint, liegt hier ein anderes Verständnis des Mangelbegriffs als in der derzeitigen österreichischen Rechtspraxis vor.

Alle Umstände, die die Preiskalkulation beeinflussen, können einen rechtlich relevanten Mangel darstellen.

9.2.2 Innerstaatliche Umsetzung der Verbrauchsgüterkauf-Richtlinie

Die Verbrauchsgüterkauf-Richtlinie wurde in Deutschland und Österreich unterschiedlich umgesetzt: In der deutschen Rechtsordnung wurde ein eigener Untertitel über den Verbrauchsgüterkauf in das BGB eingefügt (§§ 474 ff. BGB) und das ehemalige Viehgewährschaftsrecht ersatzlos aufgehoben.

In Österreich erfolgte die Umsetzung durch Einfügung der EU-Vorschriften insbesondere in das Allgemeine Bürgerliche Gesetzbuch (ABGB) und in das Konsumentenschutzgesetz (KSchG). Es gibt keinen eigenen Abschnitt für den Verbrauchsgüterkauf. Die Vorschriften über Tiermängel (§§ 925 - 927 ABGB) wurden nicht außer Kraft gesetzt. Sie kommen jedoch bei einem Verbrauchsgüterkauf nicht zur Anwendung.

9.2.3 Beweislastumkehr

Die Beweislastumkehr greift im österreichischen Recht **bei jedem Kaufvertrag** ein, nicht nur bei einem Verbrauchsgüterkauf. Die gesetzliche Regelung (§ 924 ABGB) lautet:

„Der Übergeber leistet Gewähr für Mängel, die bei der Übergabe vorhanden sind. Dies wird bis zum Beweis des Gegenteils vermutet, wenn der Mangel innerhalb von sechs Monaten nach der Übergabe hervorkommt. Die Vermutung tritt nicht ein, wenn sie mit der Art der Sache oder des Mangels unvereinbar ist."

Im Falle eines Verbrauchsgüterkaufs ist die Beweislastumkehr zwingend; sie kann nicht durch vertragliche Vereinbarung ausgeschlossen oder eingeschränkt werden (§ 9 Abs. 1 KSchG):

Die Beweislastumkehr gilt bei jedem Kauf. Lediglich außerhalb des Verbrauchsgüterkaufs darf sie vertraglich ausgeschlossen werden.

„Gewährleistungsrechte des Verbrauchers (§§ 922 bis 933 ABGB) können vor Kenntnis des Mangels nicht ausgeschlossen oder eingeschränkt werden."

Liegt kein Verbrauchsgüterkauf vor, ist jedoch ein vertraglicher Ausschluss der Beweislastumkehr möglich.

9.2.4   Sondervorschriften bei Tiermängeln

Neben den allgemeinen kaufrechtlichen Vorschriften gelten in Österreich für bestimmte Tiere nach wie vor Sondervorschriften über Tiermängel (§§ 925 bis 927 ABGB, wobei § 925 auf die Tiermängelverordnung[4] verweist.). Beim Pferd handelt es sich hierbei um die „klassischen" **Gewährsmängel** Dämpfigkeit, Dumkoller, Aufsetzkoppen, Freikoppen, Kehlkopfpfeifen und innere Augenentzündung.

Liegt einer dieser Mängel vor, gelten folgende Fristen, nach denen vermutet wird, dass das Tier schon vor der Übergabe krank gewesen ist:

14 Tage für
- Dämpfigkeit,
- Dumkoller und
- Aufsetzkoppen;

sieben Tage für
- Freikoppen,
- Kehlkopfpfeifen und
- Periodische Augenentzündung.

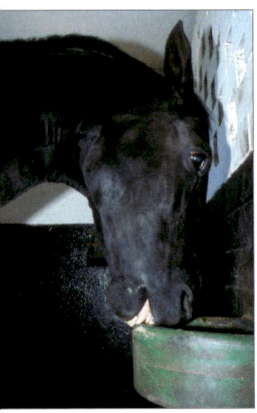

In Österreich ist das Aufsetzkoppen ein Gewährsmangel.

Auch die Sondervorschriften über Tiermängel **können im Vertrag ausgeschlossen werden**. Sie kommen jedoch konsequenterweise nicht zur Anwendung, wenn es sich um einen Verbrauchsgüterkauf handelt (§ 9 Abs. 2 KSchG):

„Die §§ 925 bis 927 und 933 Abs. 2 ABGB über Viehmängel sind auf den Erwerb durch Verbraucher nicht anzuwenden."

Die Sondervorschriften über Tiermängel gelten nur, sofern es sich nicht um einen Verbrauchsgüterkauf handelt.

Stattdessen greift auch bei den in der Tiermängelverordnung genannten Krankheiten die allgemeine Beweislastumkehr ein (§ 924 ABGB). Die sehr kurzen Vermutungsfristen (s.o.) der Tiermängelverordnung werden somit zum Schutz des Konsumenten bei einem Verbrauchsgüterkauf außer Kraft gesetzt und durch die sechsmonatige Beweislastumkehr ab dem Zeitpunkt der Übergabe des Pferdes ersetzt.

9.2.5 Wann ist die Beweislastumkehr mit der Art der Sache oder der Art des Mangels unvereinbar?

Diese Frage wurde in der österreichischen Literatur kontrovers diskutiert[5]. Der Oberste Gerichtshof (OGH) hat sich in seiner Entscheidung vom 10.07.2007[6] grundsätzlich für die Anwendung der Beweislastumkehr beim Pferdekauf ausgesprochen und Kriterien festgelegt, die für die Beurteilung der Anwendbarkeit der Beweislastumkehr heranzuziehen sind. Die Begründung dieses Urteils lautet auszugsweise:

„Ob im Fall einer nicht unter § 925 ABGB fallenden Krankheit als Mangel eines Sportpferdes die Vermutung (…) infolge Unvereinbarkeit mit der Art der Sache oder des Mangels (…) eingreift oder nicht, ist nach dem konkreten Zeitpunkt des Hervorkommens und der Art und Wurzel der jeweiligen Erkrankung zu beurteilen. Die gesetzliche Vermutung greift daher jedenfalls dann ein, wenn eine erstmals nach Übergabe des Sportpferdes an den Käufer festgestellte Erkrankung – berücksichtigt man neben dem Alter des betroffenen Tieres auch den üblichen Zeitraum, der zwischen dem Beginn der jeweiligen Erkrankung oder im Fall einer Infektionskrankheit dem Zeitpunkt der Infektion und der Wahrnehmbarkeit erster Krankheitssymptome verstreicht – in ihrer Wurzel schon im Zeitpunkt der Übergabe vorhanden gewesen sein kann."

Aus meiner anwaltlichen Erfahrung wird die Beweislastumkehr und ihr Ausnahmetatbestand von den Unterinstanzen – grob zusammengefasst – wie folgt ausgelegt: Für Erkrankungen bzw. Veränderungen, die prinzipiell akut und kurzfristig auftreten, kommt die Beweislastumkehr nicht zur Anwendung. Dies wird z.B. bei einer Fesselträgerverletzung der Fall sein. Auch insoweit liegt ein Unterschied zur Rechtsprechung des deutschen BGH vor, der sich nicht maßgeblich auf diesen zeitlichen Faktor stützt.

Kann die Erkrankung akut auftreten, wird die Beweislastumkehr tendenziell abgelehnt.

Handelt es sich hingegen um Erkrankungen oder Veränderungen, die sich schleichend entwickeln bzw. die als chronisch eingestuft werden können, wird die Anwendung der Beweislastumkehr prinzipiell befürwortet, wobei aber immer auf die Besonderheiten des Einzelfalles abzustellen ist. Beträgt etwa die Inkubationszeit bei einer Infektion sechs Wochen und tritt die erste Symptomatik zwölf Wochen nach Übergabe auf, so wird nach den Kriterien des OGH die Beweislastumkehr nicht zur Anwendung kommen.

9.2.6 Gewährleistungsfrist

Gewährleistungsfristen sind Ausschlussfristen. Das heißt, dass innerhalb der Gewährleistungsfrist die Klage zur Geltendmachung des Gewährleistungsanspruches, wie Wandlung oder Preisminderung, bei Gericht eingegangen sein muss. Zur Beantwortung der Frage, innerhalb welcher Fristen Gewährleistungsansprüche verjähren, ist wie folgt zu differenzieren:

I. Grundsätze

Die Gewährleistungsfrist ist in § 933 ABGB geregelt:

> 1. „Das Recht auf Gewährleistung muss, (…) wenn es bewegliche Sachen betrifft, binnen zwei Jahren gerichtlich geltend gemacht werden. Die Frist beginnt mit dem Tag der Ablieferung der Sache (…). Die Parteien können eine Verkürzung oder Verlängerung dieser Frist vereinbaren.
> 2. Bei Viehmängeln beträgt die Frist sechs Wochen. Sie beginnt bei Mängeln, für die eine Vermutungsfrist besteht, erst nach deren Ablauf."

Nach dem Gesetzeswortlaut stellt sich die Frage, ob bei einem Pferdekauf die zweijährige Frist (Abs. 1) oder die sechswöchige Frist (Abs. 2) eingreift, sofern die Kaufvertragsparteien keine anderweitige Vereinbarung getroffen haben. Nach gefestigter österreichischer Rechtsprechung ist unter Vieh im Sinne des § 933 Abs. 2 ABGB nur Vieh im Sinne der Landwirtschaft zu verstehen. Die gesetzliche Gewährleistungsfrist beim Kauf eines Sportpferdes beträgt daher zwei Jahre.

Die Gewährleistungsfrist beträgt zwei Jahre oder sechs Wochen. Dies hängt davon ab, ob entweder ein Reitpferd oder ein Pferd als „Vieh" im landwirtschaftlichen Sinne verkauft wird.

Demgegenüber wird z. B. bei einem Haflinger, der in der Forstwirtschaft eingesetzt wird, die sechswöchige Frist für Viehmängel zur Anwendung kommen.

Die Beweislast dafür, dass es sich bei dem verkauften Tier nicht um Vieh im landwirtschaftlichen Sinne handelt, trifft den Käufer. Will dieser eine längere als die sechswöchige Gewährleistungsfrist sicherstellen, so ist er gut beraten, dies im Kaufvertrag zu vereinbaren. Selbst bei Gewährleistungsprozessen über Mängel eines Reitpferdes erlebe ich es trotz der beschriebenen Rechtsprechung immer wieder, dass der Prozessgegner vorsorglich die sechswöchige Gewährleistungsfrist – bis jetzt freilich ohne Erfolg – einwendet.

II. Gewährleistungsfrist beim Verbrauchsgüterkauf

Auch bei einem Verbrauchsgüterkauf beträgt die gesetzliche Gewährleistungsfrist zwei Jahre (§ 933 ABGB). Eine Verkürzung kann nur bei gebrauchten beweglichen Sachen – folglich auch bei Pferden – und nur dann vereinbart werden, wenn dies im Einzelnen ausgehandelt wird. Eine Verkürzung auf weniger als ein Jahr ist nicht möglich (§ 9 Abs. 1 S. 2 KSchG):

> „Die Vereinbarung einer kürzeren als der gesetzlichen Gewährleistungsfrist ist unwirksam, doch kann bei der Veräußerung gebrauchter beweglicher Sachen die Gewährleistungsfrist auf ein Jahr verkürzt werden, sofern dies im Einzelnen ausgehandelt wird. (…)"

Bei einem Verbrauchsgüterkauf darf die Gewährleistungsfrist nur auf ein Jahr per Vertrag verkürzt werden.

Zur Frage, wann ein Pferd als gebraucht anzusehen ist, kann auf die deutsche Rechtsprechung verwiesen werden.

Bei einem Verbrauchsgüterkauf von Pferden im Sinne von „Vieh" gilt die sechswöchige Gewährleistungsfrist in Österreich nicht (§ 9 Abs. 2 KSchG).

9.2.7 Rechtsbehelfe bei Vorliegen von Mängeln

Bei Leistungsstörungen im Bereich von Pferdekäufen kommt neben der bereits behandelten Gewährleistung auch den Rechtsbehelfen der

- **Irrtumsanfechtung** bzw. **-anpassung**,
- des **Schadensersatzes** sowie
- der sogenannten „**Verkürzung über die Hälfte**"

große Bedeutung zu. Es kommt durchaus vor, dass bei ein und demselben Fall die Tatbestandsvoraussetzungen sowohl von Gewährleistung, Irrtumsanfechtung, Schadensersatz und „Verkürzung über die Hälfte" erfüllt sind. **Der Käufer kann sich in seiner Klage gleichzeitig auf alle Rechtsbehelfe stützen.** Dies ist vor allem deswegen interessant, da die Verjährungsfrist bei Schadensersatz, Irrtum und „Verkürzung über die Hälfte" drei Jahre beträgt und daher deutlich länger als bei der Gewährleistung ist.

Allen Rechtsbehelfen ist gemeinsam, dass der **Mangel im Zeitpunkt der Übergabe** vorliegen muss. Gewährleistung, Irrtum und Verkürzung über die Hälfte erfordern kein Verschulden des anderen Vertragsteils. Nur beim Schadensersatzanspruch muss ein Verschulden des Vertragspartners vorliegen, welches wie im deutschen Recht vermutet wird (§ 1298 ABGB).

I. Schadensersatz

Der Rechtsbehelf des Schadensersatzes ist in Österreich sehr ähnlich geregelt wie in Deutschland. Auch der Schaden, der in der Mangelhaftigkeit der Sache selbst liegt, kann im Wege des Schadensersatzes geltend gemacht werden. Es gilt der Grundsatz, wonach der Geschädigte **primär Anspruch auf Verbesserung bzw. Austausch** hat. Erst bei Verzug mit der Verbesserung oder dem Austausch bzw. wenn diese Vorgehensweisen unmöglich oder untunlich sind, hat er einen Preisminderungs- oder Rückabwicklungsanspruch (§ 933a ABGB).

II. Irrtumsanfechtung und -anpassung

Wie im deutschen Kaufrecht kann Gewährleistung grundsätzlich nur dann eingreifen, wenn dem Käufer der Mangel bei Abschluss des Kaufvertrages nicht bekannt war. Dann hat er sich allerdings über eine Eigenschaft des Kaufgegenstandes geirrt. Bei Vorliegen eines Irrtums (unrichtige Vorstellung über die Wirklichkeit) sieht das ABGB unter bestimmten Vorraussetzungen die Rechtsbehelfe der Irrtumsanfechtung, vergleichbar der gewährleistungsrechtlichen Wandlung, oder der Irrtumsanpassung, vergleichbar der Preisminderung, vor.

Ein **wesentlicher Irrtum** liegt vor, wenn die Parteien in Kenntnis der wahren Sachlage den Kaufvertrag nicht abgeschlossen hätten; er kann zur Irrtumsanfechtung führen.

Bei einem **unwesentlichen Irrtum** hätten die Vertragsparteien in Kenntnis der wahren Sachlage den Kaufvertrag zwar grundsätzlich abgeschlossen, jedoch unter anderen Bedingungen, insbesondere zu einem geringeren Kaufpreis. Ein solcher unwesentlicher Irrtum kann zur Irrtumsanpassung führen, ähnlich der Preisminderung.

Ein wesentlicher Irrtum kann zur Irrtumsanfechtung, ein unwesentlicher Irrtum zur Irrtumsanpassung führen.

Die Geltendmachung eines Irrtums verlangt eine der drei Voraussetzungen des § 871 ABGB. Die beiden praktisch bedeutsamsten sind:

- Der Irrtum wurde vom Verkäufer verursacht, wobei es nicht erforderlich ist, dass der Verkäufer schuldhaft gehandelt hat.
- Der Irrtum des Käufers hätte dem Verkäufer unter Berücksichtigung aller Umstände auffallen müssen.

Die Rechtsprechung[7] hat zu den gesetzlichen Varianten noch eine weitere entwickelt, den so genannten gemeinsamen Irrtum: Sowohl Verkäufer als auch Käufer haben über denselben Umstand geirrt.

Beispiel 23:

GEMEINSAMER IRRTUM

Hat der Tierarzt bei der Kaufuntersuchung einen wesentlichen Mangel übersehen und waren daher sowohl Verkäufer als auch Käufer der unrichtigen Annahme, dass dieser Mangel nicht besteht, so liegt ein gemeinsamer Irrtum vor. Kann der Käufer etwa durch nachträgliche tierärztliche Untersuchung beweisen, dass dieser Mangel bei Übergabe schon vorlag, so ist er unter Heranziehung der erwähnten Rechtsprechung zur Irrtumsanfechtung berechtigt.

In einem Gewährleistungsprozess wird der Verkäufer häufig einwenden, dass der behauptete Mangel bei Kaufabschluss bzw. Übergabe nicht vorhanden oder ihm jedenfalls nicht bekannt war. Man beachte: Mit dieser zweiten Behauptung liefert der beklagte Verkäufer eine der Tatbestandsvorrausetzungen für den gemeinsamen Irrtum.

Der Vollständigkeit halber sei noch erwähnt, dass bloße **Motivirrtümer** nicht zur Irrtumsanfechtung oder -anpassung berechtigen.

Beispiel 24:

UNBEACHTLICHER MOTIVIRRTUM

Jemand kauft ein Pferd, weil er der Meinung ist, dass dieses perfekt in sein Kutschengespann passt. Tatsächlich stellt sich nach dem Kauf heraus, dass sich das Pferd mit den anderen Kutschpferden nicht verträgt und der Takt des Trabes unterschiedlich zu dem der übrigen Gespannpferde ist. Der Käufer hat sich nur in seinem Kaufmotiv geirrt, die Geltendmachung des Irrtums ist ausgeschlossen.

III. Verkürzung über die Hälfte

Kann der Käufer nachweisen, dass **der objektive Wert des Pferdes** im Zeitpunkt der Übergabe **weniger als die Hälfte des bezahlten Kaufpreises** ausmachte, räumt § 934 ABGB den Anspruch auf Rückabwicklung des Kaufvertrages ein.

Häufig kann sich der geringe Wert des Pferdes durch einen nachträglich in Erscheinung getretenen Mangel, der aber nachweislich schon bei Übergabe vorlag, ergeben. Der Vorteil dieses Rechtsbehelfes liegt darin, dass die Tatbestandsvoraussetzungen klar umschrieben sind und an objektive Kriterien anknüpfen.

Der Verkäufer kann sich von dem Anspruch des Käufers auf Rückabwicklung des Kaufvertrages dadurch lösen, indem er dem Käufer die Differenz zwischen dem objektiven Wert des von ihm gelieferten Pferdes und dem überhöhten Kaufpreis erbringt („facultas alternativa").

Beispiel 25:
VERKÜRZUNG ÜBER DIE HÄLFTE

Beträgt der objektive Wert des Pferdes 49.000,– €, während vom Käufer ein Kaufpreis von 100.000,– € bezahlt wurde, müsste der Verkäufer dem Käufer 51.000,– € zahlen, um die Rückabwicklung des Kaufvertrages abzuwenden.

9.2.8 Mangelfolgeschäden bzw. Aufwendungen für das Pferd bis zur Rückabwicklung des Kaufvertrages

Nach österreichischem Recht bestehen zwei Möglichkeiten zur Geltendmachung von Aufwendungen für das Pferd.

Zum einen stellt das ABGB einen vom Verschulden des Verkäufers unabhängigen **Aufwandsersatzanspruch** zur Verfügung, wonach der Käufer notwendige und nützliche Aufwendungen, die er für das Pferd getätigt hat, vom Verkäufer fordern kann (§§ 331 und 336 ABGB). Im Gegensatz zur deutschen Rechtsordnung ist dieser Anspruch aber betragsmäßig begrenzt: Die tatsächlich getätigten Aufwendungen können nur bis zur Höhe des bei Rückgabe noch vorhandenen Wertes bzw. der noch vorhandenen Wertsteigerung geltend gemacht werden.

Beispiel 26:
BETRAGSMÄSSIGE BEGRENZUNG DES AUFWANDSERSATZANSPRUCHES

Der Käufer eines Dressurpferdes hat dieses bis zur Rückgabe an den Verkäufer bereiten lassen, wodurch sich der Ausbildungszustand erhöht hat. Die dadurch bedingte Wertsteigerung beträgt 5.000,– €, die Berittkosten betragen 8.000,– €. Der Käufer kann seine Aufwendungen bis zur Höhe der noch vorhandenen Wertsteigerung, daher nur 5.000,– €, verlangen.

VARIANTE:
Die Wertsteigerung beträgt 5.000,– € die Berittkosten 3.000,– €. Hier kann der Käufer nur 3.000,– € fordern, weil er tatsächlich nicht mehr aufgewendet hat.

Bei Geltendmachung eines gesundheitlichen Mangels geht es meist nur um die üblichen Kosten für das Pferd, wie Einstellgebühren, Hufschmied und Impfungen. Wertsteigernde Aufwendungen werden nur selten vorkommen.

Die zweite Möglichkeit zur Geltendmachung der für das Pferd getätigten Aufwendungen bietet das Schadensersatzrecht. Der Schadensersatzanspruch erfordert jedoch ein Verschulden des Verkäufers. Dies bedeutet, dass dem Verkäufer der Mangel bekannt war oder zumindest hätte bekannt sein müssen.

Soweit es sich um Schäden bzw. Aufwendungen handelt, die unmittelbar durch den Mangel bedingt waren (das heißt ohne Vorliegen des Mangels gar nicht entstanden wären), was etwa bei **Kosten des Tierarztes zur Beurteilung oder Behandlung des Mangels** der Fall ist, so liegt auch nach österreichischer Rechtsprechung ein ersatzfähiger Schaden vor.

Heikel ist der Fall, wenn es sich um Aufwendungen für das Pferd handelt, die auch bei vertragskonformem Verhalten des Verkäufers, also Übergabe eines mangelfreien Pferdes, entstanden wären. Das trifft etwa auf **Einstellgebühren** oder **Kosten für Wurmkuren und Impfungen** zu. Hier liegen nach der Rechtsprechung „Sowieso-Kosten" vor, da sie auch bei rechtmäßigem Verhalten des Verkäufers entstanden wären. Diese stellen zunächst **keinen ersatzfähigen Schaden** dar.

In der Literatur und sehr zurückhaltend auch in der Rechtsprechung werden Sowieso-Kosten jedoch zum Teil dann als ersatzfähiger Schaden anerkannt, wenn es sich um **frustrierte Aufwendungen** handelt.

Beispiel 27:

FRUSTRIERTE AUFWENDUNGEN

Im Pferdekaufvertrag wird ausdrücklich die Einsatzfähigkeit des Pferdes im Reit- und Turniersport vorgesehen, oder es ergibt sich diese zumindest aus dem Gesamtkontext des Kaufvertrages. Ein Mangel des Pferdes führt dazu, dass das Pferd für diesen Verwendungszweck vom Käufer nicht eingesetzt werden kann, sondern nur im Schritt geführt werden darf.
In diesem Fall kann der Käufer meines Erachtens zu Recht behaupten, dass etwa Kosten für Einstellgebühren „frustriert" sind: sie stellen deswegen einen Schaden dar, da sie vom Käufer unter Zugrundelegung des Kaufvertrages ja nur für den Zweck aufzuwenden gewesen wären, dass er das Pferd im Reit- und Turniersport einsetzen kann, dieser Zweck aber nicht erreicht werden konnte.

Das immer wieder angeführte Gegenargument besteht darin, dass die Verwendbarkeit eines Pferdes im Reitsport einen immateriellen Vorteil darstelle und daher die Nichtverwendbarkeit einen bloßen und grundsätzlich nicht ersatzfähigen „Gefühlsschaden" darstelle. Dem ist aber entgegenzuhalten, dass der konkrete Kaufvertrag heranzuziehen ist. Sieht dieser die Einsetzbarkeit des Pferdes im Reit- oder Turniersport vor und ist diese Einsetzbarkeit nicht gegeben, weil der Verkäufer schuldhaft ein mangelhaftes Pferd übergeben hat, dann müssen auch die dadurch entstandenen frustrierten Aufwendungen zu ersetzen sein.

In der Praxis wird der Käufer dieses Rechtsproblem gelegentlich dadurch umgehen können, dass er vorbringt, vom Verkäufer zumindest fahrlässig nicht über den Mangel aufgeklärt worden zu sein, und er bei gebotener Aufklärung das Pferd gar nicht gekauft hätte; bei pflichtgemäßer Aufklärung durch den Verkäufer wären daher die Einstellgebühren, Kosten für Wurmkuren oder Impfungen etc. gar nicht entstanden. Dringt der Käufer beweismäßig mit diesen Behauptungen durch, so liegen keine Sowieso-Kosten vor, sondern unmittelbar durch das pflichtwidrige Verhalten des Verkäufers verursachte und daher ersatzfähige Schäden.

FUSSNOTEN ZU KAPITEL B9

1 Maßgebliche Rechtsquelle ist die am 17. Juni 2008 vom Europäischen Parlament und Rat verabschiedete Verordnung (EG) Nummer 593/2008 über das auf vertragliche Schuldverhältnisse anzuwendende Recht, bezeichnet mit „Rom I". Diese Verordnung ist gem. Art. 28 auf alle nach dem 17.12.2009 geschlossenen internationalen Verträge anzuwenden. Mit Ausnahme Dänemarks gilt „Rom I" für alle Mitgliedstaaten der EU.

2 Bundesgesetzblatt I 2001/48.

3 BGH, Urt. v. 07.02.2007, Az. VIII ZR 266/06, NJW 2007, 1351 ff.

4 Bundesgesetzblatt 1972/472.

5 Welser, Bürgerliches Recht, Band II, 13. Auflage, S. 79, spricht sich dafür aus, dass die Beweislastumkehr bei Tierkrankheiten nicht anwendbar ist, sondern nur bei sonstigen Mängeln eines Tieres. Für die Anwendung der Beweislastumkehr bei Tierkrankheiten: Dobretsberger, Österreichisches Anwaltsblatt 2003, S. 539 ff.

6 GZ. 4 Ob 104/07 h.

7 Zuletzt OGH v. 22.03.2004, 1 Ob 23/04w.

KAPITEL 10

Besonderheiten des Pferdekaufs nach Schweizer Recht

VON LIC. JUR. BART KRENGER, AUS WINTERTHUR, SCHWEIZ

10.1 Überblick

Das Kaufrecht in der Schweiz unterscheidet sich maßgeblich vom deutschen Recht.

Wird ein Pferd in der Schweiz gekauft, findet i.d.R. das Schweizer Recht Anwendung, wenn die Vertragsparteien das anwendbare Recht nicht selbst bestimmt haben. Weil aber die Schweiz nicht zur Europäischen Gemeinschaft gehört, hat sie das Kaufrecht nicht an die europarechtlichen Richtlinien anpassen müssen. Gerade beim Pferdekauf zeigt sich der Unterschied der Rechtsordnungen sehr deutlich. In der Schweiz haben neben den Regelungen, die für jeden Kauf gelten, **spezielle Bestimmungen nur für den Viehhandel**, zu dem auch der Kauf eines Pferdes gehört, immer noch Gültigkeit.

Was in Deutschland im Bürgerlichen Gesetzbuch (BGB) geregelt ist, ist in der Schweiz in zwei Gesetzen zu finden, zum einen im **Zivilgesetzbuch (ZGB)**, zum andern im **Obligationenrecht (OR)**. Für den Pferdekauf werden im Folgenden drei vom deutschen Recht stark abweichende Besonderheiten vorgestellt.

10.2 Kein Eigentumsvorbehalt

Nicht anders als in Deutschland werden auch in der Schweiz Pferde immer öfter auf Kredit oder mit Ratenzahlung verkauft. Das Pferd wird dem Käufer übergeben, obwohl der Kaufpreis ganz oder teilweise noch nicht bezahlt ist. Der Verkäufer möchte sich in solchen Fällen gegen das Ausbleiben der Zahlung absichern.

> ### PRAXIS-TIPP
> FÜR VERKÄUFER
>
> *Der Verkäufer sollte den Käufer sorgfältig überprüfen, sofern dieser nicht sofort den vollen Kaufpreis bezahlt.*

In Deutschland erhält der Verkäufer diese – wenn auch nicht absolute – Sicherung durch die Aufnahme eines Eigentumsvorbehaltes in den Vertrag. Es wird vereinbart, dass der Verkäufer bis zur vollständigen Bezahlung des Kaufpreises Eigentümer des verkauften Pferdes bleibt; i.d.R. behält der Verkäufer auch die Abstammungspapiere zurück. Bleibt die Bezahlung aus, kann der Verkäufer auf das Pferd zurück greifen.

Diese Ausgestaltung des Vertrages ist in der Schweiz nicht zulässig:. Die gesetzliche Vorschrift zum Eigentumsvorbehalt findet sich in Artikel 715 ZGB. **Wichtig** im Zusammenhang mit dem Pferdekauf ist **Artikel 715 Absatz, Abs. 2 ZGB**: *„Beim Viehhandel ist jeder Eigentumsvorbehalt ausgeschossen."*

In der Schweiz gibt es keinen Eigentumsvorbehalt im Viehhandel.

Damit steht dem Verkäufer, wenn schweizerisches Recht anwendbar ist, das wirksamste Instrument zur Absicherung seiner Kaufpreisforderung nicht zur Verfügung.

10.3 Die Rechte des Käufers bei einem Mangel des Pferdes

I. Zum Gewährleistungsanspruch allgemein

Nach der für alle Käufe gültigen Regelung des Schweizer Rechts haftet der Verkäufer einer Sache zum einen für das Vorhandensein von zugesicherten Eigenschaften und zum anderen dafür, dass die Sache weder körperliche noch rechtliche Mängel hat, die ihren Wert oder ihre Tauglichkeit zum vertraglich vorausgesetzten Gebrauch aufheben oder erheblich mindern (Artikel 197 OR). Beim Verkäufer besteht also eine Gewährleistungsverpflichtung und beim Käufer ein Gewährleistungsanspruch, wenn die verkaufte Sache einen Mangel nach dieser Definition aufweist. Mit anderen Worten: Dder Käufer hat grundsätzlich einen Garantieanspruch.

Allerdings haftet der Verkäufer nicht für **Mängel, die der Käufer kannte**. Für Mängel, die der Käufer bei Anwendung gewöhnlicher Aufmerksamkeit hätte kennen sollen, haftet der Verkäufer nur dann, wenn er deren Nichtvorhandensein zugesichert hat (Artikel 200 OR). Auch diese Regel gilt für alle Arten des Kaufes, also auch den für den Pferdekauf. Sie gibt dem Käufer die Aufgabe, **das zu kaufende Pferd genau zu prüfen und auszuprobieren**. Der Verkäufer ist grundsätzlich nicht verpflichtet, auf Mängel hinzuweisen. Auf Fragen des Käufers nach Eigenschaften und nach der Gesundheit des Pferdes, muss er aber wahrheitsgetreu Auskunft geben.

II. Der Gewährleistungsanspruch beim Pferdekauf

Beim Viehhandel, der Pferdekauf gehört dazu, gibt es allerdings eine massive Einschränkung: Beim Kauf eines Pferdes besteht eine **Gewährleistungspflicht des Verkäufers nur, wenn er diese schriftlich zugesichert hat**. Schriftlich bedeutet, dass der Verkäufer seine Zusicherung **eigenhändig unterschreiben** muss. Eine Gewährleistungspflicht besteht nur im Rahmen der schriftlichen Zusicherung, sie kann abgegeben werden für speziell zugesicherte Eigenschaften oder für die Gesundheit des Pferdes. Fehlt eine schriftliche Gewährleistungszusicherung, haftet der Verkäufer für Mängel des Pferdes nur, wenn er den Käufer absichtlich täuscht (Artikel 198 OR).

Beim Kauf eines Pferdes haftet der Verkäufer nur, wenn er die Gewährleistung schriftlich (= eigenhändig unterschrieben) zugesichert hat.

Für eine umfassende Zusicherung genügt nach herrschender Meinung die traditionelle Formel

„Gesund und Recht",

die der Verkäufer z.B. auf der Quittung für die Kaufpreiszahlung anbringt. „Recht" bedeutet in diesem Zusammenhang, dass ein Pferd für den vorgesehenen Gebrauchszweck grundsätzlich tauglich ist.

Wie erwähnt, kann eine **absichtliche Täuschung des Käufers durch den Verkäufer** die Grundlage eines Gewährleistungsanspruches darstellen. Diese ist allerdings **schwer nachzuweisen**. Der Beweis, dass das Pferd den nach dem Kauf entdeckten Mangel bereits zur Zeit des Verkaufsabschlusses aufgewiesen hat, genügt nicht. Weil die Täuschung eine absichtliche sein muss, kommen weitere Voraussetzungen hinzu: Der Käufer muss beweisen,

Ansonsten besteht eine Haftung nur bei arglistigem Verhalten des Verkäufers, das jedoch nur schwer nachzuweisen ist.

- dass der Verkäufer den Mangel des Pferdes kannte und
- dass er den Käufer falsch informiert hat oder dass er den Mangel verschwieg, obwohl der Käufer nach gesundheitlichen Mängeln fragte und eine wahrheitsgemäße Auskunft hätte erhalten müssen.

Gibt der Verkäufer keine schriftliche Zusicherung ab und wurde der Käufer nicht getäuscht, besteht keine Gewährleistungsverpflichtung des Verkäufers. Mit anderen Worten: **Ohne schriftliche Zusicherung der Gesundheit hat der Käufer i.d.R. keinen Anspruch!**

III. Die Durchsetzung des Anspruchs

In krassem Unterschied zu den langen Fristen des deutschen Rechts muss der Gewährleistungsanspruch nach Schweizer Recht innerhalb der sehr kurzen **Frist von nur neun Tagen**, gerechnet **ab Übergabe des Pferdes**, geltend gemacht werden.

Besteht eine Gewährleistung des Verkäufers, muss der Käufer den Anspruch binnen neun Tagen geltend machen.

Es sind dazu zwei Maßnahmen notwendig:

- Zum einen muss der **Mangel dem Verkäufer angezeigt** und
- zum andern muss bei der zuständigen Behörde die **Untersuchung des Pferdes durch einen Sachverständigen** verlangt werden. Zuständig ist i.d.R. der Gerichtspräsident des Ortes, an welchem das Pferd steht (Art. 202 OR).

Die Frist von neun Tagen ist eingehalten, wenn die Anzeige des Mangels und das Begehren um amtliche Untersuchung des Pferdes **spätestens am neunten Tag der Post übergeben** werden. Der **Mangel ist konkret zu bezeichnen**; es empfiehlt sich, der Mängelanzeige eine Kopie des Untersuchungsbefundes des Tierarztes beizulegen. Das Zeugnis des Tierarztes ersetzt aber nicht die amtliche Untersuchung bzw. den entsprechenden Antrag an den zuständigen Richter.

10.4 Vertragliche Gestaltungsmöglichkeiten

Die geschilderte strenge gesetzliche Regelung kann durch **abweichende vertragliche Vereinbarungen** ersetzt werden. Zum Beispiel kann im Kaufvertrag festgelegt werden, **dass das Zeugnis eines Tierarztes zur Geltendmachung der Garantieansprüche genügt**, es kann auch eine **längere Garantiefrist** als die gesetzlichen neun Tage vereinbart werden oder dergleichen mehr. Ein Teil der Rechtslehre betrachtet Art. 198 OR als zwingende Gesetzesvorschrift, was bedeutet, dass auch der Vertrag zur Vereinbarung einer vom Gesetz abweichenden Regelung der Gewährleistung in **schriftlicher Form** abgeschlossen werden muss. Ohnehin muss die vom Gesetz abweichende Regelung der Gewährungsansprüche im Streitfall bewiesen werden können. Damit dieser Beweis gelingen kann, sollte jeder Vertrag schriftlich abgeschlossen werden.

Abweichende vertragliche Vereinbarungen zugunsten des Käufers sind möglich und schriftlich festzuhalten.

Auch in der Schweiz gibt es das Institut des **Kaufes auf Probe** (Art. 223–225 OR). Es gelten die gleichen Grundsätze, wie sie in Deutschland nach dem BGB anzuwenden sind. Zu beachten ist, dass während der Probezeit der **Käufer noch nicht Eigentümer des Pferdes** ist, so dass er nicht ohne weiteres ohne Einwilligung des Verkäufers über das Pferd frei verfügen kann. Der Käufer kann während der Probezeit eine Kaufuntersuchung durchführen lassen. Wenn aber Blutentnahmen und eventuell Beruhigungsspritzen oder Narkosen z.B. zur Anfertigung von Röntgenbildern oder Kehlkopfspiegelung notwendig sind, muss er die ausdrückliche Zustimmung des Verkäufers zu solchen Eingriffen einholen. **Es empfiehlt sich deshalb, auch den Vertrag zum Kauf auf Probe schriftlich abzuschließen und diese Genehmigungen darin aufzunehmen.**

10.5 Exkurs zur tierärztlichen Kaufuntersuchung

Genauso wie in Deutschland ist es auch in der Schweiz empfehlenswert, das Pferd vor dem Kauf von einem beauftragten Tierarzt untersuchen zu lassen. Diese Untersuchung nützt aber nur etwas, wenn der Käufer noch die Gelegenheit hat, eventuell aufgedeckte Mängel des Pferdes beim Verkäufer geltend zu machen. Soll der Kauf mündlich abgeschlossen werden und Zug um Zug erfolgen – hier Pferd, da Geld – muss die **Untersuchung vor dem Kauf** durchgeführt werden. Gibt der Verkäufer eine schriftliche Gesundheitszusicherung, muss die Untersuchung innerhalb der Gewährsfrist von neun Tagen erfolgen und noch verwertet werden können.

Die Durchführung einer Kaufuntersuchung ist empfehlenswert.

10.6 Übergang von Nutzen und Gefahr

Eine weitere Spezialität des Schweizer Rechts ist die Regelung des Überganges von

„Nutzen und Gefahr"

der Kaufsache vom Verkäufer auf den Käufer. Mit diesem Übergang trägt der Käufer das Risiko z.B. einer Erkrankung, eines Unfalles oder des Todes des Pferdes. Das BGB lässt die Gefahr des zufälligen Untergangs und der zufälligen Verschlechterung der Sache mit deren Übergabe an den Käufer übergehen (§ 446 BGB). **Das Schweizer Gesetz lässt diesen Übergang zusammenfallen mit dem Zeitpunkt des Abschlusses des Vertrages** (Art. 185 OR). Diese Regelung ist für den Käufer von Nachteil, wenn das Pferd bis zur Übergabe noch eine gewisse Zeit beim Verkäufer verbleibt. Benachteiligt ist der Verkäufer, wenn das Pferd auf Probe verkauft wird, weil erst die Genehmigung des Kaufvertrages durch den Käufer diesen Vertrag definitiv zum Abschluss bringt. **Nach der gesetzlichen Regelung liegt das Risiko während der Probezeit also noch beim Verkäufer.**

Der Übergang von „Nutzen und Gefahr" sollte bei Bedarf vertraglich festgelegt werden.

Die Gesetzesvorschrift ist nicht zwingend; es empfiehlt sich daher, den Zeitpunkt des Überganges von *„Nutzen und Gefahr"* mit einer vertraglichen Regelung auf den Zeitpunkt der Übergabe des Pferdes zu legen.

1. Tierärztliches Kaufuntersuchungsprotokoll

A. Allgemeine Vertragsbedingungen

1. Der Auftraggeber erteilt dem Tierarzt den Auftrag zur Untersuchung eines Pferdes. Über den Umfang der Untersuchung, der durch das nachfolgende Protokoll wiedergegeben wird, sollte sich der Auftraggeber mit dem Tierarzt abstimmen. Soweit zwischen den Vertragsparteien nicht ausdrücklich etwas anderes vereinbart wird, erstreckt sich der Untersuchungsauftrag auf die Abschnitte I bis IV des Protokolls. Ziel dieser Untersuchung ist nicht die Diagnose oder Therapie einer Krankheit.

   Die Allgemeinen Vertragsbedingungen enthalten den Untersuchungsauftrag und sind vor Beginn der Untersuchung von beiden Vertragsparteien zu unterschreiben. Kann der Auftraggeber bei der Untersuchung selbst nicht anwesend sein, hat er eine Person zu bevollmächtigen, die für ihn die Vertragsbedingungen genehmigt und unterschreibt oder der Untersuchungsauftrag ist vom Auftraggeber im Voraus zu unterzeichnen. Der Tierarzt erstellt während der Untersuchung ein vorläufiges und nach vollständiger Erledigung des Untersuchungsauftrages ein endgültiges Protokoll in Reinschrift. Auftraggeber oder sein Vertreter sind verpflichtet, die Protokolle zu unterzeichnen. Auf Wunsch erhält der Auftraggeber eine Abschrift des endgültigen Protokolls.

2. Diese Untersuchung dient der Erhebung tiermedizinischer Befunde und nicht der Feststellung von Mängeln im juristischen Sinne.

   Die Befunderhebung und Bewertung stellt eine medizinische Momentaufnahme für den Zeitpunkt der Untersuchung dar. Dazu sind Informationen zur Vorgeschichte des Pferdes unbedingt notwendig, die als *Erklärungen des Tierhalters* Gegenstand des Protokolls sind. Angaben über die Entwicklung von Befunden können nicht gemacht werden.

   Über umgebungsabhängige und saisonale Erkrankungen (z.B. chron. Bronchitis, Sommerekzem, Allergien) kann im Rahmen dieser Untersuchung keine endgültige Aussage getroffen werden. Dies gilt auch für spezielle Erkrankungen der oberen Atemwege, die nur unter starker Belastung auftreten. Eine Untersuchung auf Verhaltensbesonderheiten wie z.B. Koppen, Kopfschütteln und Weben sowie auf Befunde, die nur während der Nutzung (Reiten, Fahren etc.) auftreten, ist im Auftrag nicht enthalten.

3. Für den Ort der Untersuchung gelten folgende Empfehlungen:
   Ruhige und störungsfreie Umgebung, gut beleuchteter Untersuchungsplatz, weitgehend abdunkelbarer Raum für die Augenuntersuchung, gleichmäßig ebene und harte Vorführbahn von mindestens 30 m Länge, gleichmäßiger Zirkel mit rutschfestem Boden und 10–15 m Durchmesser, Longierplatz oder Reitbahn mit weichem Boden.
   (s. Punkt C Untersuchungsprotokoll)

4. Dieser Auftrag umfasst die in den Abschnitten I–IV des Protokolls verzeichneten Untersuchungen. Dies entspricht dem eingeführten Untersuchungsstandard. Weitere und/oder zusätzliche Untersuchungen sind möglich. Damit können evtl. unklare und/oder über die standardmäßig erfassbaren hinausgehende Befunde erhoben werden. Dies ist mit Mehraufwand verbunden und der Auftraggeber entscheidet im Einzelfall, ob und durch welche Untersuchungen er den Auftrag ergänzen möchte. Dazu kann er den Tierarzt um Rat fragen.
   Eine Untersuchung auf (unerwünschte) Trächtigkeit von Stuten, die als Reitpferd untersucht werden, ist im Auftrag nicht enthalten.

5. Diese Untersuchung ist nicht Bestandteil einer Heilbehandlung; erforderliche Maßnahmen beinhalten u. U. Risiken für das Pferd (z.B. Verletzung oder Risiken bei Sedierung, Pupillenweitstellung, Blutentnahme, Abnahme der Hufeisen). Werden bei der Untersuchung Medikamente verwendet, muss der Auftraggeber Karenz- und Wartezeiten beachten.

6. Eine vollständige Untersuchung der Hufe kann nur nach Entfernung der Hufeisen vorgenommen werden.

   ☐ Der Auftraggeber verzichtet in Kenntnis der einschränkenden Aussagefähigkeit auf das Entfernen der Hufeisen.

7. Die Interpretation der erhobenen Befunde erfolgt nach bestem Wissen des Tierarztes und gibt seine persönliche Meinung wieder. Aussagen zur künftigen Entwicklung einzelner Befunde, des Gesundheitszustandes, der Einsatzfähigkeit und der Verwendbarkeit des Pferdes sind nicht möglich.

   Nach Erhebung eines schwerwiegenden Befundes wird die Kaufuntersuchung im Regelfall durch den Tierarzt abgebrochen. Der Auftraggeber kann entscheiden, den Tierarzt außerhalb dieses Untersuchungsvertrages zur weiteren Abklärung mit der Durchführung spezieller diagnostischer Schritte zu beauftragen oder gegebenenfalls eine neue Untersuchung zu einem späteren Zeitpunkt in Auftrag zu geben.

Vertrags-Nr.   152545   © Hippiatrika Verlag Stuttgart. 10. Auflage 2009. Nachdruck oder Vervielfältigung nicht erlaubt.   1

Der Vertrag (auch in englischer Sprache erhältlich) ist im Original einzeln nummeriert und ausschließlich von Tierärzten beim Hippiatrika Verlag GmbH, Postfach 080539, 10005 Berlin, Schumannstraße 10, 10117 Berlin, Fax (030) 28 04 04 52, E-Mail: hdlauk@pferdeheilkunde.de zu beziehen.

8. Der Untersuchungsauftrag erstreckt sich neben der klinischen Untersuchung (I bis IV) auf die

   ❏ Endoskopie der Atemwege
   ❏ Röntgenuntersuchung (Standardumfang gemäß Pkt. 10 und B V. a) 1.) dieses Protokolls)
   ❏ folgenden erweiterten und/oder zusätzlichen Röntgenuntersuchungen:

   _____

   _____

   ❏ Medikationsprobe (gemäß Punkt 9 dieses Vertrages und Seite 3 des Protokolls)
   ❏ weitere und/oder zusätzliche Untersuchungen:

   _____

   _____

   ❏ Einschränkung / Erweiterung des Untersuchungsauftrages:

   _____

   _____

   _____   _____
   Unterschrift Tierarzt   Unterschrift Auftraggeber

9. Die Befunderhebung kann nur zu einem richtigen Ergebnis führen, wenn das Pferd nicht unter Einwirkung von Medikamenten steht. Es wird deshalb empfohlen, eine Probenentnahme zum labormedizinischen Nachweis einer möglichen Medikation in Auftrag zu geben. Der Auftraggeber entscheidet über die Art und Weise der Probenentnahme und -untersuchung und sollte sich hierüber beim Tierarzt informieren.

10. Die Röntgenuntersuchung umfasst im Rahmen dieser Untersuchungen standardmäßig 10, empfohlen 12 Aufnahmen und ist im Abschnitt V des Protokolls beschrieben. Es handelt sich um Übersichtsprojektionen, die im Bereich von Strahlbein und Fesselgelenk nur eingeschränkte Aussagekraft haben. Weitere und/oder zusätzliche Röntgenaufnahmen erlauben eine eingehendere Beurteilung. Auch dazu gilt, dass Aussagen über die mögliche Entwicklung und die zukünftige Bedeutung von Röntgenbefunden nicht gemacht werden können. Für die Anfertigung der Röntgenaufnahmen der Vordergliedmaßen wird die Abnahme der Hufeisen empfohlen.

    Die Röntgenbefunderhebung stellt eine ergänzende Untersuchung dar. Ihr Ergebnis sollte bei der Endbeurteilung des Pferdes im Zusammenhang mit dem Ergebnis der klinischen Untersuchung gesehen werden.

    Die erstellten Röntgenaufnahmen sind Eigentum des Tierarztes und unterliegen dem Urheberrechtsschutz. Zur Herausgabe ist er nicht verpflichtet, soweit nicht ausdrücklich etwas anderes vereinbart worden ist.

11. Der Tierarzt verpflichtet sich, über die im Zusammenhang mit der Untersuchung gewonnenen Erkenntnisse gegenüber Dritten Stillschweigen zu bewahren. Falls der Auftraggeber es ausdrücklich gestattet, ist er berechtigt, gegenüber Dritten (z.B. Eigentümer, Trainer, Reiter, Vermittler/Agent, Käufer und/oder Verkäufer des Pferdes) Auskünfte zu erteilen. Ansonsten dient das Protokoll ausschließlich der Unterrichtung des Auftraggebers und ggf. weiterer im Untersuchungsprotokoll namentlich aufgeführter Personen. Die Abgabe des Protokolls und der Bilddokumente an weitere Personen ist nur mit Zustimmung des Tierarztes gestattet. Insoweit erfolgt vorsorglich der Hinweis, dass auch das Protokoll dem Urheberrecht des Tierarztes unterliegt und das Nutzungsrecht allein beim Tierarzt verbleibt. Eine Nutzung ohne Zustimmung des Tierarztes löst Schadenersatzansprüche aus.

12. Zweckbestimmung der Untersuchung ist
    ❏ ausschließlich die Information des Auftraggebers über die im Rahmen der Untersuchung erhobenen und nur für diesen Zeitpunkt beschriebenen Befunde.
    ❏ die Information der im Protokoll als Auftraggeber und Dritte konkret bezeichneten Personen über die im Rahmen der Untersuchung erhobenen und nur für diesen Zeitpunkt beschriebenen Befunde. Eine Weitergabe des Protokolls an ungenannte Dritte ist ohne vorherige Zustimmung des Tierarztes **nicht** gestattet.

Der Vertrag (auch in englischer Sprache erhältlich) ist im Original einzeln nummeriert und ausschließlich von Tierärzten beim Hippiatrika Verlag GmbH, Postfach 080539, 10005 Berlin, Schumannstraße 10, 10117 Berlin, Fax (030) 28 04 04 52, E-Mail: hdlauk@pferdeheilkunde.de zu beziehen.

13. Die Haftung des Tierarztes und/oder seines Erfüllungsgehilfen besteht nur gegenüber dem Auftraggeber sowie ggf. im Vertrag namentlich genannten Dritten und ist auf grob fahrlässige oder vorsätzliche Pflichtverletzungen des Tierarztes und/oder eines Erfüllungsgehilfen beschränkt. Dies gilt nicht für Personenschäden und die Verletzung von etwaigen wesentlichen Pflichten des Untersuchungsvertrages.

14. Der Tierarzt weist den Auftraggeber hiermit darauf hin, dass er die Untersuchung von Pferden mit einem Wert von

    mehr als .... € ablehnt.

    Der Auftraggeber erklärt, dass das zu untersuchende Pferd einen Wert/Kaufpreis von .... € hat.

    _____

    (Die Vertragsparteien können eine Haftungssummenbegrenzung aushandeln und vorstehend dokumentieren, sofern der erklärte Wert des Pferdes über der vom Tierarzt angegebenen Haftungsgrenze liegt.)

15. Ansprüche des Auftraggebers oder eines in den Schutzbereich des Untersuchungsvertrages einbezogenen, im Protokoll verzeichneten Dritten verjähren ein Jahr nach Schluss des Jahres, in dem der Anspruch entstanden ist und der Anspruchsteller Kenntnis von den anspruchsbegründenden Umständen und der Person des Anspruchsgegners erlangt hat oder ohne grobe Fahrlässigkeit hätte erlangen müssen, spätestens nach Ablauf von 5 Jahren. Die Verjährungserleichterung gilt nicht für Schäden aus Pflichtverletzungen, die der Tierarzt und/oder sein Erfüllungsgehilfe grob fahrlässig oder vorsätzlich verursacht haben, ebenso wenig für Personenschäden und Verletzungen von etwaigen wesentlichen Pflichten des Untersuchungsvertrages.

16. Die Vergütung des Tierarztes für die klinische Untersuchung (Abschnitt I bis IV des Protokolls) wird von den Parteien nachstehend ausgehandelt und soll sich an dem genannten Preis / Wert des Pferdes sowie dem Untersuchungsaufwand orientieren:

    _____ € + _____ % des Wertes/Kaufpreises = _____ € zzgl. MwSt.
    Grundgebühr   Untersuchungsgebühr

    Der Tierarzt weist den Auftraggeber darauf hin, dass die vorstehende Vergütung von den gesetzlichen Gebühren der GOT abweichen kann. Die GOT kennt die Tatbestände dieser Untersuchung nicht, sondern weist für einige Untersuchungsschritte, die hier vereinbart sind, Einzelvergütungen aus.

    Soweit weitere und/oder zusätzliche Untersuchungen (Abschnitt V des Protokolls) in Auftrag gegeben worden sind, richtet sich die Vergütung des Tierarztes nach der jeweils gültigen Gebührenordnung für Tierärzte (GOT).

17. Zusätzliche Vereinbarungen:

    _____

    _____

    _____

    _____

18. Sollte eine Bestimmung dieses Vertrages ganz oder teilweise unwirksam sein, bleibt der Vertrag im Übrigen wirksam.

_____   _____
(Ort)   (Datum)

_____   _____
(Auftraggeber)   (Tierarzt)

Vertrags-Nr. **152545**   © Hippiatrika Verlag Stuttgart. 10. Auflage 2009. Nachdruck oder Vervielfältigung nicht erlaubt.   3

Der Vertrag (auch in englischer Sprache erhältlich) ist im Original einzeln nummeriert und ausschließlich von Tierärzten beim Hippiatrika Verlag GmbH, Postfach 080539, 10005 Berlin, Schumannstraße 10, 10117 Berlin, Fax (030) 28 04 04 52, E-Mail: hdlauk@pferdeheilkunde.de zu beziehen.

B. Untersuchungsprotokoll

Auftraggeber

Name

Straße

Ort

Telefon

Telefax

E-Mail

Tierarzt

Name

Straße

Ort

Telefon

Telefax

E-Mail

Dritter gemäß Ziff. 11 AGB

❏ Käufer   ❏ Verkäufer

Name

Straße

Ort

Telefon

Telefax

E-Mail

Ort und Tag der Untersuchung

Anwesende Personen

Wurde das Pferd probegeritten?

❏ ja   ❏ nein   Auffälligkeiten _____

FEI-/Equiden-Pass liegt vor ❏   liegt nicht vor ❏   Lebensnummer: |__|__|__|__|__|__|__|__|__|__|__|

Transponder _____   nicht geprüft ❏   nicht gefunden ❏

Lebensmitteltier ❏   Nicht-Lebensmitteltier ❏   Anhang nicht vorhanden ❏   Anhang nicht ausgefüllt ❏

Signalement

❏ entsprechend FEI/Equidenpass

Name: _____   Rasse: _____

Geschlecht: _____   Farbe: _____

Zahnalter, ca.: _____   Brand: _____

Abzeichen, Kennzeichen: _____

o. b. B. = ohne besonderen Befund

I. Allgemeinuntersuchung

Pflegezustand   ❏ o. b. B. _____

Ernährungszustand   ❏ o. b. B. _____

Haut und Haarkleid   ❏ o. b. B. _____

auffällige Narben   ❏ nein   ❏ ja _____

Hauttumoren   ❏ nein   ❏ ja _____

Vertrags-Nr. **152545**   © Hippiatrika Verlag Stuttgart. 10. Auflage 2009. Nachdruck oder Vervielfältigung nicht erlaubt.   4

Der Vertrag (auch in englischer Sprache erhältlich) ist im Original einzeln nummeriert und ausschließlich von Tierärzten beim Hippiatrika Verlag GmbH, Postfach 080539, 10005 Berlin, Schumannstraße 10, 10117 Berlin, Fax (030) 28 04 04 52, E-Mail: hdlauk@pferdeheilkunde.de zu beziehen.

Körperinnentemperatur [   ] °C _____

Puls   Qualität   ❏ o. b. B. _____

        Ruhefrequenz   [   ] /min. _____

Atmung   ❏ o. b. B.   ❏ erschwerte Einatmung _____

        Ruhefrequenz   [   ] /min.

                                             ❏ erschwerte Ausatmung _____

Adspektion des Kopfes   ❏ o. b. B. _____

Konjunktiven   ❏ o. b. B. _____

Mandibularlymphknoten   ❏ o. b. B. _____

Jugularvenen   ❏ o. b. B. _____

Nasenausfluss   ❏ nein   ❏ ja _____

Spontaner Husten   ❏ nein   ❏ ja _____

II. Untersuchung in der Ruhe

Nervensystem   ❏ o. b. B. _____
Anzeichen für Nervenlähmungen   _____
und Erkrankungen   _____
des Zentralnervensystems

Augen

Vorderer Abschnitt mit Lidern,   ❏ o. b. B. _____
Konjunktiven, Cornea, vorderer   _____
Augenkammer, Iris und Adnexa

Hinterer Abschnitt mit Linse,   ❏ o. b. B. _____
Glaskörper und Augenhintergrund   _____

                              ❏ Mydriasis   ja ❏   nein ❏   (Lebensmittelstatus beachten)

Verhalten   ❏ o. b. B. _____

Atmungssystem

auslösbarer Husten   ❏ o. b. B. _____

Trachealauskultation   ❏ o. b. B. _____

Lungenauskultation   ❏ o. b. B. _____

nach Atemstimulierung   ❏ o. b. B. _____

(CO$_2$-Rückatmung, Nüsternverschluss
oder medikamentös)

Herz   ❏ o. b. B. _____

Maulhöhle und Gebiss   ❏ o. b. B. _____
Adspektion

Äuß. Geschlechtsorgane   ❏ o. b. B. _____
Adspektion und Palpation

Kot Beschaffenheit   ❏ o. b. B. _____

Medikationsprobe ❏ Harn ❏ Blut ❏ sofortige Unterschuchung   ❏ keine Untersuchung   ❏ andere Handhabung

Vertrags-Nr. **152545**   © Hippiatrika Verlag Stuttgart. 10. Auflage 2009. Nachdruck oder Vervielfältigung nicht erlaubt.   5

Der Vertrag (auch in englischer Sprache erhältlich) ist im Original einzeln nummeriert und ausschließlich von Tierärzten beim Hippiatrika Verlag GmbH, Postfach 080539, 10005 Berlin, Schumannstraße 10, 10117 Berlin, Fax (030) 28 04 04 52, E-Mail: hdlauk@pferdeheilkunde.de zu beziehen.

III. Untersuchung des Bewegungsapparates

Adspektion und Palpation von Hals, Rücken, ☐ o. b. B. _____
Kruppe, Brust und Bauchregion _____

Adspektion und Palpation der Gliedmaßen

vo. li.: _____
_____

vo. re.: _____
_____

hi. li.: _____
_____

hi. re.: _____
_____

Beschlag   ☐ o. b. B. _____

Beurteilung im Schritt und Trab an der Hand – auf der Geraden – auf hartem Boden

☐ o. b. B.
_____
_____

Provokationsproben

Wendeschmerz   ☐ nein   ☐ ja

Beugeproben der Gliedmaßen (Übersicht, 1 Min, +, ++, +++)

vo. li.: ☐ neg. ☐ pos. _____   hi. li.: ☐ neg. ☐ pos. _____
vo. re.: ☐ neg. ☐ pos. _____   hi. re.: ☐ neg. ☐ pos. _____

Beugeschmerz/Beugehemmung
Zusätzliche Untersuchung _____

IV. Untersuchung von Herz, Atmungssystem und Bewegungsapparat während/nach Belastung

(Bewegung bis zum Eintritt intensiver Atmung) ☐ longiert ☐ (nicht ausgebunden)   ☐ geritten   ☐ freilaufend

Bewegungsstörungen   ☐ nein   ☐ ja   _____

abnormes Atemgeräusch   ☐ nein   ☐ inspiratorisch   ☐ exspiratorisch

Atembeschwerde   ☐ nein   ☐ ja   _____

Husten, Nasenausfluss   ☐ nein   ☐ ja   _____
_____

Auskultation   Herz   ☐ o. b. B. _____
_____

                 Lunge   ☐ o. b. B. _____
_____

Puls und Atemfrequenz vor und nach Belastung

	Ruhefrequenz	sofort n. d. Belastung	nach ____ Minuten	nach ____ Minuten
Puls				
Atmung				

Eintritt intensiver Atmung nach ____ Min. Trab und/oder ____ Min. Galopp

Vertrags-Nr. **152545**   6

Der Vertrag (auch in englischer Sprache erhältlich) ist im Original einzeln nummeriert und ausschließlich von Tierärzten beim Hippiatrika Verlag GmbH, Postfach 080539, 10005 Berlin, Schumannstraße 10, 10117 Berlin, Fax (030) 28 04 04 52, E-Mail: hdlauk@pferdeheilkunde.de zu beziehen.

V. Weitere und/oder zusätzliche Untersuchungen

a) Röntgenuntersuchung   Befundbeschreibung (gemäß RölF ☐ ja   ☐ nein)

1.) Standard

Zehe
(Oxspringaufnahme)

vo. li.: ☐ o. b. B. _____

_____

_____

vo. re.: ☐ o. b. B. _____

_____

_____

Zehe
(90°, Übersicht)

vo. li.: ☐ o. b. B. _____

_____

_____

vo. re.: ☐ o. b. B. _____

_____

_____

hi. li.: ☐ o. b. B. _____

_____

_____

hi. re.: ☐ o. b. B. _____

_____

_____

Tarsus
(2 Ebenen:
45°–70°, 90°–135°)

li.:
(45°–70°) ☐ o. b. B. _____

_____

_____

li.:
(90°–135°) ☐ o. b. B. _____

_____

_____

re.:
(45°–70°) ☐ o. b. B. _____

_____

_____

re.:
(90°–135°) ☐ o. b. B. _____

_____

_____

Tarsus
(3. Ebene, 0°)
empfohlen

li.: ☐ o. b. B. _____

re.: ☐ o. b. B. _____

Vertrags-Nr. **152545**   © Hippiatrika Verlag Stuttgart. 10. Auflage 2009. Nachdruck oder Vervielfältigung nicht erlaubt.   7

Der Vertrag (auch in englischer Sprache erhältlich) ist im Original einzeln nummeriert und ausschließlich von Tierärzten beim Hippiatrika Verlag GmbH, Postfach 080539, 10005 Berlin, Schumannstraße 10, 10117 Berlin, Fax (030) 28 04 04 52, E-Mail: hdlauk@pferdeheilkunde.de zu beziehen.

2.) erweiterte Röntgenuntersuchung

Knie	li.: (90°–115°)	☐ o. b. B. _____
(2 Ebenen: 90°–115°, 0°/180°)		
	li.: (0°/180°)	☐ o. b. B. _____
	re.: (90°–115°)	☐ o. b. B. _____
	re.: (0°/180°)	☐ o. b. B. _____

Dornfortsätze (BWS/LWS):   ☐ o. b. B. _____
(90° bzw. 270°)

Zahl der Aufnahmen: ☐ _____

3.) zusätzliche Röntgenaufnahmen (spezielle, ergänzende und Kontrollröntgenaufnahmen)

Strahlbein	vo. li. (90°):	☐ o. b. B. _____
(90° und tang.)	vo. li. (tang.):	☐ o. b. B. _____
	vo. re. (90°):	☐ o. b. B. _____
	vo. re. (tang.):	☐ o. b. B. _____

Hufgelenk	vo. li. (45°):	☐ o. b. B. _____
(auf dem Oxspring- klotz gehalten, 45° und 315°)	vo. li. (315°):	☐ o. b. B. _____
	vo. re. (45°):	☐ o. b. B. _____
	vo. re. (315°):	☐ o. b. B. _____

Fesselgelenk	vo. li. (0°):	☐ o. b. B. _____
(4 Ebenen, 0°, 45°, 90°, 315°)	vo. li. (45°):	☐ o. b. B. _____
	vo. li. (90°):	☐ o. b. B. _____
	vo. li. (315°):	☐ o. b. B. _____
	vo. re. (0°):	☐ o. b. B. _____
	vo. re. (45°):	☐ o. b. B. _____
	vo. re. (90°):	☐ o. b. B. _____
	vo. re. (315°):	☐ o. b. B. _____

4.) Sonstige _____
_____
_____
_____

Vertrags-Nr. **152545**   © Hippiatrika Verlag Stuttgart. 10. Auflage 2009. Nachdruck oder Vervielfältigung nicht erlaubt.   8

Der Vertrag (auch in englischer Sprache erhältlich) ist im Original einzeln nummeriert und ausschließlich von Tierärzten beim Hippiatrika Verlag GmbH, Postfach 080539, 10005 Berlin, Schumannstraße 10, 10117 Berlin, Fax (030) 28 04 04 52, E-Mail: hdlauk@pferdeheilkunde.de zu beziehen.

b.) Endoskopie der Atemwege – Befunddokumentation

Sedierung   ja ☐   nein ☐

Medikament/Dosis   _____

Nasengänge, rechts o. b. B. ☐   _____
incl. Siebbein-Zugang   _____

links   o. b. B. ☐   _____

Luftsäcke   rechts o.b.B. ☐   nicht untersucht ☐   _____

links o.b.B ☐   nicht untersucht ☐   _____

Pharynx   o. b. B. ☐   _____
und Luftsackklappen   _____

Epiglottis   o. b. B. ☐   _____

Larynx   o. b. B. ☐   Symmetrie ☐ _____

Synchronität ☐ _____

Hinweise auf OP-Narben   nein ☐   ja ☐ _____

sonstige Befunde   _____
_____
_____

Trachea   nicht untersucht ☐   o. b. B. ☐ _____

Schleimmenge: + ++ +++   Viskosität: + ++ +++   Blut: + ++ +++

Carina   o. b. B. ☐   verdickt ☐

sonstige Befunde   _____
_____
_____
_____

Vertrags-Nr. 152545   © Hippiatrika Verlag Stuttgart. 10. Auflage 2009. Nachdruck oder Vervielfältigung nicht erlaubt.   9

Der Vertrag (auch in englischer Sprache erhältlich) ist im Original einzeln nummeriert und ausschließlich von Tierärzten beim Hippiatrika Verlag GmbH, Postfach 080539, 10005 Berlin, Schumannstraße 10, 10117 Berlin, Fax (030) 28 04 04 52, E-Mail: hdlauk@pferdeheilkunde.de zu beziehen.

c.) Weitere/sonstige Untersuchungen (z.B. transrektale, vaginale, Labor)

_____ ❑ o. b. B. _____

_____

_____

_____ ❑ o. b. B. _____

_____

_____

C. Zusammenfassung

❑ Bei der heutigen Untersuchung wurden keine Befunde erhoben, die derzeit von klinischer Relevanz sind.

Untersuchungsbedingungen

❑ ausreichend ❑ nicht ausreichend _____

Gründe: _____

_____

_____

_____

_____

_____

_____

_____

_____

_____

_____

_____

_____

_____

_____

_____

_____

_____

_____, den _____

(Ort, Datum)   (Auftraggeber bzw. Bevollmächtigter)

_____

(Tierarzt)

Vertrags-Nr. **152545**   © Hippiatrika Verlag Stuttgart. 10. Auflage 2009. Nachdruck oder Vervielfältigung nicht erlaubt.   10

Der Vertrag (auch in englischer Sprache erhältlich) ist im Original einzeln nummeriert und ausschließlich von Tierärzten beim Hippiatrika Verlag GmbH, Postfach 080539, 10005 Berlin, Schumannstraße 10, 10117 Berlin, Fax (030) 28 04 04 52, E-Mail: hdlauk@pferdeheilkunde.de zu beziehen.

Erklärung des Verkäufers

Verkäufer

Name _____ Tel./Fax _____ E-Mail _____

PLZ/Ort _____ / _____ Straße _____

Pferd

Name _____ Rasse _____ Geschlecht _____ Alter _____

FEI-/Equiden-Pass liegt bei ☐   Lebensnummer |___|___|___|___|___|___|___|___|___|___|___|

Schlachttier/Nichtschlachttier

Besitzdauer _____ Wochen _____ Monate _____ Jahre

Disziplin/Ausbildungsstand ☐ Hobby   ☐ Dressur ____   ☐ Springen ____

☐ Vielseitigkeit ____   ☐ anderes _____

Derzeitige Nutzung   ☐ Wettkampf   ☐ Training   ☐ Stallruhe   ☐ Weidegang

☐ Zucht (Hengst/Stute)

Medikation in den letzten 6 Wochen ☐ nein   ☐ ja _____

Frühere Lahmheiten   ☐ nein   ☐ ja _____

Frühere sonstige Krankheiten   ☐ nein   ☐ ja _____

Frühere Operationen   ☐ nein   ☐ ja _____

Stereotypien (Koppen, Kopfschütteln, Weben etc.)   ☐ nein   ☐ ja _____

Allergien, Sommerekzem   ☐ nein   ☐ ja _____

Verhaltensauffälligkeiten: _____

Haltung   ☐ Stall   ☐ Weide   ☐ Offenstall   ☐ Stall und Weide

Fütterung   ☐ Heu ☐ trocken ☐ nass ☐ Silage ☐ Hafer ☐ Pellets ☐ anderes _____

Einstreu   ☐ Stroh   ☐ Sägespäne   ☐ Torf   ☐ anderes _____

Letzter Beschlag _____ Letzte Entwurmung _____

Impfungen   ☐ Influenza   ☐ Herpes   ☐ Tetanus   ☐ Tollwut   ☐ anderes _____

Die vorangegangenen Informationen gebe ich nach bestem Wissen. Ich erkläre mich im Übrigen ausdrücklich mit allen Eingriffen im Zusammenhang mit der Kaufuntersuchung einverstanden. Dies gilt ausdrücklich für die Entnahme von Proben zum labormedizinischen Medikationsnachweis, ggf. für eine Sedierung, eine Endoskopie der Atemwege und für das Abnehmen der Hufeisen sowie die Gabe eines Medikamentes zur Pupillenerweiterung.

Bei der Kaufuntersuchung werde ich als Auftraggeber persönlich nicht anwesend sein. Herr/Frau _____

aus _____ wird hiermit ermächtigt, in meiner Vertretung die Unterschriften zu leisten.

Ort _____ Datum _____ Unterschrift _____

Vertrags-Nr. **152545** © Hippiatrika Verlag Stuttgart. 10. Auflage 2009. Nachdruck oder Vervielfältigung nicht erlaubt.

Der Vertrag (auch in englischer Sprache erhältlich) ist im Original einzeln nummeriert und ausschließlich von Tierärzten beim Hippiatrika Verlag GmbH, Postfach 080539, 10005 Berlin, Schumannstraße 10, 10117 Berlin, Fax (030) 28 04 04 52, E-Mail: hdlauk@pferdeheilkunde.de zu beziehen.

2. Musterverträge

In der Vorauflage hatten wir an dieser Stelle Musterverträge abgedruckt und dies mit dem Hinweis verbunden, dass wir aufgrund der sich stetig wandelnden Rechtsprechung für die Richtigkeit, respektive die „juristische Haltbarkeit", keine Gewähr übernehmen können.

Dieser Hinweis erfolgte zu Recht. Denn ein Blick auf die Rechtsprechung seit Inkrafttreten des neuen Kaufrechts am 01.01.2002 hat gezeigt, dass zahlreiche Klauseln, die die Sachmängelhaftung des Verkäufers einschränken, zutreffend als unwirksam abgestempelt worden sind. Zu streng ist die Inhaltskontrolle dieser vertraglichen Regelungen, die i.d.R. als Allgemeine Geschäftsbedingungen anzusehen sind.

Aufgrund dessen haben wir lange darüber nachgedacht, ob wir in dieser Auflage erneut den Versuch unternehmen sollen, den Lesern Vertragsmuster zur Verfügung zu stellen. Wie auch schon in der Vorauflage, hätten wir nicht nur einen, sondern mehrere Vertragstexte entwerfen müssen:

● Einen Vertragsentwurf aus der Sicht des Käufers, in dem seine Sachmängelrechte und -ansprüche nicht eingeschränkt werden.
  Doch welcher Verkäufer würde einen solchen Vertrag unterschreiben?!

● Einen zweiten Vertragsentwurf für den Verkäufer, der sein Pferd außerhalb des Verbrauchsgüterkaufrechts verkauft, in dem seine Haftung für Sachmängel weitestgehend ausgeschlossen wird.
  Aber welcher Käufer würde seinen Namen unter diesen für ihn ungünstigen Vertrag setzen?!

● Einen dritten Vertragsentwurf für den Verbrauchsgüterkauf, mit dem der Verkäufer lediglich unter Auflagen seine Schadensersatzhaftung ausschließen, die Verjährungsfrist bei „gebrauchten" Pferden auf ein Jahr reduzieren und ansonsten die Beschaffenheit des Pferdes sorgfältig dokumentieren kann. Denn mit scheinbar spitzfindigen Versuchen, seine gesetzlich vorgeschriebene Haftung zu umgehen, wird er scheitern.

Der Nutzen von Musterverträgen ist daher sowohl für Käufer als auch für Verkäufer in Zweifel zu ziehen. Und nur der rechtlich nicht belesene Verkäufer wird dem Käufer blindlings einen x-beliebigen Mustervertrag mit möglicherweise unwirksamen Haftungseinschränkungen vorlegen oder sich per Handschlag einigen; nur der rechtlich ahnungslose Käufer wird sich unbesehen auf einen Vertragstext einlassen, der seine Sachmängelrechte und -ansprüche komplett und wirksam ausschließt, soweit dies möglich ist.

Letzten Endes ist jeder Pferde(ver)kauf so individuell wie das Pferd selbst. Käufer wie Verkäufer sind daher gut beraten, sich über die Modalitäten des (Ver-)Kaufs individuell zu einigen.

Dies betrifft sowohl die Beschaffenheit des Pferdes als auch die Haftung des Verkäufers für Sachmängel. Das entscheidende Stichwort wird damit gleichzeitig zur Empfehlung: das individuelle Aushandeln des Kaufvertrages.

Bei teuren Pferden oder wenn sich die Kaufvertragsparteien mit einer Vereinbarung schwer tun, ist beiden Seiten zu raten, anwaltlichen Rat in Anspruch zu nehmen. Wir sprechen diese Empfehlung keineswegs aus, um die Konten der vielen „Pferderechtsanwälte" zu füllen. Ebenso wenig soll damit zum Ausdruck gebracht werden, dass bei jedem Kauf ein anwaltlicher Berater hinzugezogen werden sollte. Aber spätestens wenn ein Pferd den Wert einer Eigentumswohnung oder eines bebauten Grundstücks erreicht, stellt sich die berechtigte Frage, warum dort ein notarieller Kaufvertrag erforderlich ist, hier jedoch auf jeglichen rechtlichen Rat vor oder bei Kaufvertragsabschluss verzichtet wird.

Die unternehmerisch tätigen Verkäufer, die Pferde unter den Maßgaben des Verbrauchsgüterkaufrechts veräußern und auf ein Vertragsmuster zurückgreifen möchten, werden erfahrungsgemäß entweder einen von dem Anwalt ihres Vertrauens entworfenen oder Korrektur gelesenen Vertrag verwenden oder von ihren wenigen Möglichkeiten zur Einschränkung der Sachmängelhaftung durch erworbenes Wissen Gebrauch machen. Der Käufer kann sich in diesen Fällen ohne durchgreifende Bedenken darauf einlassen, da er den Schutz des Gesetzgebers genießt, wie wir im Kapitel zum Verbrauchsgüterkauf aufgezeigt haben.

3. Sachwortregister

A

Ablieferung des Pferdes S. 171
Abrechnungsbetrag S. 197
Absetzen S. 186
Absichtliche Täuschung S. 247
Abstammung S. 82, 99, 131, 214
Abstammungsnachweis S. 96, 204, 205, 210, 211, 212
Abstammungspapiere S. 192, 233, 246
Abzeichen S. 205, 206, 208, 210, 211
Achsenverschiebung der Halswirbelsäule S. 182
Adspektion S. 227
Affektionsinteresse S. 143
Aktive Kennzeichnung S. 208
Akut lebensbedrohliche Gefahr S. 141, 145
Akzeptanzzustand S. 226
Aliud-Lieferung S. 125
Allergie S. 127, 149
Allergische Reaktion S. 170
Allgemeines Bürgerliches Gesetzbuch (ABGB) S. 237
Allgemeine Geschäftsbedingungen S. 91, 92, 197, 231, 250
Allgemeinuntersuchung S. 221
Allgemeinzustand S. 42
Alter S. 99, 120, 131, 136, 186
Alterbestimmung nach den Zähnen S. 51
Altersabweichung S. 149
Altersbestimmung S. 50
Altersgruppe S. 118, 119
Altersschätzung S. 54
Amtsgericht S. 232
Anatomische Formvarianten S. 226
Änderung des Equidenpasses S. 210
Anerkennung des Passes S. 208
Anfängerreitpferd S. 105
Angaben „ins Blaue hinein" S. 170
Angebot S. 90
Anhaltspunkte für Mangelhaftigkeit S. 164
Ankaufsuntersuchung S. 217, 218
Anlehnungsprobleme S. 129
Anlongieren S. 109, 186
Annahme S. 90
Anpreisung S. 124, 201
Ansatz S. 27
Ansteckung S. 180, 181
Ansteckung eines Tierbestandes S. 163
Antragsgegner S. 235
Antragsteller S. 235
Anwälte S. 232

Anwaltliche Erstberatung S. 93
Anwaltliche Hilfe S. 94
Anwaltsgebühren S. 103
Anwaltskosten S. 232
Arbeitskosten S. 143
Arglist S. 121, 170
Arglistiges Verschweigen S. 122, 140, 145, 170, 171
Artefakte S. 227
Arthrose S. 123, 127
Arzneimittel S. 207
Arzneimittelanhang S. 205, 207, 208
Arzneimittelbehandlung S. 208, 210
Asymmetrie S. 44
Ataxien S. 126, 127, 136
Atembeschwerden S. 223
Atemgeräusche S. 223
Atemwegserkrankung (Follikelkatarrh) S. 182
Atmung S. 222
Atmungssystem S. 222
Attest S. 218, 220
Aufhebungsvertrag S. 188
Aufklärung S. 165, 245
Aufklärungspflicht des Verkäufers S. 165
Auflösende Bedingung S. 217
Aufsatz S. 27
Aufschiebende Bedingung S. 217
Aufsetzkoppen S. 238
Aufwandsersatzanspruch S. 243
Aufwendungsersatz S. 167
Augen S. 50, 222
Augenschleimhäute S. 222
Auktionator S. 197
Auktionen S. 18, 218
Auktionsbedingungen S. 104, 197, 198, 199, 200
Auktionsgeschehen S. 196
Auktionskatalog S. 198, 201
Auktionskauf S. 196
Auktions-Lyrik S. 201
Auktionsmodelle S. 197
Auktionsveranstalter S. 197, 198
Ausbildungsdefizite S. 121, 135
Ausbildungsstand S. 99, 108, 110, 120, 129
Ausgeheilte Verletzungen S. 166
Ausländische Käufer S. 225
Ausländische Pferde S. 208
Ausländisches Dokument S. 208
Ausprobieren S. 40, 69
Ausschluss jeglicher Sachmängelhaftung S. 91
Auswahlkriterien S. 60

B

Bagatellmangel S. 170
Bascule S. 65
Basiszinssatz S. 232, 233
Bauch S. 31
Bauchregion S. 222
Bedeckung S. 185
Befruchtungsfähigkeit S. 110
Behebbarer Mangel S. 135, 150, 157, 163
Behebbarer Sachmangel S. 144
Beintechnik S. 65
Beistellpferd S. 112
Beistellpony S. 146
Beritt S. 153, 167
Berufungsgrund S. 132
Beruhigungswerte S. 223
Besamungsversuche S. 115
Beschaffenheit S. 99
Beschaffenheitsbeschreibungen S. 109
Beschaffenheitsmerkmale S. 100
Beschaffenheitsvereinbarung/en S. 99, 101, 108, 110, 118
Beschicker S. 198
Beschlag S. 229
Besichtigung S. 146
Besitz S. 125
Besitzer S. 205
Besitzwechsel S. 212, 213
Besitzwechsel-Eintragung S. 167
Besuchsrechte S. 201
Beugedauer S. 229
Beugehemmung S. 222
Beugeprobe S. 222, 229
Beugeschmerz S. 222
Bewegungen S. 68
Bewegungsablauf S. 38, 44
Bewegungsapparat S. 222, 224, 229
Bewegungsstörungen S. 223
Beweis des Gegenteils S. 184
Beweisangebot S. 232
Beweisaufnahme S. 106, 234
Beweisfunktion S. 90
Beweislastumkehr S. 174, 178, 179, 200, 218, 237, 238, 239
Beweismittel S. 99, 235
Beweisprognose S. 107
Beweissicherung S. 234
Blutprobe S. 171, 218
Blut-Typ S. 212
Bogen S. 43, 56
Borreliose S. 182
Bösgläubig S. 96
Brandzeichen S. 192
Bronchitis S. 127, 182

Brust S. 31
Brustregion S. 222
Brustwirbelsäule S. 225
Bundestierärztekammer S. 220, 224

C

Charakter S. 115
Charakterliche Defizite S. 106
Charakterliche Mängel S. 89, 143
Chip S. 103, 122, 127, 141, 182
Chronische Bronchitis S. 182
Chronische Gelenkerkrankungen S. 159
COPD S. 127, 182
CT S. 126

D

Dämpfigkeit S. 238
Datenbank der Deutschen Reiterlichen Vereinigung e.V. (FN) S. 208
Deckdatum S. 211
Deckgelder S. 154
Deckhengst S. 185
Decksprung S. 185
Detaillierte Beschaffenheitsvereinbarung S. 112
Deutscher Pferderechtstag S. 88
Diagramm S. 206, 208, 210
Dienstvertrag mit Geschäftsbesorgungscharakter S. 198
Distanzpferd S. 77
Distanzritte S. 117
DNA-Typ S. 212
DNA-Typisierung S. 208
Dominanzverhalten S. 229
Doppelveräußerung S. 95
Dornfortsätze S. 117, 223, 225, 227
Dressurpferd S. 60, 103, 104, 110, 112, 113, 114, 121, 140, 147
Dressurveranlagung S. 69
Dringlichkeitsverfahren S. 235
Drittländer S. 208
Drosselvene S. 222
Druckempfindlichkeit S. 118, 229
Dummkoller S. 238
Duplikat des Passes S. 210
Durchgänger S. 129
Durchschnittskäufer S. 120, 121, 122
Durchschnittpferd S. 122

E

Eckstrebenbrücke S. 47
Eidesstattliche Versicherung S. 235
Eigenleistung des Käufers S. 153
Eigentümer S. 212
Eigentumsübertragung S. 95, 197
Eigentumsurkunde S. 96, 204, 210, 212, 214

Eigentumsvorbehalt S. 192, 197, 246
Eingefahren S. 109
Eingeritten S. 109
Einigung S. 96
Einkommenssteuerliche Relevanz S. 176
Einrede des nicht erfüllten Vertrages S. 214
Einreiten S. 186
Einsatzfähigkeit S. 122
Einsatzzweck S. 120
Einschläfern S. 156
Einstellgebühren S. 244, 245
Einstellungs- und Futterkosten S. 103
Eintragung im Handelsregister S. 175
Eintragungsgebühren S. 103
Ekzemerdecke S. 169
Elite-Auktion S. 196
Embryotransfer S. 212
Emotionale Beziehung S. 142
Endoskopie S. 221, 223
Englische Vollblüter S. 211
Engstand der Dornfortsätze S. 119
Entgangener Gewinn S. 162, 163
Entlastungsbeweis S. 164
Equidenpass S. 204, 208, 209, 212, 213, 214, 221
Equitax S. 88
Erfolge S. 99
Erfolgsprognose S. 126
Erfüllungsort S. 143, 145
Erheblicher Mangel S. 149, 162
Erheblicher Sachmangel S. 148
Ernährungszustand S. 42, 222
Ersatz des Equidenpasses S. 210
Ersatz vergeblicher Aufwendungen S. 134
Ersatzlieferung S. 134, 145
Ersatzpferd S. 146, 148, 162
Ersteigerer S. 197, 198
Erwähnung der Befunde S. 226
Erwartungshorizont des Durchschnittskäufers S. 118
Erweiterte Röntgenuntersuchungen S. 225, 229
Europäisches Ausland S. 208
Euthanasierte Tiere S. 209
Exterieur S. 20, 67, 82
Exterieurmängel S. 20
Exterieurmerkmale S. 111

F

Fahren S. 114, 121
Fahrlässigkeit S. 164
Fahrpferd S. 72, 185
Fahrtkosten zum Schmied S. 156
Familienpferd S. 146, 147
Farbe S. 206, 208, 211
Fehlinterpretationen S. 228
Fehlkäufe S. 224
Fehlschlagen der Nachbesserung S. 140

Fehlstellung S. 229
FEI-Pass S. 208
FEI-Tierärzte S. 213
Fesselgelenk S. 227
Fesselgelenksgalle S. 169
Fesselträgerentzündung S. 123, 127, 136
Fesselträgertendinitis S. 127
Fesselträgerverletzung S. 239
Feststellungsantrag S. 233
Finanzamt S. 177
FN-Pass S. 208
Fohlen S. 146, 147, 154
Fohlen-Auktion S. 200
Fohlen-Entscheidung S. 185, 186
Folgeschäden S. 166
Follikelkatarrh S. 182
Format S. 23
Forstwirtschaft S. 240
Fortschreibung der Turnierpferderegistrierung S. 212, 213
Freikoppen S. 199, 200, 238
Freizeitpferd S. 79, 105, 110, 114, 117
Freizeitsportpferd S. 209, 210
Fristsetzung S. 135, 144, 150, 163
Fristsetzung zur Nacherfüllung S. 157
Fruchtbarkeit S. 84
Frustrierte Aufwendungen S. 244
Fundament S. 32
Futterkosten S. 152

G

Gallen S. 43, 48
Galopp S. 40
Galvaynsche Rinne S. 53
Ganasche S. 27
Garantie S. 170, 213
Garantieanspruch S. 247
Garantiefrist S. 248
Garantieübernahme S. 168
Gastropathie S. 127, 182
Gebiss S. 51
Gebrauchte Sache S. 174, 199, 200, 240
Gebrauchtsein S. 185
Geburtsbescheinigung S. 204, 205, 211, 212
Geburtsdatum S. 211
Gefahrübergang S. 89, 99, 125, 148, 157, 150, 178, 179, 181
Gefühlsschaden S. 244
Gekört S. 212
Geländesicher S. 109
Gelenkschwellung S. 229
Gelenkskörper S. 237
Gemeinsamer Irrtum S. 242
Genick S. 27
Genickbeule S. 43

Gericht S. 232
Gerichtskosten S. 103
Gerichtspräsident S. 248
Gerichtsvollzieher S. 233
Gesamtschuldner S. 230
Geschäftsbeziehungen S. 114
Geschlecht S. 211
Geschlechtsorgan S. 222
Geschlechtsreife S. 186
Gesellschaft für Pferdemedizin S. 220, 224
Gespannpferde S. 242
Gesund S. 101
Gesund und Recht S. 247
Gesundheit S. 122, 217
Gesundheitliche Beschaffenheit S. 102, 217
Gesundheitliche Mängel S. 101
Gesundheitliche Normabweichungen S. 102
Gesundheitsprüfung S. 41, 57
Gesundheitszusicherung S. 249
Gesundheitszustand S. 99, 102, 220
Gewährleistung S. 241
Gewährleistungsanspruch S. 247
Gewährleistungsfrist S. 239, 240
Gewährleistungsprozess S. 242
Gewährleistungsrechtsänderungsgesetz S. 236
Gewährleistungsverpflichtung S. 247
Gewährleistungszusicherung S. 247
Gewährsmängel S. 88, 238
Gewinnerzielungsabsicht S. 175
Gewinngelder S. 151, 154
Gewöhnliche Verwendung S. 118, 119, 121
Gezogene Nutzung S. 153
Gliedmaßen S. 222
Gliedmaßenführung S. 38
Göttinger Pferderechtsforum S. 88
G-Ponys S. 213
Grand-Prix-Pferd S. 120
Grobe Fahrlässigkeit S. 121, 169, 170, 231
Größe S. 131
„Großer Schadensersatz" S. 161, 162, 195
Grundgangarten S. 40, 82
Gutachtenerstattung S. 217
(Gutachter-)Kosten S. 163
Guter Glauben S. 96
Gutgläubiger Erwerb S. 192
Gutschein-Vertrag S. 188

H

Haarkleid S. 222
Haflinger S. 240
Haftungsausschluss S. 91, 113
Haftungsbeschränkungen S. 223
Haftungsprivilegien S. 200
Haftungsreduzierung S. 231
Hahnenbrust S. 31

Halfterführig S. 109
Hals S. 27, 28, 31, 57, 62, 75, 76, 222
Halsvene S. 127, 222
Halswirbel S. 127
Halswirbelbefunde S. 128
Halswirbelsäule S. 136
Haltbarkeitsgarantie S. 168
Haltungsbedingungen S. 110, 201
Handelsfall S. 17
Händler S. 146
Handschlag S. 90
Harnprobe S. 218
Harnwegsinfektion S. 182
Hasenhacke S. 43, 56
Häufigkeit von Verkäufen S. 176
Hauptpflichten des Verkäufers S. 214
Haut S. 222
Hauttumoren S. 222
Hemmung der Verjährungsfrist S. 234
Hengstbuch I S. 211
Hengstiges Verhalten S. 111, 130
Hengstmanieren S. 137, 140
Herausgabeanspruch S. 214
Herz S. 222, 223
Hintergliedmaßen S. 38
Hinterhand S. 35
Hobbyreitpferd S. 116, 147
Hobbyzucht S. 81, 178
Hobby-Züchter S. 176
Holschuld S. 151
Hornkluft S. 47
Hornsäulen S. 47
Hornspalten S. 47
Huf S. 34, 46, 47
Hufgelenk S. 227
Hufgelenksentzündung S. 127
Hufknorpelverknöcherung S. 123, 127, 136
Hufringe S. 47
Hufrolle S. 237
Hufrollenaufnahmen S. 225
Hufrollenerkrankung S. 179
Hufrollenveränderung S. 122
Hufschmiedekosten S. 153, 162
Hüfthöcker S. 44
Hufzangenuntersuchung S. 223
Husten S. 165, 222

I

Idealzustand S. 226
Identifikation S. 206
Identitätsnachweis S. 214
Identität S. 221
Identität des Pferdes S. 204
Impfschutz S. 204
Impfungen S. 205, 244, 245

Implantation S. 209
Individualisierung der Pferde S. 146
Individualvertrag S. 92
Infektion S. 180
Infektionskrankheit S. 239
Ingebrauchnahme S. 186
Injektionsspritze S. 209
Inkubationszeit S. 181, 239
Innere Augenentzündung S. 238
Inserate S. 124
Insertionsdesmopathie S. 128, 179, 182
Integrierte Zuchtbescheinigung S. 212
Interieur S. 70, 83
Internationale Gerichtszuständigkeit S. 236
Internationale Lebensnummer S. 208
Internationale Wettkampforganisation S. 209
Internationaler Pass S. 208
Internationales Ponyturnier S. 213
Internetinserate S. 176
Inzahlungnahme S. 184
Irrtumsanfechtung S. 241
Irrtumsanpassung S. 241
Isländer S. 105

J

K

Kaiserliche Verordnung S. 88
Kardinalpflicht S. 231
Kastration S. 167
Kauf auf Probe S. 190, 249
Kauf auf Probe mit Umtauschvereinbarung S. 191
Kaufentscheidung S. 124
Kaufpreis S. 96, 120
Kaufpreisrate S. 192
Kaufpreiszahlung S. 192, 96
Kaufuntersuchung S. 89, 102, 104, 167, 169, 216, 217, 218, 219, 220, 249
Kaufuntersuchungs-Protokoll S. 168
Kaufvertragsformular S. 177
Kaufvertragsurkunde S. 91
Kehlgangslymphknoten S. 222
Kehlkopfoperation S. 166
Kehlkopfpfeifen S. 128, 182, 238
Kehlkopfplastik S. 166
Kenntnis vom Mangel S. 168
Kinderreitpferd S. 105, 107
Kissing Spines S. 122, 128, 159, 237
„Kissing-Spines-Entscheidung" S. 117, 122
Kissing-Spines-Syndrom S. 118, 136, 182
Klage auf Kaufpreiszahlung S. 233
Klageanträge S. 232
Klageerhebung S. 171, 233
Klammer Gang S. 165
„Kleiner Schadensersatz" S. 161

Klinische Auffälligkeiten S. 117
Klinische Erscheinung S. 226
Klinische Relevanz S. 117, 121
Klinische Symptome S. 119
Kloppenhengst (Kryptorchide) S. 111, 128, 135, 136, 137, 149
Knie S. 223, 227
Kniegelenk S. 225
Kombinierter Vermittlungsvertrag S. 194, 195, 196
Kommissionär S. 198
Kommissionsgebühr S. 197
Kommissionsgeschäft S. 198, 199, 200
Kommissionsverträge S. 198
Konsumenten S. 238
Konsumentenschutzgesetz S. 237
Kontrollaufnahmen S. 227
Konturveränderung S. 42
Kopfregion S. 222
Kopfscheu S. 130
Koppen S. 122, 128, 130, 136, 149, 182, 183
Körperinnentemperatur S. 222
Körperwachstum S. 116
Korrekturberitt S. 143
Körung S. 115, 131
Kosten S. 15
Kosten der Nachbesserung S. 145
Kotbeschaffenheit S. 222
Krankheitsdisposition S. 117
Kreuzdarmbeingelenks-Entzündung S. 128, 183
Kreuzgalle S. 56
Kruppe S. 222
Kunden S. 51, 53
Kutschengespann S. 242
Kutschpferd S. 149

L

Laboruntersuchung S. 223
Lahmheit S. 105, 112, 117, 183, 219, 229, 237
Landeskommission S. 206, 213
Landgericht S. 232
Landwirt S. 178
Lang-Rechteck-Format S. 23
Leasingvertrag S. 192
Lebensmittelliefernde Tiere S. 206, 207
Lebensmittelstatus S. 210, 221
Lebensnummer S. 205, 211, 212
Legitimationspapiere S. 204, 213, 214
Lehrpferd S. 110, 114, 115
Leichttritt S. 105, 107
Leistung „an Erfüllung statt" S. 194
Leistungsbereitschaft S. 71
Leistungsfähigkeit S. 224
Leistungsprüfungen S. 212
Leistungsveranlagung S. 83
Lende S. 30

Lendenwirbelsäule S. 225
Liebhaberei S. 177
Liquidität S. 192
Longe S. 186
L-Spines-Syndrom S. 128
Lunge S. 223
Luxation des Kreuz-Darmbein-Gelenkes S. 123, 128, 183

M
Mahnbescheid S. 171
Mängelanzeigefrist S. 200
Mangelbeseitigung S. 135
Mangelfolgeschäden S. 161, 163, 243
Maßgeschneiderter Sattel S. 167
Maulhöhle S. 222
Maulspalte S. 26
Medikamente S. 207
Medikamentöse Behandlung S. 218
Medikation S. 205, 222
Medikationsnachweis S. 216
Medikationsprobe S. 221
Mehrwertsteuerausweis S. 178
Messbescheinigung S. 213
Mikro-Chip S. 208, 209
Mikro-Chip-Code S. 205
Minderung S. 134, 149, 157, 166, 233
Minderungsgutachten S. 159
Minderungsklage S. 232, 233
Minderwert S. 166
Mindestpreisgarantie S. 194
Missverhältnis S. 93
Mitteilung des Mangels S. 188
Motivirrtümer S. 242
MRT S. 126
Musterung S. 42
Musterkaufverträge S. 92, 202
Mustervertrag S. 91, 94, 250

N
Nachbesserung S. 134, 135
Nachbesserungsversuch S. 140, 171
Nacherfüllung S. 134
Nacherfüllungsfrist S. 214
Nackenstrang S. 179
Name des Tieres S. 208
Narben S. 121, 222
Nasenausfluss S. 165, 219, 222
Nebengeschäft S. 175
Negative Beschaffenheit S. 146, 189
Negative Beschaffenheitsvereinbarung S. 112, 121, 187
Nervensystem S. 222
Neue Sache S. 200
Neugeborene Fohlen S. 211

Nicht gezogene Nutzung S. 155
Niere S. 30
Nierendruck S. 30
Normabweichungen S. 120
Normalstellung S. 38
Normzustand S. 226
Notfallmaßnahmen S. 141
Notfallsituation S. 144
Nottötung S. 197
Notwendige Verwendung S. 134, 152, 155, 156
Nummernbrand S. 208
Nüstern S. 50
Nutzen und Gefahr S. 249
Nützliche Verwendung S. 153, 155
Nutzung des Käufers S. 153
Nutzungsausfall S. 163
Nutzungsausfallschaden S. 162
Nutzungsdauer S. 120

O
Oberlinie S. 26
Oberster Gerichtshof (OGH) S. 239
Obhutsvertrag S. 125
Objektive Sollbeschaffenheit S. 117
Obligationenrecht S. 246
OCD (Osteochondrose) S. 136, 141, 182
Öffentlich bestellte Versteigerer S. 197, 199, 200
Öffentliche Aussagen S. 201
Öffentliche Äußerung S. 124
Öffentliche Pfandversteigerung S. 214
Öffentliche Versteigerung S. 199
Offentsichtliche Lahmheit S. 169
Operationen S. 166
Österreich S. 236, 237, 238
Österreichisches Recht S. 236
Oxspring S. 225

P
Palpation S. 227
Pathologische Befunde S. 228
Pensionskosten S. 153
Pensionspferdehaltung S. 178
Periodische Augenentzündung S. 128, 142, 183
Periphere Nerven S. 222
Pferde ohne Papiere S. 208
Pferdeauktion S. 199
Pferdebeurteilung S. 20
Pferdehändler S. 19, 175, 188
Pferdekaufrecht S. 88
Pferdepreise S. 16
Pferderecht S. 88
Pferdezucht S. 81
Pferdezuchtverband S. 199
Pflegeversprechen S. 201
Pflegezustand S. 42, 222

Piephacke S. 43, 56
Pilzbefall S. 182
Podotrochlose S. 122, 128, 183
Podotrochlose-Strahlbein-Syndrom S. 159
Polospielen S. 121
Pony S. 111
Pony-Leistungsprüfungen S. 213
Ponypass S. 213
Populäre Rechtsirrtümer S. 88
Preis S. 16
Preisabschlag S. 117, 119, 120
Preisabsprachen S. 196
Preiskalkulation S. 237
Preiskategorie S. 118, 119
Preis-Leistungs-Verhältnis S. 188
Preislimit S. 196
Preisminderung S. 241
Probereiten S. 106, 107, 169, 217, 221
Proberitte S. 105, 146, 169
Probezeit S. 190, 249
Proportion S. 23
Provision S. 194
Provokationsproben S. 222, 224, 227
Prozess S. 231, 232
Prüfungsstufen des Sachmangels S. 99
Puls S. 222

Q
Quadratpferd S. 26

R
Rasse S. 120, 211
Ratenzahlung S. 192
Rechtsanwalt S. 164
Rechtsanwaltsvergütungsgesetz (RVG) S. 93, 232
Rechtsirrtümer S. 89
Rechtskräftiges Urteil S. 233
Rechtsmangel S. 132
Rechtssicherheit S. 100
Regelungslücken S. 90
Registrierung als Turnierpferd S. 212
Registrierung des Pferdes S. 208
Regress S. 198
Reiterfahrung S. 100
Reiterlichen Fähigkeiten S. 108
Reitpferd S. 114, 147, 185, 240
Reitpferdeauktion S. 200
Reitpony S. 147
Reitschulinhaber S. 175
Reittier S. 118, 121
Reitunterricht S. 153
Rekonvaleszenzzeit S. 141, 145
Rennpferd S. 154
Risikoreiche Operationen S. 142
Risikozustand S. 226

Rittig S. 109
Rittigkeit S. 184
Rittigkeitsdefizite S. 1173 181
Rittigkeitsmängel S. 89, 106, 143
Rittigkeitsproblem S. 106
Röhre S. 33
Röntgen S. 126
Röntgenatlanten S. 224
Rückenaufnahmen S. 225, 229
Röntgenbefund S. 118, 236
Röntgen-CD S. 228
Röntgenklasse S. 120, 123, 225, 226, 237
Röntgenklassen-Einzelbefund S. 226
Röntgenkommission S. 228
Röntgenleitfaden S. 117, 179, 225
Röntgenleitfaden 2007 S. 224, 225, 226, 227, 229
Röntgenologische Gesamtbeurteilung S. 226
Röntgenologische Normabweichungen S. 117, 121
Röntgenologischer Befund S. 159
Röntgenprotokoll S. 225
Röntgenuntersuchung S. 221, 223, 224
Rückdatierung des Mangels S. 107, 126, 171, 179, 234
Rücken S. 29, 30, 40, 43, 55, 118, 222
Rückenarbeit S. 65
Röntgenaufnahmen S. 41, 216, 218
Rückenproblematik S. 119
Rückgabe des Pferdes S. 134
Rücknahme des Pferdes S. 233
Rückgaberecht S. 191
Rückgewährschuldverhältnis S. 150, 171
Rückständig S. 35
Rücktritt S. 134, 148, 166, 214, 232
Rücktrittserklärung S. 171
Rücktrittsklage S. 232
Rückzahlung des Kaufpreises S. 134, 156
Rumpf S. 31

S
Sattellage S. 28
Säbelbein S. 35
Sachmangelprozess S. 235
Sachmängelrechte S. 214
Sachverständige/r S. 93, 115, 126, 154, 159, 160, 232, 248
Sachverständigengutachten S. 106
Sarkoide S. 128
Schadenminderungspflicht S. 153
Schadensersatz S. 96, 102, 134, 161, 198, 229
Schadensersatz statt der Leistung S. 161
Schadensersatzanspruch S. 174, 214, 230, 244
Schadensumfang S. 162
Schale S. 43
Schätzung S. 159
Schecke S. 210

Schenkelbrand S. 208
Schiefschweif S. 56
Schlachtpferd S. 146
Schlachtstatus S. 207
Schlachtung S. 207, 209, 210, 214
Schleifende Hinterhand S. 129
Schmerzempfindlichkeit S. 237
Schmerzstillende Medikamente S. 229
Schmiedefromm S. 111
Schneidezahnbogen S. 54
Schneidezahnreibflächen S. 54
Schönheitsfehler S. 121
Schrägprojektion S. 225
Schriftliche Form S. 248
Schritt S. 40
Schulbetrieb S. 151, 196
Schulpferd S. 146, 147, 154, 162
Schultergliedmaße S. 48
Schutzvertrag S. 201, 202
Schwebende Verhandlung S. 171
Schweif S. 31
Schweifansatz S. 31
Sechsmonatsfrist S. 180
Sehnenentzündung S. 166
Sehnenschaden S. 123, 128, 183
Selbständige Reitlehrer S. 175
Selbstständiges Beweisverfahren S. 105, 171, 233, 234, 235
Selbstvornahme S. 144, 145
Senkrücken S. 29
Sicherheit S. 192
Sichzeigen des Mangels S. 179, 180, 184
Siegerehrungsuntauglich S. 111
Siegerehrungsuntauglichkeit S. 130
Signalelement S. 206
Sittenwidrigkeit S. 92, 93
Smartcard S. 209
Sommerekzem S. 128, 129, 136, 169, 170, 181, 183
Sommerekzem-Entscheidung S. 181
Sommerräude S. 169
Sondervorschriften über Tiermängel S. 238
Sorgaltsmaßstab S. 196
„Sowieso-Kosten" S. 244, 245
Spat S. 49, 56, 123, 129, 136, 183
Spaterkrankung S. 141
S-Pferd S. 121
Sportpferd S. 105, 114, 239
Sportuntauglich S. 201
Springen S. 69
Springpferd S. 63, 103, 104, 110, 112,113, 114, 121, 129
Springtechnik S. 69
Springveranlagung S. 69
Sprunggelenk S. 36, 49, 225, 227

S-Springpferd S. 120
Stallfromm S. 111
Stalltierarzt S. 166
Stammbaum S. 213
Standardröntgen S. 112
Standardaufnahmen S. 228
Standardprojektion S. 227
Standard-Röntgenaufnahmen S. 225, 229
Standardumfang der Röntgenuntersuchung S. 224
Statistische Erhebung S. 120
Steigen S. 111
Stellungsfehler S 62, 64, 68, 78
Stockmaß S. 111, 116
Stollbeule S. 43, 56
Stolpern S. 166
Strahlbein S. 225, 227
Strahlbeinzyste S. 120
Strahlfäule S. 183
Streitverkündung S. 132
Streitwert S. 232
Stumpfer Bewegungsablauf S. 219
Subjektive Äquivalenz S. 237
Symmetrie S. 43

T
Takt S. 40, 61
Taktstörungen S. 67, 179, 180
Tangentialaufnahmen der Strahlbeine S. 225
Tauschvereinbarung S. 191
Taxation S. 160
Temperament S. 26, 73, 76, 78, 82, 83
Therapiepferd S. 114
Tierarztkosten S. 103, 153, 162
Tierärztliche Sorgfalt S. 231
Tiergefahr S. 186
Tierhalter S. 126
Tierhalterhaftpflichtversicherung S. 126, 153, 156, 167
Tierhalterhaftung S. 186
Tierkrankheiten S. 180
Tiermängel S. 238
Tiermängelverordnung S. 238
Tierschutzgedanke S. 141
Tierschutzgesetz S. 115
Tod S. 197
Trab S. 40
Traberpferde S. 211
Trächtigkeit S. 110, 116
Trainingszustand S. 115, 229
Tranksrektale Untersuchung S. 223
Transponder S. 208, 209
Transport S. 204
Transportkosten S. 143, 162
Turnierpferd S. 114, 210, 212, 213, 214
Turnierpony S. 111

Turnierreiter S. 176
Turniersport S. 121
Turnierteilnahme S. 204
(Turnier-) Tierarzt S. 206
„TÜV" S. 216

U
Überbein S. 48
Übereignung S. 95
Überempfindlichkeit S. 130
Übergabe S. 95, 125
Übergabe des Pferdes S. 248
Übergabezeitpunkt S. 126
Überköten S. 34
Übliche Beschaffenheit S. 117, 120
Ultraschall S. 126
Umfangsvermehrung S. 165, 219
Umgehungsmöglichkeiten S. 187
Umsatzsteuer S. 197
Umtauschvereinbarung S. 191
Unarten S. 166
Unbeachtlicher Motivirrtum S. 242
Unbehebbarer Mangel S. 135, 145, 163
Unerheblicher Mangel S. 115, 149, 157
Unfallfolge S. 126
Unfruchtbar S. 115
Ungewollte Trächtigkeit S. 129, 136
Universal Equine Life Number S. 208
Unrittigkeit S. 112, 129, 136
Unsichere Erfolgsprognose S. 142
Unsicherer Gang S. 166
Unterbringung S. 15
Unterbringungskosten S. 162
Unterhaltungskosten S. 162
Unternehmer S. 174, 175, 198
Unternehmer-Käufer S. 174
Unternehmerstatus S. 176
Unternehmer-Verkäufer S. 188
Unterständig S. 35
Untersuchungsergebnis S. 218
Untersuchungspflichten der Pferdeverkäufer S. 165
Untersuchungsprotokoll S. 216, 217, 219, 220, 229
Unverhältnismäßige Kosten S. 137, 144
Unwesentlicher Irrtum S. 241
Unwillig S. 130
Unzumutbarkeit für den Käufer S. 145
Urkunde S. 90

V
Vaginale Untersuchung S. 223
Venenentzündung S. 183
Veräußerungsverbot S. 201, 202
Verbandsbrand S. 208
Verbraucher S. 174, 175, 198, 199, 238
Verbraucher-Käufer S. 175, 200

Verbraucher-Verkäufer S. 174, 177
Verbrauchsgüterkauf S. 174, 198, 199, 200, 218, 237, 238, 240
Verbrauchsgüterkauf-Richtlinie S. 237
Verdachtsmomente S. 164, 219
Vergebliche Aufwendungen S. 167
Vergleichsgruppe S. 120
Verhalten S. 42, 222
Verhaltensauffälligkeiten S. 121, 130, 143
Verhaltensstörungen S. 110, 181
Verjährung S. 171, 233
Verjährungsfrist S. 89, 171, 174, 187, 241
Verkauf S. 186
Verkaufsprospekte S. 124
Verkaufsställe S. 18, 196
Verkaufsuntersuchung S. 217, 218, 219
Verkehrssicher S. 109
Verkürzung der Verjährungsfrist S. 185
Verkürzung über die Hälfte S. 241, 242
Verladefromm S. 111
Verlust des Pferdepasses S. 210
Vermittlungsgebühr S. 197, 198
Vermittlungsprovision S. 162
Vermögensschäden S. 162
Vermutungsfristen S. 238, 240
Verrechnungspreis S. 195
Verschulden S. 241, 244
Versicherungsschutz S. 15, 166, 231
Versicherungssteuer S. 197
Versicherungssumme S. 231
Versteckter Mangel S. 181
Versteigerer S. 197
Versteigerung S. 197
Versteigerungsauftrag S. 198
Vertrag mit Schutzwirkung zugunsten Dritter S. 230
Vertragliche Gestaltungsmöglichkeiten S. 248
Vertragsaufhebung S. 188
Vertragsgemäßer Gebrauch S. 214
Vertragsmuster S. 250
Vertragsstrafe S. 193, 202
Vertragsverhandlungen S. 114
Vertretenmüssen S. 164
Vertreter des Beschickers S. 197
Verweigerungsrecht des Verkäufers S. 137, 144
Verwendung S. 99
Verwendungszweck S. 112, 114, 115
Verzögerung der mangelfreien Leistung S. 161, 164
Verzögerungsschaden S. 164
Verzug S. 232, 241
Videoaufnahmen S. 169
Videos S. 126
Vieh S. 240
Viehhandel S. 246
Viehmängel S. 240
Vielseitigkeitspferd S. 65, 110

Vollstreckung S. 233
Voltigieren S. 121
Voltigierpferd S. 75
Vorderbeintechnik S. 56
Vorhand S. 32
Vorkauf S. 192, 193
Vorkaufsberechtigter S. 193
Vorkaufsverpflichteter S. 193
Vorkaufsrecht S. 193
Vorrang der Nacherfüllung S. 134
Vorreiten S. 108
Vorsatz S. 164, 231
Vorweggenommene Minderung S. 168

W

Wahlrecht des Käufers S. 150, 157
Wahrscheinlichkeit S. 119, 121
Warmblutzuchtverbände S. 196
Wartezeit S. 207
Weben S. 110, 130, 183
Wendeschmerz S. 222
Werbeaussagen S. 124
Werbung S. 99
Werkvertrag S. 229
Wertersatz S. 151, 155, 195
Wertminderung S. 150
Wertminderungstabellen S. 159
Wertsteigernde Aufwendung S. 243
Wesentlicher Irrtum S. 241
Western-Reitpferd S. 147
Widersetzlichkeit S. 111, 130
Wiederkauf S. 192
Widerrist S. 23, 26, 28, 29, 30, 57, 67, 75
Willenserklärung S. 90
Wirbel S. 206, 208
Wirksamkeitskontrolle S. 91
Wucher S. 92, 93
Wunschpferd S. 146
Wurmkuren S. 153, 244, 245

X

Y

Z

Zahnalter S. 50
Zahnwechsel S. 52
Zehen S. 225, 227
Zeitpunkt der Übergabe S. 106
Zeitungsannonce S. 149
Zeitungsanzeigen S. 124
Zeitungsinserate S. 176
Zentralnervensystem S. 222
Zeugen S. 89, 107, 232
Zivilgesetzbuch S. 246
Zucht S. 114, 121
Zuchtbescheinigung S. 204, 205, 211, 212, 214
Zuchtbuch S. 110, 211
Zuchtbucheintragung S. 131, 135
Züchter S. 175, 177
Züchtervereinigung S. 209, 211
Züchterverzeichnis-Eintrag S. 178
Zuchthengst S. 110, 114, 115
Zuchtnutzung S. 224
Zuchtpferd S. 81, 115, 214
Zuchtprogramm S. 211
Zuchtstute S. 114, 115, 149, 185
Zuchttauglichkeit S. 110, 131
Zuchtuntauglichkeit S. 166
Zuchtverbände S. 81, 198, 206, 208, 210
Zuchtverbandsordnung S. 211
Zuchtverbandsauktion S. 197
Zuchtwertfeststellung S. 211
Zuchtziel S. 14
Zufälliger Untergang S. 126
Zufällige Verschlechterung S. 126
Zügellahmheit S. 180
Zug-um-Zug-Leistung S. 233
Zukunftsprognose S. 237
Zurückbehaltungsrecht S. 96, 214
Zuschlag S. 197
Zuschlagspreis S. 197
Zwangsversteigerung S. 214
Zwangsvollstreckung S. 233
Zwischenklassen S. 226
Zyste S. 129

4. Abkürzungsverzeichnis

a.A.	andere Ansicht
ABGB	Allgemeines Bürgerliches Gesetzbuch
Abs.	Absatz
a.F.	alte Fassung
AG	Amtsgericht
AGB	Allgemeine Geschäftsbedingungen
AgrarR	Zeitschrift für Agrarrecht
Alt.	Alternative
AnwKomm-BGB	Anwaltkommentar Schuldrecht
Art.	Artikel
AUR	Zeitschrift für Agrar- und Umweltrecht
Az.	Aktenzeichen
Beschl.	Beschluss
BGB	Bürgerliches Gesetzbuch
BGBl.	Bundesgesetzblatt
BGH	Bundesgerichtshof
BT-Drucks.	Bundestagsdrucksache
bzw.	beziehungsweise
ca.	zirka
cm	Zentimeter
CT	Computertomograph[ie]
DAR	Deutsches Autorecht
DAV	Deutscher Anwaltverein
d.h.	das heißt
EG	Europäische Gemeinschaft
EU	Europäische Union
etc.	et cetera
f./ff.	folgende/r
FEI	Internationale Reiterliche Vereinigung (Fédération Equestre Internationale)
FN	Deutsche Reiterliche Vereinigung e.V. (Fédération Equestre Nationale)
GewO	Gewerbeordnung
GG	Grundgesetz
ggf.	gegebenenfalls
GPM	Gesellschaft für Pferdemedizin
GZ	Geschäftszeichen
HGB	Handelsgesetzbuch
i.d.R.	in der Regel
i.H.v.	in Höhe von
i.V.m.	in Verbindung mit
JA	Juristische Arbeitsblätter
jurisPK-BGB	Juris Praxis Kommentar BGB
Kap.	Kapitel
Kfz	Kraftfahrzeug
KG	Kammergericht
KGR	OLG-Report KG Berlin
Kl.	Klasse
KSchG	Konsumentenschutzgesetz
LG	Landgericht
LK	Landeskommission
LMU	Ludwig-Maximilians-Universität München
LP	Leistungsprüfung
LPO	Leistungs-Prüfungs-Ordnung
MDR	Monatsschrift für Deutsches Recht
MRT	Magnetresonanztomograph[ie]
MünchKomm	Münchener Kommentar zum Bürgerlichen Gesetzbuch
m.w.Nachw.	mit weiteren Nachweisen
MwSt.	Mehrwertsteuer
NJW	Neue Juristische Wochenschrift
NJW(-RR)	Neue Juristische Wochenschrift (Rechtsprechungs-Report Zivilrecht)
Nr.	Nummer
o.Ä.	oder Ähnliches
o.b.B	ohne besonderen Befund
OCD	Osteochondrosis dissecans („Chip")
o. g.	oben genannt
OGH	Oberster Gerichtshof
OLG	Oberlandesgericht
OLGZ	Entscheidungen der Oberlandesgerichte in Zivilsachen
OP	Operation
OR	Obligationenrecht
RDL	Recht der Landwirtschaft
Rdnr.	Randnummer
RGBl.	Reichsgesetzblatt
RL	Richtlinie

RVG	Rechtanwaltsvergütungsgesetz	WF	Wertermittlungsforum
		WM	Wertpapier-Mitteilungen
S.	Satz (in Verbindung mit einer §-Angabe)	z.B.	zum Beispiel
	Seite (in Verbindung mit einer Literaturangabe)	ZGB	Zivilgesetzbuch
		ZGS	Zeitschrift für das gesamte Schuldrecht
s.o.	siehe oben		
StB	Der Steuerberater (Fachzeitschrift)	Ziff.	Ziffer
s.u.	siehe unten	ZIP	Zeitschrift für Wirtschaftsrecht
SVK	Sachverständigenkuratorium für Landwirtschaft, Forstwirtschaft, Gartenbau, Landespflege, Weinbau, Binnenfischerei, Pferde e. V.	ZPO	Zivilprozessordnung
		ZVO	Zuchtverbandsordnung
		zzgl.	zuzüglich
TierZG	Tierzuchtgesetz		
u.a.	unter anderem		
u.E.	unseres Erachtens		
UELN	Universal Equine Life Number		
Urt.	Urteil		
UstG	Umsatzsteuergesetz		
v.	vom / von		
v.a.	vor allem		
vgl.	vergleiche		
VO	Verordnung		
VVG	Versicherungsvertragsgesetz		

5. Literaturverzeichnis

Teil A

FELLMER, E.; RAHN, A.
  Tipps und Trends im Pferdekauf. Katalog Messe Hansepferd, Schiffahrts-Verlag Hansa, Hamburg 1996

ENGELHARDT, A.
  Kleines Handbuch für Pferdekäufer. Basse Quedlinburg, Leipzig 1834

GOLDBECK, P.
  Der Pferdekauf. Mittler und Sohn, Berlin 1905

GÜNTHER, K. UND F.
  Die Beurteilungslehre des Pferdes. Hahnsche Hofbuchhandlung, Hannover 1859

HERTSCH, PROF. DR. B.
  Anatomie des Pferdes. 4. Auflage, **FN**verlag, Warendorf 2003

JÄHNS, M.
  Ross und Reiter. Grunow, Leipzig 1872

KNOLL, L.
  ABC des Pferdekaufs. Stuttgart 1992 und 2000

KRANE, F.W. FRHR. VON
  Pferd und Wagen. Coppenrath, Münster 1860

MORTGEN, A.
  Enthüllte Geheimnisse aller Handelsvorteile und Pferdeverschönerungskünste der Pferdehändler. Voigt, Ilmenau 1824

MORTIER, A.
  Geheimnisse des Pferdehandels. Freyhoffs, Oranienburg 1884

OYENHAUSEN, B. VON
  Der Pferdeliebhaber. L.W. Seidel & Sohn, Wien 1865

RAU, G.; DUEST, J.U.
  Pferdebeurteilung. Olms, Hildesheim, New York 1980

ROLL, G.
  Praktische Winke für den Pferdekauf. Schickhardt & Ebner, Stuttgart 1910

SCHIELE, E.
  Pferdekauf. 3. Auflage, München 1985

SCHOENBECK, B.
  Ratgeber beim Pferdekauf. Paul Parey, Berlin 1921

SCHWARK, H.J.
  Pferdezucht. Neumann-Neudamm, Melsungen 1984

STASHAK, T.S.
  Adams Lahmheit bei Pferden. Alfeld-Hannover 1989

TENNECKER, S. VON
  Lehrbuch des Pferdehandels und der Rosstäuscherkünste. Hahnsche Hofbuchhandlung, Hannover 1822

TENNECKER, S. VON
  Geheimnisse der Pferdehändler. Voigt, Leipzig 1913

THEIN, P. (FACHRED.)
  Handbuch Pferd. 5. Auflage BLV, München, Wien, Zürich 2000

WALDINGER, H.
  Wahrnehmungen an Pferden. Degen, Wien 1805

WUSSOW, W.
  Beurteilung der Pferde. 3. Auflage, Neumann, Radebeul 1970

Teil B
(Verwendete und weiterführende Literatur; verwendete Literatur mit Angabe der Zitierweise)

ADOLPHSEN, JENS
  Die Schuldrechtsreform und der Wegfall des Viehgewährleistungsrechts,
  in: Zeitschrift für Agrarrecht 2001, 203 ff.
  (zit.: Adolphsen, AgrarR 2001, S.)

ADOLPHSEN, JENS
  Die Kaufuntersuchung nach der Schuldrechtsreform,
  Teil 1 – Neue Aspekte beim Pferdekauf,
  Teil 2 – Neue Aspekte für die tierärztliche Ankaufsuntersuchung,
  in: Der praktische Tierarzt 2003, 114 ff. (Teil 1), 372 ff. (Teil 2)
  (zit.: Adolphsen, Der praktische Tierarzt 2003, S.)

ADOLPHSEN, JENS
  Haftungsrechtliche Aspekte der veterinärmedizinischen Kaufuntersuchung von Pferden,
  in: Versicherungsrecht 2003, 1088 ff.

AUGENHOFER, SUSANNE
  Beweislastumkehr und Unzumutbarkeit der Nacherfüllung,
  in: Zeitschrift für das gesamte Schuldrecht 2004, 385 ff.
  (zit.: Augenhofer ZGS, S.)

Anhang

BAMBERGER, HANS GEORG; ROTH, HERBERT
  Kommentar zum Bürgerlichen Gesetzbuch,
  2. Auflage, München, 2008
  (zit.: Verfasser in: Bamberger-Roth, § Rdnr.)

BEMMANN, KAI
  Der Pferdekauf im Jahr nach der Schuldrechtsreform,
  in: Agrar- und Umweltrecht 2003, 233 ff.
  (zit.: Bemmann, AUR 2003, S.)

BEMMANN, KAI
  Das Pferd im Verbrauchsgüterkauf,
  in: Recht der Landwirtschaft 2005, 57 ff.
  (zit.: Bemmann, RdL 2005, S.)

BEMMANN, KAI
  Die Viehauktion nach der Schuldrechtsreform,
  in: Recht der Landwirtschaft 2006, 189 ff.

BINDER, JENS-HINRICH
  Die Inzahlungnahme gebrauchter Sachen vor und nach der Schuldrechtsreform am Beispiel des Autokaufs „Alt gegen Neu",
  in: Neue Juristische Wochenschrift 2003, 393 ff.
  (zit.: Binder, NJW 2003, S.)

BRINKMANN, JOHANNES
  Der Pferdekauf nach der Schuldrechtsreform,
  in: Agrar- und Umweltrecht 2005, 181 ff.
  (zit.: Brinkmann, AUR 2005, S.)

BITTER, GEORG; MEIDT, EVA
  Nacherfüllungsrecht und Nacherfüllungspflicht des Verkäufers im neuen Schuldrecht,
  in: Zeitschrift für Wirtschaftsrecht 2001, 2114 ff.
  (zit.: Bitter/Meidt, ZIP 2001, S.)

BORNHÖVD, JÜRGEN; HAFKE, HEINZ-CHRISTIAN
  Recht und Reiter,
  Hamburg, 1978
  (zit.: Bornhövd/Hafke, S.)

BRAUN, JOHANN
  Die Freizeichnung des kommissionarischen Kunstauktionators von der Haftung für Sachmängel,
  in: Wertpapier-Mitteilungen 1992, 893 ff.
  (zit.: Braun, WM 1992, S.)

BROX, HANS; WALKER, WOLF-DIETRICH
  Besonderes Schuldrecht,
  33. Auflage, München, 2008
  (zit.: Brox/Walker, § Rdnr.)

BRÜCKNER, SASCHA (HRSG.)
  Hippo-logisch! – Interdisziplinäre Beiträge namhafter Hippologen rund um das Thema Pferd,
  Warendorf, 2005
  (zit.: Verfasser in: Hippo-logisch, S.)

BRÜCKNER, SASCHA
  Anmerkung zu BGH VIII ZR 173/05 v. 29.03.2006
  (Sommerekzem-Entscheidung),
  in: BGH Report 2006, 945, 948 f.

BRÜCKNER, SASCHA
  Anmerkung zu BGH VIII ZR 3/06 v. 15.11.2006
  (Fohlen-Entscheidung),
  in: BGH Report 2007, 185, 188

BRÜCKNER, SASCHA; BÖHME, ANTJE
  Neues Kaufrecht – Wann ist ein Tier gebraucht?
  in: Monatsschrift für Deutsches Recht 2002, 1406 ff.
  (zit.: Brückner/Böhme MDR 2002, S.)

DAUNER-LIEB, BARBARA; HEIDEL, THOMAS; LEPA, MANFRED; RING, GERHARD (HRSG.)
  Anwaltkommentar Schuldrecht,
  Bonn, 2002
  (zit.: Verfasser in: AnwKomm-BGB, § Rdnr.)

EIKMEYER, HANS; FELLMER, EBERHARD; MOEGLE, HORST
  Lehrbuch der gerichtlichen Tierheilkunde,
  1. Auflage, Berlin, Hamburg, 1990
  (zit.: Eikmeyer/Fellmer/Moegle, S.)

ENNECCERUS, LUDWIG
  Allgemeiner Teil des Bürgerlichen Gesetzbuches,
  Berlin, 1966
  (zit.: Verfasser in: Enneccerus, § Rdnr.)

ERMAN, WALTER
  Bürgerliches Gesetzbuch – Kommentar,
  12. Auflage, Köln, 2008
  (zit.: Verfasser in: Erman, § Rdnr.)

FELLMER, EBERHARD; BRÜCKNER, SASCHA
  Erste Erfahrungen und Erkenntnisse in der Anwendung des neuen (Pferde-)Kaufrechts ein Jahr nach Inkrafttreten,
  in: Wertermittlungsforum 2003, 7 ff.
  (zit.: Fellmer/Brückner, WF 2003, S.)

FELLMER, EBERHARD; BRÜCKNER, SASCHA
  Der Tierarzt als gerichtlicher und außergerichtlicher Sachverständiger – Gutachten nach neuem Deliks- und Werkvertragsrecht,
  in: Tierärztliche Praxis 2004, 174 ff.

FELLMER, EBERHARD; KIEL, PETER
  Nutzungsausfallschaden bei Verletzung von Reitpferden,
  in: AgrarR 1984, 29 ff.
  (zit.: Fellmer/Kiel, AgrarR 1984, S.)

HARLINGHAUSEN, STELLA
  Aktuelle Entwicklungen beim Pferdekauf anhand einer Auswertung von Fällen aus der anwaltlichen Praxis,
  Bakkalaureatsarbeit, Wien, Lübeck, 2007
  (zit.: Harlinghausen, S.)

HENSSLER, MARTIN; WESTPHALEN, FRIEDRICH GRAF VON
  Praxis der Schuldrechtsreform,
  2. Auflage, Münster, 2002
  (zit.: Verfasser in Henssler/Westphalen, § Rdnr.)

HERBERGER, MAXIMILIAN; MARTINEK, MICHAEL; RÜSSMANN, HELMUT; WETH, STEPHAN
  Juris Praxis Kommentar BGB,
  3. Auflage, Saarbrücken, 2006
  (zit.: Verfasser, jurisPK-BGB, § Rdnr.)

HONSELL, HEINRICH
  Sachmängelproblem beim Neuwagenkauf mit Inzahlungnahme eines Gebrauchtwagens – Entscheidungsbesprechung zu BGH 1982, 1699 und 1700, in: Jura 1983, 523 ff.
  (zit.: Honsell, Jura 1983, S.)

HUBER, PETER
  Der Nacherfüllungsanspruch im neuen Kaufrecht, Neue Juristische Wochenschrift 2002, 1004 ff.
  (zit.: Huber, NJW 2002, S.)

HUBER, PETER; FAUST, FLORIAN
  Schuldrechtsmodernisierung – Eine Einführung in das neue Recht, München, 2002
  (zit.: Huber/Faust, Kap. Rdnr.)

JAUERNIG, OTHMAR
  Bürgerliches Gesetzbuch, 13. Auflage, München, 2009
  (zit.: Verfasser in: Jauernig, § Rdnr.)

LAUK, HANS D.
  Kaufuntersuchung – Die ständige Herausforderung. Brauchen wir einen erweiterten Standard?, in: Pferdeheilkunde 2002, 212 ff.

LAUMEN, HANS-W.
  Die „Beweiserleichterung bis zur Beweislastumkehr" – ein beweisrechtliches Phänomen, in: Neue Juristische Wochenschrift 2002, 3739 ff.
  (zit.: Laumen, NJW 2002, S.)

LORENZ, STEPHAN
  Selbstvornahme der Mängelbeseitigung im Kaufrecht, in: Neue Juristische Wochenschrift 2003, 1417 ff.
  (zit.: Lorenz, NJW 2003, S.)

LORENZ, STEPHAN; RIEHM, THOMAS
  Lehrbuch zum neuen Schuldrecht, München, 2002
  (zit.: Lorenz/Riehm, Rdnr.)

MEDICUS, DIETER
  Neues Schuldrecht, München, 2002
  (zit.: Medicus, Neues Schuldrecht, Kap., Rdnr.)

MEDICUS, DIETER
  Zur Inzahlungnahme eines Gebrauchtwagens beim Pkw-Kauf, in: Neue Juristische Wochenschrift 1976, 54 ff.
  (zit.: Medicus, NJW 1976, S.)

MÜNCHENER KOMMENTAR
  Münchener Kommentar zum Bürgerlichen Gesetzbuch, 5. Auflage, München, 2010
  (zit.: Verfasser in: MünchKomm, § Rdnr.)

MUSIELAK, HANS-JOACHIM
  ZPO-Kommentar, 7. Auflage, München, 2009
  (zit.: Verfasser in: Musielak-ZPO, § Rdnr.)

NEUMANN, LORENZ
  Das Pferdekaufrecht nach der Schuldrechtsmodernisierung, Dissertation, Warendorf, 2006
  (zit.: Neumann, S.)

OEXMANN, BURKHARD
  Pferdekauf – Tierarzthaftung, Münster, 1992
  (zit.: Oexmann, S.)

OEXMANN, BURKHARD; WIEMER, NINA
  Die Beweislastumkehr des § 476 BGB im Rahmen des Pferdekaufs – „Art der Sache" und „Art des Mangels", in: Pferdeheilkunde 2004, 368 ff.

PALANDT, OTTO
  Bürgerliches Gesetzbuch – Kommentar, 69. Auflage, München, 2010
  (zit.: Verfasser in: Palandt, § Rdnr. – sofern ältere Auflagen verwendet worden sind mit Nennung der Auflage und des Jahres)

PELHAK, JÜRGEN
  Ausschuss für Tierzuchtrecht der DGAR – ein Tagungsbericht, in: Agrarrecht 2001, 112 f.
  (zit.: Pelhak, AgrarR 2001, S.)

PICK, MAXIMILIAN; v. SALIS, BJÖRN; SCHÖN, PETER; SCHÜLE, EBERHARD
  Der Verkehrswert eines Pferdes und seine Minderungen, Berlin, 2009
  (zit.: Pick, v. Salis, Schüle, Schön, 2009, S.)

PICK, MAXIMILIAN; v. SALIS, BJÖRN; SCHÜLE, EBERHARD
  Liste zur Beurteilung von Minderungen des Verkehrswertes eines Pferdes, Erndtebrück, 2003
  (zit.: Pick, v. Salis, Schüle, 2003)

RAHN, ANTJE, FELLMER, EBERHARD, BRÜCKNER, SASCHA
  Pferdekauf heute – Kauf und Verkauf, Beurteilung, Gesundheit, Recht, Neuauflage, Warendorf, 2003
  (zit.: Rahn/Fellmer/Brückner, 2. Auflage, S.)

RECKER, WILFRIED
  Schadensersatz statt der Leistung – oder: Mangelschaden und Mangelfolgeschaden, in: Neue Juristische Wochenschrift 2002, 1247 f.
  (zit.: Recker, NJW 2002, S.)

REINICKE, DIETRICH; TIEDTKE, KLAUS
  Kaufrecht, 8. Auflage, Köln, 2009
  (zit.: Reinicke/Tiedtke, § Rdnr.)

REUTER, DIETER
  Pferdeauktion und Verbrauchsgüterkauf, in: Zeitschrift für das gesamte Schuldrecht 2005, 88 ff.
  (zit.: Reuter, ZGS 2005, S.)

RIEDEL, BENJAMIN
Pferde im Verbrauchsgüterkauf – Sachmängel und
Beweislastumkehr nach § 476 BGB,
Dissertation, Aachen, 2007
(zit.: Riedel, S.)

SCHNEIDER, THEO
Den Wert eines Pferdes – sachverständig ermitteln,
2., neu bearbeitete und erweiterte Auflage,
Sankt Augustin, 2008

SCHOENBECK, RICHARD
Reithandbuch für berittene Offiziere der Fußtruppen
sowie jeden Besitzers eines Reitpferdes,
5., vermehrte und verbesserte Auflage, Leipzig, 1902
(zit.: Schoenbeck, Reithandbuch)

SCHOENBECK, RICHARD
Ratgeber beim Pferdekauf,
4., verbesserte Auflage, Berlin, 1912
(zit.: Schoenbeck, Pferdekauf, S.)

SOERGEL, HANS THEODOR
Bürgerliches Gesetzbuch,
13. Auflage, Stuttgart, 2009
(zit.: Verfasser in: Soergel, § Rdnr.)

SOMMER, MARTIN
Der Pferdekauf,
Dissertation, Münster, 2000
(zit.: Sommer, S.)

STAUDINGER, JULIUS V.
J. von Staudingers Kommentar zum Bürgerlichen
Gesetzbuch,
13. Auflage, Berlin, 2009
(zit.: Verfasser in: Staudinger, § Rdnr.)

WERTENBRUCH, JOHANNES
Gewährleistung beim Kauf von Kunstgegenständen nach
neuem Kaufrecht,
in: Neue Juristische Wochenschrift 2004, 1977 ff.
(zit.: Wertenbruch, NJW 2004, S.)

WESTERMANN, HARM PETER
Zu den Gewährleistungsansprüchen des Pferdekäufers, in:
Zeitschrift für das gesamte Schuldrecht 2005, 342 ff.
(zit.: Westermann, ZGS 2005, S.)

WESTPHALEN, EDUARD V.
Die Beweislastumkehr zu Gunsten des Pferdekäufers nach
§ 476 BGB,
in: Zeitschrift für das gesamte Schuldrecht 2004, 341 ff.

WESTPHALEN, EDUARD V.
Zum Ausschluss der Beweislastumkehr beim Pferdekauf
wegen Unvereinbarkeit mit der Art des Mangels,
in: Zeitschrift für das gesamte Schuldrecht 2005, 101 ff.

WESTPHALEN, EDUARD V.
Der Sachmangel beim Pferdekauf,
in: Recht der Landwirtschaft 2006, 284 ff.
(zit.: Westphalen, RdL 2006, S.)

WRANGEL, GRAF CARL GUSTAV
Das Buch vom Pferde,
3., vermehrte und verbesserte Auflage, Stuttgart, 1890

Literaturempfehlungen aus dem FN*verlag*

Bücher, Videos/DVDs/CDs erhältlich über den Buch- und
Reitsporthandel oder direkt beim FN*verlag*, Warendorf
FN*verlag*, Freiherr-von-Langen-Straße 13
48231 Warendorf
Tel.: 02581/63 62-154/-254 – Fax: 02581/63 62-212
www.fnverlag.de - E-Mail:vertrieb-fnverlag@fn-dokr.de

DEUTSCHE REITERLICHE VEREINIGUNG E.V. (FN)
Richtlinien für Reiten und Fahren Band 4:
Haltung, Fütterung, Gesundheit und Zucht.
14. Auflage, Warendorf 2008

DEUTSCHE REITERLICHE VEREINIGUNG E.V. (FN)
FN-Handbuch Pferdewirt. 2. Auflage, Warendorf 2008

DEUTSCHE REITERLICHE VEREINIGUNG E.V. (FN)
Orientierungshilfen Reitanlagen- & Stallbau.
Neuauflage, Warendorf 2009

DEUTSCHE REITERLICHE VEREINIGUNG E.V. (FN)
Pferdebeurteilung. Multimediales Lern- und
Lehrprogramm. DVD-ROM, Deutsch/Englisch.
Version 2.1–2009

DEUTSCHE REITERLICHE VEREINIGUNG E.V. (FN)
Jahrbuch Sport und Zucht. Erfolge, Leistungen und Daten
aus Pferdesport und Pferdezucht. Jährliches Erscheinen.
DVD-ROM mit Begleitbuch

BRÜCKNER, S. VON
Hippo-logisch!
1. Auflage, Warendorf 2005

BÜRGER, U./ZIETSCHMANN, O.
Der Reiter formt das Pferd.
3. Auflage, Warendorf 2007, der Reprint-Ausgabe von
1939

FINK, GEORG. W.
Gelassenheit im Pferdesport.
1. Auflage, Warendorf 2007

KRONENBERG, M.
ABC für Pferdebesitzer.
1. Auflage, Warendorf 2006

LUKAS, UWE
Gesunde Hufe – kein Zufall.
1. Auflage, Warendorf 2007

KLEVEN, HELLE KATRINE
Biomechanik und Physiotherapie.
2. Auflage, Warendorf 2010

KRÄMER, MONIKA
Siege werden im Stall errungen.
1. Auflage, Warendorf 2005

RIESKAMP, BIANCA
Ausbildung junger Pferde.
1. Auflage, Warendorf 2008

SCHÖFFMANN, B.
Horsehandling oder Reiterglück beginnt am Boden.
1. Auflage, Warendorf 2006

6. Die Autoren

Dr. Antje Rahn (1960, Torgau/Elbe)

Nach dem Abitur Berufsausbildung zum Zootechniker und Studium der Veterinärmedizin an der Humboldt-Universität zu Berlin. 1989 Approbation und 1991 Promotion auf dem Gebiet der Veterinärchirurgie und Röntgenologie zum Thema der diagnostischen Verwertbarkeit von Synoviaenzymaktivitäten bei Gelenkerkrankungen des Pferdes.

1996–99 Zweitstudium der Rechtswissenschaften, Humboldt-Universität zu Berlin

Seit 1991 in Rheinsberg niedergelassene Tierärztin. Landwirtschaftliche Hengsthaltung, Pension und Rehabilitation. Zucht, Ausbildung und Verkauf von Dressurpferden.

Aktive Pferdesportlerin seit 1969, zunächst in Springprüfungen bis Kl. M, später in Dressurprüfungen bis Grand Prix erfolgreich. Mehrfache Landesmeisterin Dressur in Berlin-Brandenburg. Deutsches Reitabzeichen in Gold.

Seit 1994 vom Minister für Ernährung, Landwirtschaft und Forsten des Landes Brandenburg öffentlich bestellte und vereidigte Sachverständige für Zucht, Haltung und Bewertung von Pferden.

Kuratorin des Sachverständigenkuratoriums für Landwirtschaft, Forstwirtschaft, Gartenbau, Landespflege, Weinbau, Binnenfischerei, Pferde (SVK).

Mitglied des Prüfungsausschusses für das Fachgebiet Zucht, Haltung und Bewertung von Pferden beim Landesamt für Verbraucherschutz, Landwirtschaft und Flurneuordnung der Länder Brandenburg und Sachsen-Anhalt.

Autorin bzw. Co-Autorin von Aufsätzen und Fachbüchern zu den Themen Pferdekauf, Pferdekrankheiten, Sachverständigenwesen, tierärztliche Kaufuntersuchung, tierärztliche Haftung, Pferdehaltung und Pferdesport.

Tierschutzbeauftragte Tierärztin des Landesverbandes der Reit- und Fahrvereine Hamburg e.V., Fachreferentin bei Kongressen, Messen, Seminaren, Podiumsdiskussionen.

Dr. Sascha Brückner (1972, Hagen/Westf.)

Nach Abitur (1991) und Zivildienst in Hagen/Westf. Studium der Rechtswissenschaften an der Westfälischen Wilhelms-Universität Münster. 1997 Erste juristische Staatsprüfung, Hamm. 1999 Promotion zum „Dr. jur." mit dem Thema „Das System der präventiven Kapitalaufbringungskontrolle im Recht der Aktiengesellschaft und der GmbH" an der FernUniversität Hagen. 1999 bis 2002 Referendarausbildung in Schleswig-Holstein, Landgerichtsbezirk Lübeck. 2002 Große juristische Staatsprüfung, Hamburg.

Seit 2002 Rechtsanwalt. Im gleichen Jahr Gründung der Rechtsanwaltssozietät „Fellmer-Dr. Brückner-Fellmer". Seit 2003 Dozententätigkeit für die Landwirtschaftskammer Schleswig-Holstein. Seit 2004 Mitglied der Arbeitsgemeinschaft „Versicherungsrecht" im Deutschen Anwaltverein (DAV). Seit 2005 Lehrbeauftragter an der VetmedUni Vienna (Veterinärmedizinische Universität Wien) und Tätigkeit als hippologischer Sachverständiger. Seit 2006 Dozent an der Fachhochschule für Verwaltung und Dienstleistung – Kompetenzzentrum für Verwaltungsmanagement, Altenholz/Bordesholm. Seit 2007 leitender Kurator der Sparte „Pferde" und seit 2010 Erster Vorsitzender des Sachverständigen-Kuratoriums für Landwirtschaft, Forstwirtschaft, Gartenbau, Landespflege, Weinbau, Binnenfischerei, Pferde (SVK).

Aktiver Reiter seit 1982. Siege und Platzierungen bis einschließlich Klasse M. 1995 Prüfung zum Amateurausbilder. Seit 2002 Vizepräsident des Landesverbandes der Reit- und Fahrvereine Hamburg e.V. Turnierrichter im Reitsport bis einschließlich Klasse M.

Diverse, zum Teil wissenschaftliche Publikationen zu hippologischen Rechtsfragen und auf den Gebieten des Tierarzthaftungsrechts sowie des landwirtschaftlichen Sachverständigenwesens.

Fachreferent bei zahlreichen hippologischen und Tierärztekongressen sowie Podiumsdiskussionen, Messen und Fortbildungsveranstaltungen für landwirtschaftliche Sachverständige.

Corinna Odine Bobsien (1985, Hamburg)
Mitarbeiterin des juristischen Teils (Teil B dieses Buches)

Nach Abitur (2005) Studium der Rechtswissenschaften an den Universitäten Hamburg, Zürich (Erasmus-Stipendium) und Mannheim mit dem Wahlschwerpunkt Medizinrecht. Seit 2009 wissenschaftliche Hilfskraft am Institut für Deutsches, Europäisches und Internationales Medizinrecht, Gesundheitsrecht und Bioethik der Universitäten Heidelberg und Mannheim.

Aktive Turnierreiterin mit Platzierungen in der Dressur bis Klasse S, im Springen bis Klasse M. Siegreich auf internationalen Studenten-Reitturnieren (2008). Deutsches Reitabzeichen Klasse I (2004), Trainer-C- und -B-Lizenz mit Lütke-Westhues-Auszeichnung, 2010 Trainer-A-Lizenz (Leistungssport).

2006 Wahl zur Landesjugendsprecherin des Landesverbandes der Reit- und Fahrvereine Hamburg e.V.

Seit 2006 freie Mitarbeiterin in der Rechtsanwaltssozietät „Fellmer-Dr. Brückner-Fellmer", Lübeck.

Co-Autorin von diversen wissenschaftlichen Beiträgen in Fachbüchern zu hippologischen Rechtsfragen sowie zum Haftungsrecht von Tierärzten und Sachverständigen.

7. Mitwirkende an der Neuauflage

Dr. Teresa Dohms,

geboren 1973, studierte Agrarwissenschaften. Seit März 2002 ist sie bei der Deutschen Reiterlichen Vereinigung in Warendorf, seit 2006 als stellvertretende Geschäftsführerin des Bereiches Zucht tätig. Darüber hinaus ist sie Mitglied des Fachbeirates der Deutschen Gesellschaft für Züchtungskunde e.V. (DGfZ) und stellvertretende Vertreterin der Bundesrepublik Deutschland in der Kommission Pferdeproduktion der europäischen Vereinigung für Tierproduktion (EVT). An der Hochschule für Wirtschaft und Umwelt Nürtingen-Geislingen hat sie 2009 die Berufung zur Professur der Agrarwirtschaft bekommen. In ihrer Freizeit beschäftigt sie sich mit der Ausbildung der Pferde aus eigener Zucht und mit deren erfolgreichen Vorstellung auf Turnieren.

Dr. med. vet. Michael Düe,

Jahrgang 1961, absolvierte von 1983 bis 1988 das Studium der Veterinärmedizin. Nach seiner Promotion arbeitete er in einer tierärztlichen Praxis, mit dem Schwerpunkt Pferde. Seit Januar 1994 leitet er die Abteilung Veterinärmedizin bei der Deutschen Reiterlichen Vereinigung in Warendorf. Dort ist er u.a. zuständig für alle veterinärmedizinischen Belange und regulatorischen Zusammenhänge in Bezug zum Reit- und Fahrsport (insbesondere Medikationskontrollen, Verfassungsprüfungen, Pferdekontrollen), Vergabe und Betreuung von Forschungsvorhaben mit der Zielsetzung „Angewandter Tierschutz" und Förderung von (Leistungs-) Sport und Zucht.

Prof. Dr. med. vet. Dr. habil. Hartmut Gerhards,

Jahrgang 1953, Vorstand und Klinikleiter der Klinik für Pferde (LMU-Ludwig Maximilians Universität München), Lehrstuhl für Innere Medizin und Chirurgie des Pferdes sowie für gerichtliche Tiermedizin; Fachtierarzt für Pferde, Fachtierarzt für Chirurgie, Zusatzbezeichnung für Augenheilkunde, Teilgebietsbezeichnung für Innere Medizin des Pferdes. Diverse wissenschaftliche Veröffentlichungen und umfassende Tätigkeit als Gerichtsgutachter.

Prof. Dr. jur. Peter Kiel,

geb. 1955, Studium der Rechtswissenschaft in Hamburg und Salzburg, 1987–1990 Länderreferent am Hamburger Max-Planck-Institut, 1987–1994 Rechtsanwalt in Hamburg und Leipzig, 1994–1997 Gründungsprofessor und Dekan des Fachbereichs Wirtschaftsrecht der Fachhochschule in Lüneburg, seit 1997 Professor für Bürgerliches Recht an der Hochschule Wismar. Viele Jahre als Reiter aktiv, Turnierrichter.

Lic. jur. Bart Krenger,

Jahrgang 1945, Rechtsanwalt aus Winterthur/Schweiz, absolvierte ein Rechtsstudium an der Universität Zürich mit Lizenziat. Seit 1975 ist er als selbstständiger Anwalt in eigener Kanzlei tätig. Er beschäftigt sich u.a. mit Rechtsfragen rund um die Themen Pferd und Tierarzthaftung. Außerdem ist Bart Krenger in verschiedenen Funktionen im Dienste des Reitsportes tätig, wie z.B. Vereinstrainer, Parcoursbauer Springen und Präsident der Veterinärkommission SVPS (Schweiz, Verband für Pferdesport).

Mag. Helwig Schuster,

geb. 1967, Rechtsanwalt aus Wien/Österreich (u.a. Spezialisierung auf Rechtsfragen zum Thema Pferd), Studium der Rechtswissenschaften, erfolgreicher Dressurreiter bis Grand Prix, Trainer, Dressurreferent und Schriftführer des Landesfachverbandes für Reiten und Fahren in Wien, Direktoriumsmitglied der Österreichischen Campagnereitergesellschaft, Vorsitzender des Schiedsgerichtes des Landesfachverbandes Wien.